Studien zur theoretischen und empirischen Forschung in der Mathematikdidaktik

Reihe herausgegeben von

Gilbert Greefrath, Münster, Deutschland

Stanislaw Schukajlow, Münster, Deutschland

Hans-Stefan Siller, Würzburg, Deutschland

In der Reihe werden theoretische und empirische Arbeiten zu aktuellen didaktischen Ansätzen zum Lehren und Lernen von Mathematik – von der vorschulischen Bildung bis zur Hochschule – publiziert. Dabei kann eine Vernetzung innerhalb der Mathematikdidaktik sowie mit den Bezugsdisziplinen einschließlich der Bildungsforschung durch eine integrative Forschungsmethodik zum Ausdruck gebracht werden. Die Reihe leistet so einen Beitrag zur theoretischen, strukturellen und empirischen Fundierung der Mathematikdidaktik im Zusammenhang mit der Qualifizierung von wissenschaftlichem Nachwuchs.

Maxim Brnic

Digitales versus analoges Schulbuch

Eine empirische Studie im Themenfeld bedingter Wahrscheinlichkeiten

Springer Spektrum

Maxim Brnic
Fachbereich Mathematik und Informatik
Universität Münster
Münster, Deutschland

Inaugural-Dissertation zur Erlangung des Doktorgrades (Dr. phil.) im Fachbereich Mathematik und Informatik der Mathematisch-Naturwissenschaftlichen Fakultät der Universität Münster
vorgelegt von Maxim Brnić aus Fürth
Dekan: Prof. Dr. Arthur Bartels
Erstgutachter: Prof. Dr. Gilbert Greefrath
Zweitgutachter: Prof. Dr. Frank Reinhold
Tag der Disputation (mündlichen Prüfung): 25.03.2026
Tag der Promotion: 25.03.2026

Universität
Münster

ISSN 2523-8604 ISSN 2523-8612 (electronic)
Studien zur theoretischen und empirischen Forschung in der Mathematikdidaktik
ISBN 978-3-658-52463-0 ISBN 978-3-658-52464-7 (eBook)
https://doi.org/10.1007/978-3-658-52464-7

Die Deutsche Nationalbibliothek verzeichnet diese Publikation in der Deutschen Nationalbibliografie; detaillierte bibliografische Daten sind im Internet über https://portal.dnb.de abrufbar.

Planung/Lektorat: Marija Mann
Springer Spektrum ist ein Imprint der eingetragenen Gesellschaft Springer Fachmedien Wiesbaden GmbH und ist ein Teil von Springer Nature.
Die Anschrift der Gesellschaft ist: Abraham-Lincoln-Str. 46, 65189 Wiesbaden, Germany

Geleitwort

Die Digitalisierung des Bildungswesens ist eine fundamentale Gestaltungsaufgabe für die moderne Mathematikdidaktik. In der öffentlichen und wissenschaftlichen Debatte steht dabei oft eine Frage im Zentrum: Wie sieht das Schulbuch der Zukunft aus? Während die Potenziale digitaler Medien – von dynamischen Visualisierungen bis hin zu unmittelbaren Feedbackschleifen –theoretisch beschrieben sind, mangelt es in der Praxis oft noch an belastbaren empirischen Befunden über deren tatsächliche Wirksamkeit im Vergleich zu bewährten analogen Materialien.

Die vorliegende Dissertation von Maxim Brnić widmet sich dieser Forschungslücke mit methodischer Präzision. Am Beispiel des Themenfelds der bedingten Wahrscheinlichkeiten untersucht die Arbeit, ob und inwiefern ein digitales Mathematikschulbuch zu messbaren Lernvorteilen führt.

In der theoretischen Fundierung wird das Schulbuch über klassische Grenzen hinaus als zentrale „Curriculum Ressource" definiert. Hervorzuheben ist die Einbettung in ein weiterentwickeltes Ressourcenmodell, das zwischen sequenziellen und punktuellen sowie analogen und digitalen Formaten differenziert.

Ein besonderer Schwerpunkt liegt auf den spezifischen Affordances digitaler Schulbücher. Die Arbeit unterstreicht, wie Visualisierungen und Feedback-Strukturen Lernprozesse unterstützen können. Dass hierbei das Feld der Stochastik gewählt wurde, erweist sich als konsequent: Gerade bei bedingten Wahrscheinlichkeiten und bayesianischen Aufgabenstellungen bieten digitale Werkzeuge besondere Möglichkeiten, abstrakte Strukturen durch strategische Visualisierungen und den Einsatz natürlicher Häufigkeiten greifbar zu machen.

Eingebettet in das Projekt „KomNetMath", besticht die Studie durch ein sorgfältiges Design. Der Vergleich zwischen inhaltlich identischen analogen und digitalen Materialien unter realen Unterrichtsbedingungen – oft ein Desiderat der Forschung – wird hier konsequent umgesetzt. Die statistische Auswertung mittels Rasch-Skalierung und linearen gemischten Modellen (LMM) erlaubt es, die vielschichtigen Datenstrukturen auf Schul-, Kurs- und Lernendenebene adäquat abzubilden. Dies macht die Arbeit zu einer wertvollen Referenz für zukünftige Interventionsstudien.

Die Ergebnisse sind aufschlussreich. Die digitale Gruppe profitierte signifikant stärker von der Intervention, wobei sich die Zuwächse insbesondere im Bereich der Wahrscheinlichkeitsdarstellungen zeigten. Dass hierbei auch Einflüsse der Schulform und der allgemeinen Leistungsstärke sichtbar werden, unterstreicht die Notwendigkeit einer differenzierten Betrachtung digitaler Lernangebote.

Insgesamt leistet Maxim Brnić einen wichtigen Beitrag zur mathematikdidaktischen Forschung. Die Arbeit zeigt auf, dass das digitale Schulbuch ein eigenständiges, mächtiges Instrument zur Förderung mathematischen Verständnisses ist.

Münster
10. April 2026

Gilbert Greefrath

Danksagung Diese Arbeit wäre ohne einzelne Menschen nicht möglich gewesen, denen mein besonderer Dank gilt. Dabei denke ich insbesondere an diejenigen, die mich über längere Zeit begleitet und unterstützt haben. Zugleich erinnere ich mich aber auch an die Menschen, die mir in einzelnen Momenten entscheidende Tipps und Hinweise gegeben haben.

Der Weg zur Promotion war für mich, vor der Zeit als wissenschaftlicher Mitarbeiter, kein geplanter. Umso dankbarer bin ich, dass es dennoch so gekommen ist. Die letzten Jahre haben mir gezeigt, wie erfüllend (und manchmal auch herausfordernd) es sein kann, sich intensiv mit verschiedenen didaktischen Fragen und Problemen auseinanderzusetzen. Hier gilt mein besonderer Dank meinem Doktorvater Prof. Dr. Gilbert Greefrath, der mir die Chance dazu gegeben hat und damals beim Start des Projektes *KomNetMath* an mich dachte. Für seine Unterstützung und sein Vertrauen bin ich ihm sehr dankbar.

Das Projekt entwickelte sich im Laufe der Zeit deutlich weiter und vielfältiger als ich ursprünglich erwartet hatte. In diesem Zusammenhang danke ich Prof. Dr. Frank Reinhold herzlich für sein Interesse an meiner Arbeit. Er half mir dabei, wichtige Entscheidungen für das Schreiben dieser Arbeit zu treffen. Ich schätze es sehr, dass er die Arbeit als Zweitgutachter begleitet.

Eine der größten Herausforderungen zu Beginn bestand darin, ein passendes Studiendesign zu entwickeln. Prof. Dr. Stanislaw Schukaljow gab mir damals die entscheidende Inspiration. Dafür und für die Übernahme der Rolle des Drittprüfers möchte ich ihm sehr danken.

Zudem gilt mein besonderer Dank der Redaktion des Net-Mathebuchs. Ohne ihre Flexibilität, Offenheit und Unterstützung wäre das Projekt nicht möglich gewesen. Ein großes Dankeschön gilt insbesondere Berthold, Klaus, Heinz, Burckhard, Antonius, Egbert und Jürgen.

Im Zuge dessen muss auch die Medienberatung NRW genannt werden, die das Projekt KomNetMath finanziell unterstützte.

Dann gab es noch die Masterbeitsschreibenden und Hilfskräfte, die mir im Projekt vielfältig geholfen haben und denen ich danken möchte. Vor allem sind hier Robin und Steffen zu nennen, die zu vielen Schulen gefahren sind. An dieser Stelle sollen auch nicht die zahlreichen Lehrkräfte vergessen werden, die im Projekt kooperierten und zahlreiche Mails und Anrufe von mir erhielten.

Beim Schreiben dieser Danksagung muss ich an die tägliche Arbeit und die Menschen am Institut denken. Es gab viele Wegbegleiter:innen in den Arbeitsgruppen und es ist unmöglich, an dieser Stelle allen gerecht zu werden. Deswegen möchte ich einige wiederkehrende und besondere Momente hervorheben und hoffe, dass sich ein paar Personen darin wiedererkennen: Gespräche und Diskussion zu Rasch und anderen methodischen Fragen, gemeinsame Kaffeepausen, lustige oder mal tiefgehende Gespräche im Büro, gemeinsame Seminardurchführungen, Spieleabende sowie der Austausch und das Rahmenprogramm auf vielfältigen Konferenzfahrten.

Ein großer Dank gilt allen, mit denen ich im Laufe der Zeit ein Büro teilen durfte: für die Gespräche, das gemeinsame Lachen und die kleinen Fluchten aus dem Büroalltag. Ganz besonders danke ich Laura, die mich über viele Jahre mit ihrem offenen Ohr begleitet hat. Ich bin dankbar dafür, dass aus der gemeinsamen Arbeit Freundschaften entstanden sind.

Dann gibt es noch ein paar Personen, die diese Arbeit in unterschiedlichen Versionen lesen „durften": Gina, David, Lisa und Laura. Ich danke ihnen für die konstruktiven und wertschätzenden Rückmeldungen.

Und schließlich gibt es meine Familie, die mich auf diesem Weg stets begleitet und bedingungslos unterstützt hat. Insbesondere meinen Eltern, meiner Schwester und meinen Großeltern möchte ich an dieser Stelle DANKE für die Unterstützung in all ihren Formen sagen, die sich nur schwer in Worte fassen lässt.

Last but not least: Es gibt eine Person, die täglich jedes Auf und Ab miterlebt hat. Danke, Caro, dass du stets an meiner Seite bist! Du hast mir in jeder Situation geholfen, in der ich gerade Unterstützung brauchte: von A wie *Alles möglichst schnell tackern* bis Z wie *Zehnmal gegenlesen.* Manchmal musstest du auch unseren kleinen Sonnenschein vor dem Reinstürmen ins Büro abhalten. Für seine kleinen Ablenkungen und Freudestrahlen bin ich ihm ganz besonders dankbar.

Vielen Dank euch allen! Svima vam puno hvala!

Interessenkonflikt Der Autor hat keine relevanten Interessenskonflikte im Zusammenhang mit dieser Publikation.

Inhaltsverzeichnis

Abbildungsverzeichnis

Tabellenverzeichnis

1 Einleitung

> *„Digitalisierung in der Schule. Analog versus digital: Sind Schulbücher noch zeitgemäß?“*
>
> Titel eines Beitrags vom SWR Kultur vom 31.01.2025 *(Kullmann, 2025)*

Mit dieser zugespitzten Frage überschrieb der SWR Kultur am 31. Januar 2025 einen Beitrag zur Rolle des Schulbuchs im digitalen Wandel (Kullmann, 2025). Der Titel bringt auf den Punkt, worüber in Schule, Wissenschaft und Öffentlichkeit vielfach diskutiert wird: Welche Bedeutung haben gedruckte Schulbücher in einer zunehmend digitalisierten Lernwelt, und welche Chancen oder Risiken sind mit der Nutzung digitaler Alternativen verbunden?

Vor diesem Hintergrund nimmt die vorliegende Arbeit ein aktuelles und zugleich zentrales Thema der Mathematikdidaktik in den Blick. Das Schulbuch ist seit Jahrzehnten eine der wichtigsten Curriculum Ressourcen, die den Zugang zu mathematischen Inhalten strukturieren, den Unterricht organisieren und Lernprozesse begleiten (Pepin & Gueudet, 2018; Rezat et al., 2021). Mit der Digitalisierung eröffnen sich neue Möglichkeiten. Digitale Schulbücher können dynamische Visualisierungen, unmittelbares Feedback und interaktive Elemente bereitstellen, die über die lineare Logik gedruckter Bücher hinausgehen. Zugleich entstehen neue Herausforderungen, da erst in der Verbindung von Schulbuch, Lehrkraft und Lernenden entschieden wird, ob diese erweiterten Funktionen ihr Potenzial entfalten (Rezat & Sträßer, 2012).

Die Arbeit ist in der wissenschaftlichen Disziplin der Mathematikdidaktik verortet und knüpft an zwei zentrale Forschungsfelder an: Zum einen an die Curriculum-Ressourcen-Forschung, die die Nutzung und Wirkung von Schulbüchern im Unterricht untersucht (vgl. Fan et al., 2013; Pepin & Gueudet, 2018;

M. Brnic, *Digitales versus analoges Schulbuch*, Studien zur theoretischen und empirischen Forschung in der Mathematikdidaktik,
https://doi.org/10.1007/978-3-658-52464-7_1

Rezat et al., 2021). Zum anderen an die Didaktik der Stochastik, die sich mit der Förderung bayesianischen Denkens, also der Fähigkeit, Wahrscheinlichkeiten für eine Hypothese auf Grundlage neuer Informationen anzupassen und daraus Schlussfolgerungen abzuleiten (Reani et al., 2018; Steib, 2025), befasst und dabei insbesondere die Rolle von Visualisierungen und der dargestellten Informationen für den Kompetenzerwerb zu bedingten Wahrscheinlichkeiten hervorhebt (vgl. z. B. Büchter, Steib, et al., 2022; Eichler et al., 2020; Khan et al., 2015; McDowell & Jacobs, 2017).

Der Fokus auf bedingte Wahrscheinlichkeiten stellt dabei eine bewusste Abgrenzung zu anderen mathematischen Inhaltsbereichen dar. Dieses Themenfeld gilt als besonders kognitiv herausfordernd und zugleich als besonders geeignet, um Potenziale unterschiedlicher Visualisierungen sichtbar zu machen (vgl. z. B. Eichler et al., 2020; Khan et al., 2015; Steib, 2025; Zhu & Gigerenzer, 2006). Während frühere Studien vielfach den Vergleich verschiedener Darstellungsformen, beispielsweise Baumdiagramm versus Vierfeldertafel (z. B. Binder et al., 2015; Wassner, 2007), in den Mittelpunkt stellten, richtet die vorliegende Arbeit die Aufmerksamkeit auf den Vergleich von digitaler und analoger Umsetzung einer identischen Visualisierung. Damit wird ein Zugang gewählt, der die Frage „analog oder digital?" auf die konkrete Ebene eines anspruchsvollen Inhaltsbereiches des Mathematikunterrichts herunterbricht.

Das Erkenntnisinteresse der Arbeit liegt darin, zu untersuchen, welchen Effekt das Arbeiten mit einem digitalen Mathematikschulbuch, das integriertes Feedback, dynamische Visualisierungen und interaktive Elemente bietet, auf die Mathematikleistung im Vergleich zum Arbeiten mit einem analogen Schulbuch hat. Die zentrale Forschungsfrage wird durch vier untergeordnete Fragen konkretisiert, die sich auf (1) die Skalierung und Modellierung der erhobenen Daten, (2) die Kompetenzzuwächse im Prä-Post-Vergleich, (3) den direkten Gruppenvergleich Digital vs. Analog sowie (4) Unterschiede in den Informationsformaten natürlicher Häufigkeiten und Wahrscheinlichkeiten beziehen.

Die Arbeit gliedert sich in vier Hauptteile. Teil I entfaltet den theoretischen Rahmen, indem er die Literatur zu digitalen Schulbüchern und digitalen Mathematikwerkzeugen, zu empirischen Befunden zur Nutzung und Wirksamkeit digitaler Curriculum Ressourcen und Schulbücher sowie bayesianischem Denken zusammenführt. Dieser Teil verortet die Arbeit in bestehenden Diskursen und leitet die Forschungsfragen her. Die Studie ist Teil des Projekts KomNetMath, sodass die Einbettung in das Projekt in Teil II beschrieben wird. Zudem wird dort auf das Studiendesign, das genutzte Schulbuch, die Durchführung sowie die eingesetzten Datenanalysemethoden eingegangen. Hier wird zugleich die besondere Kombination aus Rasch-Skalierung und Linearen Gemischten Modellen (LMM) begründet. Teil III stellt die empirischen Ergebnisse dar, die in Teil IV diskutiert werden sowie in Implikationen für Forschung und Praxis münden. Abgeschlossen wird die Arbeit durch ein zusammenfassendes Fazit, das die zentralen Beiträge der Studie bündelt.

Ziel dieser Arbeit ist es, einen differenzierten Beitrag zur empirischen Forschung digitaler Curriculum Ressourcen zu leisten, indem die Wirksamkeit digitaler und analoger Schulbücher unter realistischen Unterrichtsbedingungen systematisch verglichen wird. Durch die Verbindung von theoretischer Fundierung, methodischer Innovation und schulpraktischer Relevanz möchte sie exemplarisch zeigen, wie insbesondere digitale Schulbücher die Kompetenzentwicklung im Bereich bedingter Wahrscheinlichkeiten beeinflussen können und damit auf die eingangs gestellte Frage eine empirisch fundierte Antwort geben.

Teil I
Theoretischer Rahmen

2 Vom analogen zum digitalen Mathematikschulbuch

"Perhaps only students and teachers themselves are more ubiquitous element of schooling than textbooks."

(Valverde et al., 2002, S. 2)

Zum Lernen und Lehren von Mathematik werden im Unterricht *Curriculum Ressourcen* eingesetzt (Abschnitt 2.1). Dabei handelt es sich um analoge oder digitale Materialien, welche für die Interaktion mit der Mathematik konzipiert sind. Dazu zählen beispielsweise analoge und digitale Schulbücher sowie digitale Werkzeuge, die für diese Arbeit auch von zentraler Bedeutung sind. In welchem Zusammenhang diese einzelnen Ressourcen stehen, wird anhand eines *Curriculum-Ressourcen-Modells* aufgezeigt.

Warum gerade das Schulbuch als bedeutsamste Curriculum Ressource des Mathematikunterrichts gilt, wird in Abschnitt 2.2 aus verschiedenen Perspektiven erläutert. Es wird auch darauf eingegangen, inwiefern über das Schulbuch neue Innovationen und mathematikdidaktische Konzepte in den Unterricht gelangen können. Dies ist vor allem vor dem Hintergrund zu betrachten, dass das Schulbuch selbst stets einem kontinuierlichen Wandel unterliegt.

Mit den technologischen Entwicklungen entstehen zunehmend auch digitale Mathematikschulbücher, die ergänzend oder anstelle analoger Schulbücher im Unterricht verwendet werden. Was unter einem digitalen

M. Brnic, *Digitales versus analoges Schulbuch*, Studien zur theoretischen und empirischen Forschung in der Mathematikdidaktik,
https://doi.org/10.1007/978-3-658-52464-7_2

Mathematikschulbuch zu verstehen ist und welche Potenziale es insbesondere gegenüber gedruckten Materialien hat, wird in Abschnitt 2.3 dargestellt.

2.1 Das Schulbuch als Ressource des Mathematikunterrichts

Das Anfangszitat von Valverde et al. (2002, S. 2) verweist bereits auf die Bedeutung des Schulbuchs für den Mathematikunterricht. Neben den Akteuren des Unterrichts, d. h. den Schüler:innen und Lehrkräften, scheint auch das Schulbuch eine wichtige Rolle im Mathematikunterricht zu haben. Zuerst soll aber geklärt werden, warum das Schulbuch als eine Ressource zu verstehen ist und wie dieses neben anderen Lehr- und Lernmaterialien sowie die für den Mathematikunterricht spezifischen (digitalen) Werkzeuge einzuordnen ist.

Im Kontext der internationalen mathematikdidaktischen Schulbuchforschung wird das Schulbuch oftmals als *Curriculum Ressource* kategorisiert. Diese Charakterisierung des Schulbuches erfolgt beispielsweise in internationalen Überblicksbeiträgen (z. B. Pepin et al., 2017; Pepin & Gueudet, 2018; Rezat et al., 2021) und Sammelbänden (Fan et al., 2018; Gueudet et al., 2012), die sich spezifisch mit der Schulbuchforschung auseinandersetzen.

Eine für den Mathematikunterricht spezifische Definition des Begriffs *Curriculum Ressource* geben Pepin & Gueudet (2018):

> *„We define mathematics curriculum resources as all the material resources that are developed and used by teachers and students in their interaction with mathematics in/for teaching and learning, inside and outside the classroom.“*
> *(Pepin & Gueudet, 2018, S. 1–2)*

Curriculum Ressourcen sind demnach Lehr- und Lernmaterialien, die den jeweiligen Lehrplan in Teilen oder in Gänze aufgreifen und die zur Umsetzung curricularer Intentionen im konkreten Unterrichtsgeschehen beitragen (Pepin et al., 2017; Rezat et al., 2021).[1]

Die Gestaltung solcher Materialien sollte den fachlichen Besonderheiten des Faches Rechnung tragen. Dazu zählen beispielsweise der Umgang mit mathematischer Fachsprache und Symbolen, die Bedeutung verschiedener Darstellungsformen, der Anwendungsbezug und die Förderung von Problemlösefähigkeiten. Diese Anforderungen spiegeln sich in den übergeordneten Bildungszielen des Faches wider, wie sie unter anderem in den Bildungsstandards (KMK, 2004b, 2004a, 2012, 2022) und in den Winterschen Grunderfahrungen (Winter, 1995) beschrieben werden.

Curriculum Ressourcen übernehmen in diesem Zusammenhang eine doppelte Funktion. Sie vermitteln nicht nur mathematische Inhalte, sondern strukturieren auch den Zugang zur Mathematik. Lehrkräfte und Schüler:innen treten erst durch die Nutzung einer solchen Ressource in eine aktive Auseinandersetzung mit der Mathematik. Als Curriculum Ressourcen gelten Materialien erst dann, wenn sie zum Lehren *und* Lernen eingesetzt werden können. Die Aktivitäten, die durch sie angeregt werden, sind dabei nicht auf Situationen im regulären Unterricht oder im Klassenraum beschränkt (Pepin & Gueudet, 2018).

In der Definition von Pepin & Gueudet (2018) wird nicht explizit zwischen unterschiedlichen curricularen Ressourcentypen unterschieden. Bislang gibt es auch nur wenige Versuche einer systematischen Kategorisierung der im Mathematikunterricht verwendeten Materialien (vgl. auch Roth, 2022). Pepin & Gueudet (2018) differenzieren aber in ihren weiteren Ausführungen zu Curriculum Ressourcen zwischen drei Subkategorien:

"Text resources ...

Other material resources ...

Digital-/ICT-based curriculum resources"[2] *(Pepin & Gueudet, 2018, S. 2)*

[1] Der allgemeine Begriff *Ressource* wird laut Duden (o. J.) als ein „natürlich vorhandener Bestand von etwas, was für einen bestimmten Zweck … [ständig] benötigt wird" verstanden. Um diesen Bestand einer Ressource zu präzisieren, wird die Ressource häufig durch einen zusätzlichen Begriff klassifiziert. Beispielsweise kann ein Mensch über *finanzielle* oder *soziale* Ressourcen verfügen. Eine Ressource kann somit also als etwas Materielles (z. B. physisches Geld) oder Immaterielles (z. B. persönliche Kontakte) aufgefasst werden.

[2] Die Abkürzung ICT steht für *Information and Communications* Technology (deutsch: Informations- und Kommunikationstechnologie).

Die erste und dritte Kategorie bilden eine Aufteilung in textbasierte sowie digitale Materialien ab. Teilweise wird bei anderen Autor:innen nur zwischen diesen zwei Arten von Ressourcen unterschieden (vgl. Drijvers et al., 2013; Maschietto & Soury-Lavergne, 2013; Ruthven, 2013). Der Gegensatz zu digitalen Ressourcen, wie digitale Schulbücher, wird dann u. a. als *paper resources* (Drijvers et al., 2013) oder *physical resources* (Maschietto & Soury-Lavergne, 2013; Stylianides, 2016) aufgefasst. Darunter werden stets analoge Materialien, wie z. B. gedruckte Schulbücher oder Arbeitsblätter, beschrieben.

Zwar ordnen Pepin & Gueudet (2018) zu der ersten Kategorie ebenfalls vorwiegend analoge Materialien zu, nennen als Beispiel aber auch digitale Ressourcen wie *Websites*. Die Kategorisierungen werden von den Autorinnen nicht weiter erläutert, doch scheint nicht nur das *Format* (digital oder analog), sondern auch die *Funktion* oder *Struktur* (z. B. textbasiert) der jeweiligen Ressource eine Bedeutung für die Kategorien zu haben. Vor dem Hintergrund einer solchen differenzierten Betrachtung fügen Pepin & Gueudet (2018), im Unterschied zu anderen Autor:innen, die zusätzliche Kategorie *other material resources* ein. Darunter fassen sie unter anderem den Taschenrechner und *Manipulatives*[3]. Manipulatives sind (physische oder digitale) Materialien, die von Schüler:innen aktiv genutzt werden, um mathematische Konzepte oder Verfahren zu erkunden (Bartolini & Martignone, 2020). Sie unterstützen Problemlöseprozesse durch den Rückgriff auf sinnliche Erfahrungen, etwa durch visuelle, taktile oder allgemeine Wahrnehmung. Dabei wird zwischen *konkreten Manipulatives* (physisch greifbare Objekte) und *virtuellen Manipulatives* (digitale Darstellungen mit vergleichbaren Handlungsoptionen) unterschieden (Bartolini & Martignone, 2020). Typische Beispiele für Manipulatives sind Würfel, das Prozentgummiband oder Bruchstreifen, wie sie u. a. in den MUED-Mathekoffern zur Verfügung gestellt werden (vgl. https://www.mathekoffer.de).

Ob solche Materialien tatsächlich im Sinne dieser Kategorie als Curriculum Ressource gelten, hängt von der Interpretationsweise des Konstruktes *Curriculum Ressource* ab (Aldon, 2010; vgl. Pepin et al., 2017). Dies wird im Folgenden am Beispiel des Taschenrechners und im Allgemeinen an *digitalen Werkzeugen* verdeutlicht. Dabei wird insbesondere das Verhältnis der digitalen Werkzeuge zum Konzept der Curriculum Ressourcen erläutert.

[3] Für den Begriff „Manipulatives" scheint es bislang keine einheitliche und fachlich adäquate Übersetzung zu geben, sodass hier der international gebräuchliche englische Fachterminus verwendet wird.

2.1.1 Zusammenhang von Curriculum Ressourcen und digitalen Werkzeugen

Abhängig von der Entscheidung des jeweiligen Forschenden kann ein wissenschaftlicher Taschenrechner entweder als eine *Curriculum Ressource* oder als ein *Werkzeug* angesehen werden (Aldon, 2010). Ausgehend von der obigen Definition einer Curriculum Ressource kann der Taschenrechner als eine Ressource betrachtet werden, welche Lehr- und Lernprozesse unterstützt und eine Interaktion mit der Mathematik durch die Schüler:innen und Lehrkräfte ermöglicht (Aldon, 2010). Zugleich kann der Taschenrechner aber auch als ein Werkzeug aufgefasst werden, um Rechnung durchzuführen oder mathematische Sachverhalte darzustellen (Aldon, 2010).

Die Entscheidung, ob etwas als Curriculum Ressource oder ein Werkzeug aufgefasst wird, wirkt sich auf die Wahl der Theorie, der Formulierung der Forschungsfragen und der Interpretation der Ergebnisse aus (vgl. auch Pepin et al., 2017). Diese zusätzliche Interpretationsebene zeigt zugleich auf, dass dieses Verhältnis von Curriculum Ressourcen und mathematikspezifischen Werkzeugen weitergehend geklärt werden sollte.

2.1.1.1 Digitale Mathematikwerkzeuge

Weitere Beispiele für Werkzeuge sind neben wissenschaftlichen Taschenrechnern unter anderem Dynamische-Geometrie-Systeme, Tabellenkalkulationsprogramme, Funktionenplotter, Computer-Algebra-Systeme und spezifische Stochastik- und Datenanalysetools. In der deutschsprachigen Literatur werden solche Hilfsmittel als *digitale Mathematikwerkzeuge*[4] aufgefasst (Barzel et al., 2005; Barzel & Greefrath, 2015; Barzel & Klinger, 2022; Greefrath & Siller, 2018) und können nach Barzel & Klinger (2022) folgendermaßen definiert werden:

> *„Digitale Werkzeuge innerhalb der deutschsprachigen Literatur bezeichnen vielmehr Technologien, die flexibel innerhalb verschiedener mathematischer Domänen (wie Funktionenlehre, Algebra, Geometrie) von Nutzen sind und somit der Bearbeitung einer breiten Klasse von Problemen dienen."*
> *(Barzel & Klinger, 2022, S. 94; vgl. auch Barzel & Schreiber, 2017)*

[4] Alternativ wird auch nur die Kurzform *digitale Werkzeuge* genutzt.

Bei digitalen Werkzeugen handelt es sich somit um Hilfsmittel, die Lehrkräfte in ihren Instruktionen als *Lehrwerkzeug* unterstützen bzw. von Schüler:innen in der Problem- und Aufgabenbearbeitung als *Lernwerkzeug* eingesetzt werden (Barzel et al., 2005; Barzel & Greefrath, 2015; Greefrath & Siller, 2018; Remillard, 2018; Remillard et al., 2021). Diese Hilfsmittel können aber auch selbst zum *Lerngegenstand* werden, beispielsweise wenn die Funktionen einer Dynamischen Geometrie-Software erlernt werden (Barzel & Greefrath, 2015; Greefrath & Siller, 2018). International werden die digitalen Werkzeuge auch als *digital instructional resources* (z. B. Remillard, 2018; Remillard et al., 2021), *digital instructional tools* (z. B. Pepin et al., 2017) oder als *digital tools* (z. B. Drijvers, 2018; Hillmayr et al., 2020) bezeichnet. Mittlerweile existieren jedoch auch Geräte und Software, die als digitales Werkzeug nicht nur eine einzelne Funktion integrieren, z. B. die Tabellenkalkulation, sondern mehrere Funktionen und Darstellungsformen miteinander verknüpfen. Solche digitalen Werkzeuge werden als *Multirepräsentationssysteme (MRS)* begriffen. Charakteristisch für ein MRS ist zudem, dass Änderungen in einer Darstellungsform direkt Änderungen in zugehörigen anderen Darstellungsformen aufzeigen können, z. B. bei einer Wertetabelle und dem dazu passenden Graphen. Ein Beispiel für ein MRS ist die Software *GeoGebra*. Sie integriert unter anderem Dynamische-Geometrie, ein Computer-Algebra-System und eine Tabellenkalkulation in einer gemeinsamen Umgebung und verknüpft diese miteinander. So ermöglicht GeoGebra sowohl eigene Konstruktionen als auch die Nutzung bereits vorgefertigter GeoGebra-Apps (vgl. https://www.geogebra.org/math).

2.1.1.2 Das Curriculum-Ressourcen-Modell

Zusammenfassend ist festzuhalten, dass für digitale Mathematikwerkzeuge universelle Einsatzszenarien als Hilfsmittel bei mathematischen Problemstellungen denkbar sind, wobei sie selbst nicht als Träger curricularer Stoffinhalte fungieren (Barzel et al., 2005; Roth, 2022). Sobald ein digitales Werkzeug für die Interaktion mit der Mathematik durch Schüler:innen oder Lehrkräfte genutzt wird, erfüllt dieses die Kriterien einer Curriculum Ressource (vgl. Definition). Demzufolge kann dann jedes digitale Werkzeug als eine Curriculum Ressource verstanden werden. Der prinzipielle Unterschied zu anderen Curriculum Ressourcen ist, dass ein digitales Werkzeug *punktuell* für einen spezifischen Zweck eingesetzt wird und dieser Einsatzzweck durch die nutzende Person spezifiziert wird (Roth, 2022). Diese Eigenschaften können auch auf Manipulatives übertragen werden. Digitale Werkzeuge oder Manipulative stellen somit einen eigenen Typ von Curriculum Ressourcen dar.

Pepin & Gueudet (2018) klassifizieren diese Art von Materialien als „other material resources", welche in der Klassifizierung anderer Autor:innen zumeist nicht explizit berücksichtigt werden (vgl. Drijvers et al., 2013; Maschietto & Soury-Lavergne, 2013; Stylianides, 2016). Im Folgenden werden diese Art von Curriculum Ressourcen *punktuelle Curriculum Ressourcen* genannt. Zudem können diese auch zwischen analog und digital differenziert werden.

Diesem Typ sind Curriculum Ressourcen gegenübergestellt, die eine *Sequenzierung* von Unterrichtsinhalten des Lehrplans abbilden und somit eine ordnende Funktion haben (Pepin et al., 2017). Dabei kann es sich entweder um analoge oder digitale Lehr-Lern-Materialien handeln, wie zum Beispiel das gedruckte oder digitale Schulbuch, Arbeitsblätter oder einem Lernpfad. Diese Art von Curriculum Ressourcen werden im Folgenden als *sequenzielle Curriculum Ressourcen* aufgefasst.

Eine strikte Trennung zwischen den punktuellen und sequenziellen Ressourcen ist jedoch nicht möglich, da diese miteinander verknüpft sein können (Barzel & Klinger, 2022; Pepin et al., 2017; Pepin & Gueudet, 2018). Das *Net-Mathebuch* (2021 vgl. https://m2.net-schulbuch.de) ist ein prototypischer Fall, welches als digitales Mathematikschulbuch auch digitale Mathematikwerkzeuge integriert hat (vgl. Abschnitt 6.2). Zukünftig ist sogar zu erwarten, dass im digitalen Bereich punktuelle und sequenzielle Curriculum Ressourcen zunehmend weiter verschmelzen (vgl. Barzel & Klinger, 2022).

In der folgenden Abbildung 2.1 werden die einzelnen Typen von Curriculum Ressourcen veranschaulicht. Diese lehnt sich an die dreigeteilte Kategorisierung von Pepin & Gueudet (2018) an, trennt aber in Anlehnung an die Aufteilung anderer Autor:innen analoge und digitale Materialien (vgl. Drijvers et al., 2013; Maschietto & Soury-Lavergne, 2013; Stylianides, 2016). Zudem wird die Funktion einer Ressource dahingehend berücksichtigt, ob sie sequenzielle Vorgaben zum Lehren und Lernen macht oder für einen punktuellen Einsatz bestimmt ist. Die verbindenden Elemente greifen auf, dass punktuelle und sequenzielle Curriculum Ressourcen miteinander genutzt werden können und gegenseitig integriert werden können.

Mithilfe dieses Schaubilds werden die mathematikdidaktischen Diskussionen zu Curriculum Ressourcen zusammengeführt, indem sowohl das Format (digital vs. analog) als auch die Funktion (punktuell vs. sequenziell) der jeweiligen Ressource berücksichtigt werden. Das hier dargestellte Modell erlaubt eine systematische Einordnung digitaler und analoger Materialien entlang zweier zentraler Dimensionen.

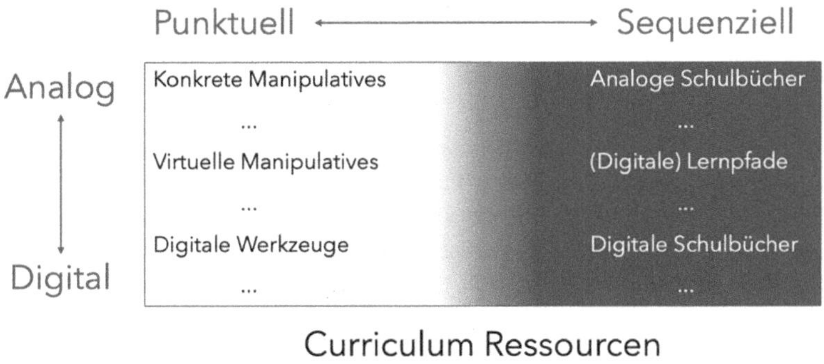

Abbildung 2.1 Das Curriculum-Ressourcen-Modell

In der deutschsprachigen Literatur werden digitale Werkzeuge, digitale Schulbücher und Lernpfade als Teilmengen *digitaler Medien* aufgefasst (vgl. z. B. de Vries, 2021; Roth, 2022).[5] Das Curriculum-Ressourcen-Modell greift diese Unterscheidung auf, ordnet sie jedoch in einen breiteren theoretischen Rahmen zu Curriculum Ressourcen ein.

Bei *digitalen* Curriculum Ressourcen kann zudem unterschieden werden, auf welchem Gerät, d. h. Tablet, Smartphone, Computer oder Handheld, die Nutzung stattfindet. Diese Endgeräte können wiederum als digitale Werkzeuge verstanden werden, wenn sie „im Mathematikunterricht zum Bearbeiten von Aufgabenstellungen in spezifischer Weise genutzt werden." (Greefrath & Siller, 2018, S. 7). Beispielsweise übernehmen sie eine Werkzeugfunktion, wenn mit ihnen recherchiert wird oder Messungen durchgeführt werden. Durch die gezielte Nutzung eines Endgerätes für die Interaktion mit der Mathematik kann es zugleich als Curriculum Ressource aufgefasst werden.

Digitale und analoge Materialien können als zwei Pole des Curriculum-Ressourcen-Spektrums auch gegenübergestellt und ihre jeweiligen Vor- und Nachteile analysiert werden. Im folgenden Abschnitt 2.2 wird dazu auf analoge und digitale Schulbücher eingegangen, mit denen sich in dieser Arbeit hauptsächlich auseinandergesetzt wird. Es wird erläutert, warum die Auseinandersetzung mit dem Schulbuch aus mathematikdidaktischer Perspektive von besonderer Bedeutung ist.

---

[5] Digitale Schulbücher und Lernpfade werden dort als *digitale Lernumgebungen* zusammengefasst (Roth, 2022).

2.2 Rolle und Relevanz des Schulbuchs im Mathematikunterricht

Dem Schulbuch wird eine herausragende Rolle für den Mathematikunterricht zuerkannt (Fan et al., 2013; Rezat et al., 2021; Valverde et al., 2002). Auch wenn es länderspezifische Unterschiede in der Nutzung und Bedeutung des Schulbuchs gibt, wird das Schulbuch international als Schlüsselressource in einem Set von Curriculum Ressourcen aufgefasst (Adler, 2021; Pepin & Gueudet, 2018; Rezat, 2021; Rezat et al., 2021; Rezat & Sträßer, 2012; Wang & Fan, 2021). Die Bedeutung des Schulbuches kann dabei auf zwei Ebenen analysiert werden. Einerseits kann die Bedeutung des Schulbuches für die Umsetzung des Curriculums (der Lehrpläne bzw. Bildungsstandards) beschrieben werden. Auf einer solchen Makro-Ebene fungiert das Schulbuch als vermittelndes Element zwischen den politischen Vorgaben und den Handlungen der Lehrkräfte (vgl. Abschnitt 2.2.1). Andererseits kann die Bedeutung des Schulbuchs im Mathematikunterricht betrachtet werden. Diese Mikro-Ebene geht auf die konkreten Akteure des Unterrichts ein und konzeptualisiert das Schulbuch als Instrument des Lernens. Im Mittelpunkt steht dabei die Interaktion der Schüler:innen und Lehrer:innen mit dem Schulbuch und der darin vermittelten Mathematik (vgl. Abschnitt 2.2.2). Abschließend wird darauf eingegangen, wie das Schulbuch gezielt genutzt werden kann, um Innovationen oder didaktische Konzepte in den Unterricht zu bringen (vgl. Abschnitt 2.2.3).

2.2.1 Das Schulbuch als Vermittler des Curriculums

Die Definition des Schulbuchs als Curriculum Ressource und seine sequenzielle Funktion verdeutlichen die enge Anbindung an das Curriculum (vgl. Abschnitt 2.1.1.2). Dabei ist bislang das *intendierte Curriculum* gemeint, das staatlich bestimmt ist und sich in Bildungsstandards und Lehrplänen widerspiegelt (Cai & Howson, 2013). Das intendierte Curriculum gibt die Standards, Lernziele und Kompetenzen wieder, die im Unterricht zu vermitteln sind (Travers & Westbury, 1989; Valverde et al., 2002). Daraus folgt aber nicht, dass eine Eins-zu-Eins-Umsetzung durch die Lehrkräfte im Mathematikunterricht erfolgt (Remillard, 2005). Neben dem intendierten Curriculum ist damit eine Betrachtung des tatsächlich umgesetzten Curriculums erforderlich. Ausgangspunkt einer solchen mehrdimensionalen Betrachtung des Curriculums geht auf die *International Association for the Evaluation of Educational Achievement* (IEA) und der 1995 durchgeführten *Third International Mathematics and Science Study*

(TIMSS) zurück. Im Rahmen der TIMS-Studie wurden Inhalte und die pädagogischen Modelle von 418 Mathematik- und Naturwissenschaftsschulbüchern aus 48 Bildungssystem untersucht (Valverde et al., 2002). Auf Basis der TIMSS-Daten wurde ein vierdimensionales Framework entwickelt, das in Abbildung 2.2 dargestellt ist und zwischen einzelnen Curriculumstypen differenziert.[6]

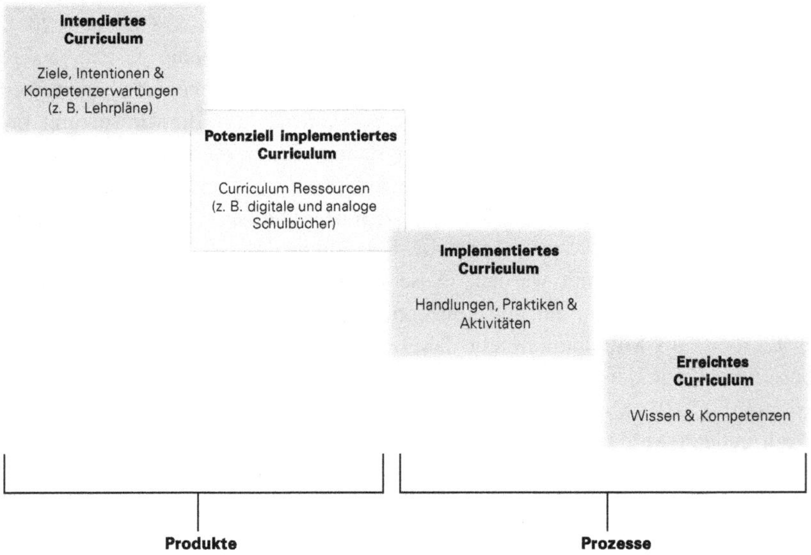

Abbildung 2.2 Die Dimensionen des Curriculums. (*Anmerkung.* Adaptiert aus Fan et al. (2013, S. 636; vgl. auch Valverde et al., 2002))

Die durch das *intendierte* Curriculum tatsächlich initiierten Handlungen, Praktiken und Aktivitäten der Lehrkräfte und Schüler:innen lassen sich dem *implementierten Curriculum* zuordnen.[7] Als *erreichtes Curriculum* gelten dann das Wissen und die Kompetenzen, die von den Schüler:innen tatsächlich erworben

[6] Vor Auswertung der TIMSS-Daten ging man von einem dreidimensionalen Curriculum-Modell aus, welches aus einem intendiertem, implementierten und erreichten Curriculum besteht (Travers & Westbury, 1989).

[7] In der englischsprachigen Literatur werden hierfür unterschiedliche Begriffe genutzt, die sich aber stets auf die Handlungen im Unterricht beziehen. Statt „implemented“ curriculum wird alternativ auch der Begriff „enacted“ curriculum genutzt, z. B. bei Remillard & Heck (2014) oder Rezat et al. (2021).

werden und sich beispielsweise in Leistungstests äußern (Travers & Westbury, 1989; Valverde et al., 2002).

Als *potenziell implementiertes Curriculum* werden Curriculum Ressourcen bezeichnet, die zwischen dem intendierten und implementierten Curriculum eine vermittelnde Funktion einnehmen (Valverde et al., 2002). Die Bedeutung und Übersetzungsfunktion des Schulbuchs in dieser Dimension werden von den Autor:innen folgendermaßen konzeptualisiert:

> *Textbooks are designed to translate the abstractions of curriculum policy into operations that teachers and students can carry out. They are intended as mediators between the intentions of the designers of curriculum policy and the teachers that provide instruction in classrooms. (Valverde et al., 2002, S. 2)*

Die Dimensionen des Curriculums können in der Auffassung von Cai & Howsen (2013) dahingehend unterschieden werden, inwiefern sie einen Produkt- oder Prozesscharakter haben. Als *Produkte* können die oberen beiden Ebenen des Schaubilds verstanden werden, da hierbei Produkte wie Lehrpläne und Curriculum Ressourcen beschrieben werden. Diese führen wiederum zu *Prozessen*, die im Unterricht und bei Lehrkräften und Schüler:innen stattfinden. Zu dieser Interpretationsweise passt auch die Auffassung von Fan (2013), der die Ebene der Curriculum Ressourcen detaillierter beschreibt (vgl. auch Fan et al., 2013). Die Curriculum Ressourcen stellen einen Mediator bzw. eine intervenierende Variable dar, welche(r) zwischen unabhängigen und abhängigen Variablen einzuordnen ist. Am Beispiel des Schulbuchs drücken unabhängige Variablen Faktoren aus, welche die Entwicklung von Schulbüchern beeinflussen. So erfordert die Änderung von Lehrplänen, welche ursächlich durch bildungspolitische und systemische Entscheidungen sind, eine Neugestaltung von Schulbüchern. Als abhängige Variable fasst Fan (2013) Faktoren auf, die durch das Schulbuch beeinflusst werden. Damit sind sowohl die Handlungen von Lehrkräften als auch die Lernaktivitäten der Schüler:innen bzw. im Sinne von Cai & Howsen (2013) Prozesse gemeint.

Die Bedeutung des Schulbuches in der Makro-Perspektive kann nach Valverde et al. (2002) aber noch weiter gefasst werden. So ist der Einfluss des Schulbuches nicht nur aufgrund von Handlungen der Lehrer:innen und Schüler:innen und des Lernerfolgs operationalisierbar, sondern das Schulbuch hat stets auch eine Repräsentationsfunktion des jeweiligen Schulfaches. Die Wahrnehmung des Faches Mathematik wird maßgeblich durch dessen Darstellung Gestaltung im Schulbuch geprägt. Dabei ist nicht nur die Wahrnehmung von Lehrer:innen und Schüler:innen gemeint, sondern auch die der Eltern und der Öffentlichkeit. Zugleich ist ein Schulbuch auch immer ein Abbild der Intentionen seiner Autor:innen sowie ihrer Sichtweise auf die Mathematik (Valverde et al., 2002).

Neben dem TIMSS-Framework gibt es weitere konzeptionelle Zugänge, die das Curriculum in unterschiedliche Dimensionen differenzieren (z. B. Goodlad et al., 1979; Remillard & Heck, 2014). Diese Ansätze sind komplexere Beschreibungen der einzelnen curricularer Ebenen und deren wechselseitiger Beziehungen. Beispielsweise unterscheiden Remillard und Heck (2014) zusätzlich in ihrem Modell, ob bestimmte Curriculum Ressourcen offiziell vorgegeben werden und somit als Teil des Lehrplans anzusehen sind oder sich Curriculum Ressourcen „lediglich" an bildungspolitischen Vorgaben orientieren und offizielle Materialien adaptieren. Auf diese komplexeren Modelle greifen Studien zurück, in denen die einzelnen Übersetzungsprozesse, d. h. vom intendierten Curriculum zum tatsächlichen Unterricht explizit Untersuchungsgegenstand sind (z. B. Choppin et al., 2022). Da das Ziel dieser Arbeit in der Untersuchung der Effekte des Schulbucheinsatzes liegt, werden die konkreten Übersetzungsprozesse zwischen intendiertem und implementiertem Curriculum nicht näher analysiert. Zur theoretischen Einordnung des Schulbuchs als vermittelnde Ressource wird daher auf das zuvor beschriebene Rahmenmodell von Valverde et al. (2002) zurückgegriffen. Die vorliegende Studie fokussiert sich insbesondere auf die unteren Dimensionen des Modells, nämlich die erreichten Kompetenzen der Schüler:innen sowie das (potenziell) implementierte Curriculum, das über den konkreten Einsatz des Schulbuchs im Unterricht wirksam wird.

Die einzelnen zitierten Frameworks basieren auf der kollektiven Annahme, dass das Schulbuch eine vermittelnde Rolle hat. Den unterschiedlichen Frameworks ist zudem gemeinsam, dass eine genauere Beschreibung der Interaktionen im Mathematikunterricht auf der Ebene des implementierten Curriculums fehlt, obwohl dieser Dimension den größten Einfluss auf den Lernerfolg der Schüler:innen zugeschrieben wird (Remillard & Heck, 2014; Rezat et al., 2021). Diese Schnittstelle zwischen der Nutzung des Schulbuchs und den von den Schüler:innen erworbenen Kompetenzen wird dann eher auf einer Mikro-Ebene untersucht und beschrieben. Diese unterrichtsbezogene Perspektive auf das Schulbuch wird im folgenden Abschnitt 2.2.2 näher erläutert.

2.2.2 Das Schulbuch als Instrument des Lernens

Die Bedeutung des Schulbuches in seiner Transferfunktion im Rahmen des Curriculums wurde im vorigen Kapitel evaluiert. Dabei sind es die Schüler:innen und

Lehrkräfte, die als Nutzer:innen des Schulbuchs auftreten und mit dem Schulbuch lehren und lernen. Als Ausgangspunkt, um diese Interdependenzen und Beziehungen zu veranschaulichen, dient das *Tetraeder-Modell des Lernens von Mathematik mit dem Schulbuch* (Rezat, 2009, S. 66):

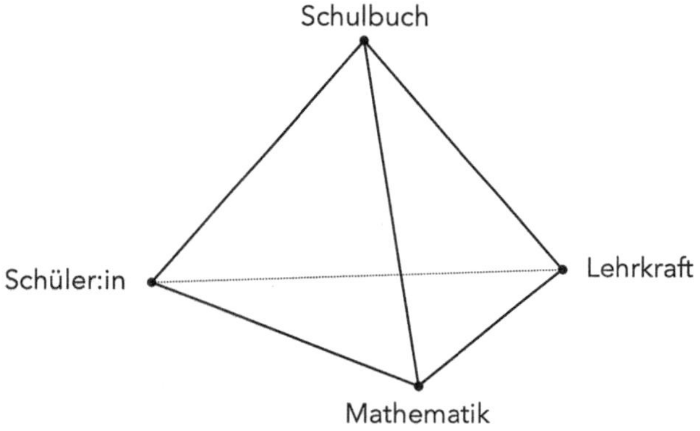

Abbildung 2.3 Tetraeder-Modell des Lernens von Mathematik mit dem Schulbuch. (*Anmerkung.* Adaptiert aus Rezat (2009, S. 66))

Dieses Modell basiert auf dem *Didaktischen Dreieck* (Chevallard, 1982), welches das Unterrichtsgeschehen und die Dreiecksbeziehung *Schüler:in – Lehrkraft – Fachlicher Lerngegenstand* aus einer allgemeindidaktischen Perspektive beschreibt. Die Erweiterung um eine vierte Dimension verdeutlicht, dass das Schulbuch für jede Seite des Dreiecks eine Rolle spielt (Rezat, 2006, 2009, S. 64 ff.). So kann das Schulbuch durch die Lehrperson zur Aufbereitung und Vermittlung der Mathematik im Unterricht genutzt werden (*Mathematik – Lehrkraft – Schulbuch*), die Schüler:innen nutzen das Schulbuch zum Mathematiklernen (*Mathematik – Schüler:in – Schulbuch*) und die Lehrkraft tritt als Vermittlerin des Schulbuchs gegenüber den Schüler:innen auf (*Lehrkraft – Schüler:in – Schulbuch*).

Das Modell geht dabei von der Annahme aus, dass das Lernen von Mathematik durch *Artefakte* vermittelt wird (Rabardel, 2002; Rezat & Sträßer, 2012; Vygotsky, 1978). Als Artefakt wird „anything that has undergone a transformation, however minimal, of human origin" (Rabardel, 2002, S. 39) verstanden. Somit kann sowohl Immaterielles, wie die Sprache, als auch Materielles, wie das Schulbuch, als Artefakt verstanden werden, da es sich jeweils um etwas handelt, das von Menschen geschaffen wurde (Rabardel, 2002; Rezat & Sträßer, 2012). Als charakterisierende Eigenschaft eines Artefakts gilt dessen Finalität:

Finalization is constitutive of the artifact's design,(...) its finalization is at the origin of its existence. Each artifact was designed to produce a class of effects and its implementation in conditions anticipated by designers allows production in situation of these effects. In other words, each artifact gives rise to possible transformations of the object of the activity, which were anticipated, deliberately sought and are liable to become concrete in usage. Hence, the artifact (whether material or not) makes concrete a solution to a problem or a class of problems raised socially. (Rabardel, 2002, S. 39)

Ein Artefakt ist somit zu einem bestimmten Nutzungszweck erschaffen. Der Umgang mit Artefakten und wie dieses zum *Instrument* wird, kann mithilfe der *Instrumentellen Genese* beschrieben werden (Rabardel, 2002; Verillon & Rabardel, 1995). Die Instrumentelle Genese konzeptualisiert den Vorgang und das Verhalten, wenn eine Person ein für sie neues Artefakt einsetzt (Artigue, 2002; Rezat & Sträßer, 2012). Aufgrund der Interaktion mit dem Artefakt entwickelt die Person individuelle Gebrauchsschemata, d. h. sie lernt wie sie es einsetzen kann (Bikner-Ahsbahs, 2022; Rabardel, 2002). In diesem Prozess der Instrumentellen Genese wird das Artefakt zum Instrument. Bikner-Ahsbahs (2022, S. 24) konkludiert, dass das Instrument „demnach ein individuelles Werkzeug zum Handeln in einer bestimmten Situation [ist].“[8]

Beispielsweise kann eine Schüler:in erlernen, für welche Zwecke sie das Artefakt Geodreieck nutzen kann. Das Geodreick wird zum Instrument, wenn die Person eigene Gebrauchsschemata entwickelt hat und dies z. B. gezielt zum Messen eines Winkels nutzen kann. Die Transformation zum Instrument ist auch bei komplexeren Artefakten, wie dem Schulbuch, beschreibbar. So kann eine Schüler:in im Laufe des Unterrichts lernen, das Schulbuch gezielt zur eigenständigen Bearbeitung mathematischer Inhalte zu nutzen, z. B. indem sie bei Verständnisproblemen Erklärkästen konsultiert, Aufgaben mit Beispielen vergleicht oder gezielt „Tipp“-Funktionen einsetzt. Das Schulbuch wird in diesem Fall zum Instrument, wenn entsprechende individuelle Gebrauchsschemata ausgebildet wurden und situationsangemessen zur Anwendung kommen. Dieser Aneignungsprozess kann insbesondere bei komplexen Artefakten längere Zeit

[8] Teilweise wird in der Literatur auch zwischen den Begriffen Instrument und Werkzeug im Rahmen der Theorie unterschieden. Das Werkzeug kann als eine Vorstufe des Instruments verstanden werden, d. h. etwas ist als ein „Werkzeug“ für einen bestimmten Nutzungszweck intendiert, aber die Gebrauchsschemata sind noch nicht gänzlich durch die Person ausgebildet (Monaghan et al., 2016). In mathematikdidaktischen Beiträgen, in der die instrumentelle Genese nicht im expliziten Forschungsinteresse liegt, werden beide Begriffe synonym verwendet, z. B. bei Rieß (2018) oder Hankeln (2019). Dies wird in dieser Arbeit aus dem gleichen Grund ebenfalls so gehandhabt.

benötigen (Bikner-Ahsbahs, 2022; Drijvers & Trouche, 2008) und wird durch verschieden Faktoren beeinflusst:

> *„The instrumental genesis, the construction of an instrument, depends on several factors, such as the affordances and constraints of the artifact, the type of tasks, the learning ecology as a whole, and the inventiveness of the student." (Drijvers & Trouche, 2008, S. 30)*

Zudem wird in der Instrumentellen Genese zwischen zwei Lernprozessen unterschieden, der *Instrumentalisierung* und der *Instrumentierung* von Artefakten (Rabardel, 2002). Der Prozess der Instrumentalisierung bedeutet, dass die Bedürfnisse und Vorlieben einer Person Einfluss auf die Nutzungsweise des Artefakts haben und die Person das Artefakt entsprechend für sich anpasst. Der Prozess der Instrumentierung bezieht sich dagegen auf den Einfluss des Artefaktes auf die jeweilige Person. Die Eigenschaften und der Aufbau des Artefaktes legen beispielsweise bestimmte Handlungsmuster nahe und prägen somit den Wissensaufbau der Person (Bikner-Ahsbahs, 2022; Drijvers & Trouche, 2008; Rabardel, 2002). Zusammenfassend wird der Wandel vom Artefakt zum Instrument in der Abbildung 2.4 dargestellt.

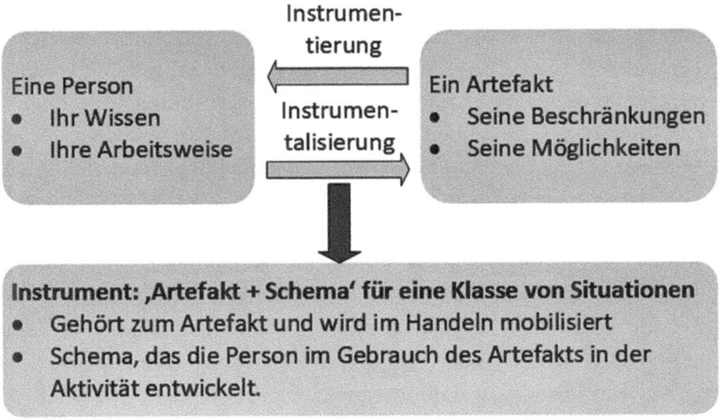

Abbildung 2.4 Vom Artefakt zum Instrument. (*Anmerkung*. Übernommen aus Bikner-Ahsbas (2022, S. 25; übersetzt nach Trouche, 2020, S. 395))

Die instrumentelle Genese bietet zudem die alternative Möglichkeit, dass das Tetraeder-Modell (Abbildung 2.3) nicht aus der Perspektive des didaktischen Dreieckes hergeleitet wird, sondern aus der Sicht der instrumentellen Handlung und der Schüler:innen (z. B. bei Rezat, 2006, 2009; Rezat & Sträßer, 2012). Dies bedeutet, dass zu den Instrumentalisierung- und Instrumentierungsprozessen zwischen *Schulbuch – Schüler:in – Mathematik* begründet wird, warum die Lehrkraft als vierter Eckpunkt ergänzt werden sollte. Die Bedeutung der Lehrkraft im Rahmen der Ressourcennutzung im Unterrichtssetting ist durch mehrere Studien bereits gezeigt worden. Eine Übersicht über einschlägige Forschungsbeiträge zum Verhältnis zwischen Lehrkraft und Curriculum Ressourcen findet sich u. a. bei Remillard (2005) oder Adler (2021).

Aufgrund der weitgehenden Definition eines Artefaktes kann das Tetraeder-Modell ebenso allgemein für Artefakte, die in Verbindung mit dem Lehren und Lernen von Mathematik stehen, aufgestellt werden (Rezat, 2009, S. 328 f.; Sträßer, 2009). Der Tetraeder stellt dann nicht nur die Beziehungen der Mathematik, Lehrperson und Schüler:in zu einem digitalen oder analogen Schulbuch dar, sondern zu jeglicher Curriculum Ressource (vgl. Rezat et al., 2021). Diesen *Didaktischen Tetraeder* erweitern Rezat & Sträßer (2012) zum *Sozio-Didaktischen Tetraeder (SDT)*, der zusätzlich sozio-kulturelle Aspekte berücksichtigt. Die Entwicklung des SDT geht darauf zurück, dass der ursprüngliche Didaktische Tetraeder relevante Umweltfaktoren als Modell vernachlässigt, auch wenn der SDT ebenfalls keinen Anspruch auf Vollständigkeit hat. Mithilfe des SDT kann der Mathematikunterricht unter Berücksichtigung weiterer Einflussfaktoren abgebildet werden und diese Verbindungen veranschaulicht werden (Abbildung 2.5).

Rezat & Sträßer (2020) stellen in ihrer Rückschau zur Nutzung des Didaktischen und Sozio-Didaktischen Tetraeders in der mathematikdidaktischen Forschung fest, dass die Tetraeder für zwei Hauptnutzungszwecke Beachtung finden. Einerseits werden beide Tetraeder als theoretische Modelle genutzt, um Situationen zum Lernen von Mathematik aus unterschiedlichen Perspektiven zu beschreiben. Dazu gehören auch Weiterentwicklungen des Didaktischen Tetraeders, die für spezifische Zwecke konzipiert sind, z. B. für Fortbildungen von Prediger et al. (2017) oder für die Untersuchung des Einflusses digitaler Werkzeuge auf die Konstruktion mathematischen Wissens von Rieß (2018). Andererseits werden die Tetraeder zur Systematisierung empirischer Forschung und zur Identifikation von Forschungslücken genutzt. Dies kann sich auf die Klassifikation anderer Studien (z. B. Donevska-Todorova & Trgalova, 2017) oder auf die eigene Forschung beziehen, um die eigene Forschungsfrage im Tetraeder-Modell zu verorten (z. B. Glasnović Gracin & Jukić Matić, 2021; Jukić Matić & Glasnović Gracin, 2016).

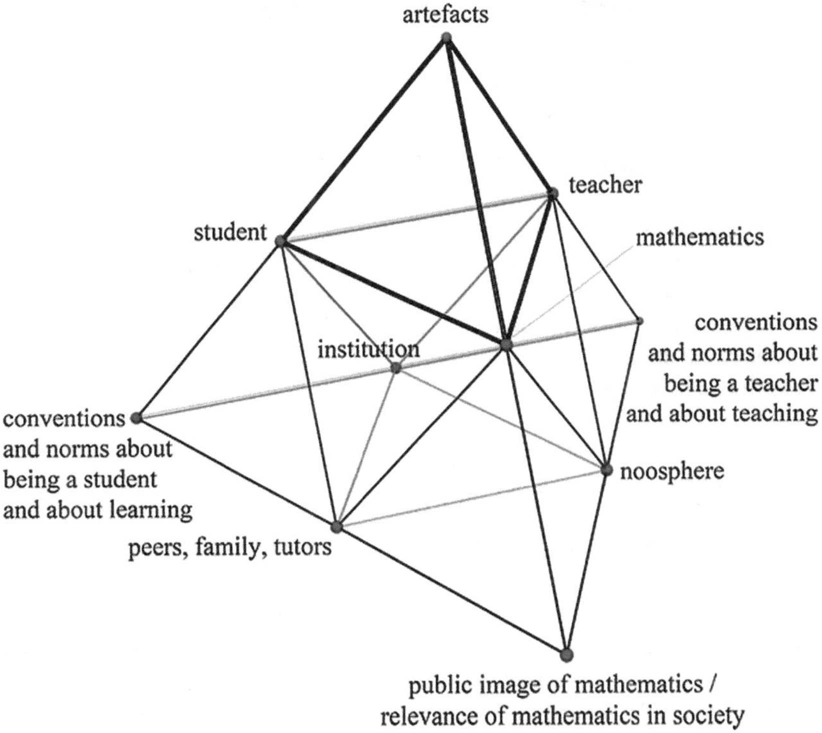

Abbildung 2.5 Der Sozio-Didaktische Tetraeder. (*Anmerkung*. Übernommen aus Rezat & Sträßer (2012, S. 648))

An den zuletzt genannten Nutzungszweck des Tetraeder-Modells schließt sich diese Arbeit an, da die Nutzung eines digitalen Schulbuchs bzw. gedruckter Materialien zu einem mathematischen Inhalt von besonderem Interesse ist (vgl. Forschungsfragen, Kapitel 5). Für dieses Ziel ist die Beschränkung auf den Didaktischen Tetraeder ausreichend, da die äußeren Einflussfaktoren nicht Untersuchungsgegenstand im Rahmen dieser Arbeit sind. Damit schließt sich diese Studie an bisherige mathematikdidaktische Beiträgen an, die das Tetraeder-Modell nutzen und sich zumeist auf den Didaktischen Tetraeder beziehen (Rezat & Strässer, 2020).[9]

2.2.3 Das Schulbuch als Innovator

Das Schulbuch spielt eine zentrale Rolle bei der Verbreitung curricularer Innovationen und neuer mathematikdidaktischer Konzepte in den Unterricht (Rezat et al., 2021). Diese Bedeutung ergibt sich insbesondere aus seiner Doppelfunktion als Vermittler des Curriculums (vgl. Abschnitt 2.2.1) und als Instrument des Lernens (vgl. Abschnitt 2.2.2). Rezat et al. (2021) identifizieren drei Ebenen auf denen Curriculum Ressourcen und im Speziellen das Schulbuch Veränderungen bewirken.

1. **Ebene – Steuerung von Inhalten und Zielen**

Das Schulbuch wird als Instrument genutzt, um mathematische Inhalte und Lehr- und Lernziele festzusetzen (Keitel et al., 1980; Remillard, 2005; Valverde et al., 2002). Diese Rolle kommt vor allem dann zum Tragen, wenn sich durch bildungspolitische Reformen das Curriculum ändert. In solchen Fällen dient das Schulbuch nicht nur der Umsetzung curricularer Vorgaben, sondern kann auch gezielt als politisch motiviertes Mittel zur Initiierung oder Steuerung von Änderungen im Mathematikunterricht oder im Bildungssystem eingesetzt werden. Dies kann durch sogenannte „reform textbooks" umgesetzt werden, die für den Zweck entwickelt werden, dass sie neue Lehr- und Lernkonzepte oder neu gesetzte inhaltliche Schwerpunkte in die Schule bringen (Glasnović Gracin & Jukić Matić, 2021; Keitel et al., 1980; Rezat et al., 2021). Zudem stellen Zulassungsverfahren von Schulbüchern dabei einen bildungspolitischen Steuerungsmechanismus dar, um über die im Schulbuch abgedeckten Inhalte zu entscheiden. In Deutschland ist das Zulassungsverfahren eine bundesländerspezifische Entscheidung, die von den einzelnen Kultusministerien beschlossen wird (vgl. Hartmann, o. J.). Dies hat zur Folge, dass es in manchen Bundesländern auch gar keine Gutachterverfahren gibt (z. B. Hamburg und Schleswig-Holstein) oder nur für ausgewählte

[9] Rezat & Sträßer (2020) stellen ergänzend fest, dass der Sozio-Didaktische Tetraeder im Vergleich zum Didaktischen Tetraeder bislang in der mathematikdidaktischen Forschung selten genutzt wurde.

Fächer oder Jahrgangsstufen (z. B. in NRW).[10] In anderen Ländern, z. B. in China oder Japan, unterliegen die Mathematikschulbücher grundsätzlich einem Genehmigungsverfahren, in Frankreich oder Großbritannien dagegen gibt es ein solches nicht.

2. Ebene – Veränderungen der Unterrichtspraxis durch Lehrkräfte

Durch die Vermittlerrolle des Schulbuchs zwischen dem Curriculum und den Handlungen der Lehrkräfte (vgl. Abschnitt 2.2.1) können zudem auch neue didaktische oder pädagogische Konzepte im Unterricht durch das Schulbuch implementiert werden (vgl. auch Ball & Cohen, 1996; Fan & Kaeley, 2000; Remillard, 2005). Lehrkräfte sind dabei sowohl Zielgruppe und Interpret:innen neuer Konzepte, die durch Schulbücher vermittelt werden, zugleich aber auch Träger:innen und Vermittler:innen dieser neuen Ansätze (Rezat, 2021; Stylianides, 2016). Die Lehrkräfte führen neuentwickelte Lehrpläne aus, indem sie auf die zugehörigen Curriculum Ressourcen zugreifen. Deren Aufgabe ist es, sich mit den neuen Materialien vertraut zu machen und deren fachdidaktische Potenziale und Grenzen zu kennen (Rezat et al., 2021). Zudem zeigen die Ergebnisse des KOSIMA-Projekts, dass gezielt entwickelte Aufgabenformate Lehrkräfte wirksam darin unterstützen, Schüler:innen in Phasen aktiver Wissensorganisation einzubinden und so neue fachdidaktische Ansätze in den Unterricht zu tragen (Prediger et al., 2021).

3. Ebene – Wirkung auf Schüler:innen

Während sich die zweite Ebene schwerpunktmäßig auf die Rolle der Lehrkräfte bei der Schulbuchnutzung bezieht, rückt die dritte Ebene die intendierte Wirkung des Schulbuchs auf die Schüler:innen in den Fokus. Eines der zentralen Ziele des intendierten Curriculums ist, dass letztendlich das Lernen der Schüler:innen verbessert wird (Cai & Howson, 2013; Reys et al., 2010). Schulbücher spiegeln in ihrer vermittelnden Rolle des Curriculums eine Vision wider, wie Mathematik im Unterricht erfahren werden soll und prägen damit die Wahrnehmung des Schulfaches (Rezat et al., 2021). Sie wirken auf die Art und Weise, wie Schüler:innen Mathematik erleben und können so zur Veränderung von Überzeugungen und

[10] In NRW gibt es für das Fach Mathematik in der gymnasialen Oberstufe eine *Pauschale Zulassung*, vgl. https://www.schulministerium.nrw/zulassung-von-lernmitteln-nrw, d. h. es ist Aufgabe der einzelnen Schule, die Eignung des Schulbuches zu prüfen. Diese Regelung trifft auf das in dieser Studie genutzte Net-Mathebuch zu.

Haltungen beitragen sowie zur Entwicklung mathematischer Kompetenzen. Schüler:innen sind dabei nicht nur auf Empfänger:innen der durch das Schulbuch vermittelnden Ideen zu reduzieren, sondern ebenfalls als Akteure einzustufen, die aktiv mit den Ressourcen interagieren. Ihr Nutzungsverhalten orientiert sich zwar an den Lehrkräften, ist aber als unabhängig anzusehen (Brnic & Greefrath, 2022b; Cai & Howson, 2013; Rezat, 2021). Wie die Schüler:innen mit einem Schulbuch umgehen, ist wiederum auch durch deren Vorerfahrungen und Einstellungen geprägt (Cai & Howson, 2013).

Hinsichtlich dieser drei Ebenen ist festzuhalten, dass das Schulbuch allein keine Veränderung im Mathematikunterricht bewirken kann. Erst durch die aktive Nutzung durch Lehrkräfte und Schüler:innen entfalten sich dessen Potenziale zur Unterrichtsentwicklung. Um solche Veränderungen erfolgreich zu gestalten, sollten somit konsequenterweise Lehrkräfte und Schüler:innen und deren Nutzungsverhalten bei der Entwicklung von Schulbüchern für eine erfolgreiche Implementation mitgedacht werden (Ball & Cohen, 1996; Rezat et al., 2021). Bedeutsam für einen zielführenden Implementationsprozess ist, dass Lehrkräfte verstehen, was die jeweilige Ressource vermitteln soll (Adler, 2021). Dies kann nicht allein die Ressource leisten, sondern es sind weitere unterstützende Maßnahmen notwendig, welche die Lehrkräfte im Umgang mit den Ressourcen unterstützen. Hierfür sind für Lehrkräfte konzipierte Fortbildungen denkbar, welche insbesondere bei der Einführung neuer digitaler Curriculum Ressourcen bedeutsam sind (Barzel & Selter, 2015; Klinger et al., 2018). Zudem stellen Rezat et al. (2021) die Vermutung auf, dass bei Beteiligung von Lehrkräften am Design-Prozess der Curriculum Ressourcen die Implementation eher gelingt, da diese dann die Bedürfnisse der Lehrkräfte aufgreifen.

Die Implementation neuer und innovativer Materialien kann aber an den Widerständen von Lehrkräften oder Eltern scheitern (Ball & Cohen, 1996). Beispielsweise können diese aufgrund ihrer persönlichen Überzeugungen dem Wandel des Curriculums und der Materialien skeptisch gegenüberstehen, Lehrkräfte greifen eher auf selbstentwickeltes Material zurück oder ihr Professionswissen wird nicht wertgeschätzt (Ball & Cohen, 1996). Doch es müssen nicht nur Vorbehalte der Lehrer:innen oder Eltern sein, aufgrund derer der Einsatz neuer Innovationen scheitert. Auch Schüler:innen können dem Einsatz neuentwickelter Materialien mit Widerstand begegnen (Brantlinger, 2011).

Pepin et al. (2017) schreiben insbesondere den digitalen Curriculum Ressourcen ein Innovationspotenzial für den Mathematikunterricht zu. Dies begründen die Autor:innen mit den spezifischen technischen Möglichkeiten digitaler Ressourcen, die fortlaufend erweitert werden, beispielsweise durch neue Interaktionsformen oder adaptive Funktionen und so nicht in gedruckten Materialien implementiert werden können. Dadurch können sich auch die Interaktionen zwischen Lehrkräften und Schüler:innen verändern oder gänzlich neue Handlungsmöglichkeiten im Unterricht entstehen. Beispielsweise kann sich dies durch personalisierbare Inhaltsanordnungen oder der Integration künstlicher Intelligenz äußern.

Letztendlich müssen die Materialien aber im Unterricht genutzt werden, damit sie auch Veränderungen im Lernen und Lehren bewirken können. Da das Schulbuch ein integraler Bestandteil der täglichen Schulroutine ist, bietet sich dieses insbesondere als Träger und Impulsgeber von Innovationen an und hat einen natürlichen Vorteil gegenüber anderen Curriculum Ressourcen (Ball & Cohen, 1996). Dabei ist festzuhalten, dass das Schulbuch als Curriculum Ressource einerseits Veränderungen im Unterricht anstoßen oder begünstigen kann, aber auch stets selbst einem kontinuierlichen Wandel unterliegt. Dieser Wandel muss dabei nicht zwingend von bildungspolitischen oder didaktischen Zielen geleitet sein. Auch kommerzielle Interessen, wie die Steigerung von Marktanteilen oder das Schaffen neuer Kaufanreize, können eine zentrale Rolle bei der Weiterentwicklung von Schulbüchern eine Rolle spielen. Soll das Schulbuch aber neue Funktionen im Unterricht erfüllen oder innovative didaktische Ansätze transportieren, muss dies bei der Konzeption des Schulbuches berücksichtigt werden, d. h. Innovationen und die Schulbuchgestaltung bedingen sich gegenseitig.

2.3 Das digitale Mathematikschulbuch

Im vorigen Kapitel wurde auf die Bedeutung des Schulbuchs als Innovator eingegangen. Dabei ist das Schulbuch nicht nur Vermittler neuer Lehr- und Lernansätze, sondern ist selbst auch im stetigen Wandel. Auf der materiellen Ebene zeigt sich dies dadurch, dass es mittlerweile nicht mehr nur noch analoge bzw. gedruckte Schulbücher gibt, sondern ebenso digitale Schulbücher für den Mathematikunterricht zur Verfügung stehen. Valverde et al. (2002) beschrieben das Schulbuch noch als „unchanging" [unveränderlich / gleichbleibend]. Obwohl sie die flexible Nutzung des Schulbuchs betonen, ist die geäußerte Auffassung vor dem Hintergrund nachvollziehbar, dass ein einmal gedrucktes Schulbuch nicht verändert werden kann. Dagegen bieten digitale Schulbücher die technische Möglichkeit, dass diese laufend, während des Schuljahres oder sogar während des Unterrichtes, geändert und überarbeitet werden können. Digitale Schulbücher lassen sich nicht nur aktualisieren, sondern eröffnen die Möglichkeit für

Erweiterungen, die über ein Textformat hinausgehen. Dazu zählen beispielsweise interaktive Aufgabenformate, dynamische Visualisierungen oder digitales Feedback (vgl. Abschnitt 3.1).

Die Entwicklung digitaler Schulbücher schreitet immer weiter voran, sodass mittlerweile digitale Schulbücher der ersten Generation und der zweiten Generation unterschieden werden können (Pepin et al., 2015). Bei digitalen Schulbüchern der ersten Generation handelt es sich um digitalisierte Versionen gedruckter Schulbücher, welche lediglich einfache Erweiterungsmöglichkeiten wie die Suche und Navigation bieten. Im Folgenden werden digitale Schulbücher der zweiten Generation betrachtet:

> *„The second generation of digital textbooks bears a noticeable change in the object itself, opening new occasions for interactions, personalization, and evolution of the content." (Pepin et al., 2015, S. 639)*

Dennoch gibt es bislang in der mathematikdidaktischen Community noch ein uneinheitliches Begriffsverständnis zum digitalen Schulbuch, was sich unter anderem durch unterschiedlich verwendete Bezeichnungen äußert. Die Begriffe *digital textbook, e-textbook, e-book, enhanced e-textbook sowie interactive textbook* werden in der englischsprachigen Literatur und im deutschsprachigen Pendant synonym verwendet bzw. nicht voneinander getrennt. Dies deutet auf die teilweise noch vorhandenen Unklarheiten hin, was genau unter einem digitalen Schulbuch zu verstehen ist. In einem ersten Schritt wird deswegen zuerst geklärt, was ein digitales Schulbuch von einem gedruckten Schulbuch unterscheidet. Dazu wird auf die Erweiterungsmöglichkeiten und Charakteristika digitaler Schulbücher der zweiten Generation eingegangen (Abschnitt 2.3.1). In einem zweiten Schritt werden diese kategorisiert und es wird eine Definition zum digitalen Mathematikschulbuch hergeleitet (Abschnitt 2.3.2).

2.3.1 Charakteristika und Potenziale

Ein grundsätzliches Unterscheidungsmerkmal zwischen digitalen und gedruckten Schulbüchern betrifft die jeweiligen Strukturelemente. Pohl (2023) konnte in einer qualitativen Analyse verschiedener digitaler Mathematikschulbücher feststellen, dass sich in diesen vergleichbare *traditionelle* Strukturelemente wiederfinden, die bereits Rezat (2009) in seiner Analyse gedruckter Schulbücher klassifiziert hatte. Beispiele für solche traditionellen Strukturelemente sind Lehrtexte, Kästen mit

Merkwissen, Bilder oder Übungsaufgaben (M. Pohl, 2023). Darüber hinaus enthält ein digitales Schulbuch *dynamische* Strukturelemente. Dabei handelt es sich beispielsweise um dynamische Visualisierungen wie Animationen, Explorationen oder Videos sowie andere Aufgabenformate mit Möglichkeiten zur Lösungsüberprüfung (digitales Feedback) oder interaktiven Elementen (M. Pohl, 2020; M. Pohl & Schacht, 2017, 2018). Diese dynamischen Strukturelemente gehen insbesondere auf die technischen Möglichkeiten digitaler Schulbücher zurück. Choppin et al. (2014) fassen die sich daraus ergebenden Charakteristika und Potenziale für digitale Mathematikschulbücher zusammen (Tabelle 2.1).

Tabelle 2.1 Potenziale des digitalen Mathematikschulbuchs

Potenzial	Beschreibung
Multimediale Elemente	Die Integration multimedialer Elemente unter Berücksichtigung von Gestaltungskriterien der kognitiven Theorie des multimedialen Lernens (vgl. Mayer, 2014). Beispiele für multimediale Elemente in einem digitalen Schulbuch sind dynamische Visualisierungen (Videos, Animationen, Simulationen) sowie Pop-Up-Fenster, Tooltipps oder Diashows.
Interaktivität	Lernenden und Lehrenden wird die Interaktion mit dem digitalen Schulbuch ermöglicht. Dies erfolgt durch interaktive Aufgaben, z. B. Zuordnungsaufgaben (Drag-and-Drop), Aufgaben mit Auswahlmöglichkeiten oder Lösungseingaben sowie manipulierbaren oder bewegbaren Objekten (z. B. durch GeoGebra-Apps), und durch Entscheidungsmöglichkeiten zur Art und Abfolge der Inhalte.
Soziale Aspekte und Kommunikation	Möglichkeiten zur Kommunikation und Kooperation mit Personen innerhalb und außerhalb der Lehr- und Lerngruppe, z. B. durch einen Chat, Wikis, Blogs oder dem Teilen von Dokumenten.
Anpassung der Lernerfahrung	Möglichkeiten zur Anpassung des digitalen Schulbuchs an individuelle Bedürfnisse und Lernstile, z. B. durch Personalisierungsoptionen für Audio, Video, Graphen und Text, und der Integration von Scaffolds.
Fortwährendes Assessment / Dokumentieren des Lernprozesses	Einbindung formativer und summativer Feedbackmöglichkeiten für die Lernenden, aber auch als Rückmeldung für die Lehrkraft, die adaptive Handlungen ermöglichen.

(Fortsetzung)

Tabelle 2.1 (Fortsetzung)

Potenzial	Beschreibung
Ökonomische Vorteile	Schnelle und kostengünstige Überarbeitungsmöglichkeiten, z. B. zur Fehlerbehebung oder zur Einbindung aktueller Kontexte, als Vorteile gegenüber gedruckten Materialien.

Anmerkung. Vgl. für die Potenziale und Beschreibungen auch Brnic & Greefrath (2021), Brnic et al. (2024), Choppin et al. (2014) und Rezat (2020).

Derzeit gibt es jedoch noch keine evaluierten Konzepte, wie diese einzelnen theoretischen Potenziale zusammenfassend in einem digitalen Schulbuch für den Mathematikunterricht umgesetzt sein sollten. Es ist unter anderem unklar, zu welchem Umfang ein digitales Schulbuch Möglichkeiten zur Kommunikation und Kooperation implementiert haben sollte. Solche Features können auch von in der Schule parallel und fachunabhängig eingesetzten Lernmanagementsystemen übernommen werden. Diese Diskussion soll an dieser Stelle aber nicht fortgeführt werden, da diese von den jeweils gültigen technischen Bedingungen und den Fachinhalten abhängig ist. Prinzipiell sind auch weitere Potenziale digitaler Schulbücher denkbar, die ein digitales Schulbuch von gedruckten Materialien unterscheidet. Beispielhaft ist die Integration von Augmented and Virtual Reality zu nennen (Wijaya et al., 2022) oder Künstlicher Intelligenz.

Obwohl sich die Potenziale digitaler Schulbücher auf einer theoretischen Ebene charakterisieren lassen, finden sich diese bei einer Analyse deutschsprachiger digitaler Mathematikschulbücher bislang nur vereinzelt wieder (Rezat, 2020). Rezat (2020) stellte in einem Vergleich von fünf in Deutschland erhältlichen digitalen Mathematikschulbüchern fest, dass die von Choppin et al. (2014) zusammengefassten Potenziale in einem vergleichsweise geringen Umfang umgesetzt sind. So sind in vier von fünf Büchern keine Elemente zur *Kommunikation/Soziale Aspekte* implementiert und es sind nur teilweise multimediale oder interaktive Bestandteile vorhanden.

Eine wesentliche Herausforderung bei der Entwicklung und Nutzung eines digitalen Schulbuchs ist die Beteiligung unterschiedlicher Akteure, die jeweils eigene Perspektiven und Erwartungen vertreten (Choppin & Borys, 2017). Beispielsweise können die oben genannten theoretischen Potenziale, Erfahrungen mit anderen digitalen Medien oder ein gewisser Pragmatismus zu einer bestimmten Erwartungshaltung der Schüler:innen und Lehrkräfte als Nutzer:innen eines digitalen Schulbuchs in Bezug auf die Gestaltung des Mediums führen. Inwiefern die Vorstellungen umgesetzt werden, hängt aber von den (didaktischen) Entscheidungen der jeweiligen Redaktion und Designer:innen ab, denen wiederum technische Grenzen gesetzt sind und die eine Verantwortung für die zu verarbeiteten Daten tragen (Choppin & Borys, 2017). Insgesamt ergeben sich aber durch die technologischen Möglichkeiten neudefinierte Rollen und Beziehungen:

> *"When e-books are published in bits and bytes, they now can potentially be continually edited and supplemented by a large number of people; as books are edited in this way, such changes in mode of publication can reshape the relationships between textbook author or curriculum developer, teacher, and student." (Pepin et al., 2015, S. 639)*

Zusammenfassend ist festzuhalten, dass sich durch diese neuen Beteiligungsmöglichkeiten an der Gestaltung von Schulbüchern und durch technische Möglichkeiten, die sich durch dynamische Strukturelemente und in den aufgelisteten Potenzialen äußern, ein digitales Mathematikschulbuch von einem gedruckten unterscheidet. Zwar gibt es bereits unterschiedliche Beispiele digitaler Mathematikschulbücher, z. B. das *Net-Mathebuch* oder die *E-Books* von Cornelsen (vgl. https://www.cornelsen.de/digital/e-books),[11] die diese Charakteristika aufgreifen, aber die Umsetzung und damit einhergehende strukturelle Veränderungen erfolgen auf sehr unterschiedliche Weise. Beim Net-Mathebuch handelt es sich um ein digitales Mathematikschulbuch, welches exklusiv digital entwickelt wurde und digitale Werkzeuge integriert (vgl. Abschnitt 6.2). Dagegen ist das E-Book von Cornelsen eine digitalisierte Version des gedruckten Schulbuches mit Erweiterungsfunktionen wie Notiz- und Markiermöglichkeiten. Demzufolge erscheint es sinnvoll, dass diese unterschiedlichen Typen digitaler Mathematikschulbücher hinsichtlich ihrer sich von traditionellen Schulbüchern unterscheidenden Struktur kategorisiert werden. Zudem liegt noch keine einheitliche Definition eines digitalen Mathematikschulbuches vor. Daher werden im Folgenden verschiedene Ansätze aus der Literatur dargestellt und zu einer eigenen Definition eines digitalen Mathematikschulbuchs zusammengeführt.

2.3.2 Begriffsklärung und Kategorisierung

Eine prinzipielle Unterscheidungsmöglichkeit digitaler Schulbücher geht auf den Entstehungsprozess zurück. Digitale Schulbücher können dahingehend differenziert werden, ob diese exklusiv digital entwickelt worden sind („born-digital")

[11] Andere deutsche Verlage, wie Westermann, Klett oder C.C.Bucchner haben ebenfalls ähnliche digitale Schulbücher wie die E-Books von Cornelsen.

oder es ein gedrucktes Pendant gibt (Usiskin, 2018). Das gedruckte Pendant kann dabei in dessen Struktur und Design übernommen worden oder durch weitere digitale Ressourcen angereichert sein (Usiskin, 2018). Dabei sind beide Entwicklungsrichtungen denkbar. Entweder wird ein digitales Schulbuch aus einer analogen Vorlage abgeleitet oder es entsteht umgekehrt eine gedruckte Version auf Basis eines ursprünglich digitalen Produkts.

Pepin et al. (2015, vgl. auch 2017) schlagen eine Typenbildung vor, welche die Struktur sowie die Autorenschaft digitaler Mathematikschulbücher berücksichtigt. Als *integratives* digitales Schulbuch bezeichnen die Autor:innen einen Schulbuchtyp, der einer digitalisierten Version gedruckter Schulbücher mit einer ‚add-on'-Funktion entspricht. Dieser Typ zeichnet sich dadurch aus, dass dieser die Struktur gedruckter Schulbücher übernimmt, aber auf andere Lernobjekte verweist. Dabei kann es sich z. B. um externe Links und multimediale Elemente oder Verweise auf digitale Werkzeuge handeln. Ein weiterer Typ umfasst sich *entwickelnde* bzw. „*lebende*" digitale Schulbücher. Dabei handelt es sich um digitale Schulbücher, welche permanent durch die Rückmeldungen der Nutzer:innen weiterentwickelt werden. Die Besonderheit dieses Typus ist, dass das Feedback durch eine feste Community aus Lehrkräften und IT-Expert:innen eingearbeitet wird. Als dritter Typ werden *interaktive* digitale Schulbücher aufgefasst. Diese zeichnen sich durch eine objektorientierte Navigation aus, bei der das Schulbuch nicht linear aufgebaut ist (wie ein analoges Schulbuch), sondern mathematische Objekte, Werkzeuge oder Themen können gezielt ausgewählt werden. Die Reihenfolge der Inhalte ist dabei nicht vorgegeben, sondern kann individuell erkundet werden. Wesentlich für diesen Typen ist, dass Interaktivität ein integraler Bestandteil der Aufgaben ist. Lernende müssen für einzelne Problemstellungen eigenständig die integrierten und passenden digitalen Werkzeuge auswählen und diese mit den Aufgabeninhalten verknüpfen.

Diese Typen passen insbesondere zu denen von Pepin, Gueudet et al. (2015) jeweils aufgestellten Beispielen (u. a. *Sésamath E-Textbooks* aus Frankreich & *VisualMath* aus Israel).[12] In einem späteren Beitrag ergänzen Pepin, Choppin et al. (2017), dass es weitere Typen digitaler Schulbücher geben kann, welche nicht in diese Einordnung passen. Dies bedeutet, dass digitale Schulbücher auch mehrere der Typen gleichzeitig abdecken können. So trifft die Beschreibung zum sich *entwickelnden* Schulbuch keine Aussagen darüber, wie dieses typischerweise

[12] Beispiele können bei Pepin et al. (2015) und Pepin et al. (2017) nachgelesen werden. Aufgrund fehlender Zugriffmöglichkeiten und Weiterentwicklungen der jeweiligen Schulbücher werden diese hier nicht aufgeführt.

strukturell aufgebaut ist. Es ist denkbar, dass es sich bei einem betrachten digitalem Schulbuch um ein *entwickelndes* Schulbuch handelt, da es sich durch eine entsprechende Community laufend weiterentwickelt hat, aber den Aufbau und die Charakteristika eines *interaktiven* Schulbuchs hat.

Basierend auf dieser Typenbildung schlagen Pepin et al. (2015) eine Definition für digitale Mathematikschulbücher vor:

> *„[W]e can define an e-textbook as an evolving structured set of digital resources, dedicated to teaching, initially designed by different types of authors, but open for redesign by teachers, both individually and collectively." (S. 644)*[13]

Beispielsweise findet sich die Typenbildung als wesentlicher Bestandteil in der Definition insoweit wieder, dass digitale Schulbücher offen für eine Weiterentwicklung sind. Die Struktur eines digitalen Schulbuchs wird in der Definition aber nur rudimentär beschrieben. Es bleibt unklar, inwiefern sich ein digitales Schulbuch strukturell von gedruckten Schulbüchern unterscheidet. Diese Definition geht zudem lediglich explizit auf das Lehren und nicht auf das Lernen ein. Die Definition ist zwar aus einer mathematikdidaktischen Perspektive und Analyse digitaler Schulbücher entstanden, die fachspezifischen Anforderungen des Mathematikunterrichts sind in der Definition jedoch nicht berücksichtigt. Usiskin (2018) greift diesen Umstand auf und fasst die minimalen Anforderungen, die ein digitales Schulbuch für den Mathematikunterricht haben sollte, folgendermaßen zusammen:

> *Such a textbook, since it is a mathematics textbook, needs to include explanations of concepts and problems for students to solve. Also, since it is a textbook, it should be aligned with a course of study, organized by lessons or topics, including a table of contents and a recommended order of coverage of topics. Since it is digital, the content must be able to be read on a variety of platforms: a desktop computer, a laptop, a tablet, or a smartphone; ... and the presentation should take advantage of the digital platform and have links to a glossary and to other places in the text where students can find explanations. (S. 852)*

[13] In einem späteren Beitrag ergänzt Pepin (2020, S. 21) noch das Lernen „... teaching (and learning) ..." sowie die Schüler:innen als Designer:innen „... design by teachers (or students) ...", womit die hier anschließend angeführten Kritikpunkte teilweise entkräftet werden. Die von Pepin in dem Beitrag durchgeführten Ergänzungen zur Definition werden von ihr aber nicht weiter erläutert.

Hoch (2020) stellt die von Pepin et al. (2015) formulierte Definition und den Anforderungskatalog von Usiskin (2018) für ein digitales Mathematikschulbuch unter Berücksichtigung weiterer allgemeindidaktischer Definitionen digitaler Schulbücher gegenüber. Dabei stellt er jeweils Defizite der einzelnen Begriffsklärungen fest. Diese geben Einschränkungen vor, z. B. das ein digitales Schulbuch auf verschiedenen Geräten funktionieren sollte, oder nur bestimmte Personengruppen, d. h. Lehrkräfte *oder* Schüler:innen, inkludieren. Aus diesem Grund entwickelt er eine neue Definition eines digitalen Mathematikschulbuchs:

> *„Ein digitales Mathematikschulbuch ist ein E-Book, das zum Lehren und Lernen von Mathematik entsprechende Ressourcen – wie Erklärungen und Aufgaben – bereitstellt." (Hoch, 2020, S. 37)*

Da Hoch (2020) zudem die theoretischen Potenziale digitaler Schulbücher berücksichtigen möchte, führt er ergänzend den Begriff des interaktiven Schulbuchs ein:

> *„Ermöglicht ein digitales Mathematikschulbuch Interaktivität, die über die Möglichkeiten von konventionellen Schulbüchern hinausgeht, handelt es sich um ein interaktives Mathematikschulbuch." (S. 37)*

Es bleibt jedoch bei dieser Definition offen, ob nicht bereits jedes digitale Schulbuch auch ein interaktives Schulbuch ist oder inwiefern Mindestanforderungen an die Interaktivität gestellt werden, um als interaktives Schulbuch zu gelten. Denn bereits einfachste Funktionen, wie Möglichkeiten zur Suche oder Navigation, die bereits die erste Generation digitaler Schulbücher widerspiegeln (Pepin et al., 2015), sind bereits Erweiterungsfunktionen, über die ein gedrucktes Schulbuch nicht verfügt.

Da es bislang keine einheitliche und anschlussfähige Definition eines digitalen Mathematikschulbuchs gibt, wird im Rahmen dieser Arbeit eine eigene Definition aufgestellt. Diese orientiert sich an den bestehenden Typologien und theoretischen Auffassungen und greift zugleich zentrale Merkmale aus der Einordnung von Schulbüchern als Curriculum Ressourcen auf (vgl. Abschnitt 2.1.1). Im Zentrum dieser Definition steht dabei das Schulbuch als Ressource im Mathematikunterricht und das unabhängig von Fragen der Autorenschaft oder des Entwicklungsprozesses. Ziel ist es, eine Definition zu geben, die alle relevanten Typen digitaler Schulbücher der zweiten Generation einschließt. Im Unterschied zu analogen Schulbüchern rückt dabei insbesondere das Potenzial digitaler Schulbücher in den Fokus, die sich in unterschiedlichen Erweiterungsfunktionen widerspiegeln. Das digitale Mathematikschulbuch wird im Folgenden zusammenfassend so aufgefasst:

> *Ein digitales Mathematikschulbuch ist eine technologiebasierte Curriculum Ressource zum Lernen und Lehren von Mathematik. Es stellt Erweiterungsfunktionen bereit, wie zum Beispiel interaktive und multimediale Elemente, Feedback, Adaptivität und Personalisierungsfunktionen, die es von einem gedruckten Schulbuch unterscheidet.*

Zusammenfassung: Vom analogen zum digitalen Mathematikschulbuch
Das Kapitel 2 widmet sich der Konzeptualisierung, Bedeutung und Einordnung des (digitalen) Mathematikschulbuchs. Das Schulbuch gilt als zentrales Unterrichtsmedium im Mathematikunterricht. Ausgehend von der Betrachtung des Schulbuchs als Curriculum Ressource wurde erläutert, wie Schulbücher Inhalte und Zielsetzungen des Curriculums strukturieren, Lernprozesse unterstützen und als Vermittler didaktischer Innovationen wirken können. Dabei wurde das Verhältnis von Curriculum Ressourcen und digitalen Mathematikwerkzeugen aufgearbeitet und mithilfe eines Curriculum-Ressourcen-Modells systematisch eingeordnet.

Anschließend wurde die Rolle des Schulbuchs im Mathematikunterricht auf mehreren Ebenen erläutert: als Vermittler curricularer Vorgaben, als Instrument des Lernens im Klassenzimmer sowie als potenzieller Träger von Innovation. In diesem Zusammenhang wurde auch deutlich, dass Schulbücher nicht nur Veränderungen anstoßen können, sondern selbst einem kontinuierlichen Wandel unterliegen.

Vor diesem Hintergrund wurde das digitale Mathematikschulbuch als Weiterentwicklung des analogen, gedruckten Schulbuchs in den Blick genommen. Es wurden zentrale Charakteristika und Potenziale digitaler Schulbücher vorgestellt und verschiedene Typen anhand ihrer Struktur, Interaktivität und Funktionalität unterschieden. Ein digitales Schulbuch unterscheidet sich insbesondere durch technologiebasierte Erweiterungsfunktionen, wie die Einbindung von digitalem Feedback oder interaktiver

Aufgabenformate, von einem analogen Schulbuch. Die Diskussion mündete in einer Definition des digitalen Mathematikschulbuchs, die sich an theoretischen Überlegungen zu Curriculum Ressourcen orientierte und den Bezugsrahmen für das im weiteren Verlauf untersuchte digitale Schulbuch bildet.

3 Die Nutzung des digitalen Mathematikschulbuchs im Unterricht

"Already the change of representation mode from paper to digital screen gives rise to challenges and affects the representation of content and thus is likely to change students' encounters with mathematics."

(Rezat et al., 2021, S. 1194)

Die Inhalte und die Struktur eines Schulbuches gelten als entscheidende Einflussfaktoren auf die Lernaktivitäten und die Leistung der Schüler:innen. Ein digitales Mathematikschulbuch unterscheidet sich durch zusätzliche Erweiterungsfunktionen von einem analogen Schulbuch, sodass auch andere Lernaktivitäten angeregt werden können (Abschnitt 3.1). Inwiefern diese Potenziale tatsächlich wahrgenommen und genutzt werden, hängt von den affordances und constraints des jeweiligen Schulbuches ab (Abschnitt 3.1.1).

Besondere Aufmerksamkeit gilt dabei dynamischen Visualisierungen (Abschnitt 3.1.2) und integriertem Feedback (Abschnitt 3.1.3) als typische Erweiterungsfunktionen eines digitalen Schulbuchs, da diese aus didaktischer und instruktionspsychologischer Perspektive als besonders vielversprechend gelten. Sie stellen zugleich zentrale Elemente des in dieser Studie eingesetzten Net-Mathebuchs dar.

Daran anknüpfend stellt sich die Frage, ob solche Erweiterungsfunktionen tatsächlich einen messbaren Effekt auf die Leistung der Schüler:innen

M. Brnic, *Digitales versus analoges Schulbuch*, Studien zur theoretischen und empirischen Forschung in der Mathematikdidaktik,
https://doi.org/10.1007/978-3-658-52464-7_3

haben. Die Wirksamkeit analoger und digitaler Schulbücher wurde bislang nur vereinzelt empirisch untersucht. In Abschnitt 3.2 werden erste Studien vorgestellt, die einerseits unterschiedliche Schulbücher desselben Curriculums vergleichen und andererseits analoge und digitale Curriculum Ressourcen gegenüberstellen.

3.1 Einflussfaktoren auf Lernprozesse und Leistung

Schulbücher sollen den Lehrkräften eine Orientierung geben, *was* und *auf welche Weise* ihre Schüler:innen lernen sollen (Chazan & Yerushalmy, 2014). Somit hat das Schulbuch eine inhaltsgebende und strukturgebende Funktion für den Mathematikunterricht. Auch wenn Schulbücher sich am gleichen Curriculum orientieren und für die gleiche Zielgruppen entwickelt worden sind, unterscheiden sich diese in ihrer Gestaltung. Beispielsweise wird dies bei einem Vergleich analoger und digitaler Schulbücher bereits dadurch ersichtlich, dass im Digitalen gänzlich andere Strukturelemente integriert werden können (M. Pohl, 2020; M. Pohl & Schacht, 2017, 2018).

Schulbücher sind stets ein Produkt mehrerer Perspektiven und Akteure, die sich aus den Designer:innen, den Verlagen oder Privatgesellschaften, bildungspolitischen Vorgaben und Anregungen der Nutzer:innen ergeben (Choppin & Borys, 2017). Somit werden Schulbücher stets mit einer bestimmten Intention entwickelt, sodass letztendlich der Aufbau und die Struktur für ein bestimmtes pädagogisches Konzept stehen (Rezat, 2006; Rezat et al., 2021; Valverde et al., 2002).[1] Entsprechend unterscheiden sich die Inhalte und die Struktur der einzelnen Schulbücher.

Dem inhaltlichen und strukturellen Aufbau eines Schulbuches und der damit einhergehenden Nutzungsweise werden eine hohe Bedeutung auf das Lernen der Schüler:innen beigemessen (Pepin et al., 2015; Prediger et al., 2021; Robitaille & Travers, 1992). Es wird oftmals davon ausgegangen, dass die Lerngelegenheiten,

[1] Choppin et al. (2015, 2022) unterscheiden Schulbücher bzw. Curriculum Ressourcen im Allgemeinen dahingehend, ob sie als *delivery mechanism* oder *thinking device* konzipiert sind. Unter delivery mechanism verstehen sie insbesondere Ressourcen, die das Lernen so gestalten, dass Kompetenzen auf die effizienteste Weise aufgebaut werden. Dagegen sind Ressourcen als thinking device so aufgebaut, dass sie insbesondere Interaktionen anregen wollen.

die durch ein Schulbuch generiert werden, die Aktivitäten und damit die Leistungen der Schüler:innen beeinflussen (Pepin et al., 2015; Prediger et al., 2021; Robitaille & Travers, 1992; Sievert et al., 2019, 2021a, 2021b; van den Ham & Heinze, 2018).

Dabei ist zu beachten, dass das Schulbuch teilweise beim Lernen auf andere Weise genutzt wird, als ursprünglich von der Redaktion intendiert (Rezat et al., 2021). Denn die Interaktion zwischen Schüler:in und Schulbuch ist als zweiseitiger Prozess zu verstehen:

> *"(1) the resource's features influence the subject's activity and learning (for teachers, this can lead to policy choices, drawing on resources as a means for teacher education); at the same time, (2) the subject shapes his/her resources, according to his/her knowledge and beliefs." (Pepin & Gueudet, 2018, S. 174)*

Dies bedeutet, dass die Lernenden das analoge oder digitale Schulbuch für sich anpassen, beispielsweise indem sie eigene Gebrauchsschemata entwickeln (vgl. Abschnitt 2.2.2). Im Idealfall werden dabei die didaktisch fundierten Potenziale und Handlungsmöglichkeiten des jeweiligen Schulbuchs von den Lernenden wahrgenommen. Vor allem im Kontext digitaler Curriculum Ressourcen betonen Rezat et al. (2021), dass damit die Schüler:innen selbst stärker in den Fokus rücken. Je aktiver sie mit den Ressourcen arbeiten, desto mehr kann das Schulbuch zu ihrem Lernerfolg beitragen.

Damit die Schüler:innen die Potenziale eines Schulbuchs tatsächlich für ihren Lernprozess nutzen können, müssen diese zunächst wahrgenommen und als sinnvoll erkannt werden. Um diese Wahrnehmung theoretisch zu fassen und Unterschiede zwischen analogen und digitalen Formaten zu erklären, wird im Folgenden das Konzept der *affordances* herangezogen (Abschnitt 3.1.1). Daran anschließend wird der Einfluss *dynamischer Visualisierungen* (Abschnitt 3.1.2) und von *Feedback* (Abschnitt 3.1.3) erläutert, die als Erweiterungsfunktionen bereits mathematikdidaktisch und instruktionspsychologisch untersucht worden sind und die Unterscheidung analoger und digitaler Curriculum Ressourcen charakterisieren. Zudem sind sie für das in dieser Arbeit betrachte digitale Schulbuch Net-Mathebuch von besonderer Relevanz.

3.1.1 Affordances

Bei der Betrachtung von Gestaltungsmerkmalen, wie der Struktur, bietet sich ein Rückgriff auf das theoretische Konstrukt der *affordance* an.[2] Dabei handelt es sich um eine Perspektive, welche die Lerngelegenheiten und Potenziale von Lehr- und Lernumgebungen konzeptualisiert und vorrangig auf technologiebasierte, aber auch auf analoge Kontexte angewendet werden kann sowie in der Literatur häufig herangezogen wird (vgl. Brown et al., 2004; Kennewell, 2001; Sinclair & Yerushalmy, 2016).[3] Der Begriff geht auf den Psychologen Gibson zurück und wurde von ihm entwickelt. Gibson (1979) definiert den Begriff folgendermaßen:

> *The affordances of the environment are what it offers the animal [Subjekt/ Mensch], what it provides or furnishes, either for good or ill. The verb to afford is found in the dictionary, but the noun affordance is not. I have made it up. I mean by it something that refers to both the environment and the animal in a way that no existing term does. It implies the complementarity of the animal and the environment.*
> *(Gibson, 1979, S. 1)*

Beispielhaft nennt er einen Stein, der unter anderem als Gewicht, Hammer oder Wurfgeschoss genutzt werden könnte. Die letztendliche Nutzung ist von den Absichten, Bedürfnissen und Fähigkeiten abhängig, d. h. letztendlich von der Art und Weise wie das Objekt und dessen affordances wahrgenommen werden. Gibson sieht dies als eine Interaktion zwischen Mensch und Objekt an, in welcher der Mensch versucht, die affordances an die eigenen Bedürfnisse anzupassen.

---

[2] Da es sich bei diesem Begriff um eine Wortneuschöpfung nach Gibson (1979) handelt und keine direkte Übersetzung im Sinne der Definition möglich ist, wird der englische Originalbegriff *affordances* genutzt. Entsprechend wird der komplementäre Begriff *constraints* ebenfalls in der Ursprungsform verwendet.

[3] Affordances sind eng mit der instrumentellen Genese verbunden, wobei beide theoretischen Konstrukte unterschiedliche Schwerpunkte setzen: „*This approach has several points in common with the instrumental approach, which also grows from a non-educational context. While Gibson draws attention to the potential tools might have, and hence to the importance of tool design, instrumental genesis is interested in the complex process through which an artefact (a physical tool) transforms into an instrument (a psychological tool), which includes scripts for how to use the artefact – which are called utilization schemes*" (Sinclair & Yerushalmy, 2016, S. 12, vgl. auch Abschnitt 2.2.2).

Norman (1988) hat dieses Konzept dann auf Computer-Mensch Interaktionen übertragen. Affordances werden dahingehend von ihm präzisiert, dass es sich dabei insbesondere um die Handlungsmöglichkeiten eines Tools handelt, die für den jeweiligen Nutzer:in ersichtlich sind. Er bezeichnet dies auch als *perceived affordance* (Norman, 1999). Diese Überlegungen wurden anschließend oftmals für Gestaltungs- und Designkriterien aufgenommen. Im Idealfall hat dies zur Folge, dass für den jeweiligen Nutzer:innen die (gestalteten) affordances eines Objektes direkt erkenntlich sind (Brown et al., 2004; Norman, 1988). Übertragen auf ein Schulbuch bedeutet dies, dass die von der Redaktion implementierten Strukturen und Möglichkeiten direkt von den Lehrkräften und Schüler:innen erkannt werden und in der intendierten Weise genutzt werden. Brown et al. (2004) fassen diesen Prozess zusammen:

> *„Before one can act, action must be perceived as possible, that is, the perception of an affordance motivates the doing of an action." (S. 2)*

Den affordances werden in der Literatur *constraints* gegenübergestellt. Dabei handelt es sich nicht um einen gegensätzlichen, sondern einen komplementären Begriff (Kennewell, 2001):

> *„The affordances are the attributes of the setting which provide potential for action; the constraints are the conditions and relationships amongst attributes which provide structure and guidance for the course of actions." (Kennewell, 2001, S. 106)*

Constraints stellen somit Limitationen dar, die im Unterricht oder durch eine Ressource auch bewusst eingesetzt werden können, um die Lernenden auf ihrem jeweiligen Niveau abzuholen und auf die nächste Lernstufe zu bringen (Brown et al., 2004; Kennewell, 2001). Beispielhaft lässt sich dies an einer für Schüler:innen konzipierten GeoGebra-App veranschaulichen. Die Lehrkraft könnte die Werkzeugleiste und somit die App auf struktureller Ebene gezielt einschränken, um die Schüler:innen nicht zu überfordern und die Nutzung bestimmter Werkzeuge zu steuern. So könnte die Lehrkraft etwa alle Funktionen zum Konstruieren von Kreisen ausblenden, wenn es im aktuellen Unterricht ausschließlich um das Eingeben und Analysieren von Geraden geht. Es könnte aber auch der Fall eintreten, dass den Nutzer:innen bestimmte Funktionen nicht bekannt sind oder von der jeweiligen Software gar nicht erst angeboten werden und sich dadurch constraints der App zeigen (im vorigen Beispiel die Werkzeuge zum Kreis oder eine fehlende Handschrifterkennung bei GeoGebra).

Die Wahrnehmung der Werkzeuge im Schulbuch erfolgt durch Lernende im Sinne von affordances, also als wahrnehmbare Handlungsmöglichkeiten. Diese Wahrnehmungen sind zugleich ein zentraler Bestandteil der instrumentellen Genese, in deren Verlauf ein Artefakt zum individuell nutzbaren Instrument wird (vgl. Abschnitt 2.2.2). Zugleich treten mit jeder affordance auch constraints auf, denn die Hervorhebung bestimmter Funktionen und Werkzeuge blendet alternative Nutzungsmöglichkeiten aus (Hadjerrouit, 2020).

Ein ähnlicher Unterschied zeigt sich im Vergleich von digitalen und analogen Aufgabenformaten, z. B. einer Drag-and-Drop-Aufgabe im digitalen Schulbuch und einer Verbindungsaufgabe im gedruckten Pendant (vgl. Abbildung 7.4 & Abbildung 7.9 in Abschnitt 7.3). Beide Formate eröffnen die affordance, Elemente zu verbinden, setzen jedoch unterschiedliche constraints: Während das analoge Aufgabenformat mehr Freiheitsgrade und individuelle Vorgehensweisen erlaubt, strukturiert das digitale Formate den Lösungsweg stärker vor und führt die Lernenden gezielter zu standardisierten Ergebnissen.

Die individuelle Interaktion mit dem jeweiligen Objekt ist dabei von den Vorkenntnissen des Lernenden abhängig. Wenn sich die Fähigkeiten der Person mit dem jeweiligen Objekt oder spezifischer mit den Curriculum Ressource ändern, ist dies als Lernprozess zu verstehen (Tanner & Jones, 2000). So können die Lernenden in ihrer Interaktion auch neue affordances finden oder entwickeln, die ursprünglich nicht vorgesehen waren (Humble & Mozelius, 2022). Ein Beispiel dafür ist die Nutzung einer Tabellenkalkulation wie Excel zur Darstellung von Funktionen. Obwohl die Software ursprünglich zur Datenverarbeitung konzipiert wurde, erkennen Lernende darin die affordance, sie als Funktionsplotter zu nutzen, z. B. durch Eingabe von Funktionsvorschriften und Erstellung von Diagrammen.

Für den Mathematikunterricht fasst Watson (2003) diese Interaktion als “*what could be possible, what is possible, and what is seen as possible*” (S. 37) zusammen. Affordances und constraints dienen damit als Erklärungsansatz für Handlungen und Lerngelegenheiten, die eine Aufgabe oder ein Schulbuch bietet. Nach Rezat et al. (2021) bedeutet dies für Curriculum Ressourcen, dass diese „afford and constrain the activities they mediate” (S. 1192).

Für eine computerbasierte Lehr- und Lernumgebung, wie ein digitales Schulbuch, kann dies bedeuten, dass durch die digitale Darstellungen bestimmte Strategienutzung beim Problemlösen eingeschränkt (*constrained*) werden. Die technischen Grenzen beschränken die Offenheit des Lösungsprozesses.

So kann etwa der Einsatz eines digitalen Geodreiecks auf dem Tablet die Interaktion einschränken. Während ein analoges Geodreieck frei drehbar ist und flexibel an das Papier angepasst werden kann, erfordert das digitale Pendant spezifische Bediengesten oder erlaubt nur bestimmte Anlegemöglichkeiten. Dadurch wird zwar ein präzises Messen unterstützt, gleichzeitig kann aber der explorative Umgang mit Winkeln eingeschränkt sein.

Jedoch können durch diese Digitalisierung auch neue dynamische und ggfs. dadurch interessantere Settings geschaffen (*afford*) werden, die zusätzliche Handlungsmöglichkeiten bzw. affordances bieten, beispielsweise indem das digitale Geodreieck automatisch Winkelgrößen anzeigt oder Fehler direkt rückmeldet. Die Übetragung analoger Aufgaben in digitale Formate (bzw. vice versa) führt nicht zwangsläufig zu einer Erhöhung oder Verringerung des Schwierigkeitsgrades. Es ändern sich aber die jeweiligen affordances und constraints (Stacey & Wiliam, 2012).

Insbesondere diese Veränderung der affordances und constraints in dem Transferprozess zwischen analog und digital, aber auch innerhalb von technologiebasierten Curriculum Ressourcen bieten die Möglichkeit deren jeweiligen Einfluss auf Lernprozesse und die Leistung der Schüler:innen zu untersuchen:

> *„By manipulating the affordances and constraints of particular technologically enriched learning environments it may be possible to determine learning pathways that enhance mathematics achievement and engagement." (Brown et al., 2004, S. 8)*

Beispielsweise könnten dynamische und statische Visualisierungen gegenübergestellt werden, die jeweils eigene affordances und constraints offerieren.

3.1.2 Visualisierungen

Visualisierungen spielen eine zentrale Rolle im Mathematikunterricht. Sie unterstützen Schüler:innen dabei, mathematische Inhalte zu erschließen, Strukturen zu erkennen und Zusammenhänge besser zu verstehen (Arcavi, 2003; Schoenherr et al., 2024). Arcavi (2003) definiert Visualisierungen folgendermaßen:

> *Visualization ist the ability, the process and the product of creation, interpretation, use of and reflection upon pictures, images, diagrams, in our minds, on paper or with technological tools, with the purpose of depicting and communicating information, thinking about and developing previously unknown ideas and advancing understandings.*
> *(Arcavi, 2003, S. 217)*

Im Rahmen dieser Arbeit liegt der Fokus auf *externen Visualisierungen*, also physisch oder digital wahrnehmbare Darstellungen. Sie unterscheiden sich von internen Repräsentationen, die mentale Vorstellungen der Lernenden abbilden (Goldin & Kaput, 1996; Schoenherr & Schukajlow, 2024).

In Schulbüchern werden externe Visualisierungen auf vielfältige Weise genutzt, unter anderem als dekorative Elemente für motivationale Zwecke oder als unterstützende Elemente im Aufgabenkontext. Insbesondere in digitalen Schulbüchern können sie interaktiv gestaltet und flexibel eingesetzt werden. Denn das digitale Mathematikschulbuch bietet gegenüber dem Printmedium erweiterte Möglichkeiten Inhalte visuell aufzubereiten. Insbesondere durch den Einsatz dynamischer Elemente ergeben sich neue Darstellungsformen. Dabei kann es sich beispielsweise um Animationen, Videos oder interaktive Aufgaben handeln (Pohl, 2023, vgl. Abschnitt 2.3). Wenn es sich dabei um manipulierbare Repräsentationen handelt, die beispielsweise mit Schiebereglern oder dem Zugmodus (Ziehen am Graphen) Veränderungen erlauben, werden diese als *interaktiv-dynamische Visualisierungen* bezeichnet. Dagegen sind *linear-dynamische Visualisierungen* dadurch gekennzeichnet, dass diese keine interaktiven Möglichkeiten ermöglichen. Diese stellen zwar etwas dynamisch dar, können aber nicht durch den Lernenden beeinflusst werden. Ein Video oder animierte GIFs, welche lediglich gestartet werden können und dann sequenziell ablaufen, sind exemplarische Visualisierungen dieser Art (Rolfes, 2018, S. 13 ff.; Rolfes et al., 2020).[4] Dagegen repräsentiert eine *statische Visualisierung* nur einen Zustand eines Objektes und

---

[4] Die Begriffe dynamische Visualisierungen, dynamische Repräsentationen und Animationen werden teilweise in der Literatur synonym verwendet (vgl. Rolfes, 2018, S. 15). Insbesondere in instruktionspsychologischen Beiträgen wird der Begriff Animation verwendet, der folgendermaßen aufgefasst wird “any application, which generates a series of frames, so that each frame appears as an alteration of the previous one, and where the sequence of frames is determined, either by the designer or the user” (Bétrancourt & Tversky, 2000, S. 313). Im Folgenden wird jedoch der Begriff dynamische Visualisierungen genutzt, der ein allgemeineres Verständnis aufgreift.

keine zeitliche Veränderung (Kaput, 1992; Rolfes et al., 2020). Klassischerweise wurden in analogen Schulbüchern dynamische Prozesse über mehrere statische Bilder dargestellt. Ein digitales Schulbuch erlaubt dagegen, dass diese in einer dynamischen Repräsentation abgebildet wird (Rolfes et al., 2020).

Da in technologiebasierten Curriculum Ressourcen die Möglichkeit besteht, beide Typen dynamischer sowie statische Visualisierungen zu integrieren, stellt sich die Frage, inwiefern diese jeweils beim Lernen unterstützen und welche Art von Visualisierung zu bevorzugen ist. Eine Annahme ist, dass dynamische Prozesse durch entsprechende dynamischen Visualisierungen am besten vermittelt werden können, wohingegen für statische Inhalte statische Darstellungen genutzt werden sollten (Ploetzner & Lowe, 2004; Schnotz & Lowe, 2008). Dynamische Prozesse treten beispielsweise beim Kovariationsaspekt bei funktionalen Zusammenhängen (z. B. Greefrath et al., 2016a) oder bei bayesianischen Situationen (z. B. Büchter et al., 2022, vgl. Abschnitt 4.5) auf, wenn der Einfluss von unabhängigen auf abhängige Variablen betrachtet wird. Die zielgerichtete Variation einer dynamischen Visualisierung und dessen einhergehende Beobachtung innerhalb einer digitalen Lehr- und Lernumgebung können als förderlich für das mathematische Verständnis angenommen werden (Roth, 2008).

Instruktionspsychologische Meta-Studien unterstützen diese Annahme, dass die Darstellung dynamischer Visualisierungen zu einem höheren Lernerfolg als die Abbildung statischer Visualisierungen führt (Berney & Bétrancourt, 2016; Castro-Alonso et al., 2019; Höffler & Leutner, 2007). Dabei sind durchschnittlich kleine Effekte mit Cohen's $d = 0.37$ bei Höffler & Leutner (2007) sowie vergleichbaren Werten von Hedges' $g = 0.226$ bei Berney und Bétrancourt (2016) und $g = 0.23$ bei Castro-Alonso et al. (2019) zu finden. Dabei zeigt sich, dass die Effekte speziell für das Fach Mathematik in diesen Meta-Studien sehr variieren und teilweise kleiner im Vergleich zu anderen untersuchten Fächern sind.

Jedoch werden einige der in den Meta-Studien betrachteten Einzelstudien aufgrund methodischer Schwächen kritisch gesehen (z. B. von Castro-Alonso et al., 2016, 2019; Tversky et al., 2002). Beispielsweise werden die Vergleiche zwischen den Versuchsgruppen in der Intervention als unfair eingestuft oder relevante Einflussfaktoren im Design oder der Auswertung werden nicht berücksichtigt. Castro-Alonso et al. (2016) stellen eine ausführliche Übersicht über kritische und zu beachtende Aspekte bei Vergleichsstudien, welche zwischen unterschiedlichen Arten von Visualisierungen trennen, zusammen. Unter anderem weisen sie daraufhin, dass die Vergleichbarkeit der Darstellungsform gewährleistet und der Einfluss des genutzten Mediums beachtet werden sollte. Es sollte vermieden demnach vermieden werden, dass bei einer empirischen Gegenüberstellung dynamischer und statischer Visualisierungen unterschiedliche visuelle Darstellungsreize und -formen genutzt werden. Ein von den Autor:innen angeführtes Negativbeispiel wäre, wenn die Farbgestaltung zwischen den Konditionen anders wäre.

Darüber hinaus wird darauf hingewiesen, dass die Wirkung von Visualisierungen nicht nur vom Visualisierungstyp selbst, sondern auch vom Medium abhängt, auf dem sie präsentiert werden, d. h. auf Papier oder auf einem Bildschirm. Diese Medien unterscheiden sich in ihren affordances und constraints, die wiederum die Wahrnehmung und Nutzung durch die Lernenden beeinflussen können (Castro-Alonso et al., 2016).

Entsprechend finden sich einzelne Studien, die keine eindeutigen Vorteile dynamischer Visualisierungen oder sogar gegenteilige Effekte zeigen. Als mögliche Ursachen werden unter anderem die Flüchtigkeit dynamischer Darstellungen, die fehlende Kontrolle über den Ablauf sowie die erhöhten Anforderungen an die Verarbeitungsgeschwindigkeit der Lernenden genannt (z. B. Hegarty et al., 2003; Mayer et al., 2005; Rolfes, 2018, S. 171 ff.).

In einer Meta-Studie von Schoenherr et al. (2024) werden unter anderem digitale und analoge Visualisierungen im Rahmen von mathematikdidaktischen Interventionen verglichen. Dabei zeigt sich, dass beide Formate grundsätzlich und auf vergleichbare Weise unterstützend wirken können. Es wird jedoch keine differenzierte Analyse verschiedener dynamischer Visualisierungstypen und kein direkter Vergleich zwischen dynamischen und statischen Darstellungen vorgenommen. Der Fokus liegt stattdessen auf dem Vergleich des Mediums (digital vs. analog), unabhängig von der konkreten Ausgestaltung der Visualisierung.

Neben diesen methodischen Aspekten werden in der Literatur weitere Faktoren diskutiert, von denen positive oder negative Effekte abhängig sind. Einer dieser Faktoren ist, dass die *Interaktivität* das Lernen positiv beeinflussen kann. Studienergebnisse von Mayer und Chandler (2001) oder Hasler et al. (2007) zeigen, dass bereits einfache interaktive Tätigkeiten bei dynamischen Visualisierungen, wie die Möglichkeit zum Pausieren, den Lernerfolg steigern können. Ein möglicher Grund dafür ist, dass Interaktivität es den Lernenden ermöglicht, den Lernprozess aktiv mitzugestalten, Inhalte in ihrem eigenen Tempo zu bearbeiten und sich gezielt mit zentralen Informationen auseinanderzusetzen. Interaktive Funktionen fördern dadurch eine vertiefte Auseinandersetzung mit dem Lerngegenstand und können helfen, Zusammenhänge besser zu erkennen und das Verständnis zu stabilisieren (vgl. z. B. Moreno & Mayer, 2007).

Eine der wenigen mathematikdidaktischen Studien, welche explizit statische und beide Typen dynamischer Visualisierungen untersucht, ist von Rolfes (2018) bzw. Rolfes et al. (2020) durchgeführt worden. Dabei wurden Schüler:innen der 8. und 9. Klasse untersucht. Die Ergebnisse zeigen zwar, dass Schüler:innen signifikant besser mit den dynamischen Visualisierungen lernten, aber zwischen den interaktiven-dynamischen und linear-dynamischen Visualisierungen war kein Unterschied vorzufinden. Die Autoren vermuten, dass solche zusätzlichen Unterschiede lediglich bei komplexeren Aufgaben aufgetreten wären. Zudem weisen sie einschränkend darauf hin, dass es sich lediglich um eine kurze Intervention über 25 Minuten handelte.

Zusammenfassend ist festzuhalten, dass diese Studie sowie die Meta-Analysen auf Vorteile dynamischer Visualisierungen hinweisen, diese jedoch nicht konsistent sind und die Gründe für divergierende Effekte noch offen sind (Lowe & Ploetzner, 2017). Das Review von Tversky et al. (2002) verweist darauf, dass dynamische Visualisierungen insbesondere dann lernförderlich sind, wenn diese einen höheren Informationsgehalt als statische Visualisierungen haben. Inwiefern der Informationsgehalt bei einer Visualisierung ebenfalls entscheidend sein kann, wird an späterer Stelle zur Bedeutung von Visualisierungen bei bedingten Wahrscheinlichkeiten diskutiert (vgl. Abschnitt 4.4.2).

Zugleich ist in der schulischen Praxis zu beachten, dass Visualisierungen in Schulbüchern und digitalen Lernumgebungen in der Regel vorgegeben und vorstrukturiert sind. Lernende erhalten dabei selten die Möglichkeit, eigene Visualisierungen zu erstellen oder individuell anzupassen, was den aktiven Umgang mit Darstellungen einschränken kann (Thurm et al., 2024).

3.1.3 Feedback

Die Integration von digitalem (computerbasiertem) Feedback stellt ein weiteres Potenzial digitaler Mathematikschulbücher dar, das als Mehrwert gegenüber gedruckter Curriculum Ressourcen aufgefasst wird (Choppin et al., 2014). Feedback wird dabei nicht durch eine interpersonelle Aktion, wie zwischen einer Lehrkraft und einem/einer Schüler:in, sondern durch das digitale Schulbuch als Mediator übermittelt (Bangert-Drowns et al., 1991). Dies deutet bereits darauf hin, dass Feedback auf unterschiedliche Weisen betrachtet werden kann und damit differenziert werden sollte.[5] Deswegen werden im Folgenden auf Basis einer Begriffsklärung unterschiedliche Typen von Feedback vorgestellt und es wird auf Kriterien eingegangen, welche die Effektivität von Feedback bestimmen. Meta-Studien konnten bereits zeigen, dass Feedback das Lernen sinnvoll unterstützen kann (Bangert-Drowns et al., 1991; Hattie, 2009, 2015; Hattie & Timperley, 2007; Shute, 2008; van der Kleij et al., 2015). Zudem gibt es bereits erste Untersuchungen zur Implementation von Feedback in einem digitalen Schulbuch (Rezat, 2017, 2019, 2020, 2021).

3.1.3.1 Begriffsklärung und Typen

Aus bildungstheoretischer Perspektive kann Feedback nach Hattie und Timperley (2007) folgendermaßen definiert werden:

> *"feedback is conceptualized as information provided by an agent (e.g., teacher, peer, book, parent, self, experience) regarding aspects of one's performance or understanding ... Feedback thus is a "consequence" of performance."*
> *(Hattie & Timperley, 2007, S. 81)*

Feedback ist dabei nicht nur eine Rückmeldung auf eine erbrachte Leistung, sondern zielt darauf ab, das Verständnis der Lernenden gezielt zu fördern (Hattie & Timperley, 2007; Shute, 2008). Dies trifft insbesondere auf prozessbegleitendes, *formatives* Feedback zu. Shute (2008) konzeptualisiert formatives Feedback als "information communicated to the learner that is intended to modify his or her thinking or behavior for the purpose of improving learning" (S. 154). Lernprozesse, in denen die aktive Nutzung von Feedback erfolgt, können als Assessment aufgefasst werden. Unter formativem Assessment werden dann beispielhaft Lernerfolgskontrollen, Selbst-/Peereinschätzungen und gezielte Stimuli

[5] In dieser Arbeit wird lediglich *externales* Feedback betrachtet. Damit wird extern bereitgestelltes Feedback aufgefasst, z. B. durch eine Lehrkraft oder eine Curriculum Ressource. Dagegen werden als *internales* Feedback „individuelle Verarbeitungsmechanismen von Feedback oder auch Effekte des externen Feedbacks auf kognitiver, metakognitiver oder motivationaler Eben des Individuums" (de Vries, 2021, S. 11) verstanden. Da in dieser Arbeit die externe Bereitstellung von Feedback durch ein Schulbuch von gesondertem Interesse ist, wird sich auf dieses in den weiteren Ausführungen beschränkt.

und Aufgaben verstanden (de Vries, 2021).[6] Dagegen werden Klassenarbeiten, Schulnoten oder die Einordnung in Kompetenzstufen aufgrund des prozessabschließendes Charakters als *summatives* Assessment aufgefasst (de Vries, 2021). Im Folgenden werden formative Assessmentsituationen betrachtet, die z. B. bei einer Aufgabenbearbeitung durch Feedbackfeatures in einem digitalen Schulbuch auftreten.

Feedback kann also in diversen Formen auftreten. Prinzipiell kann zwischen unterschiedlichen Typen, Zeitpunkten und Leveln von Feedback unterschieden werden (Hattie & Timperley, 2007; Shute, 2008; van der Kleij et al., 2011, 2015). Die in Tabelle 3.1 dargestellte Klassifikation unterschiedlicher Feedbackarten ist auf Shute (2008) zurückzuführen.

[6] Teilweise werden in der Literatur die Begriffe Feedback und Assessment nicht eindeutig voneinander getrennt bzw. auch synonym genutzt (z. B. bei Shute, 2008). Lernprozesse, in denen die aktive Nutzung von Feedback erfolgt, können als Assessment aufgefasst werden. Feedback stellt damit ein Schlüsselelement von Assessment dar (de Vries, 2021).

Tabelle 3.1 Klassifikation verschiedener Feedbackarten

	Feedbackart	Beschreibung
	kein Feedback	Keinerlei Rückmeldung an die Lernenden
	Knowledge of results (KR)	Richtig-Falsch-Feedback oder summative Rückmeldung zu der bisherigen Leistung
	Knowledge of correct results (KCR)	Information über die korrekte Lösung zu einer Aufgabe
	Try again	Information darüber, dass eine Aufgabe inkorrekt gelöst wurde und die Möglichkeit für Lernende es erneut zu versuchen
	Error flagging	Hervorhebung von Fehlern in einer Lösung, ohne die korrekte Antwort vorwegzunehmen
Elaboriertes Feedback	*Attribute isolation*	Informationen über zentrale Merkmale für die Erreichung eines Ziels oder das Erlernen einer Fertigkeit
	Topic contingent	Informationen zu den Inhalten einer Aufgabe oder den damit verbundenen inhaltlichen Zielen; ggf. Bereitstellung von Material zur Wiederholung
	Response contingent	Direkter Bezug zu der Antwort der Lernenden mit der Begründung, warum eine Antwort falsch ist bzw. wieso die korrekte Antwort korrekt ist; keine formale Fehleranalyse
	Hints/ Cues/ Prompts	Bereitstellung von (strategischen) Hilfen oder Beispielen, die den Lernenden auf dem Weg zu einer Lösung helfen; Vermeidung der gleichzeitigen Mitteilung über die korrekte Lösung
	Bugs / Misconceptions	Direkter Bezug zu der Antwort der Lernenden mit Informationen über vorhandene Missverständnisse oder spezifische Fehler; formale Fehleranalyse als Grundlage
	Informative tutoring	Kombination aus Verifikation, *error flagging* und strategischen Hilfen zum weiteren Vorgehen; i.d.R. ohne Angabe der korrekten Lösung

Komplexität steigt ↓

Anmerkung. Übernommen aus de Vries (2021, S. 14; in Anlehnung an Shute, 2008, S. 160).

Mit steigender Komplexität des Feedbacks erhöht sich dabei der jeweilige Informationsgehalt (Kulhavy & Stock, 1989). Elaboriertes Feedback wird dabei als solches verstanden, welches nicht nur die Lösung als richtig oder falsch verifiziert, sondern darüberhinausgehende Informationen bereitstellt, beispielsweise zusätzliche Begründungen. Bei jeglichem dieser Typen handelt es sich um *aufgabenspezifisches* Feedback, d. h. dieses wird in Verbindung mit einer Aufgabe und nicht in einer zusammenfassenden (summativen) Assessmentsituation gegeben (van der Kleij et al., 2015).

Solches aufgabenspezifisches Feedback kann dabei sofort bereitgestellt werden, ggfs. auch bereits vor dem Abschluss der Aufgabenbearbeitung, oder erst zeitverzögert (Shute, 2008). Erfolgt das Feedback durch eine Person oder einen gedruckten Mediator, z. B. einem Text, ist es ein denkbares Szenario, dass bis zum Erhalt des Feedbacks eine längere Zeitspanne vergeht. Doch die Implementation von Feedback in einer digitalen Lehr- und Lernumgebung ermöglicht, dass dieses unmittelbar technisch bereitgestellt werden kann:

> *In computer-based environments, it is possible to provide students with feedback very quickly since the feedback is automatically given based on the students' response. Therefore, when it comes to feedback in a computer-based environment, delayed feedback can be defined unambiguously as 'all feedback that is not delivered immediately after completing each item' (van der Kleij et al., 2011, S.23)." (van der Kleij et al., 2015, S. 478)*

Da Feedback mithilfe unterschiedlicher Typen, Methoden und Mediatoren bereitgestellt werden kann, ist es in der Feedbackforschung eine relevante Fragestellung, wie dieses im Optimalfall im Lernprozess eingesetzt werden sollte. Auf diese Diskussion wird im Folgenden Abschnitt 3.1.3.2 eingegangen.

3.1.3.2 Effektives Feedback

Feedback wird als eine der potenziell größten Einflussfaktoren zur Lernförderung wahrgenommen (Hattie & Gan, 2011; Hattie & Timperley, 2007). Jedoch hat die Forschung gezeigt, dass die positiven Effekte von der Art und Weise des Feedbacks abhängig sind und sogar negative Effekte haben kann (Fyfe & Rittle-Johnson, 2016; Hattie & Timperley, 2007; Shute, 2008; van der Kleij et al., 2015). Dies hat zur Folge, dass die Ergebnisse in Einzelstudien zur Effektivität von Feedback sehr variieren. Dementsprechend ist es sinnvoll, sich auf die aktuellsten Meta-Studien im Folgenden zu beziehen (Hattie, 2009, 2015; Hattie & Timperley, 2007; Shute, 2008). Eine Besonderheit stellt die Studie von van der Kleij et al. (2015) dar, welche eine der wenigen und die zum Zeitpunkt der Arbeit aktuellste Meta-Studie zur Lernwirksamkeit von Feedback in digitalen Lehr- und Lernumgebungen darstellt (vgl. de Vries, 2021, S. 93 ff.).

Zusammenfassend erscheinen insbesondere der Informationsgehalt und der Zeitpunkt von Feedback entscheidende Faktoren zu sein. Bezüglich des Zeitpunktes von Feedback hält Shute (2008) fest, dass die Effektivität von der jeweiligen Aufgaben abhängig sein könnte (vgl. van der Kleij et al., 2015). Bei Transferaufgaben, die ein konzeptuelles Verständnis erfordern, gibt es Hinweise, dass ein zeitlich versetztes Feedback hilfreicher sein kann. Dagegen ist bei Aufgaben, die prozedurales Verständnis oder nur eine kurze Aufmerksamkeit verlangen, unmittelbares Feedback lernwirksamer. Bezüglich des Informationsgehalt gibt es die Vermutung, dass spezifischeres bzw. komplexeres Feedback und somit elaboriertes Feedback vorteilhaft gegenüber Feedback ist, welches lediglich Informationen über richtig oder falsch übermittelt (Shute, 2008). Jedoch zeigen die Forschungsergebnisse hierbei ebenfalls, dass dies von den Anforderungen der jeweiligen Aufgabe abhängig sein kann. Bei unbekannten oder komplexen Themen bietet sich eher informationsreiches Feedback an, da beispielsweise bei KCR-Feedback nicht genügend zusätzliche Informationen für die Lernenden vorhanden sind (de Vries, 2021). Gleichzeitig weisen Studien darauf hin, dass die Wirksamkeit von Feedback auch vom Vorwissen der Lernenden abhängt. Ist das Feedback redundant zu bereits vorhandenem Wissen, kann es als überflüssig wahrgenommen werden oder sogar störend wirken (Attali & van der Kleij, 2017).

Von Hattie (2009, 2015) werden die Effektstärken unterschiedlicher Feedbackarten gegenübergestellt. Dabei wird digitales Feedback als eine der effektivsten Varianten herausgestellt (vgl. Hattie & Timperley, 2007). Auch in einer computergestützten Lehr- und Lernumgebung sind die Effektgrößen vom Komplexitätsgrad der Aufgaben abhängig. Elaborierte Feedbackarten stellen einen größeren Einflussfaktor dar, wenn die Aufgabe höhere Anforderungen beansprucht. Dies geht auch mit der Meta-Studie von van der Kleij et al. (2015) einher, welche kleine bis mittlere Effekte von elaboriertem Feedback gegenüber anderen Feedbackarten oder keinem Feedback zeigt. Einzuschränken ist bei dieser Meta-Studie jedoch, dass die betrachteten Studien größtenteils mit Studierenden oder in der Erwachsenenbildung durchgeführt wurden. Jedoch zeigten sich im Fach Mathematik bei der Nutzung von Feedback in digitalen Lehr- und Lernumgebungen größere Effekte im Vergleich zu anderen Fächern.

Effektive Feedbackarten geben nach Hattie (2009, 2015) Hinweise, bestärken die Lernenden und beziehen sich auf Lernziele. Hattie und Timperley (2007) halten dies in drei Kriterien fest, die effektives Feedback erfüllt haben sollte:

> *Effective feedback must answer three major questions asked by a teacher and/or by a student: Where am I going? (What are the goals?), How am I going? (What progress is being made toward the goal?), and Where to next? (What activities need to be undertaken to make better progress?) (S. 86)*

Es sind aber auch noch weitere Faktoren für ein erfolgreiches Feedbackdesign denkbar. Beispielsweise gibt es Untersuchungen, die den Einfluss der kognitiven Belastung (Cognitive Load) bei der Feedbacknutzung feststellen (z. B. Attali & van der Kleij, 2017).

Obwohl bislang keine allgemeingültigen oder zumindest fachspezifischen Kriterien für effizientes Feedback aufgestellt werden konnten, wird Feedback im Bildungskontext als ein wichtiger Faktor angesehen, der das Lernen positiv unterstützen kann (de Vries, 2021; Shute, 2008). Die zuletzt von Hattie (2017) aktualisierten Daten seiner Meta-Meta-Analyse zeigen eine durchschnittliche Effektgröße bei Feedback von *Cohens* $d = 0.7$ und somit einen vergleichsweise großen positiven Einfluss auf die Lernwirksamkeit.[7] Entsprechend stellt de Vries (2021) in ihrer Dissertation zu Feedback in einer digitalen Lernumgebung basierend auf den bisherigen Forschungsergebnissen fest:

> *„Feedback gilt zurecht als wichtige Komponente digitaler Lernumgebungen, da es in Summe mittlere bis große Effekte bewirken kann." (S. 99)*

Aufgrund der Bedeutung des Schulbuchs für den Mathematikunterricht erscheint es plausibler, dass die Integration von Feedbackfeatures in einem digitalen Mathematikschulbuch als wesentliches Potenzial gegenüber gedruckten Materialien betrachtet wird (vgl. Abschnitt 2.3.1). Allerdings liegt zur konkreten Umsetzung von Feedback in digitalen Mathematikschulbüchern bislang nur eine begrenzte Anzahl empirischer Studien vor. Erste Einblicke liefern die Arbeiten von Rezat (2017, 2019, 2020, 2021), auf die im folgenden Abschnitt 3.1.3.3 eingegangen wird.

3.1.3.3 Feedback in digitalen Mathematikschulbüchern

Die bisherige mathematikdidaktische Forschung zur Implementation von *Feedback in digitalen Mathematikschulbüchern* stützt sich im Wesentlichen auf eine Serie qualitativer Studien von Rezat (2017, 2019, 2020, 2021) bekannt. Dabei

---

[7] Solche Meta-Meta-Analysen werden durchaus kritisch diskutiert. An der Analyse von Hattie (2017) gibt es insbesondere methodische Kritikpunkte, die beispielsweise von Wecker et al. (2017) systematisch zusammengetragen werden.

wurden aufeinanderfolgende qualitative Studien in der 3. Klasse deutscher Grundschulen mit dem digitalen Schulbuch *Denken und Rechnen interaktiv* (Westermann GmbH & Co. KG, 2020) durchgeführt. Da in den Analysen stets nur wenige Einzelfälle betrachtet werden und diese einen explorativen Charakter haben, wird in den Beiträgen erläutert, dass es sich dabei um erste Einblicke bei der Arbeit mit einem digitalen Mathematikschulbuch bezüglich der Feedbacknutzung handelt. Dabei kommt die Besonderheit digitaler Mathematikschulbücher zum tragen, dass diese in der Regel nicht nur einen, sondern mehrere Feedbacktypen inkludiert haben.

Rezat (2019) stellt jedoch fest, dass die Kombination mehrerer Typen in einer Lernumgebung keinen ersichtlichen Einfluss auf die Leistung hat. Jedoch werden in dem Schulbuch eher weniger komplexe Feedbackarten bereitgestellt (Rezat, 2020, 2021; vgl. Tabelle 2). Insbesondere Feedbackkombinationen, welche lediglich Informationen zu richtig/falsch und keine Informationen zum weiteren Vorgehen bereitstellen, zeigten bei den untersuchten Schüler:innen nur eine begrenzte Unterstützung (Rezat, 2017). Es wird die Vermutung geäußert, dass Schüler:innen Fehlvorstellungen entwickeln, wenn das Feedback nicht auf individuelle Vorgehensweisen eingeht, sie vorwiegend selbstständig mit dem Feedback arbeiten und die Lehrkraft lediglich den summativen Lernzuwachs sieht (Rezat, 2021). Eine weitere Herausforderung in der anfänglichen Nutzung besteht darin, dass zunächst noch Gebrauchsschemata entwickelt werden müssen, damit das Feedback tatsächlich als Instrument genutzt werden kann (vgl. Abschnitt 2.2.2). Exemplarisch zeigt sich dies an einer Schülerin, die auf irrelevante Informationen im Feedbacks reagierte und damit die Interpretation des für sie neuartigen Feedbackformats zusätzlich erschwerte (Rezat, 2021).

Zudem kann es vorkommen, dass die Schüler:innen nur wenig auf die dargebotenen Unterstützungsmaßnahmen zurückgreifen, sondern im Unterrichtsverbund eher die Kommunikation und Kommunikation mit ihren Peers nutzen (Rezat, 2020). Dies zeigt zugleich auf, dass es auch für die Konzeption digitaler Schulbücher eine Schwierigkeit darstellt, individuelle Lernprozesse mithilfe von implementiertem und gut designtem Feedback zu fördern.

Der Fokus auf Studien zu digitalen Mathematikschulbüchern ist an dieser Stelle bewusst eingegrenzt worden, auch wenn Befunde zu Feedback in anderen Curriculum Ressourcen wie digitalen Lernpfaden grundsätzlich übertragbar wären (z. B. von de Vries, 2021). Eine breitere Einbeziehung, etwa auch aus anderen Fachkontexten, würde jedoch den Rahmen dieser Arbeit sprengen. Der Erkenntnisgewinn liegt gerade darin, dass die herangezogenen Studien Feedback im spezifischen Kontext von Schulbüchern untersuchen, d. h. jenem Ressourcentyp, der auch im Rahmen dieser Untersuchung zentral ist.

Für die Analyse von Feedback ist insbesondere die Aufgabenebene entscheidend, auf der sich die Wirksamkeit von Feedback konkret entfaltet. Die in diesem und im vorherigen Abschnitt 3.1.3.1 diskutierten Merkmale, insbesondere der Informationsgehalt, der Zeitpunkt, die Art des Feedbacks sowie dessen Format (digital/computergestützt vs. papierbasiert) gelten auch für Feedback in digitalen Schulbüchern und bilden den theoretischen Bezugsrahmen für die Untersuchung dieser Arbeit.

3.2 Effekte des Schulbucheinsatzes

Digitale Schulbücher vereinen in besonderer Weise verschiedene Erweiterungsfunktionen wie dynamische Visualisierungen, Feedbackmechanismen und interaktive Strukturen, deren jeweilige affordances und constraints maßgeblich Einfluss auf Lernprozesse nehmen können. Gerade im Zusammenspiel dieser Komponenten entfaltet sich das didaktische Potenzial digitaler Schulbücher. Desto bedeutsamer ist die Frage, inwiefern der konkrete Einsatz eines solchen digitalen Schulbuchs tatsächlich lernwirksam ist.

Die Untersuchung solcher Effekte, sowohl im digitalen als auch im analogen Kontext, wurde bislang nur in wenigen empirischen Studien untersucht (Fan et al., 2013; Quan et al., 2025; Rezat et al., 2021).[8] Obwohl bereits Fan et al. (2013) in ihrem Review feststellen, dass Studien zum Zusammenhang zwischen Schulbucheinsatz und Leistung den geringsten Anteil in der Schulbuchforschung ausmachen und entsprechend die explizite Forderung nach Wirksamkeitsstudien aufstellten, stellen Rezat et al. (2021) und Rezat (2024) in ihren Übersichtsbeiträgen mehrere Jahre später kaum Veränderungen fest.

Es zeigt sich, dass 2018 bis 2023 lediglich 16 % der betrachteten Studien einen Fokus auf digitale Schulbücher legten und nur 14 % Effekte auf Variablen untersuchten, die direkt mit Lernenden oder Lehrkräften zusammenhängen (Rezat, 2024). Prinzipiell können dabei sowohl leistungsbezogene als auch affektive Effekten in den Blick genommen werden. Im Rahmen dieser Arbeit und im Folgenden stehen jedoch ausschließlich leistungsbezogene Variablen im Fokus.

In den Übersichtsbeiträgen wird zudem auf methodologische Herausforderungen hingewiesen. Fan et al. (2013) kritisieren beispielsweise, dass bei einigen Studien die tatsächliche Nutzungsweise und -häufigkeit des Schulbuchs zumeist

[8] Beispielsweise stellten Quan et al. (2025) in einer Datenbanksuche mit Web of Science Suche fest, dass das Wort „achievement“ als Keyword im Zusammenhang mit „mathematics textbook“ bzw. „mathematical textbooks“ in den Jahren 2000 bis 2022 lediglich viermal genutzt wurde.

nicht ausreichend beachtet wurde oder nur selektive Schulbuch- und Ländervergleiche umgesetzt wurden. Dieser Aspekt ist insofern relevant, dass Schulbücher stets auch eine Interpretation pädagogischer Intentionen sind und durch kulturelle und bildungspolitische Traditionen geprägt werden (van den Ham & Heinze, 2018). Rezat et al. (2021) weisen zudem darauf hin, dass die Qualität der jeweiligen Curriculum Ressource oftmals unbeachtet bleibt oder das tatsächliche Lernen nicht systematisch erfasst wird. Als Positivbeispiele heben Fan et al. (2013) sowie Rezat et al. (2021) Studien hervor, die Zusammenhänge zwischen eingesetzten Schulbüchern bzw. deren Lerngelegenheiten und der Leistung von Schüler:innen untersuchen. Einige davon werden im Folgenden Abschnitt 3.2.1 exemplarisch aufgegriffen.

3.2.1 Vergleich unterschiedlicher Schulbücher

Bei diesen Studien handelt es sich in der Regel um Vergleiche unterschiedlicher gedruckter Schulbücher. Obwohl sie nicht den Einsatz digitaler Materialien oder einen Vergleich zu solchen untersuchen, sind sie dennoch für die weiteren Ausführungen relevant, da sie exemplarisch belegen, dass die Gestaltung und Auswahl eines Schulbuchs (unabhängig vom Medium) einen messbaren Einfluss auf die Lernleistung haben kann.

Solche Studien wurden unter anderem von Sievert et al. (2019, 2021a, 2021b) und van den Ham & Heinze (2018) umgesetzt. In diesen Untersuchungen zeigt sich, dass die Auswahl des Schulbuchs einen Einfluss auf die Leistung der Schüler:innen hat. Da diese jeweils in Schleswig-Holstein in der ersten bis dritten Klasse durchgeführt wurden, konnten Schulbücher miteinander verglichen, die auf dem gleichen Curriculum basieren. Mithilfe von Leistungstests am Ende der jeweiligen Schuljahre konnte ein Zusammenhang zum jeweils eingesetzten Schulbuch festgestellt werden. So konnte analysiert werden, dass die Qualität der Lerngelegenheiten einen positiven Einfluss auf die Leistung hat. Dies konnte für die Strategienutzung zur mehrstelligen Addition und Subtraktion (Sievert et al., 2019) bzw. zu arithmetischen Prinzipien (Sievert et al., 2021a) und zum Mengenvergleiche (Sievert et al., 2021b) und somit für verschiedene Kompetenzbereiche in der Grundschule gezeigt werden. Die Studienergebnisse von van den Ham & Heinze (2018) deuten zudem darauf hin, dass sich entsprechende Effekte über mehrere Schuljahre kumulieren.

Vergleichbare Ergebnisse, in denen ebenfalls eine positive Korrelation zwischen den Lerngelegenheiten eines Schulbuchs und der Leistung von Schüler:innen gefunden werden konnten, sind bei TIMMS 1999 für die Klassen 5 bis 7 in Finnland (Törnroos, 2005) sowie bei Schmidt et al. (2001) für die achte Klasse in den USA zu finden. Außerdem zeigt eine Studie von Hadar (2017) für die arabische Community aus Israel für die Klasse 8 auf, dass bei anspruchsvolleren Lerngelegenheiten in einem Schulbuch die Schüler:innen auch eine höhere Leistung in einem standardisierten nationalen Test zeigen. Diese einzelnen Studien indizieren, dass ein unmittelbarer Zusammenhang zwischen dem genutzten Schulbuch und der Leistung der Schüler:innen existiert. Jedoch konnten die Studien von van Steenbrugge et al. (2013) in Flandern für die Klasse 1 bis 6 und Blazar et al. (2019) in sechs US-Staaten für die vierte und fünfte Klasse mit ihren Stichproben diese Auffassung nicht bestätigen, da die Auswahl des Schulbuches bei ihnen nicht prädiktiv für die Leistung war.

Auch im KOSIMA-Projekt (Prediger et al., 2021) wird deutlich, dass sich mögliche Effekte innovativer Schulbücher nicht sofort, sondern erst verzögert zeigen. Dort zeigten sich erste positive Effekte erst im zweiten Schuljahr. Die Studie betont zudem, dass Schulbuchinnovationen nur dann Wirkung entfalten können, wenn sie an die Bedürfnisse der Lehrkräfte und Lernenden angepasst sind.

Diesen genannten Studien ist gemeinsam, dass ausschließlich analoge Schulbücher miteinander verglichen wurden. Daher bleibt offen, wie sich ein digitales Schulbuch im Vergleich dazu hinsichtlich seiner Wirksamkeit auf das Lernen und die Leistung ausgewirkt hätte. Vor diesem Hintergrund rückt im folgenden Abschnitt 3.2.2 die empirische Befundlage zur Wirksamkeit digitaler Schulbüchern und digitaler Curriculum Ressourcen in den Fokus.

3.2.2 Wirksamkeit digitaler Schulbücher und Ressourcen

Digitale Schulbücher unterscheiden sich von ihren analogen Pendants nicht nur im Medium, sondern auch durch ihre Potenziale. Erweiterungsfunktionen wie dynamische Visualisierungen, interaktive Elemente oder integriertes Feedback eröffnen neue Zugänge zu mathematischen Inhalten und sollen Lernprozesse gezielt unterstützen (Yerushalmy, 2015). Erste Studien, welche die Wirksamkeit von digitalen und analogen Curriculum Ressourcen gegenüberstellen, deuten bereits darauf hin, dass die Schüler:innen durch die zusätzlichen Funktionen des digitalen Schulbuchs im Mathematikunterricht tatsächlich profitieren können (u. a. Brnic et al., 2024; Radović et al., 2020; Reinhold, 2019; Reinhold, Hoch, et al., 2020). Diese Studien werden im Folgenden näher betrachtet und eingeordnet.

Reinhold (2019) bzw. Reinhold et al. (2020) führte(n) eine Studie mit Sechstklässler:innen zur Entwicklung des Bruchzahlbegriffes durch. Dazu wurde auf Basis mathematikdidaktischer Forschung zur Bruchrechnung und instruktionspsychologischer Gestaltungskriterien eine digitale Curriculum Ressource zur Bruchrechnung entwickelt. Dabei handelte es sich um ein *iBook*, welches auf dem iPad genutzt werden konnte.[9] Diese digitale Lehr- und Lernumgebung zeichnet sich durch Feedbackoptionen, adaptive Elemente und Interaktivität aus. Mithilfe eines Prä- und Posttests wurden Untersuchungsgruppen miteinander verglichen, welche das iBook, eine gedruckte Adaption des iBooks oder das reguläre (analoge) Schulbuch über vier Wochen nutzten. Die Ergebnisse der Studie zeigen, dass die Schüler:innen am Gymnasium von der Gestaltung des iBooks und der gedruckten Adaption im Vergleich zur Nutzung des regulären Schulbuchs signifikant profitieren konnten. Diese Unterschiede gelten jedoch nur für Aufgaben zu ikonischen Darstellungen von Brüchen und nicht zu arithmetischen Aufgaben. Zudem ergaben die Testergebnisse keinen Unterschied in der Entwicklung des Bruchzahlbegriffes zwischen der entwickelten digitalen und analogen Variante. Bei Schüler:innen der Mittel- und Hauptschule trat jedoch ein signifikanter Effekt zugunsten der iBook-Version auf. Wenn diese das iBook genutzt haben, erreichten sie signifikant bessere Ergebnisse als die Schüler:innen in den anderen beiden Untersuchungsgruppen. Diese Unterschiede konnten auch für beide Aufgabentypen bestimmt werden. Dass Schüler:innen auf unterschiedlichem Niveau auf divergierende Weise von den jeweiligen Materialien profitieren können, wird mit einer unterschiedlichen kognitiven Belastung (cognitive load) begründet. Es wird vermutet, dass leistungsschwächere Schüler:innen durch die Erweiterungsfunktionen entlastet werden können, wohingegen diese für die leistungsstärkeren Schüler:innen irrelevant und durch die zusätzliche Verarbeitungsnotwendigkeit sogar lernhinderlich sein könnten (sogenannter *expertise-reversal effect*, vgl. Kalyuga et al., 2003).

Ebenfalls in der Jahrgangstufe 6 führten Kaplar et al. (2022; vgl. auch Radović et al., 2020) eine Studie durch. Dabei wurden Schüler:innen verglichen, die eine interaktive Curriculum Ressource mit Feedback und integrierten GeoGebra-Apps oder ihr reguläres Schulbuch nutzten. Nach dreiwöchigem Unterricht zu den geometrischen Eigenschaften von Dreiecken mit einem Schwerpunkt zum mathematischen Argumentieren zeigten die Schüler:innen mit der interaktiven Curriculum Ressource eine signifikant bessere Leistung. Diese Effekte zeigten sich auch noch in einem nach zwei Monaten durchgeführten Follow-Up Test.

[9] Eine aktuelle Version ist unter https://www.alice.edu.tum.de/#ibook zu finden. Diese kann mittlerweile per Browser über jedes Endgerät mit Internetzugang genutzt werden.

Die Ergebnisse deuteten zusätzlich daraufhin, dass die Effekte auch von den jeweiligen Aufgabentypen abhängig sein könnten, da nicht für jeden Aufgabentyp signifikante Unterschiede zu finden waren (Kaplar et al., 2022).

Neben internationalen Befunden zur Wirksamkeit digitaler Curriculum Ressourcen liegen auch aus dem Projektkontext dieser Arbeit erste empirische Erkenntnisse vor. Dabei rückte insbesondere die Frage in den Fokus, ob sich geschlechterspezifische Unterschiede in der Wirkung digitaler Schulbücher im Bereich bedingter Wahrscheinlichkeiten zeigen (Brnic et al., 2024). Die Studie deutet darauf hin, dass vor allem Mädchen vom digitalen Format profitieren könnten, während bei den Jungen keine systematischen Unterschiede erkennbar waren. Darüber hinaus wurde in einer weiteren begleitenden Studie untersucht, wie sich das digitale Schulbuch im Distanzunterricht bewährt (Brnic & Greefrath, 2022). Die Ergebnisse zeigen, dass es auch unter diesen Bedingungen wirksam eingesetzt werden kann.

Insgesamt handelt es sich bei den vorgestellten Studien um erste empirische Untersuchungen im Fach Mathematik, die einen direkten Vergleich zwischen analogen und digitalen Curriculum Ressourcen durchführen. Dabei weisen sie auf positive Effekte der digitalen Materialien auf den Lernerfolge, insbesondere für spezifische Subgruppen (z. B. Mädchen oder leistungsschwächere Schüler:innen) und erst für bestimmte Inhaltsgebiete.

Diese Befunde decken sich mit den Ergebnissen einer Meta-Studie von Jang et al. (2016), in welcher der Einfluss digitaler Schulbücher auf den *learning outcome* zusammengefasst wird. Unter learning outcome fassen die Autor:innen mehrere Konstrukte zusammen, die sich auf affektive und kognitive Lernmerkmale, wie die Motivation, die Einstellungen, die Leistung, Fähigkeiten zum selbstregulierten Lernen oder Problemlösen beziehen. Dabei werden lediglich südkoreanische Studien in den Blick genommen, da dort die Implementation digitaler Schulbücher politisch gefördert wurde und eine Vielzahl von Studien zum Einsatz digitaler Schulbücher in verschiedenen Fächern entstanden sind. Über 26 Studien stellen Jang et al. eine kleine Effektstärke von 0.34 zum Einfluss digitaler Schulbücher auf den learning outcome fest.[10] Für das Fach Mathematik fällt die Effektstärke mit 0.09 vergleichsweise niedrig aus. Ebenso zeigt sich für den spezifischen Einfluss digitaler Schulbücher auf die Leistung der Schüler:innen eine geringe Effekstärke von 0.11. Den größten Einfluss weisen digitale Schulbücher auf die Lernmotivation auf (Effektstärke = 0.81).

[10] In dem Artikel werden die Effekstärken Cohen's *d* und Hedges' *g* zu einer Effekstärke zusammengetragen, wobei sich die Interpretation nach Cohen's *d* richtet.

Während die Befundlage zur Wirksamkeit digitaler Mathematikschulbücher bislang noch begrenzt ist, liegt zu technologiebasierten Ressourcen und digitalen Werkzeugen bereits eine breitere Forschungsbasis vor. Drijvers & Sinclair (2024) heben in ihrem Überblick hervor, dass ein zentrales Ziel digitaler Technologien im Mathematikunterricht darin besteht, Lernprozesse durch deren Integration zu fördern. Diese Ergebnisse sind auch für digitale Schulbücher relevant. Einerseits, weil sie stets über technologische Geräte wie Tablets oder Computer genutzt werden, andererseits, weil sie selbst häufig digitale Werkzeuge integrieren. Um ein differenzierteres Bild zu gewinnen, ist es sinnvoll, aktuelle Meta-Studien heranzuziehen, da diese über Einzelbefunde hinaus systematische Einsichten ermöglichen und Widersprüche zwischen Einzelstudien einordnen können.

Eine aktuelle Meta-Studie stammt von Hillmayr et al. (2020), in der das Potenzial unterschiedlicher digitaler Ressourcen und Werkzeuge für die Fächer Mathematik, Biologie, Chemie und Physik bezüglich der Wirksamkeit auf das Lernen untersuchten wird. Die Analyse bezieht sich dabei auf 92 Studien in den Jahrgangsstufen 5–13, in der das Lernen ohne und mit einer digitalen Ressource verglichen wurde. Eine gemeinsame Eigenschaft der digitalen Ressourcen ist, dass sich diese durch eine Interaktivität kennzeichnen, wobei das Ausmaß der Interaktivität zwischen den einzelnen Typen unterschiedlich ausfällt.

In der Gesamtschau der einbezogenen Studien zeigt sich ein positiver Effekt mit $g = 0.65$. Besonders große Effekte zeige sich bei *dynamic mathematical tools* ($g = 1.02$), worunter dynamische Werkzeuge wie zum Beispiel GeoGebra zu verstehen sind, sowie *intelligent tutoring systems* ($g = 0.89$), d. h. Systeme mit adaptiven Funktionen, Feedback, Hilfen und Anknüpfungsmöglichkeiten an das Vorwissen der Schüler:innen. Außerdem sind die Effektgrößen stärker, wenn die digitale Ressource als Ergänzung ($g = 0.64$) und nicht als Ersatz des Analogen ($g = .51$) eingesetzt wurde. Weiterhin konnte aufgezeigt werden, dass es nur einen kleinen (nicht signifikanten) Unterschied macht, ob die Vergleichsgruppen von der gleichen oder unterschiedlichen Lehrkräften unterrichtet wurden. Ein weiterer Befund ist, dass *teacher training*, also Fortbildungen zum Einsatz der digitalen Ressourcen, sich als moderierende Faktoren für den Gesamteffekt erweisen und somit die Lernwirksamkeit deutlich steigen können ($g = .84$).

Die Gesamteffekte sind im Einklang mit älteren Meta-Studien über den Einsatz digitaler Ressourcen im Fach Mathematik, wie die von Cheung & Slavin (2013) mit $d = 0.16$, Steenbergen-Hu & Cooper (2013) mit $g = 0.09$ und Drijvers et al. (2016) mit $d = 0.2$. Der Vergleich der Meta-Analysen zeigt den Trend auf, dass die Effekte im Laufe der Zeit größer geworden sind. Diese Beobachtung kann auf Weiterentwicklung der digitalen Ressourcen und Werkzeuge zurückzuführen sein. So sind es bei Hillmayer et al. (2020) insbesondere die dynamischen

Ressourcen mit Erweiterungsfunktionen, welche die größten Effekte darstellen. Dabei gibt es durchaus auch kritische Sichtweisen auf die Wirksamkeit digitaler Elemente, z. B. vom OECD (2015, S. 145):

> *„Despite considerable investments in computers, internet connections and software for educational use, there is little solid evidence that greater computer use among students leads to better scores in mathematics and reading."*

Damit die Effekte auf das Lernen und die Leistung besser zu verstehen sind, fasst es Drijvers (2018, S. 173) folgendermaßen zusammen:

> *„What we need on our research agendas, therefore, are studies (including replication studies) that focus on the identification of decisive factors that determine the eventual benefits in specific cases."*

Drijvers (2018) stellt damit die Notwendigkeit weiterer Einzelstudien heraus, wie es Fan et al. (2013) und Rezat et al. (2021) in ähnlicher Weise ebenfalls gefordert haben, um mehr über die Wirksamkeit digitaler Lehr- und Lernmaterialien zu erfahren.

Zusammenfassung: Die Nutzung des digitalen Mathematikschulbuchs im Unterricht

Kapitel 3 behandelte die Nutzung digitaler Mathematikschulbücher im Unterricht und deren Potenziale im Vergleich zu analogen Materialien. Zunächst wurden zentrale Einflussfaktoren auf Lernprozesse und Leistung diskutiert.

Dazu zählen die *affordances* digitaler Ressourcen, die den Handlungsspielraum der Lernenden erweitern, Visualisierungen, die insbesondere im digitalen Schulbuch dynamisch und interaktiv gestaltet werden können, sowie Feedback, abhängig von seiner Art, seinem Informationsgehalt und Zeitpunkt den Lernerfolg entscheidend unterstützen kann.

Anschließend wurden Befunde zur Wirksamkeit des Schulbucheinsatzes diskutiert. Studien zu analogen Schulbüchern belegen, dass deren Auswahl die Leistung von Schülerleistungen beeinflussen kann. Für digitale Mathematikschulbücher liegen bisher nur wenige Untersuchungen vor. Erste Ergebnisse deuten jedoch darauf hin, dass deren Erweiterungsfunktionen

Lernprozesse unterstützen und positive Effekte, insbesondere auch für spezifische Subgruppen wie Mädchen oder leistungsschwächere Schüler:innen, bewirken können.

Meta-Analysen zur Wirksamkeit digitaler Ressourcen bestätigen insgesamt positive Effekte. Insgesamt verweisen die Überblicksbeiträge jedoch auch auf methodische Herausforderungen und Notwendigkeit weiterführender Forschung.

Damit wurde deutlich, dass digitale Mathematikschulbücher wichtige Chancen für die Förderung mathematischer Lernprozesse bieten. Für die vorliegende Untersuchung ist besonders relevant, ob sich diese Potenziale auch im Themenbereich bedingte Wahrscheinlichkeiten zeigen und ob Unterschiede in den Lernerfolgen zwischen digitaler und analoger Nutzung nachweisbar sind. Auf bedingte Wahrscheinlichkeiten wird im Folgekapitel 4 eingegangen.

4 Didaktische Perspektiven auf bedingte Wahrscheinlichkeiten

„Different Visualizations Cause Different Strategies When Dealing With Bayesian Situations“

(Eichler et al., 2020)

In Anlehnung an Drijvers' (2018) Forderung, bei der Untersuchung von Wirksamkeitseffekten spezifische mathematische Domänen in den Blick zu nehmen, richtet sich dieses Kapitel auf das Themenfeld der *bedingten Wahrscheinlichkeiten.*

Ausgehend von der allgemeinen Relevanz des Stochastikunterrichts (Abschnitt 4.1) werden bedingte Wahrscheinlichkeiten als Teilgebiet der Stochastik und zugleich als fachdidaktische Herausforderung verortet (Abschnitte 4.2 und 4.3). Die in der Literatur beschriebenen Fehlvorstellungen und typischen Lösungsstrategien sind dabei auch für die empirische Arbeit dieser Dissertation zentral, da sie sowohl in die Konstruktion des eingesetzten Testinstruments als auch in die Planung der Verlaufspläne eingeflossen sind. Sie markieren kognitive Hürden, die für die Analyse der Lernergebnisse besondere Bedeutung haben. Um diesen Herausforderungen zu begegnen, werden in der fachdidaktischen Literatur zwei zentrale Strategien diskutiert: die Nutzung natürlicher Häufigkeiten und der Einsatz von Visualisierungen (Abschnitt 4.4).

Da Visualisierungen nicht nur analog, sondern auch digital und interaktiv implementiert werden können, schließt das Kapitel mit Überlegungen

M. Brnic, *Digitales versus analoges Schulbuch*, Studien zur theoretischen und empirischen Forschung in der Mathematikdidaktik,
https://doi.org/10.1007/978-3-658-52464-7_4

zum digital gestützten Unterricht im Themenbereich der bedingten Wahrscheinlichkeiten (Abschnitt 4.4).

4.1 Relevanz und Spezifika des Stochastikunterrichts

Da die vorliegende Studie den Schwerpunkt auf bedingte Wahrscheinlichkeiten legt, wird dieses Themenfeld zunächst in den größeren Kontext des Stochastikunterrichts eingeordnet. *Stochastikunterricht* umfasst „alle Unterrichtsphasen, in denen sich Schüler explizit stochastisches Wissen und Können aneignen" (Krüger et al., 2015, S. 6).[1] Bedingte Wahrscheinlichkeiten stellen darin einen zentralen, zugleich aber besonders anspruchsvollen Bestandteil dar, da sie Lernende mit realen Entscheidungssituationen unter Unsicherheit konfrontieren, z. B. bei der Interpretation medizinischer Testergebnisse oder der Beurteilung von DNA-Analysen in Strafverfahren (vgl. z. B. Binder, 2021; Eichler & Vogel, 2022; Schupp, 2004).

In der internationalen Diskussion werden die Inhalte des Stochastikunterricht meist im Rahmen von *statistical literacy*, *statistical thinking* und *statistical reasoning* bzw. dem übergeordneten Gebiet *statistics* beschrieben (Ben-Zvi & Garfield, 2004; Eichler, 2018; Gal, 2002; Garfield et al., 2008; Wild & Pfannkuch, 1999).[2] Dabei steht vor allem das Lernen mit Daten und der Umgang mit Unsicherheiten im Vordergrund (Wild et al., 2018). Wahrscheinlichkeiten (probability) werden in der statistics-Literatur zwar als wichtig anerkannt, aber eher als eine eigenständige Disziplin verstanden und daher oft nur am Rande behandelt (Ben-Zvi & Garfield, 2004; Zieffler et al., 2018).

---

[1] Entsprechend kann der Stochastikunterricht auch Bestandteil anderer Fächer sein. Diese Arbeit bezieht sich auf den Stochastikunterricht im Fach Mathematik.

[2] Garfield & Ben-Zvi (2004, 2008) verstehen *statistical literacy* vor allem als grundlegende Fähigkeit, statistische Begriffe und Darstellungen zu verstehen und korrekt zu interpretieren. Demgegenüber betont Gal (2000, 2002) eine breitere Perspektive, die zusätzlich Kontextwissen, kritisches Denken sowie Einstellungen und Dispositionen umfasst und damit stärker auf die Rolle mündiger Bürger:innen im Umgang mit Daten abzielt. Die curricularen Vorschläge von Eichler & Vogel (2013) zur Leitidee Daten und Zufall orientieren sich hierbei eher an Gals Perspektive (vgl. Eichler, 2018).

In der nationalen Tradition wird diese Zweiteilung zwischen statistischer (Daten-) Analyse und Wahrscheinlichkeiten durch die Leitidee *Daten und Zufall* in den Bildungsstandards curricular verankert (KMK, 2012, 2022). Diese Leitidee umfasst sowohl den Umgang mit Daten als auch die Auseinandersetzung mit Zufall und Wahrscheinlichkeiten (Biehler & Hartung, 2006). Bedingte Wahrscheinlichkeiten verdeutlichen diese Besonderheit in exemplarischer Weise. Sie gehen über die reine Dateninterpretation hinaus und verlangen die Modellierung und Bewertung komplexer Situationen unter Unsicherheit (vgl. Abschnitt 4.2). Im Folgenden liegt der Fokus daher auf Aspekten der Wahrscheinlichkeiten und der Stochastik als zugehörigem mathematischen Sachgebiet (vgl. Biehler & Hartung, 2006).

Ein Spezifikum des Stochastikunterrichts ist, dass er im Unterschied zu anderen mathematischen Teilgebieten oftmals nicht zu eindeutigen Lösungen führt, sondern lediglich Orientierung und Entscheidungshilfen bietet. Die Fähigkeit, alltägliche stochastische Situationen zu erkennen, kritisch zu bewerten und zu bewältigen, wird als *stochastisches Denken* bzw. *stochastische Kompetenz* gefasst (Arbeitskreis Stochastik der GDM, 2003; Bea & Scholz, 1995; Rach, 2021). Damit leistet der Stochastikunterricht einen besonderen Beitrag zum Allgemeinbildungsauftrag des Mathematikunterrichts (Eichler & Vogel, 2013; Schupp, 2004).

Zugleich wird der Stochastikunterricht von Lehrkräften und Schüler:innen oftmals als anspruchsvoll empfunden (Krüger et al., 2015, S. 7). Eine Ursache dafür liegt in der Diskrepanz zwischen den scheinbar einfachen Zufallsexperimenten, etwa Würfeln, Münzwurf oder Urnenziehen, und den mathematischen Modellen, die zur Beantwortung entsprechender Fragestellungen notwendig sind. Während die Experimente zunächst intuitive Fragen nahelegen („Wie wahrscheinlich ist eine Sechs?"), erfordert ihre mathematische Bearbeitung häufig weiterführende Kenntnisse der Wahrscheinlichkeitsrechnung oder Kombinatorik. Charakteristisch für den Stochastikunterricht ist zudem, dass er häufig an realen Anwendungen ansetzt und mit diesen exemplarisch arbeitet, auch wenn die mathematischen Grundlagen und das Begriffssystem zu diesem Zeitpunkt noch nicht vollständig eingeführt sind (Krüger et al., 2015, S. 7 ff.; Schupp, 2004). Dies eröffnet einerseits Chancen für authentische Lernzugänge, führt aber auch zu erhöhten Anforderungen an die Unterrichtsgestaltung, da Lehrkräfte den Übergang von der Anwendung zu mathematischen Begriffen, Symbolen und Verfahren gezielt steuern müssen.

Aufgrund der Besonderheiten des Stochastikunterrichts erscheinen spezifische Prinzipien für die Unterrichtsgestaltung notwendig. Diese gehen auf die Empfehlungen des Arbeitskreise Stochastik der GDM (2003) zurück und werden in der

Fachliteratur vielfach aufgegriffen und weitergeführt (vgl. Arbeitskreis Stochastik der GDM, 2003; Krüger et al., 2015, S. 7 ff.; Wassner, 2007, S. 50 ff.):

- **Hoher Anwendungsbezug**: Stochastikunterricht sollte eng mit authentischen Kontexten verknüpft sein, wobei nach Möglichkeit auf reale Daten zurückgegriffen wird. Der Bezug zu realen Daten wird damit begründet, dass Wahrscheinlichkeitsrechnung und Statistik zentrale Werkzeuge sind, um Alltags- und Wissenschaftsphänomene zu verstehen. Zwar lassen sich im Mathematikunterricht auch konstruierte Aufgaben einsetzen, um gezielt Aspekte hervorzuheben, doch reale Daten verdeutlichen die Anschlussfähigkeit an außermathematische Kontexte und stärken die Wahrnehmung von Relevanz.
- **Minimaler Begriffsumfang**: Es sollten nur tatsächlich notwendige Begriffe eingeführt werden. Ein reduziertes Begriffssystem erleichtert den Einstieg und soll Überforderung vermeiden.
- **Kritische Reflexion**: Methoden und Ergebnisse sollten kritisch reflektiert werden. Zwar ist dies kein ausschließliches Merkmal des Stochastikunterrichts, aber in besonderem Maße bedeutsam, da unterschiedliche Bearbeitungswege zugelassen werden sollten, Daten oftmals mehr als eine Schlussfolgerung erlauben und in der Öffentlichkeit häufig Fehlinterpretationen vorkommen.
- **Verbale Begründungen**: Stochastikunterricht sollte verstärkt Wert auf verbale Begründungen und Erläuterungen legen. Da Sachkontexte interpretiert und eigene Schlussfolgerungen gezogen werden, müssen Ergebnisse sprachlich eingeordnet und kommuniziert werden. Der Stochastikunterricht soll durch Experimente, eigene Datenerhebungen und Simulationen charakterisiert sein. Digitale Werkzeuge ermöglichen dabei nicht nur effiziente Berechnungen und Visualisierungen, sondern auch das Erzeugen von Zufallsdaten und die Entwicklung eines Verständnisses für Variabilität in empirischen Daten.

Vor diesem Hintergrund wird im Folgenden das Themenfeld der bedingten Wahrscheinlichkeiten dargestellt, die den inhaltlichen Schwerpunkt dieser Arbeit bilden. Insbesondere an den bedingten Wahrscheinlichkeiten zeigen sich die Chancen und Herausforderungen des Stochastikunterrichts in besonderer Weise.

4.2 Bedingte Wahrscheinlichkeiten als Thematik des Stochastikunterrichts

Unter *bayesianischem Denken* versteht man die Fähigkeit, Wahrscheinlichkeiten für eine Hypothese auf Grundlage neuer Informationen anzupassen und daraus Schlussfolgerungen abzuleiten (Büchter et al., 2024; Reani et al., 2018; Steib, 2025; Wassner, 2007, S. 10)[3]. Es handelt sich dabei um einen Teilaspekt des stochastischen Denkens, das umfassendere Kompetenzen beschreibt. Besonders deutlich wird diese Form des Denkens in praxisnahen Entscheidungssituationen, beispielsweise wenn Richter:innen oder ärztliches Fachpersonal mithilfe binärer Informationen (z. B. positiver Test oder negativer Test) auf eine binäre Hypothese schließen (z. B. erkrankt oder nicht-erkrankt) (Büchter, Eichler, et al., 2022; Büchter et al., 2024; Zhu & Gigerenzer, 2006). Aufgaben, die bayesianische Inferenzen erfordern, werden entsprechend als *bayesianische Aufgaben* gefasst (Böcherer-Linder et al., 2018). Charakteristisch für diese Aufgaben ist, dass sich Personen tatsächlich mit solchen Fragestellungen und Begebenheiten auseinandersetzen müssen. Hierbei begegnen Personen oftmals einem Widerspruch zwischen ihren intuitiven Annahmen und den tatsächlichen Wahrscheinlichkeiten (Böcherer-Linder et al., 2018; Cosmides & Tooby, 1996).

In einer solchen bayesianischen Aufgabe sind in der Regel A-priori-Wahrscheinlichkeiten (z. B. Prävalenz der Krankheit), Sensitivitäten (Richtig-Positiv-Rate) und Falsch-Positiv-Raten gegeben. Es sind dann A-posteriori-Wahrscheinlichkeiten gesucht, d. h. aktualisierte Wahrscheinlichkeiten für eine Hypothese nach Vorliegen neuer Informationen (Binder, 2021, S. 15). Zur Veranschaulichung der gegebenen Wahrscheinlichkeiten können unterschiedliche Visualisierungen genutzt werden. Häufig werden diese in Baumdiagrammen, Vierfeldertafeln, Doppelbäumen, Einheitsquadraten oder Häufigkeitsnetzen dargestellt (Binder et al., 2020; Böcherer-Linder et al., 2018, vgl. Abschnitt 4.4.2). Solche Darstellungen verdeutlichen die zugrunde liegenden Zusammenhänge und können die Berechnungsschritte systematisieren.

Die zentrale mathematische Grundlage ist die Definition der *bedingten Wahrscheinlichkeit,* die sich nach Krüger et al. (2015, S. 253) folgendermaßen fassen lässt:

[3] In der deutschsprachigen Literatur wird auch der Begriff *bayesianische Inferenz* und in der englischen Literatur der Begriff *Bayesian Reasoning* verwendet.

Es sei ein endlicher Wahrscheinlichkeitsraum mit der Ergebnismenge Ω und dem Wahrscheinlichkeitsmaß P gegeben und es sei P(A)>0. Dann heißt für $A, B \subset \Omega$

$$P(B|A) = \frac{P(A \cap B)}{P(A)}$$

die bedingte Wahrscheinlichkeit von B unter der Bedingung A

Diese allgemeine Definition bildet den theoretischen Rahmen, der in konkreten Aufgaben zur Anwendung kommt. Im Folgenden wird dies exemplarisch anhand einer typischen bayesianischen Aufgabe illustriert:

Blutspenden werden auf Diabetes untersucht, der mit 8 % in der Bevölkerung verbreitet ist. Dabei werden an Diabetes Erkrankte mit einer Wahrscheinlichkeit von 95 % erkannt, während 2 % als Diabetiker eingestuft werden, obwohl sie es nicht sind.

Berechnen Sie die Wahrscheinlichkeit dafür, dass ein als Diabetiker eingestufter Spender (Test positiv) tatsächlich an Diabetes erkrankt ist.

[Aufgabe aus dem Net-Mathebuch, Net-Code: aabb_lehrtext][4]

Zur Veranschaulichung der gegebenen Situation und zur Darstellung eines möglichen Lösungswegs werden die Wahrscheinlichkeiten zunächst in ein Baumdiagramm übertragen (vgl. Abbildung 4.1). Diese Visualisierung wurde gewählt, da sie in den Bildungsstandards für die Allgemeine Hochschulreife curricular verankert ist und dadurch für die vorliegende Studie eine zentrale Bedeutung hat (KMK, 2012). Alternativ könnten auch andere Visualisierungen, wie etwa das Häufigkeitsnetz, genutzt werden.

[4] Statt der Seitenzahl ist jeder Webseite im Net-Mathebuch ein eindeutiger Code zugeordnet. Hierbei handelt es sich um den sogenannten *Net-Code*.

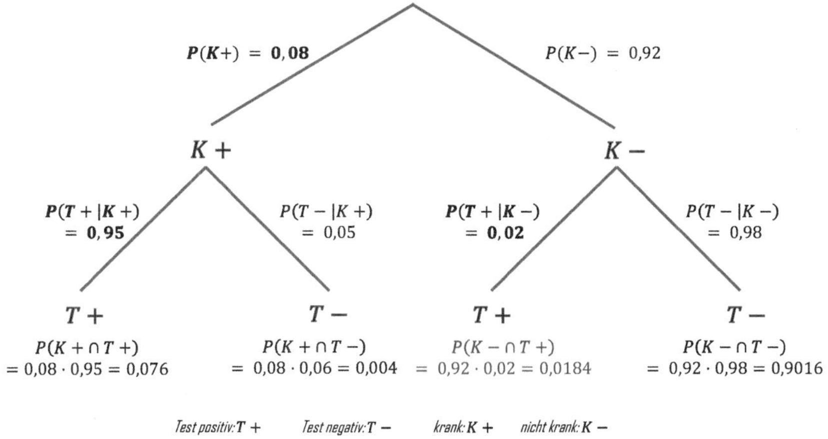

Abbildung 4.1 Baumdiagramm zur Beispielaufgabe. (*Anmerkung*. Adaptiert aus dem Net-Mathebuch (Net-Code: aabb_lehrtext))

Auf der zweiten Stufe werden die bedingten Wahrscheinlichkeiten eingetragen, etwa $P(T+ \mid K+) = 95\,\%$ für die Sensitivität und $P(T+ \mid K-) = 2\%$ für die Falsch-Positiv-Rate. Da es sich um eine binäre Situation mit binären Informationen handelt, können auch direkt die Wahrscheinlichkeiten für die jeweiligen Gegenereignisse $P(T- \mid K+) = 5\%$ und $P(T- \mid K-) = 98\%$ ergänzt werden.

Mithilfe der Pfadmultiplikationsregel, beispielsweise für den Pfad $P(K+) \cdot P(T-|K+) = P(K+\cap T-)$ und entsprechender Gleichungsumstellung, wird auch direkt die folgende Formel zur Berechnung der bedingten Wahrscheinlichkeit ersichtlich:

$$P(T-|K+) = \frac{P(K+\cap T-)}{P(K+)}$$

In der Beispielaufgabe wird jedoch die *invertierte bedingten Wahrscheinlichkeit* $P(K+ \mid T+)$ gesucht, d. h. die Wahrscheinlichkeit, dass man bei einem positiven Test tatsächlich krank ist. Alternativ könnte man auch der Frage nachgehen, mit welcher Wahrscheinlichkeit man bei einem negativen Test tatsächlich nicht krank ist und somit $P(K- \mid T-)$ bestimmen. Diese A-posteriori Wahrscheinlichkeiten werden auch *positiver* und *negativer Vorhersagewert* genannt und sind letztendlich die für die Entscheidungsfindung entscheidenden Informationen. Denn in einer realen Situation würde beispielsweise der/die Patient:in ein positives oder negatives Testergebnis erhalten und mit diesem Resultat könnte dann eine Diagnose über eine Krankheit gegeben werden.[5]

Aus dem obigen Baumdiagramm lässt sich dann ein dazu passendes *umgekehrtes* Baumdiagramm aufstellen, wobei die gesuchten (invertierten) bedingten Wahrscheinlichkeiten mithilfe der obigen Definition berechnet werden (Abbildung 4.2):

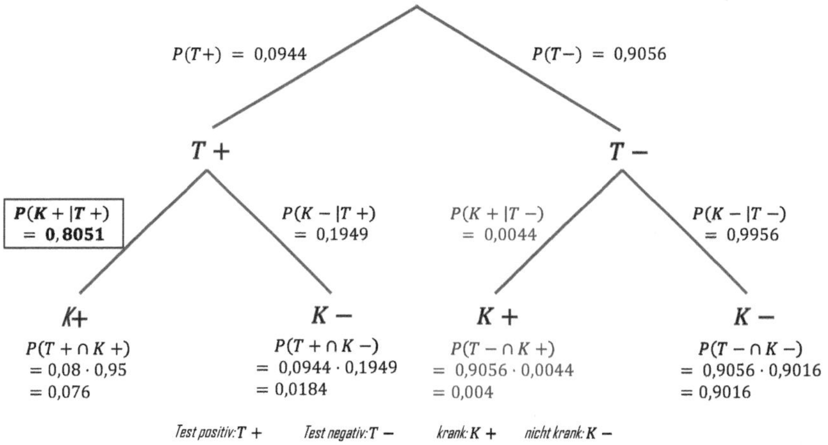

Abbildung 4.2 Umgekehrtes Baumdiagramm zur Beispielaufgabe

Mithilfe des Aufstellens umgekehrter Baumdiagramme ist es dann nicht mehr notwendig, dass die Schüler:innen den *Satz von Bayes* anwenden. Nach dem *Satz von Bayes* gilt hinsichtlich der vorigen Definition für die Ereignisse A und B sowie ihre Gegenereignisse $\bar{A}$ und $\bar{B}$:

$$P(A|B) = \frac{P(B|A) \cdot P(A)}{P(B|A) \cdot P(A) + P\left(B|\overline{A}\right) \cdot P\left(\overline{A}\right)}$$

bzw.

[5] Dies bedeutet nicht, dass in der Praxis stets durch einmaliges Testen eine Diagnose gestellt wird. Durch Durchführung eines weiteren Tests zur Bestätigung des ersten Testergebnisses sowie mithilfe der Betrachtung weiterer Umweltfaktoren werden Diagnoseunsicherheiten minimiert.

$$P(A|B) = \frac{P(B|A) \cdot P(A)}{P(B)}.$$

Für die in der Beispielaufgabe gesuchte bedingte Wahrscheinlichkeit erhält man folglich:

$$P(K + |T+) = \frac{P(T + |K+) \cdot P(K+)}{P(T+)} = \frac{95\% \cdot 8\%}{9{,}44\%} \approx 80{,}51\%$$

Dieser Wert gibt die Wahrscheinlichkeit an, dass eine positiv getestete Person tatsächlich an Diabetes erkrankt ist. An dieser Stelle wird oftmals intuitiv ein höherer Prozentwert erwartet. Im Abschnitt 4.3 wird auf diese und weitere Herausforderungen beim Umgang mit bedingten Wahrscheinlichkeiten eingegangen.

Der Satz von Bayes kann als eine prozedurale „Abkürzung" verstanden werden, da dieser die Berechnung invertierter bedingter Wahrscheinlichkeiten in einer kompakten Formel zusammenfasst. Die Nutzung ist aber nicht zwingend notwendig, da zur Berechnung auch Visualisierungen wie das Baumdiagramm oder die Vierfeldertafel als strategische Hilfsmittel genutzt werden können (vgl. auch Abschnitt 4.4.2). Dies wurde anhand des (umgekehrten) Baumdiagrammes veranschaulicht. Die explizite Einführung des Satzes von Bayes erscheint dadurch nicht notwendig (Dreher, 2014; Gallin, 2003). Die Frage nach der Notwendigkeit einer expliziten Einführung des Satzes von Bayes führt unmittelbar zur curricularen Ebene. Im Folgenden wird deshalb untersucht, wie bedingte Wahrscheinlichkeiten in den Bildungsstandards verankert sind und welche Kompetenzen von den Lernenden erwartet werden.

4.2.1 Verankerung im Curriculum

Nach Vorgaben der Bildungsstandards für die allgemeine Hochschulreife sollen Schüler:innen im grundlegenden und erhöhten Anforderungsniveau der Leitidee Daten und Zufall bei bedingten Wahrscheinlichkeiten mithilfe von Baumdiagrammen und Vierfeldertafeln operieren (KMK, 2012). Die im Jahr 2022 veröffentlichten und überarbeiteten neuen Bildungsstandards für den ersten und mittleren Schulabschluss (KMK, 2022) sehen vor, dass bedingte Wahrscheinlichkeiten bereits für den mittleren Schulabschluss behandelt werden, was eine Änderung zu den vorigen Bildungsstandards darstellt (KMK, 2004b, 2004a). Als Zielformulierung steht in den neuen Bildungsstandards, dass Schüler:innen „Visualisierungen [nutzen], um bei einfachen, alltagsnahen Modellierungen bedingte

Wahrscheinlichkeiten zu erkennen, ohne und mit Hilfe digitaler Medien“ (KMK, 2022, S. 23). Es ist anzumerken, dass in dieser Neuformulierung nicht die *Berechnung* entsprechender Wahrscheinlichkeiten als explizites Ziel formuliert wird. Dagegen wird die Bedeutung der Visualisierungen betont. Zudem ist bemerkenswert, dass die Art der Visualisierung nicht explizit vorgegeben ist. Der Satz von Bayes wird in beiden Bildungsstandards nicht genannt (KMK, 2012, 2022).

Neben diesen *inhaltsbezogenen* Kompetenzen und unterschiedlichen Anforderungsbereichen sieht das Kompetenzmodell der Bildungsstandards für das Fach Mathematik den Erwerb *prozessbezogener* Kompetenzen vor (KMK, 2004b, 2004a, 2012, 2022).[6] In der Literatur wird der Umgang mit bayesianischen Aufgaben bzw. mit bedingten Wahrscheinlichkeiten oftmals mit dem *Modellieren* und dem *Verwenden mathematischer Darstellungen* verknüpft (Batanero & Álvarez-Arroyo, 2024; z. B. durch Dreher, 2014; Krüger et al., 2015; Rach, 2021; Schupp, 2004; Wassner, 2007).

Charakteristisch für einen Modellierungsprozess ist die Übersetzung von der Realität in die Mathematik und wieder zurück (vgl. u. a. Blum & Leiss, 2005; Greefrath, 2018). Da es sich bei bayesianischen Aufgaben meist um realweltliche Kontexte handelt, werden diese durch Übertragen in eine formale Darstellung, z. B. in ein Baumdiagramm oder in eine Vierfeldertafel, als mathematisches Modell abgebildet. Bei diesem Übersetzungsprozess handelt es sich um eine typische Modellierungsaktivität und zugleich kommt es zu einem Wechsel von einer sprachlichen zu einer graphischen Darstellung (Dreher, 2014). Darüber hinaus lassen sich weitere Aspekte des Modellierens in bayesianischen Aufgaben identifizieren. Beispielsweise erfordert das Schlussfolgern aus bayesianischen Situationen die Interpretation und Validierung von (Test-)Ergebnissen sowie den Rückgriff auf eigene Erfahrungen (Wassner, 2007). Auch das Verwenden unterschiedlicher Darstellungen ist in vielfältiger Weise denkbar.

So kann die Nutzung von Visualisierungen eine strategische Hilfe sein, um wie in diesem Kapitel dargelegt, die jeweils invertierte bedingte Wahrscheinlichkeit zu bestimmen. Dies bedeutet, dass es abhängig von der Fragestellung sinnvoll sein kann, einen Darstellungswechsel vorzunehmen, beispielsweise um die Informationen neu zu ordnen.

Die Fähigkeit, zwischen Darstellungen zu wechseln und mathematische Modelle aufzustellen, lässt sich dem *konzeptuellen Wissen* zu bedingten Wahrscheinlichkeiten zuordnen, wohingegen das Aufstellen und Anwenden von

---

[6] Für die allgemeine Hochschulreife werden die sechs auszubildenden Kompetenzen *Mathematisch argumentieren, Probleme mathematisch lösen, Mathematisch modellieren, Mathematische Darstellungen verwenden, Mit symbolischen, formalen und technischen Elementen der Mathematik umgehen, Mathematisch kommunizieren* vorgegeben.

Wahrscheinlichkeitsregeln, wie dem Satz von Bayes, dem *prozeduralen Wissen* entspricht (Rach, 2021). Diese Differenzierung zwischen Wissensarten ist nicht nur terminologisch interessant, sondern verweist auf einen zentralen Aspekt des Kompetenzerwerbs. Während konzeptuelles Wissen ein tiefes Verständnis der Strukturen und Relationen (z. B. zwischen Ereignissen und deren Darstellungen) umfasst, bezeichnet prozedurales Wissen die Kenntnis von Handlungsfolgen und Algorithmen zur Lösung von Aufgaben (Rittle-Johnson & Schneider, 2014). Beide Wissensarten stehen in einem engen Wechselverhältnis. Konzeptuelles Wissen erleichtert die flexible und sichere Anwendung von Verfahren, zugleich können prozedurale Erfahrungen, insbesondere wenn sie reflektiert und konzeptuell verknüpft werden, auch zur Weiterentwicklung konzeptuellen Wissens beitragen (Rittle-Johnson & Schneider, 2014). In der fachdidaktischen Literatur zu bedingten Wahrscheinlichkeiten wird diese Unterscheidung bislang nur vereinzelt aufgegriffen. Gleichwohl kann sie einen hilfreichen Rahmen darstellen, um Lehr-Lern-Prozesse differenzierter zu beschreiben, da bayesianische Aufgaben nicht nur ein Verständnis der Beziehungen zwischen Basisraten, Treffer- und Fehlerraten verlangen, sondern zugleich auch die Fähigkeit, entsprechende Rechenverfahren korrekt anzuwenden. Aus diesen Anforderungen im Umgang mit bayesianischen Aufgaben leiten sich Herausforderungen ab, die im Folgenden beschrieben werden.

4.3 Herausforderungen beim Umgang mit bedingten Wahrscheinlichkeiten

Im vorigen Abschnitt wurde bereits angedeutet, dass der Umgang mit bedingten Wahrscheinlichkeiten bzw. mit bayesianischen Aufgaben immer wieder zu Fehleinschätzungen von Schüler:innen wie auch Erwachsenen führt. Empirische Befunde zeigen, dass Schüler:innen im Bereich bayesianischer Aufgaben regelmäßig große Schwierigkeiten haben und dabei insgesamt schwache Leistungen aufweisen (Brase & Hill, 2015). Dies ist einerseits vor dem Hintergrund beachtenswert, dass es sich um eines der zentralen Konzepte im Stochastikunterricht der Schule handelt (Rach, 2021) und sich in den Leistungen von Schüler:innen in Prüfungssituationen äußern kann. Andererseits haben bayesianische Schlussfolgerungen eine besondere Relevanz in unterschiedlichen Berufszweigen, z. B. im medizinischen oder juristischen Bereich (vgl. z. B. Hoffrage et al., 2000; Hoffrage & Gigerenzer, 1998). So gibt es diverse Berichte, in denen es zu lebensrelevanten diagnostischen und rechtlichen Fehlurteilen gekommen ist (Binder, 2021). Die Festigung von Kompetenzen zu bedingten Wahrscheinlichkeiten wird zudem dadurch erschwert, dass „völlig unterschiedliche Problemstellungen und Betrachtungsweisen bearbeitet bzw. beschrieben werden können" (Krüger et al., 2015, S. 255).

Etwaige Schwierigkeiten werden auf einen Konflikt zwischen der intuitiven Vorstellung einer Person und den tatsächlichen Wahrscheinlichkeiten beschrieben, sodass diese zu intuitiven Fehleinschätzungen bei bayesianischen Situationen gelangen (Cosmides & Tooby, 1996; Rach, 2021). Eine Auflistung der Fehlvorstellungen, die durch Studien bereits gezeigt werden konnten, findet sich bei Eichler & Vogel (2013; vgl. auch Wassner, 2007; Bea & Scholz, 1995):

- *Einfache, bedingte und konjugierte Wahrscheinlichkeiten können von Schülerinnen und Schülern nur schwer gedanklich getrennt werden (Scholz, 1981; Wolpers, 2003).*
- *Das bedingende wird mit dem bedingten Ereignis verwechselt (Jones et al., 2007). „Die Wahrscheinlichkeit einen tödlichen Unfall zu erleiden unter der Bedingung, dass Alkohol im Spiel war, ist x %" oder „Die Wahrscheinlichkeit, dass Alkohol im Spiel war unter der Bedingung, dass ein tödlicher Unfall zu betrauern ist, beträgt x %".*
- *Sind A und B die beiden betrachteten Ereignisse, wird $P(A|B)$ mit $P(B|A)$ identifiziert (Shaughnessy, 2007). Diese Fehlvorstellung tritt nicht nur bei Schülerinnen und Schülern auf. So berichtet beispielsweise Gigerenzer (2002) von erfahrenen Ärzten, welche die Sensitivität $P(D|K)$ mit der Wahrscheinlichkeit, bei einer positiven Diagnose (D) krank (K) zu sein, also $P(K|D)$ identifizieren.*
- *Der erhebliche Einfluss der a-priori-Verteilung ($P(B)$ und $P(\overline{B})$) auf die a-posteriori-Verteilung nach dem Verarbeiten einer Information (I), $P(B|I)$ und $P(\overline{B}|I)$, wird unterschätzt (Kahnemann & Tversky, 1972).*
- *Die Verwechslung von Chronologie und Kausalität (Falk, 1983). So können chronologisch nachfolgende Ereignisse vorher eingetroffene (aber unbekannte) Ereignisse bedingen oder begünstigen. (S. 214–215)*

Diese Fehlvorstellungen können zu unterschiedlichen inkorrekten Lösungsstrategien führen (vgl. z. B. Binder et al., 2020; Gigerenzer & Hoffrage, 1995; Zhu & Gigerenzer, 2006). Typischerweise berechnen Lernende dabei nicht die gesuchte bedingte Wahrscheinlichkeit $P(K+ \mid T+)$, sondern greifen auf andere Wahrscheinlichkeiten zurück, z. B. die inverse bedingte Wahrscheinlichkeit $P(T+ \mid K+)$ oder die Schnittwahrscheinlichkeit $P(K+ \cap T-)$ (Böcherer-Linder, 2021). Solche beispielhaften inkorrekten Lösungsstrategien werden in der aufgeführten Literatur unter Begriffen wie *Joint occurrence* oder *Fisherian/Transposed Conditional* geführt.

Ergänzend zu der Auflistung ist zu erwähnen, dass es sich beim vorletzten Aspekt um das sogenannte *Basisratenproblem* (bzw. den Prävalenzfehler) handelt, welches in der Literatur sehr häufig beschrieben wird (u. a. bei Böcherer-Linder et al., 2017; Gigerenzer & Hoffrage, 1995; Krüger et al., 2015; Rach, 2021; Wassner, 2007; Weber et al., 2018; Zhu & Gigerenzer, 2006). Das Basisratenproblem wird insbesondere bei Krankheiten diskutiert, die in der betrachteten Bevölkerungsgruppe selten vorkommen und zu denen es zugleich Testmöglichkeiten mit hoher Sensitivität und Spezifität gibt. Ein Beispiel ist die Durchführung von Tests und die Diagnose bei einer HIV-Infektion. Bei einem vorliegenden positiven Testergebnis wird die Wahrscheinlichkeit überschätzt, dass diese Krankheit bzw. im Allgemeinen das untersuchte Merkmal tatsächlich vorliegt (Böcherer-Linder et al., 2018). Es kommt zu systematischen Urteilsfehlern (Wassner, 2007, S. 14).

Neben dem Basisratenproblem, kann auch die gegenteilige Lösungsstrategie *Base Rate Only* auftreten. Dabei wird ausschließlich die Basisrate berücksichtigt, während die neue Evidenz (z. B. das Testergebnis) außer Acht gelassen wird (Gigerenzer & Hoffrage, 1995; Zhu & Gigerenzer, 2006). Beide Phänomene verdeutlichen, dass Lernende Schwierigkeiten haben, Basisrate und zusätzliche Informationen angemessen miteinander zu kombinieren.

Neben den zuvor genannten Hürden können außerdem sprachliche Aspekte aufgrund der gegebenenfalls ungewohnten Formulierung der Aufgabenstellung, der Betrachtung ungewohnter Ereignisse sowie der Schreibweise der bedingten Wahrscheinlichkeit eine bedeutsame Rolle spielen (Bea & Scholz, 1995; Böcherer-Linder et al., 2018; Girotto & Gonzalez, 2001; Krüger et al., 2015). Bezüglich der Schreibweise für bedingte Wahrscheinlichkeiten ist festzuhalten, dass zwei unterschiedliche genutzt werden. So kann die Wahrscheinlichkeit $P(K+\mid T+)$ alternativ als $P_{T+}(K+)$ geschrieben werden. Krüger et al. (2015) stellen die Vor- und Nachteile beider Schreibweisen gegenüber. Durch die Nutzung der Schreibweise $P_{T+}(K+)$ wird ersichtlich, dass es sich um eine Wahrscheinlichkeit des Klammerausdrucks handelt, d. h. in diesem Fall für die Wahrscheinlichkeit, krank zu sein, unter der Bedingung eines positiven Tests. Erschwerend wird hierbei jedoch die Lesbarkeit aufgefasst, da der Ausdruck $P_{T+}(K+)$ im Gegensatz zur Schreibweise $P(K+\mid T+)$ nicht der Reihenfolge der Verbalisierung beim Lesen und Schreiben entspricht. Der Nachteil der Schreibweise $P(K+\mid T+)$ ist jedoch, dass diese zu Verwechslungen führen kann. Einerseits kann dieser Ausdruck fachsymbolisch als *ein* Ereignis $K+\mid T+$ aufgefasst werden, welches jedoch nicht existiert. Andererseits wird dieser Ausdruck leicht mit der invertierten bedingten Wahrscheinlichkeit $P(T+\mid K+)$ verwechselt.

In dieser Arbeit wird die Schreibweise $P(K+\mid T+)$ verwendet, da sie trotz der genannten potenziellen Verwechslungsgefahren klare Vorteile für die Lesbarkeit und die Nähe zur sprachlichen Ausdrucksweise bietet. Zudem hat diese Schreibweise den weiteren Vorteil, dass sie konsistent mit der im untersuchten digitalen Schulbuch Net-Mathebuch verwendeten Notation ist.

Die hier dargestellten Schwierigkeiten bei der Berechnung und Einschätzung bedingter Wahrscheinlichkeiten spiegeln sich in einem Großteil der in diesem Kapitel rezipierten Studien durch geringe Lösungsquoten der jeweiligen Versuchspersonen wider, die sich nicht nur bei Schüler:innen, sondern auch bei Studierenden in unterschiedlichen Kontexten zeigen (vgl. z. B. McDowell & Jacobs, 2017; Weber et al., 2018). Dabei war lange Zeit unklar, ob der Umgang mit bayesianischen Situationen überhaupt trainiert bzw. verbessert werden kann (Wassner, 2007, S. 77 ff.). Erst in den 1990er Jahren konnten u. a. die Studien von Gigerenzer & Hoffrage (1995) sowie Bea & Scholz (1995) empirisch glaubhaft zeigen, dass eine Steigerung der Performanz und ein Abbau von Fehlvorstellungen durch gezielte Trainingsaufgaben erzielt werden konnte. Neuere Übersichten (z. B. Büchter, Eichler, et al., 2022) verdeutlichen, dass Trainingsmaßnahmen zwar in bisherigen empirischen Studien zwar grundsätzlich wirksam sind, der Forschungsstand hierzu aber noch lückenhaft ist. Mit welchen Strategien der Lernerfolg der Schüler:innen positiv beeinflusst werden kann, wird im folgenden Abschnitt 4.4 dargestellt.

4.4 Strategien im Umgang mit bedingten Wahrscheinlichkeiten

Die Nutzung von *natürlichen Häufigkeiten* und *Visualisierungen* erweisen sich in zahlreichen Studien als besonders wirksame Strategien im Umgang mit bayesianischen Aufgaben (z. B. Binder et al., 2015; Böcherer-Linder & Eichler, 2017; Zhu & Gigerenzer, 2006). So zeigt etwa die Meta-Studie von McDowell & Jacobs (2017), dass beide Ansätze die Leistung verbessern können.

Neben diesen Darstellungsarten spielen auch andere Faktoren eine Rolle. So konnten Steib et al. (2025) in einer Trainingsstudie nachweisen, dass Studierende mit höherem Vorwissen deutlich bessere Leistungen erbringen. Es können auch Faktoren wie die individuellen Präferenzen des einzelnen Lernenden, das räumliche Vorstellungsvermögen, die Rechenfertigkeiten oder sprachliche Formulierungen einen Einfluss haben, jedoch gelten das Format der gegebenen Werte und der Darstellung als besonders stabile Prädiktoren (Brase & Hill, 2015; Girotto & Gonzalez, 2001; McDowell & Jacobs, 2017; Weber et al., 2018). Brase und Hill (2015) betonen dabei, dass zwar weitgehend Einigkeit darüber besteht, welche Aufgabengestaltungen die Leistung verbessern, die Gründe für diese Effekte jedoch nach wie vor kontrovers diskutiert werden. Im Folgenden werden die beiden zentralen Strategien, die Nutzung von natürlichen Häufigkeiten und die Verwendung von Visualisierungen, genauer vorgestellt und begründet.

4.4.1 Nutzung natürlicher Häufigkeiten

Die Nutzung natürlicher Häufigkeiten stellt eine der zentralen Strategien dar, um die Bearbeitung von bayesianischen Aufgaben zu erleichtern. Der Begriff wurde ursprünglich in der Psychologie geprägt (Gigerenzer & Hoffrage, 1995) und später in die Mathematikdidaktik übertragen. Natürliche Häufigkeiten beschreiben Konstellationen der Form „a von b" mit $a \leqslant b$, also eine Kombination zweier absoluter Häufigkeiten (Krauss et al., 2020). In ihren ausführlichen Beschreibungen zu natürlichen Häufigkeiten verweisen Krauss et al. (2020) darauf, dass in Schulbüchern die beiden Werte a und b nicht immer direkt beieinanderstehen. Solche Darstellungen bewegen sich in einem „Graubereich" zwischen absoluten und natürlichen Häufigkeiten, können jedoch funktional als natürliche Häufigkeiten aufgefasst werden.

Die obige Beispielaufgabe zur Diagnose von Diabetes hätte durch die Autor:innen des Net-Mathebuchs alternativ mit natürlichen Häufigkeiten statt mit Wahrscheinlichkeiten gestellt werden können[7]:

Mit einem Test werden 100 000 Blutspenden auf Diabetes untersucht. Es sind 8 000 von 100 000 Personen an Diabetes erkrankt. Bei 7 600 Blutspenden der an Diabetes Erkrankten erkennt der Test Diabetes. Es werden 1 840 Personen als Diabetiker eingestuft, obwohl sie es nicht sind.

Berechnen Sie die Wahrscheinlichkeit dafür, dass ein als Diabetiker eingestufter Spender (Test positiv) tatsächlich an Diabetes erkrankt ist.

(Adaptiert vom Net-Mathebuch, Net-Code: aabb_lehrtext)

Bei dieser Aufgabenvariation sind die gleichen Wahrscheinlichkeiten wie bei der vorigen Version zugrundeliegend und sie generiert die gleichen Ergebnisse. In

[7] An dieser Aufgabe werden sowohl eine direkt nacheinandergestellte „a von b"-Beziehung (8 000 von 100 000) als auch eine nicht nebeneinanderstehende Form (7600 von 8000) deutlich.

diversen Studien konnte jedoch gezeigt werden, dass mithilfe der Formulierung der gleichen Aufgabe mit natürlichen Häufigkeiten statt mit Wahrscheinlichkeiten die Lösungsquote von Schüler:innen und Studierenden deutlich gesteigert werden kann (u. a. Binder et al., 2015; Gigerenzer & Hoffrage, 1995; Sedlmeier & Gigerenzer, 2001; Wassner, 2007). Die Meta-Studie von McDowell & Jacobs (2017) bestätigte dies bei einer Untersuchung von 35 Studien und zeigt auf, dass die durchschnittliche Lösungsquote von 4 auf 24 Prozent durch die Formulierung der Aufgabe mit natürlichen Häufigkeiten steigt. Die Autor:innen bezeichnen dies als *Natural frequency facilitation effect*. Obwohl die Lösungsquoten in den jeweiligen Studien bei der Nutzung natürlicher Häufigkeiten immer noch gering bleibt, wird deren Verwendung statt der von Wahrscheinlichkeiten durch diverse Autor:innen empfohlen, um Fehlvorstellungen zu bedingten Wahrscheinlichkeiten zu minimieren (z. B. Binder et al., 2015; Cosmides & Tooby, 1996; Gigerenzer & Hoffrage, 1995; Rach, 2021; Wassner, 2007; Weber et al., 2018; Zhu & Gigerenzer, 2006). In einer Studie von Zhu & Gigerenzer (2006) konnten sogar chinesische 4. bis 6. Klässler:innen bereits bayesianische Aufgaben lösen, wenn diese mit natürlichen Häufigkeiten gestellt war.[8] Dagegen konnten die Schüler:innen die Aufgaben nicht lösen, wenn die Problemstellung mit Wahrscheinlichkeiten gegeben waren.

Es stellt sich hierbei die Frage, worauf diese Effekte zurückzuführen sind. Obwohl sich der Rechenaufwand durch die Verwendung natürlicher Häufigkeiten verringert (vgl. Johnson & Tubau, 2015), im obigen Fall erfolgt die Berechnung durch

$$P(K+|T+) = \frac{7600}{7600+1840} \approx 80,51\%$$

wird dieser Aspekt in der Forschung lediglich als einer von mehreren Erklärungsfaktoren für den *Natural frequency facilitation effect* angeführt.

Ein wesentlicher Grund für die Leistungssteigerung bei Aufgaben in Häufigkeitsformaten liegt nicht allein im Wechsel des Repräsentationsformats, sondern in einem entscheidenden Modellierungsschritt. Leuders und Loibl (2020) betonen, dass bei der Darstellung mit natürlichen Häufigkeiten die Basisraten bereits in den gemeinsamen Häufigkeiten enthalten sind. Damit entfällt die Notwendigkeit, diese zusätzlich in die Berechnung einzubeziehen. Neben der Reduktion des Rechenaufwands wird so zugleich die Struktur der verschachtelten Mengenbeziehungen verdeutlicht.

[8] Die Autoren verweisen auf eine unveröffentlichte Replikationsstudie, in der die Ergebnisse auch in Deutschland bestätigt werden konnten.

Zur theoretischen Begründung der unterschiedlichen Lösungshäufigkeiten werden insbesondere zwei Ansätze aus kognitionspsychologischer und mathematikdidaktischer Perspektive diskutiert, der *ecological rationality account* und der *nested sets account* (Böcherer-Linder, 2017).

4.4.1.1 Ecological rationality account und nested sets account

Der *ecological rationality account* geht insbesondere auf evolutionsgeschichtliche Argumente zurück. Es wird von der Prämisse ausgegangen, dass der Mensch aus evolutionärer Perspektive lediglich natürlichen Häufigkeiten begegnet ist, die sich aus einem *natural sampling process* ergeben (Gigerenzer & Hoffrage, 1995). Dies bedeutet, dass eine Person Teilgruppen betrachtet, die aus einer realistischen (bzw. natürlichen) Umgebung generiert werden. Da es sich bei der Wahrscheinlichkeitstheorie um ein jüngeres Produkt handelt, hätte dies zur Folge, dass das menschliche Gehirn insbesondere an natürliche Häufigkeiten angepasst ist (Cosmides & Tooby, 1996; Gigerenzer & Hoffrage, 1995). Falls zusätzlich davon ausgegangen wird, dass der Mensch intuitive mentale Algorithmen entwickelt hat, um Schlussfolgerungen aus bayesianischen Situationen zu ziehen und diese handhaben zu können (Cosmides & Tooby, 1996), dann sind diese die Algorithmen auf natürliche Häufigkeiten und nicht auf Wahrscheinlichkeiten spezialisiert.

Ein anderer Erklärungsansatz ist der *nested sets account.* Dieser geht nicht davon aus, dass natürliche Häufigkeiten aus evolutionärer Sicht vorteilhaft sind, sondern stattdessen die Struktur der Informationen entscheidend ist (Girotto & Gonzalez, 2002; Sloman et al., 2003). Die Verwendung natürlicher Häufigkeiten bewirkt, dass die Beziehungen zwischen den einzelnen Teilmengen und der Grundmenge transparenter wird, indem die Struktur der Informationen eher als bei der Verwendung von Wahrscheinlichkeiten verdeutlicht wird (Binder et al., 2015; Böcherer-Linder et al., 2018; Girotto & Gonzalez, 2002; Rach, 2021; Sloman et al., 2003). In diesem Sinne betonen auch Leuders & Loibl (2020), dass das Verständnis bayesianischer Situationen maßgeblich davon abhängt, ob die zugrunde liegenden Mengenbeziehungen für Lernende klar erkennbar gemacht werden. Sie konnten beispielsweise in einer Studie aufzeigen, dass auch eine Darstellung in *Anteilen* das Verständnis fördern kann, da sie Teil-Ganzes-Strukturen sichtbar machen, ohne relevante kognitive Schritte zu verkürzen (Loibl & Leuders, 2024).

Girotto & Gonzalez (2001) gehen sogar davon aus, dass jede „naive" Person bereits entsprechende Schlussfolgerungen aus bayesianischen Situationen ziehen könnte, wenn die Beziehungen der Teilmengen zur Grundmenge passend abgebildet werden. Dies stimmt ebenfalls mit den Forschungsergebnissen von

Zhu & Gigerenzer (2006) überein, dass bereits junge Schüler:innen entsprechende Aufgaben lösen können.

4.4.1.2 Didaktische Herausforderungen natürlicher Häufigkeiten

Obwohl empirisch bereits gezeigt werden konnte, dass die Nutzung natürlicher Häufigkeiten bei Schüler:innen vorteilhaft sein kann (Binder et al., 2015; Wassner, 2007; Zhu & Gigerenzer, 2006), sind didaktisch trotzdem weitere Aspekte zu beachten. So besteht die Gefahr, dass natürlichen Häufigkeiten als entsprechende „Fakten" verstanden werden. In der obigen Beispielaufgabe könnte missinterpretiert werden, dass es tatsächlich genau 8 000 an Diabetes Erkrankte gibt. Oftmals handelt es sich bei den Werten nur um Modellannahmen, die wiederum auf geschätzten Wahrscheinlichkeiten beruhen (Borovcnik, 2014). Außerdem kann die jeweilige Bezugsgröße, d. h. in diesem Fall die 100 000 Blutspender:innen unnatürlich wirken. Bei der Nutzung von Wahrscheinlichkeiten wird dagegen stets die 1 als Bezugsgröße verwendet, was für den ergänzenden Einsatz von Wahrscheinlichkeiten im Mathematikunterricht spricht (Eichler & Vogel, 2013, S. 207–208).

Wenn natürliche Häufigkeiten in der bayesianischen Situation gegeben sind, bedeutet dies im Umkehrschluss jedoch nicht, dass die Aufgabe auch mit natürlichen Häufigkeiten gelöst werden. So konnten Weber et al. (2018) mit Studierenden zeigen, dass nicht das Präsentationsformat, sondern das Rechenformat der entscheidende Prädiktor für die Leistung gewesen ist. Etwa die Hälfte der Studierenden übersetzte die in der Aufgabe gegebenen natürlichen Häufigkeiten in ein Wahrscheinlichkeitsformat. Die Vermutung der Autor:innen war, dass die Studienteilnehmenden natürliche Häufigkeiten nicht als „mathematisch ausreichend" betrachteten, da diese aus Studiengängen mit Mathematikbezug kamen. Zudem wurde vermutet, dass diese durch ihre schulischen Erfahrungen geprägt waren. Weber et al. und andere Autor:innen (z. B. Binder, 2021, S. 19) verweisen darauf, dass vorrangig Wahrscheinlichkeiten statt natürliche Häufigkeiten bei bayesianischen Aufgaben in der Schule genutzt werden. Die Studienergebnisse deuten darauf hin, dass die zu Schulzeiten gelernten Strategien für den späteren Umgang mit bayesianischen Situationen prädiktiv sind.

Zusammenfassend ist festzuhalten, dass die Nutzung natürlicher Häufigkeiten gegenüber der von Wahrscheinlichkeiten vorteilhaft sein kann und dies durch den ecological rationality account und den nested sets account begründet wird. Beide Erklärungsansätze werden ebenso dazu verwendet, um den Einfluss unterschiedlicher Visualisierungen auf das bayesianische Denken zu untersuchen. Es ist denkbar, dass die Struktur und das Informationsformat *eines* Visualisierungstyps untersucht werden, z. B. durch die Gegenüberstellung eines Baumdiagramms mit natürlichen Häufigkeiten (Häufigkeitsbaum) und eines Baumdiagramms mit Wahrscheinlichkeiten (Wahrscheinlichkeitsbaum). Es können jedoch auch unterschiedliche Visualisierungstypen verglichen werden, z. B. das Baumdiagramm mit einer Vierfeldertafel. Im folgenden Abschnitt 4.4.2 wird auf das fachdidaktische Potenzial und Kriterien zur Nutzung von Visualisierungen als Strategie bei bedingten Wahrscheinlichkeiten eingegangen.

4.4.2 Nutzung von Visualisierungen

> *"Visualisierungen, auch als graphische Darstellungen bzw. Darstellungsformen bezeichnet, sind in mathematischen Lehr-Lern-Prozessen eine wichtige didaktische Hilfe, um Begriffe für Lernende ikonisch erfahrbar zu machen" (Bruner, 1971).*

Im Kontext bedingter Wahrscheinlichkeiten stellen Visualisierungen eine zweite Strategie dar, um Personen den Umgang mit bayesianischen Situationen und bedingten Wahrscheinlichkeiten zu vereinfachen. Die Meta-Studie von McDowell & Jacobs (2017) zeigt, dass durch Visualisierungen die Lösungsrate um ca. 23 Prozent steigt. Jedoch wird bei Betrachtung der Einzelstudien deutlich, dass diese Ergebnisse von den jeweils genutzten Visualisierungen abhängig sind. In einigen Studien werden Visualisierungen wie Doppelbäume (z. B. Binder et al., 2022;Böcherer-Linder & Eichler, 2019), das Einheitsquadrat (z. B. Böcherer-Linder & Eichler, 2017) oder das Häufigkeitsnetz (z. B. Binder et al., 2020, 2022) betrachtet. Für die vorliegende Arbeit sind jedoch insbesondere *Baumdiagramme* und *Vierfeldertafeln* relevant, da diese in den (für diese Studie relevanten) Bildungsstandards für die allgemeine Hochschulreife explizit als Darstellungsformen zum Umgang mit bedingten Wahrscheinlichkeiten genannt werden (KMK, 2012). Sie werden auch im schulischen Alltag am häufigsten eingesetzt, was vermutlich auf ihre Anwenderfreundlichkeit, die einfache Erstellung und die Möglichkeit zur Ergänzung numerischer Informationen zurückzuführen ist (Binder et al., 2022). Brase & Hill (2015) betonen zudem, dass Visualisierungen das Lösen bayesianischer Aufgaben grundsätzlich erleichtern können. Es ist aber bislang nicht abschließend geklärt ist, *wie* und *warum* dieser Effekt genau zustande kommt.

Vor diesem Hintergrund werden im Folgenden die beiden Visualisierungen Baumdiagramm (Abschnitt 4.4.2.1) und Vierfeldertafel (Abschnitt 4.4.2.2) betrachtet. Aufgrund ihrer unterschiedlichen Chancen und Herausforderungen werden sie jeweils in eigenen Abschnitten beleuchtet.

4.4.2.1 Charakteristika des Baumdiagramms

Der grundsätzliche Aufbau eines Baumdiagramm wurde bereits in Abschnitt 4.2 gezeigt. Das Baumdiagramm kann sowohl mit Wahrscheinlichkeiten als auch mit natürlichen Häufigkeiten erstellt werden kann. In Baumdiagrammen entspricht jeder Ast einem möglichen Ausgang eines Teilexperiments (Dreher, 2014, S. 60). Ein Baumdiagramm mit natürlichen Häufigkeiten sieht zu der vorigen Diabetes-Beispielaufgabe folgendermaßen aus:

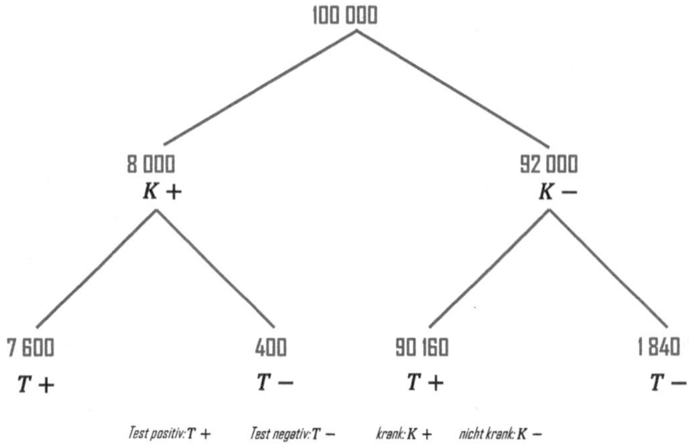

Abbildung 4.3 Häufigkeitsbaum zur Beispielaufgabe

Das Baumdiagramm mit natürlichen Häufigkeiten (vgl. Abbildung 4.3) wird in der Literatur meist *Häufigkeitsbaum* genannt, während ein Baumdiagramm mit Wahrscheinlichkeiten als *Wahrscheinlichkeitsbaum* (vgl. Abbildung 4.1) bezeichnet wird. Eigentlich müssten Wahrscheinlichkeitsbäume noch dahingehend differenziert werden, ob sie mit relativen Häufigkeiten oder mit probabilistischen Wahrscheinlichkeiten erstellt werden (Krüger et al., 2015). Da diese aber synonym dargestellt werden und in den rezipierten Studien teilweise nicht dargelegt wird, inwiefern es sich bei den untersuchten Wahrscheinlichkeitsbäumen um relative Häufigkeiten oder probabilistische Wahrscheinlichkeiten handelt, soll im Folgenden die Zweiteilung zwischen Häufigkeitsbaum und Wahrscheinlichkeitsbaum beibehalten werden. Prinzipiell sind jedoch auch Mischformen der Baumdiagrammarten denkbar, da z. B. an die Äste eines Häufigkeitsbaums problemlos die Wahrscheinlichkeiten zusätzlich eingetragen werden können (Binder et al., 2018, 2022).

Ein wesentlicher Vorteil dieser Darstellungsform ist, dass bedingte Wahrscheinlichkeiten direkt in der Visualisierung notiert werden können, was u. a. bei der Vierfeldertafel nicht möglich ist. Zudem erfordert die Erstellung eines Baumdiagramms einen vergleichsweise geringen Aufwand, da es sich um keine geometrische Figur, wie z. B. das Einheitsquadrat, handelt. Dies ist insbesondere für den Fall relevant, wenn Schüler:innen selbstständig eine Darstellung erstellen (Binder et al., 2018) und die Visualisierung als heuristisches Lösungsmittel nutzen (Eichler & Vogel, 2013; Krüger et al., 2015). Die Funktion des Hilfsmittels ist vorwiegend für zwei Gegebenheiten denkbar. Ein Baumdiagramm kann von Schüler:innen aufgestellt werden, falls zur Aufgabe keine Visualisierung gegeben ist. Das Baumdiagramm hilft dann bei der Strukturierung der gegebenen Informationen (Eichler & Vogel, 2013). Aber auch wenn ein solches Baumdiagramm bereits zum Aufgabentext dargestellt wird, wird oftmals eine A-posteriori-Wahrscheinlichkeit in bayesianischen Aufgaben gesucht (vgl. Abschnitt 4.2), welche als invertierte bedingte Wahrscheinlichkeit erst im umgekehrten Baumdiagramm auftritt. Dann kann das Aufstellen des umgekehrten Baumdiagramms als heuristisches Hilfsmittel verwendet werden (Krüger et al., 2015).

4.4.2.2 Charakteristika der Vierfeldertafel

Analog zum Baumdiagramm kann auch eine Vierfeldertafel mit Wahrscheinlichkeiten bzw. relativen Häufigkeiten sowie mit natürlichen Häufigkeiten dargestellt werden. Eine Vierfeldertafel mit natürlichen Häufigkeiten bildet die absoluten Häufigkeiten der jeweiligen Ereignisse ab. Abbildung 4.4 zeigt exemplarisch den Aufbau einer Vierfeldertafel mit Wahrscheinlichkeiten.

Vierfeldertafel	**A**	**$\bar{A}$**	**Summen**
B	$P(A \cap B)$	$P(\bar{A} \cap B)$	$P(B)$
$\bar{B}$	$P(A \cap \bar{B})$	$P(\bar{A} \cap \bar{B})$	$P(\bar{B})$
Summen	$P(A)$	$P(\bar{A})$	$100\,\% = 1$

Abbildung 4.4 Aufbau einer Vierfeldertafel

Der Fokus der Vierfeldertafel liegt auf den Schnittwahrscheinlichkeiten (Binder et al., 2022).[9] Eine weitere charakteristische Eigenschaft der Vierfeldertafel ist, dass sie zeilen- und spaltenweise gelesen und ausgewertet werden kann. Dadurch können sich Aussagen zu dieser Tabelle auf unterschiedliche Teilgruppen und Grundgesamtheiten beziehen können. Beispielsweise können Aussagen zu allen Erkrankten *oder* zu allen Positiv-Getesteten getroffen werden. In einer Vierfeldertafel werden keine bedingten Wahrscheinlichkeiten eingetragen, wobei aber jegliche Informationen zur Berechnung einer solchen bereits vorhanden sind.

4.4.2.3 Kriteriengeleitete und empirische Gegenüberstellung unterschiedlicher Visualisierungen

Da für die Berechnung bedingter Wahrscheinlichkeiten unterschiedliche Visualisierungen genutzt werden können, stellt sich die Frage, welche Darstellungsformen am geeignetsten sind, d. h. am ehesten zu den Intuitionen der Schüler:innen passen (Wassner et al., 2002). Eine normative Sichtweise zur Beantwortung dieser Fragestellung beschreiben Rach (2021) sowie Wassner (2007, S. 72–74), welche jeweils kriteriengeleitet Gütekriterien für eine Visualisierung bei einer bayesianischen Aufgabe herausarbeiten. Es gibt aber auch Untersuchungen, welche empirisch unterschiedliche Darstellungsformen gegenüberstellen (z. B. Binder, 2021; Binder et al., 2022; Böcherer-Linder, 2017; Wassner, 2007). Auf beide Perspektiven wird im Folgenden eingegangen, wobei der Schwerpunkt auf Studien liegt, die sich mit Vierfeldertafeln und Baumdiagramme befassen.

Kriteriengeleitete Gegenüberstellung

Rach (2021) stellt unter Rückbezug auf Fischbein (1987) und Bea & Scholz (1995) vier Gütekriterien für eine lernförderliche Darstellung auf:

1. *ein hohes Maß an struktureller Übereinstimmung mit dem zugrunde liegenden Konzept (alle relevanten Sachverhalte sind enthalten)*
2. *kognitiv leicht zugängliche Gestaltungsmöglichkeiten (Lernende müssen ohne ein hohes Maß an extraneous cognitive load*[10] *mit dieser Darstellung arbeiten können);*

[9] Es existieren auch andere Varianten von Vierfeldertafeln, in denen bedingte Wahrscheinlichkeiten direkt eingetragen werden können (Binder et al., 2022). In dieser Arbeit steht jedoch ausschließlich die klassische Form im Mittelpunkt, in der Rand- bzw. Schnittwahrscheinlichkeiten oder Häufigkeiten eingetragen sind und bedingte Wahrscheinlichkeiten erst aus diesen berechnet werden.

[10] *Extraneous cogntive load* bezeichnet die kognitive Belastung, die durch die Gestaltung der Visualisierungen entsteht. Zum Einfluss von *cognitive load* sei an dieser Stelle auf Sweller et al. (2019) verwiesen.

3. *eine gewisse Autonomie (ohne andere Darstellungen ist die Darstellung verständlich). [..]*
4. *Informationsformat. (S. 3)*

Das letztgenannte Gütekriterium ergänzte Rach spezifisch für Darstellungen zu bedingten Wahrscheinlichkeiten, da dieses Kriterium sich auf die Forschung zur Nutzung von natürlichen Häufigkeiten und auf den nested sets account bezieht (vgl. Abschnitt 4.4.1.1). Lediglich das zweite Kriterium bezieht sich nach Rach auf die didaktische Qualität der Darstellung und fokussiert die Weiterarbeit mit der jeweiligen Visualisierung. Die anderen Kriterien beziehen sich insbesondere auf den visuellen und inhaltlichen Aufbau der Darstellung hinsichtlich des dahinterliegenden Konzepts. Basierend auf den Gütekriterien stellt Rach die Eignung von Baumdiagrammen heraus, da an diesen die Wahrscheinlichkeitsregeln sichtbar sind (Bedingung 1), sie als heuristisches Mittel hilfreich sind (Bedingung 2) und die Konstruktion nachvollziehbar ist (Bedingung 3). Eine Einordnung für Vierfeldertafeln nimmt Rach nicht vor. Doch auch diese lassen sich entlang der von Rach (2021) formulierten Gütekriterien einordnen. Hinsichtlich der strukturellen Übereinstimmung (Bedingung 1) bildet sie die Aufteilung der Grundgesamtheit in disjunkte Teilmengen klar ab. Lediglich bedingte Wahrscheinlichkeiten sind nicht direkt ablesbar. Ihre tabellarische Struktur sorgt zudem für eine vergleichsweise gute kognitive Zugänglichkeit, wenngleich Fehlinterpretationen durch ungenaue Bezüge auf Zeilen oder Spalten auftreten können (Bedingung 2). Die Vierfeldertafel ist darüber hinaus autonom nutzbar, da sie alle für Berechnungen notwendigen Informationen enthält und eigenständig interpretiert werden kann (Bedingung 3).

In Bezug auf das Informationsformat (Bedingung 4) ähneln sich Baumdiagramme und Vierfeldertafeln insofern, dass in beiden Visualisierungen Wahrscheinlichkeiten oder Häufigkeiten eingetragen werden können. Unterschiede bestehen jedoch in der Strukturierung. Während Baumdiagramme die Informationen pfadweise und damit sequenziell darstellen und so bedingte Wahrscheinlichkeiten unmittelbar sichtbar machen, ordnen Vierfeldertafeln die Angaben zellweise und betonen Teil-Ganzes-Relationen. Bedingte Wahrscheinlichkeiten müssen hier erst aus den Zeilen- und Spaltensummen abgeleitet werden.

Auch Wassner (2007, S. 72–74) untersuchte das didaktische Potenzial einzelner Darstellungsformen und bezog sich dabei auf die folgenden Fragen:

- Ist die selbstständige Nutzung der Visualisierung ohne Einbezug weiterer Hilfsmittel (z. B. zusätzlicher Software) möglich? Hierbei werden Einfachheit, Anschaulichkeit und Exaktheit der Visualisierung berücksichtigt.

- Inwiefern ist eine Ableitung und Begründung allgemeiner Wahrscheinlichkeitsregeln mithilfe der jeweiligen Visualisierung möglich?
- Inwiefern unterstützt die jeweilige Visualisierung das sequenzielle und mehrstufige Vorgehen des Zufallsprozesses?

In seiner vergleichenden Analyse zwischen Baumdiagramm und Vierfeldertafel (sowie Flächendiagramm und Mengendiagramm) gelangt Wassner zu der Feststellung, dass insbesondere Baumdiagramme unter Berücksichtigung der jeweiligen Kriterien geeignet sind. Baumdiagramme ermöglichen eine Prozessbetrachtung, sind verhältnismäßig einfach zu erstellen und aus diesen können u. a. die Berechnungsregeln zu bedingten Wahrscheinlichkeiten abgeleitet werden. Die Vierfeldertafel stellt er ebenfalls als geeignet heraus. Wassner hält lediglich fest, dass bei der Vierfeldertafel die sequenzielle Betrachtung im Gegensatz zum Baumdiagramm nicht möglich ist. Bei der Bewertung der jeweiligen Visualisierungen ist einzuschränken, dass die Einstufung bei den einzelnen Kriterien teilweise aus der subjektiven Ansicht Wassners erfolgte. Dass sich Vierfeldertafel und Baumdiagramme aber bezüglich ihrer Betrachtungs- und Interpretationsmöglichkeiten unterscheiden, findet sich auch bei anderen Autor:innen. Eichler & Vogel (2013) sowie Dreher (2014) beschreiben unter Rückbezug auf Schwank (1996), dass Baumdiagramme auf *statische* und *dynamische*[11] Weise interpretiert werden können. Eine statische Interpretation bedeutet, dass das Baumdiagramm als eine Strukturform für hierarchische Beziehungen verstanden wird, welches einzelne Merkmale und Ereignisse kategorisiert. Bei der dynamischen Sichtweise wird das Baumdiagramm als eine Visualisierung interpretiert, die einen Prozess darstellt und organisiert. Der Prozesscharakter wird speziell bei einer Darstellung mit natürlichen Häufigkeiten deutlich. Die Prozessvorstellung kann jedoch dann erschwert sein, wenn mehrere Merkmale gleichzeitig auftreten, beispielsweise „zwei Würfel gleichzeitig geworfen werden und tritt beispielsweise auch auf bei der Frage nach der Wahrscheinlichkeit, dass eine positiv auf HIV getestete Person wirklich erkrankt ist“ (Dreher, 2014, S. 60). Im Gegensatz zum Baumdiagramm lässt die Vierfeldertafel lediglich eine statische Interpretation zu, da es Merkmale und Ereignisse kategorisiert, aber keine kausale oder zeitliche Zusammenhänge aufzeigt (Krüger et al., 2015, S. 191). Damit ist sie vor allem für strukturierende Denkweisen geeignet (Dreher, 2014).

[11] Dynamisch ist in diesem Fall nicht im Sinne von „interaktiv“ zu verstehen.

Empirische Gegenüberstellung

Welche Visualisierung bei Aufgaben zu bedingten Wahrscheinlichkeiten aus empirischer Sicht die hilfreichste ist, wurde erst in den letzten Jahren verstärkt in Studien untersucht. Eine ausführliche Übersicht über einschlägige Interventionsstudien, in denen der Umgang mit Visualisierungen explizit thematisiert wird, findet sich bei Büchter et al. (2022). Als Visualisierungsart wird in einem Großteil der Studien das Baumdiagramm genutzt. Dagegen wird die Vierfeldertafel lediglich in drei von elf Studien eingebunden. Bei den vorgestellten Studien handelt es sich zudem stets um kurze Interventionen, die maximal 120 Minuten dauerten. Die Autor:innen kritisieren unter anderem, dass in den meisten dieser Studien Studierende aus Studiengängen untersucht wurden, die sich nicht zwingend mit Bayesianischen Situationen auseinandersetzen müssen. Dahingehend ist ebenso auffällig, dass nur eine der elf aufgeführten Studien in der Schule stattgefunden hat. Bei dieser Studie handelt es sich um eine Studie von Wassner (2007, S. 82 ff.) mit Schüler:innen der 10. Klasse und des Leistungskurses in der 13. Klasse. Die Schüler:innen führten ein 120-minütiges Training durch, wobei drei Konditionen miteinander verglichen wurden. Die Nutzung von Häufigkeitsbäumen wurde der Nutzung von Wahrscheinlichkeitsregeln und einer Kombination aus Häufigkeitsbaum und Regeltraining gegenübergestellt. Die Ergebnisse des Vor- und Nachtests zeigen bei den Schüler:innen durch die Nutzung der Visualisierung mit natürlichen Häufigkeiten einen Lernvorteil. Dieser bezieht sich nicht nur auf den Aufbau des konzeptuellen, sondern auch auf den des prozeduralen Wissens. Außerdem konnte gezeigt werden, dass die Nutzung natürlicher Häufigkeiten im Vergleich für den langfristigen Lernerfolg eine größere Unterstützung bewirkt.

Binder et al. (2015) widmen sich in ihrer Untersuchung ebenfalls Schüler:innen. Sie analysieren mithilfe von zwei bayesianischen Aufgaben, inwiefern sich die Lösungsquote unterscheidet, wenn diese mit Baumdiagramm, Vierfeldertafel *oder* ohne Visualisierung sowie mit natürlichen Häufigkeiten *oder* Wahrscheinlichkeiten gestellt wurde. Die Studie wurde mit 259 Schüler:innen der 11. Klasse durchgeführt. Die Schüler:innen zeigten eine höhere Leistung, wenn die Aufgabe mit natürlichen Häufigkeiten statt mit Wahrscheinlichkeiten präsentiert wurde. Dieses Resultat gilt für alle drei Vergleichskonditionen. Die Lösungsquote in der Wahrscheinlichkeitsvariante lag durchschnittlich bei 2 % bis 6 %, wohingegen sie in der Häufigkeitsvariante deutlich höher bei durchschnittlich 26 % bis 51 % war. Außerdem stellten Binder et al. (2015) im Gesamtvergleich fest, dass die zusätzliche Visualisierung das Verstehen der bayesianischen Aufgabe unterstützt.

Binder et al. (2015) sehen die Effekte bezüglich natürlicher Häufigkeiten und zusätzlicher Visualisierungen im Einklang mit dem ecological rationality account und dem nested sets account (vgl. Abschnitt 4.4.1.1). Mithilfe des ecological rationality account kann insbesondere begründet werden, warum Visualisierungen mit natürlichen Häufigkeiten den Lernprozess eher als solche mit Wahrscheinlichkeiten unterstützen (McDowell & Jacobs, 2017). Der nested sets account liefert insbesondere einen Erklärungsansatz, warum eine Visualisierung hilfreich ist und warum die Effektgrößen von der Darstellungsform abhängig sind (Böcherer-Linder & Eichler, 2017; McDowell & Jacobs, 2017). Basierend auf dieser Theorie ist entscheidend, inwiefern Teilmenge-Grundmenge-Beziehungen abgebildet werden. Dies erklärt zum einen, dass die meisten Visualisierung helfen, da durch eine solche die Beziehungen (zumindest teilweise) visuell abgebildet werden (Binder et al., 2015). Zum anderen entscheidet das Ausmaß, mit dem diese Beziehungen transparent und nachvollziehbar gemacht werden, darüber, welche Variante einer Visualisierung bei einer bayesianischen Aufgabe am ehesten unterstützend und damit performanzsteigernd wirkt (Böcherer-Linder et al., 2018; McDowell & Jacobs, 2017).

Im Zusammenhang mit dem Kovariationsaspekt, also dem Einfluss einer Variable auf eine andere (vgl. Abschnitt 4.5) fanden Eichler et al. (2025) Vorteile der Vierfeldertafel bei der Bearbeitung bayesianischer Aufgaben. In ihrer Untersuchung erzielten Studierende mit der Vierfeldertafel statistisch signifikant besser Ergebnisse als mit dem Baumdiagramm. Zur Begründung verweisen die Autor:innen auf die höhere Transparenz der zugrunde liegenden Mengenbeziehungen, die in der Vierfeldertafel besonders deutlich hervortreten.

Weitere empirische Studien, die Baumdiagramme und Vierfeldertafeln direkt miteinander vergleichen, liefern ein heterogenes Bild. So berichten Steckelberg et al. (2004) in einer Untersuchung mit Trainingselementen keine signifikanten Unterschiede zwischen Häufigkeitsbaum und Vierfeldertafel. Andere Arbeiten vergleichen die Vierfeldertafel oder das Baumdiagramm mit weiteren Visualisierungstypen, z. B. dem Häufigkeitsnetz oder dem Einheitsquadrat, kommen jedoch zu keinen eindeutigen Ergebnissen hinsichtlich der „besten“ Darstellungsform (z. B. Binder et al., 2020, 2022; Böcherer-Linder & Eichler, 2019). Ein Vergleich digitaler und analoger Vierfeldertafeln und Baumdiagramme stellt bislang noch eine Forschungslücke dar.

Die bislang heterogenen Ergebnisse unterstreichen, dass nicht allein die Visualisierungsform, sondern auch das Informationsformat, also die Art wie Informationen in der Visualisierungen repräsentiert werden, eine zentrale Rolle spielen. Auf diesen Aspekt geht der folgende Abschnitt ein.

Informationsformat der Visualisierungen

Eine Klassifizierung zur Abbildung der Teilmengen in einer Visualisierung nehmen Khan et al. (2015) vor. Wenn diese Teilmengen in der Visualisierung in einer logischen und hierarchischen Weise abgebildet werden, handelt es sich um den sogenannten *Branch style*. Das Baumdiagramm ist dafür ein Beispiel, da von einem Knoten, welcher die Grundmenge darstellt, die Abzweigungen (branches) die Teilmengen abbilden. Dem Branch style wird der sogenannte *Nested style* gegenübergestellt. Im Nested style werden die Teilmengen auf geometrische Weise abgebildet. Die Vierfeldertafel ist für diesen Style ein Beispiel, da nebeneinanderliegende Felder Teilmengen abbilden. Eine dritte Art der Darstellung ist der *Frequency style*. In einem solchen Fall wird die Anzahl der betrachteten Gruppen diskret angezeigt. Beispielsweise könnte eine Person durch jeweils ein einzelnes Symbol dargestellt werden. Die Autor:innen verweisen aber darauf, dass die einzelnen Visualisierungstypen nicht stets trennscharf zu unterscheiden sind. Beispielsweise kann ein Baumdiagramm Eigenschaften des Nested style haben, d. h. es sind Mischformen möglich. Die Klassifizierung erfolgt danach, welche Merkmale eine Visualisierung vorwiegend charakterisiert.

In ihrem Vergleich unterschiedlicher Visualisierungen zu einer bayesianischen Sachsituation gelangen Khan et al. (2015) zu der Erkenntnis, dass die Struktur der Darstellungsform eher einen geringeren Einfluss hat, sondern vorwiegend das Informationsformat entscheidend ist. Im Sinne des nested sets account sollte das Informationsformat also die Teilmenge-Grundmenge-Beziehungen möglichst abbilden (Böcherer-Linder et al., 2018). Das Informationsformat bezieht sich auf jegliche „numerisch, graphische und sprachliche Bedingungen" (Böcherer-Linder et al., 2018, S. 135), d. h. letztendlich auf jegliche Detailinformationen. So kann die Verwendung natürlicher Häufigkeiten oder Wahrscheinlichkeiten auch als unterschiedliches Informationsformat verstanden werden (vgl. Rach, 2021). Es ist dabei noch eine offene Fragestellung, in welchem Umfang die einzelnen Aspekte jeweils einen Einfluss haben (Böcherer-Linder & Eichler, 2019). Dies bedeutet beispielsweise, dass auch die Informationsmenge in einer Darstellung das bayesianische Denken beeinflusst. Beispielsweise zeigte eine der Studien von Wassner (2007, S. 39 ff.), dass die Erweiterung eines Baumdiagramms zu einem Doppelbaum und damit eine größere Informationsmenge die Leistung der untersuchten Studierenden positiv beeinflusste. Einen vergleichbaren Befund konnten Binder et al. (2022) für Schüler:innen der 10. Klasse nachweisen. Im Übergang vom einfachen Baumdiagramm zum Doppelbaum und dem Häufigkeitsnetz stieg die Lösungswahrscheinlichkeit sowohl bei Aufgaben mit Wahrscheinlichkeiten als auch bei solchen mit absoluten Häufigkeiten signifikant an.

Dazu passt auch die Feststellung von Böcherer-Linder & Eichler (2017), dass Visualisierungen, die numerische Informationen enthalten, sich in Studien als leistungssteigernd zeigten (z. B. bei Binder et al., 2015; Wassner, 2007). Bei der Verwendung von Visualisierungen, die keine numerischen Informationen enthalten, sind die Effekte nach Böcherer-Linder & Eichler (2017) eher gemischt. Eine weitere explizite Möglichkeit, wie das Informationsformat einer Visualisierung geändert werden kann, ist die Markierung relevanter Werte oder das Weglassen irrelevanter Informationen. Binder et al. (2018) analysierten, inwiefern die Markierung oder das Weglassen von vollständigen Ästen einen Einfluss auf die Leistung von Medizinstudierenden hat. Sie stellten fest, dass das Weglassen von Ästen zu keinem Unterschied führte. Dagegen konnte insbesondere bei Häufigkeitsbäumen die Markierung zu einer höheren Lösungsquote bei den untersuchten bayesianischen Aufgaben führen. Diese Studie stellt dahingehend eine Besonderheit dar, dass in dieser *eine* Art von Visualisierung mit der gleichen numerischen Information variiert wurde und etwaige Effekte erforscht wurden. In den anderen zitierten Studien werden unterschiedliche Visualisierungen und das Zahlenformat gegenübergestellt.

Aktiv und passive Nutzung der Visualisierung

Eine Vergleichbarkeit der Studien zu Visualisierungen bei bedingten Wahrscheinlichkeiten wird dadurch erschwert, dass die Visualisierungen jeweils unterschiedlich eingesetzt werden. Binder et al. (2015) stellen heraus, dass die Visualisierungen mit unterschiedlichem Ziel eingesetzt werden. Einerseits gibt es Studien, in denen die Studienteilnehmenden explizit lernen, wie sie eine Visualisierung zu einer Sachsituation erstellen und damit eine Lösung erzielen können (z. B. Sedlmeier & Gigerenzer, 2001; Wassner, 2007). In diesen Studien wird den Lernenden einer Vergleichsgruppe stets nur eine einzelne Visualisierung als heuristisches Lösungsmittel präsentiert. Eine Ausnahme bildet die Unterrichtsstudie von Rach (2021), in der die Schüler:innen ebenfalls weitere Visualisierungen nutzen. Andererseits gibt es Studien, in denen die Nutzung nicht explizit erlernt wird, sondern Visualisierungen „lediglich" als zusätzliche Informationsdarstellung zur Sachsituation präsentiert werden (z. B. Binder et al., 2015). Es kann also zwischen einer *aktiven* und *passiven* Verwendung der Visualisierung unterschieden werden. Dabei kann die aktive oder passive Nutzung ein entscheidender Faktor für die Leistung der untersuchten Personen sein. Eine Studie von Cosmides & Tooby (1996) mit Studierenden zeigte, dass es einen Unterschied macht, ob die Personen dazu aufgefordert werden, dass sie ein Häufigkeitsraster selbstständig vervollständigen oder ihnen dieses Häufigkeitsraster bereits vollständig vorgegeben wurde. Die aktive Nutzung führte im Vergleich zur passiven Nutzung zu einer deutlichen Leistungssteigerung. Die passive Nutzungsweise ergab nur einen marginalen Unterschied gegenüber der Nutzung einer Textversion ohne zusätzliche Visualisierung. Die Interpretation der Autor:innen war, dass in der passiven Gruppe die Darstellung im Lösungsprozess aufgrund der fehlenden expliziten Aufforderung kaum tief, obwohl sie hätte helfen können. Außerdem sollte bei der Interpretation von Studienergebnissen stets berücksichtigt werden, in welchem Maß die Proband:innen bereits mit der jeweiligen Visualisierung vertraut sind (vgl. z. B. Eichler et al., 2025).

4.5 Bedingte Wahrscheinlichkeiten digital gestützt unterrichten

Visualisierungen sind prinzipiell digital und analog möglich, sodass sie sowohl dynamischer als auch statischer Natur sein können (vgl. Abschnitt 3.1.2). Entsprechend muss man für jede einzelne Darstellung prüfen, inwieweit sie bestmöglich in mathematische Lehr-Lern-Prozesse eingebunden werden kann. Daher wird im Folgenden erläutert, wie bedingte Wahrscheinlichkeiten digital gestützt unterrichtet werden können.

In den Bildungsstandards für die allgemeine Hochschulreife wird bei der Leitidee Daten und Zufall explizit darauf verwiesen, dass sich bei den Inhalten dieser Leitidee die Nutzung von Software anbietet (KMK, 2012). Auch in den aktuellen Bildungsstandards für den Ersten und Mittleren Schulabschluss wird in Bezug auf bedingte Wahrscheinlichkeiten die Arbeit *mit und ohne Medien* explizit erwähnt (KMK, 2022). Hierfür sind vielfältige Einbindungsmöglichkeiten im Stochastikunterricht denkbar. Eine Möglichkeit ist die Durchführung von Simulationen, um stochastische Situationen zu untersuchen (Biehler & Hartung, 2006; KMK, 2012). Wenn im Stochastikunterricht reale und somit oftmals umfangreiche Datenmengen genutzt werden sollen, dann sind entsprechende Simulationsprogramme notwendig, die das händische Rechnen ersetzen. Darüber hinaus sind gerade in Bezug auf bedingte Wahrscheinlichkeiten weitere Einsatzmöglichkeiten sinnvoll. Eichler & Vogel (2022) fassen es folgendermaßen zusammen:

> *„Digitale Medien sind aus dem Stochastikunterricht nicht wegzudenken. [..] Vielmehr macht ein Stochastikunterricht digitale Werkzeuge schlicht notwendig, wenn er Daten ernst nehmen und der Variabilität, welche sich in den Daten zeigt, gerecht werden will." (Eichler & Vogel, 2022, S. 296–297)*

Insbesondere der Aspekt der Variabilität ist bei bedingten Wahrscheinlichkeiten bedeutsam. Zum bayesianischen Denken (vgl. Abschnitt 4.2) gehört, den Einfluss der A-priori-Wahrscheinlichkeiten auf die invertierten bedingten Wahrscheinlichkeiten, d. h. auf die Vorhersagewerte, abschätzen zu können (Büchter, Eichler, et al., 2022). Wenn der Einfluss unabhängiger (base rate, true-positive rate, false-positve rate) auf abhängige Variablen (z. B. positiver/neg. Vorhersagewert) betrachtet wird, entspricht dies dem *Kovariationsaspekt* (Büchter, Eichler, et al., 2022; Steib et al., 2023).[12] Eichler et al. (2025) bezeichnen dies als *extended Bayesian reasoning* und stufen es als anspruchsvoller als reine Berechnungsaufgaben ein. Büchter et al. (2022) werten Fähigkeiten im Umgang mit Kovariation daher als Ausdruck eines tiefgehenden bayesianischen Denkens.

Mithilfe softwarebasierter bzw. dynamisch interaktiver Visualisierungen können solche Zusammenhänge dargestellt und erkundet werden. Beispielsweise ist dies in der folgenden GeoGebra-App (Abbildung 4.5) mithilfe von Schiebereglern umgesetzt, in der entsprechende Änderungen eines Parameters auf andere abhängige Parameter abgebildet werden:

[12] Diese Abhängigkeiten können mithilfe der Bayes-Formel als Funktion aufgefasst werden, sodass die Idee einer „Kovariation“ an die entsprechende Grundvorstellung des funktionalen Denkens anschließt (Steib et al., 2023; vgl. auch Greefrath et al., 2016b).

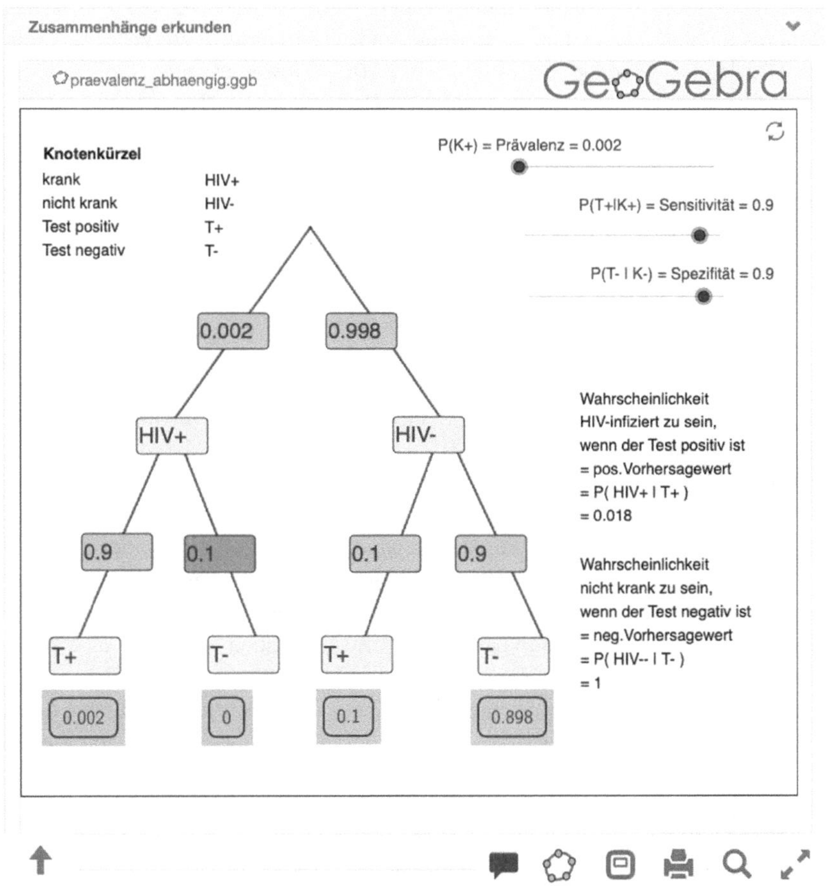

Abbildung 4.5 GeoGebra-App „Sensispezibaum“. (*Anmerkung.* Übernommen aus dem Net-Mathebuch (Net-Code: aabb_index), App erstellt mit GeoGebra® (www.geogebra.org))

Vergleichbare Beispiele erstellten Büchter et al. (2022; 2022) und Steib et al. (2023, 2025) im Projekt *TrainBayes* (vgl. Eichler & Krauss, o. J.), in denen digitale Trainings- und Messinstrumente zu bedingten Wahrscheinlichkeiten mithilfe von Prinzipien des multimedialen Lernens entwickelt wurden (vgl. Mayer, 2014), um insbesondere den Kovarationsaspekt gezielt zu üben und zu messen.

Solche digitalen Umsetzungen, beispielsweise mit Schiebereglern, basieren auf der Annahme, dass die Interaktivität einer Visualisierung das Verständnis von bayesianischen Aufgaben fördert, indem sie u. a. die Verbindung zwischen Textaufgabe und Darstellung erleichtert und Schüler:innen zu generalisierenden Überlegungen anregt (Micallef et al., 2012). Inwiefern aber digitale bzw. interaktive Lernumgebungen und digitale Werkzeuge tatsächlich bayesianische Kompetenzen fördern, ist jedoch weiterhin offen (vgl. auch Abschnitt 3.1.2 zum allgemeinen Einfluss dynamischer Visualisierungen). Eichler & Vogel (2022) weisen auf das Forschungsdesiderat hin:

> *„Quantitative Wirkungsstudien, die den Mehrwert digitaler Medien für das statistische oder stochastische Denken gegenüber traditionellen Medien belegen, fehlen."* (S. 295)

Zu bedingten Wahrscheinlichkeiten gibt es allerdings durchaus Studien, in denen auf Software zurückgegriffen wurde. Sedlmeier (2000) und Sedlmeier & Gigerenzer (2001) nutzten in ihren Vergleichsstudien zwischen der Nutzung natürlicher Häufigkeiten und Wahrscheinlichkeiten bei bayesianischen Aufgaben ein computerbasiertes Tutorenprogramm mit dem die Studienbeteiligten selbstständig arbeiten sollten. In dieser Software konnten die Studierenden ihre Lösungen prüfen und Tipps erhalten. Diese Funktionen sind mit Eigenschaften eines digitalen Schulbuchs mit einfachen Erweiterungsfunktionen vergleichbar. Da die Software stets in allen Vergleichsgruppen genutzt wurde, führten die Autoren Gruppenunterschiede nicht auf die Computer- bzw. Softwarenutzung zurück, sodass diese auch nicht weiter analysiert wurde (vgl. Sedlmeier, 2000).

Für die erfolgreiche Implementation computer- bzw. softwaregestützter Lehr-Lernumgebungen, wozu auch digitale Schulbücher gezählt werden können, stellen Wassner et al. (2002) basierend auf einer Literaturrecherche bzw. dem damaligen Forschungsstand drei Bedingungen auf:

1. Die Darstellungsformate sollen die intuitiven und individuellen Verarbeitungsprozesse der Schüler:innen berücksichtigen, wobei sowohl statische (z. B. ein Häufigkeitsbaum) sowie dynamische Visualisierungen (z. B. Simulationen) einbezogen werden.
2. Die Schüler:innen sollen aktiv durch die Software eingebunden werden, um eigene Erfahrungen zu machen, z. B. um Gesetzmäßigkeiten selbst zu erfahren (learning by doing).
3. Die Lehr-Lern-Umgebung sollte insbesondere alltagsorientierte und authentische Probleme aufgreifen.

Ergänzend schlagen Budget & Pfannkuch (2019) Prinzipien für Aufgaben mit dynamischen Visualisierungen vor. Diese umfassen u. a. das Aufstellen und Testen von Vermutungen, die Verknüpfung verschiedener Repräsentationen, das bewusste Wahrnehmen dynamischer Visualisierungen sowie die Interaktion mit Zufallsgeneratoren. Diese Prinzipien zielen auf aktives Lernen und stärkere Schüler:innenmotivation ab und stützen einen modellierenden Zugang zu Wahrscheinlichkeiten.

Diese Bedingungen verdeutlichen, warum digitale Ressourcen im Bereich der bedingten Wahrscheinlichkeiten einen Mehrwert bieten können: Einerseits ermöglichen sie eine anschauliche und vielfältige Darstellung stochastischer Informationen, andererseits machen sie stochastische Phänomene erfahrbar und dienen als Arbeitsmittel zur eigenständigen Exploration (Eichler & Vogel, 2022; Garfield et al., 2008). Gleichwohl weisen Batanero & Álvarez (2024) darauf hin, dass bei der Forschung zum Technologieeinsatz noch erheblicher Bedarf besteht.

Zusammenfassung: Didaktische Perspektiven auf bedingte Wahrscheinlichkeiten

Kapitel 4 widmete sich den didaktischen Perspektiven auf bedingte Wahrscheinlichkeiten. Es wurde herausgearbeitet, dass dieses Themenfeld im Stochastikunterricht eine zentrale Rolle spielt, zugleich aber für Lernende wie Lehrkräfte besondere Herausforderungen bereithält. Fehlvorstellungen, intuitive Fehlschlüsse und kognitive Hürden beim Umgang mit bedingten Wahrscheinlichkeiten sind in der Literatur umfassend dokumentiert und bilden auch für die vorliegende Studie eine wesentliche Grundlage, da sie in die Testkonstruktion und die Planung der Intervention einflossen.

Als Strategien zur Unterstützung des Lernens werden insbesondere die Nutzung natürlicher Häufigkeiten sowie der Einsatz von Visualisierungen diskutiert. Empirische Befunde und theoretische Ansätze (ecological rationality account, nested sets account) legen nahe, dass beide Ansätze dazu beitragen können, die zugrunde liegenden Mengenbeziehungen zu verdeutlichen und die Leistung in bayesianischen Aufgaben zu steigern. Zugleich bestehen didaktische Herausforderungen. Natürliche Häufigkeiten können generalisiert werden und auch Visualisierungen unterscheiden sich in ihren Chancen und Grenzen. Ein Vergleich verschiedener Visualisierungstypen (Baumdiagramme, Vierfeldertafeln) zeigt, dass deren Wirksamkeit u. a. stark vom Informationsformat, der Art der Nutzung (aktiv vs. passiv) und der Vertrautheit der Lernenden mit den Darstellungen abhängt.

Für eine digitale Implementation der Visualisierungen zu bedingten Wahrscheinlichkeiten ergeben sich zusätzliche Potenziale. Mithilfe dynamischer Visualisierungen kann insbesondere der Kovarationsaspekt durch die Schüler:innen erkundet werden. Gleichzeitig wird aber auf einen erheblichen Forschungsbedarf hingewiesen, da bislang kaum quantitative Wirksamkeitsstudien zu digitalen Umsetzungen (wie digitalen Schulbüchern) im Bereich der bedingten Wahrscheinlichkeiten vorliegen.

Damit bündelt Kapitel 4 zentrale fachdidaktische Erkenntnisse, die für die empirische Untersuchung dieser Arbeit leitend sind: Bedingte Wahrscheinlichkeiten stellen eine besonders anspruchsvolle Thematik dar, bei der die Gestaltung von Aufgaben, die Wahl geeigneter Visualisierungen und der Einsatz digitaler Ressourcen entscheidende Faktoren für den Lernerfolg sind.

Forschungsfragen 5

Die Herleitung der Forschungsfragen erfolgt auf Grundlage theoretischer Konzepte, empirischer Befunde und fachdidaktischer Überlegungen, die in den Vorkapiteln ausführlich beschrieben und in Abschnitt 5.1 zusammengeführt werden. Das Ziel ist es, den Einfluss eines digitalen Mathematikschulbuchs mit Erweiterungsfunktionen im Vergleich zu einem analogen Schulbuch im Themenfeld bedingte Wahrscheinlichkeiten systematisch zu untersuchen. Die daran anschließenden Forschungsfragen werden in Abschnitt 5.2 formuliert und begründet. Abschließend wird die methodische Umsetzung auf konzeptioneller Ebene skizziert (Abschnitt 5.3).

5.1 Theoretische und empirische Verortung

Die zunehmende Bedeutung digitaler Schulbücher im Mathematikunterricht wirft die Frage auf, welchen Einfluss deren spezifische Gestaltungsmerkmale auf Lernprozesse und Lernergebnisse haben. Vor dem Hintergrund des Curriculum-Ressourcen-Modells (vgl. Abschnitt 2.1.1.2) werden digitale und analoge Schulbücher als unterschiedliche Ausprägungen von Curriculum Ressourcen verstanden, die das Lernen auf verschiedene Weise strukturieren und unterstützen können. Im Sinne dieses Modells bilden digitale Schulbücher mit Erweiterungsfunktionen, wie dynamischen Visualisierungen, integrierten Rückmeldungen und interaktiven Aufgaben, eine neue Form sequenzieller Ressourcen, deren Potenzial bislang empirisch kaum untersucht ist (vgl. Abschnitt 3.2).

M. Brnic, *Digitales versus analoges Schulbuch*, Studien zur theoretischen und empirischen Forschung in der Mathematikdidaktik,
https://doi.org/10.1007/978-3-658-52464-7_5

Im Fokus der vorliegenden Studie steht daher die Frage, inwiefern sich das Arbeiten mit einem solchen digitalen Schulbuch im Vergleich zu einer analogen Variante auf die Mathematikleistung von Schüler:innen auswirkt. Mathematikleistung wird dabei im Sinne eines kompetenzbasierten Verständnisses aufgefasst. Sie spiegelt die empirisch beobachtbare Ausprägung der zugrunde liegenden Kompetenzen wider, die als kontextspezifische kognitive Leistungsdispositionen verstanden werden (vgl. Hartig & Klieme, 2006). In der vorliegenden Arbeit wird dieser Kompetenzbegriff auf das Themenfeld der bedingten Wahrscheinlichkeiten bezogen, sodass die erfasste Mathematikleistung die Fähigkeit abbildet, entsprechende Problemstellungen zu bearbeiten und beispielsweise Visualisierungen wie Baumdiagramme oder Vierfeldertafeln zielgerichtet zu nutzen.

Die Frage nach der Wirksamkeit digitaler Schulbücher ist aus mathematikdidaktischer Perspektive aufgrund der bedeutsamen Rolle des Schulbuchs im Unterrichtsgeschehen hochrelevant (vgl. Abschnitt 2.2). Vor dem Hintergrund des Tetraeder-Modells (vgl. Abschnitt 2.2.2) werden Schulbücher nicht nur als Inhaltsvermittler verstanden, sondern als aktive Komponenten eines didaktischen Interaktionsprozesses zwischen Lehrperson, Lernendem und Lerngegenstand (hier bedingten Wahrscheinlichkeiten). Rezat et al. (2021) betonen in diesem Zusammenhang, dass insbesondere digitale Curriculum Ressourcen eine erweiterte Rolle einnehmen könnten, da sie vielfältige Gestaltungsmöglichkeiten eröffnen und die Lernenden stärker in aktive Aneignungsprozesse einbinden können. Damit geht die Forderung einher, die Qualität von Curriculum Ressourcen nicht nur strukturell, sondern auch funktional, d. h. im Sinne ihrer Nutzung und Wirkung im Unterricht, zu erfassen.

Gleichzeitig ist die empirische Forschung zum Einfluss digitaler Schulbücher auf den Lernerfolg noch uneinheitlich. Während einige Metaanalysen positive Effekte digitaler Curriculum Ressourcen im Mathematikunterricht zeigen, deuten andere Befunde auf eher begrenzte Wirkungen hin, die sich vor allem auf spezifische Subgruppen beziehen (vgl. Abschnitt 3.2). Besonders für die Stochastik wird ein empirischer Nachweis der Effektivität digitaler Materialien im Vergleich zu traditionellen Formaten bislang als Desiderat formuliert (vgl. Eichler & Vogel, 2022). Auch im Schulbuchkontext vergleichen bisherige Studien meist nur isolierte Elemente des jeweiligen Materials oder es werden keine expliziten Leistungsdaten einbezogen (Fan et al., 2013; Rezat et al., 2021). Es fehlen somit methodisch fundierte Vergleichsstudien, die den Einfluss digitaler Curriculum Ressourcen auf den Lernerfolg systematisch erfassen und dabei deren affordances in den Blick nehmen.

Die vorliegende Studie greift diese Forschungslücke auf und vergleicht ein digitales Mathematikschulbuch, das Net-Mathebuch mit interaktivem Feedback, dynamischen Visualisierungen und weiteren interaktiven Elemente, mit einem analogen Schulbuch (Adaption des digitalen Net-Mathebuchs). Insbesondere dynamische Visualisierungen gelten als lernförderlich (vgl. Abschnitt 3.1.2), wohingegen bei Feedback die Wirksamkeit maßgeblich von dessen Gestaltung und Passung zur jeweiligen Aufgabe bzw. Lernsituation abhängt. Diese Erweiterungsfunktionen des digitalen Schulbuchs lassen sich theoretisch an Konzepte der affordances und constraints anschließen (vgl. Abschnitt 3.1.1), die aufzeigen, wie bestimmte gestalterische Merkmale von Materialien bestimmte Lernhandlungen unterstützen oder erschweren können. In Verbindung mit dem Modell der instrumentellen Genese (vgl. Abschnitt 2.2.2) ergibt sich daraus die Annahme, dass das digitale Schulbuch nicht nur mehr Handlungsmöglichkeiten bietet, sondern auch differenzierte Kompetenzentwicklungsprozesse anregen kann.

Ein besonders geeigneter Inhaltsbereich zur Untersuchung solcher Effekte ist der Themenkomplex der bedingten Wahrscheinlichkeiten. Einerseits stellen Aufgaben zu bedingten Wahrscheinlichkeiten, auch bei fortgeschrittenen Lernenden, kognitive Herausforderungen dar, wie zahlreiche empirische Studien mit geringen Lösungsraten zeigen (McDowell & Jacobs, 2017, vgl. Abschnitt 4.3). Andererseits ist bekannt, dass geeignete Darstellungsformen, insbesondere natürliche Häufigkeiten und strukturierende Visualisierungen wie Vierfeldertafeln oder Baumdiagramme, das Verständnis wesentlich unterstützen können (vgl. Abschnitt 4.4). Offene Fragen bestehen jedoch weiterhin dahingehend, ob der Mehrwert dieser Darstellungen durch digitale Interaktivität noch gesteigert werden kann. Gerade im Hinblick auf den Kovariationsaspekt, der beim Verstehen bedingter Wahrscheinlichkeiten eine zentrale Rolle spielt, erscheint die Nutzung interaktiver dynamischer Visualisierungen vielversprechend. Solche eröffnen die Möglichkeit, Zusammenhänge explorativ zu entdecken. Bislang existieren jedoch keine empirischen Studien, die digitale und analoge Visualisierungsformen systematisch miteinander vergleichen, sodass hier ein weiteres Forschungsdesiderat besteht.

Die vorliegende Studie reiht sich damit in die Forderung nach empirisch belastbaren, theoriebasierten Vergleichsuntersuchungen im Bereich digitaler Curriculum Ressourcen ein (Eichler & Vogel, 2022; Rezat et al., 2021). Sie nimmt die Beziehungen zwischen Lernenden, mathematischem Gegenstand und Medium systematisch in den Blick (vgl. Abschnitt 2.2).

5.2 Forschungsfragen

Vor dem Hintergrund dieser theoretischen und empirischen Ausgangslage stellt sich die Frage, welchen konkreten Einfluss das Arbeiten mit einem digitalen Schulbuch im Vergleich zu einem analogen Schulbuch auf die Mathematikleistung von Schüler:innen im Themenfeld bedingter Wahrscheinlichkeiten hat.

5.2.1 Übergeordnete Forschungsfrage

Welchen Effekt hat das Arbeiten mit einem digitalen Mathematikschulbuch, das integriertes Feedback, dynamischen Visualisierungen und interaktive Elemente bietet, auf die Mathematikleistung im Vergleich zum Arbeiten mit einem analogen Schulbuch in einer Unterrichtsreihe zu bedingten Wahrscheinlichkeiten?

Die zugrunde liegende Untersuchung ist als quasi-experimentelle Prä-Post-Studie im schulischen Kontext angelegt. Schüler:innen der Sekundarstufe II arbeiten im Rahmen einer Unterrichtsreihe zu bedingten Wahrscheinlichkeiten entweder mit einem digitalen oder einem analogen Mathematikschulbuch. Die Inhalte und Aufgabenstellungen sind in beiden Gruppen inhaltsgleich gestaltet, und der Einfluss der Lehrkraft wird soweit wie möglich kontrolliert, um externe Verzerrungen zu minimieren. Auf diese Weise soll eine möglichst faire Vergleichsbasis geschaffen werden, um Unterschiede in den Mathematikleistungen auf die jeweilige mediale Umsetzung (digital vs. analog) zurückführen zu können.

Die folgenden untergeordneten Forschungsfragen konkretisieren die übergeordnete Fragestellung und strukturieren die empirische Analyse. Sie beziehen sich auf verschiedene Aspekte der erhobenen Mathematikleistungen und fokussieren sowohl deskriptive als auch inferenzstatistische Vergleiche. Die genaue methodische Umsetzung, unter anderem in Bezug auf Testentwicklung, Skalierung und Modellwahl, wird im Anschluss in Teil II erläutert. An dieser Stelle sollen die zentralen inhaltlichen Fragestellungen im Vordergrund stehen.

5.2.2 Forschungsfrage 1

Wie lässt sich die Mathematikleistung der Schüler:innen im Bereich bedingter Wahrscheinlichkeiten empirisch beschreiben?

Diese erste, deskriptiv ausgerichtete Fragestellung (FF1) zielt auf die empirische Beschreibung der im Vor- und Nachtest erfassten Mathematikleistungen im Bereich bedingter Wahrscheinlichkeiten. Die Leistungen im Test fungieren dabei als beobachtbare Indikatoren der zugrunde liegenden Kompetenzen. Da kein geeignetes bestehendes Messinstrument verfügbar ist, wird im Rahmen der Studie ein neues Testinstrument zur Erfassung von Kompetenzen im Bereich bedingter Wahrscheinlichkeiten entwickelt. Dieses wird als *kompetenzbasierter Leistungstest* aufgefasst (vgl. Abschnitt 9.1).

Zur Sicherung der Messqualität wird die Skalierbarkeit im Rasch-Modell überprüft. Dabei wird insbesondere untersucht, ob die Testdaten durch ein eindimensionales Modell hinreichend abgebildet werden können oder ob sich Subdimensionen identifizieren lassen und zwar im Sinne einer Differenzierung nach Darstellungsformaten (Wahrscheinlichkeiten vs. natürliche Häufigkeiten).

Die Ergebnisse dieser Analyse bilden die empirische Grundlage für die Beantwortung der weiteren Forschungsfragen. Ziel ist es, eine belastbare empirische Ausgangsbasis zu schaffen, um darauf aufbauend Veränderungen und Gruppenunterschiede zu untersuchen. Für diese weiterführenden Analysen bietet sich aufgrund der Durchführung an Schulen der Einsatz Linearer Gemischter Modelle an. Auch hier ist zunächst zu prüfen, welches Modell die Struktur der Daten am besten abbildet, um belastbare Aussagen über Kompetenzentwicklungen und Gruppenunterschiede treffen zu können.

5.2.3 Forschungsfrage 2

Inwiefern verändert sich die Mathematikleistung im Bereich bedingter Wahrscheinlichkeiten bei Schüler:innen, die …

a. mit einem digitalen Mathematikschulbuch arbeiten?
b. mit einem analogen Mathematikschulbuch arbeiten?

Diese Forschungsfrage (FF2) richtet den Blick auf die Kompetenzzuwächse innerhalb beider Untersuchungsgruppen. Es wird angenommen, dass sich in beiden Gruppen zwischen Vor- und Nachtest signifikante Entwicklungen zeigen. Diese Annahme stützt sich auf die didaktische Gestaltung der Unterrichtsreihe, die sich explizit und systematisch mit dem Themenfeld der bedingten Wahrscheinlichkeiten auseinandersetzt. Die Unterrichtsreihe zielt darauf, sowohl das konzeptuelle Verständnis als auch die prozeduralen Fertigkeiten der Schüler:innen im Themenbereich bedingter Wahrscheinlichkeiten systematisch zu fördern.

Zudem kommen Visualisierungen, insbesondere Vierfeldertafeln und Baumdiagramme, zum Einsatz, wie sie auch im Lehrplan sowie in der fachdidaktischen Literatur empfohlen werden (vgl. Abschnitt 4.2). Teilweise erfolgt die Bearbeitung mithilfe natürlicher Häufigkeiten, um die Potenziale dieser Darstellungsform im Sinne des nested sets account und ecological rationality account gezielt für den Kompetenzerwerb zu nutzen (vgl. Abschnitt 4.4).

5.2.4 Forschungsfrage 3

Unterscheidet sich die Veränderung der Mathematikleistung zwischen Schüler:innen, die mit einem digitalen Mathematikschulbuch arbeiten, und jenen, die mit einem analogen Mathematikschulbuch arbeiten?

Diese Forschungsfrage (FF3) adressiert den zentralen Vergleich der Studie. Basierend auf theoretischen Überlegungen zur Gestaltung digitaler Curriculum Ressourcen (vgl. Abschnitt 2.3 und 3.1) wird davon ausgegangen, dass das digitale Schulbuch durch spezifische affordances, insbesondere durch direkt verfügbares, digitales Feedback sowie durch dynamische interaktive Visualisierungen, wirksamer als die analoge Variante ist. Diese Gestaltungselemente ermöglichen es Lernenden, Zusammenhänge besser zu explorieren und unterstützen die eigenständige Strukturierung mathematischer Zusammenhänge (vgl. Kapitel 3).

Ein besonderer Vorteil der digitalen Variante liegt im Umgang mit dem Kovariationsaspekt, der für das Verständnis bedingter Wahrscheinlichkeiten zentral ist. Durch interaktive Elemente wie Schieberegler können Veränderungen dynamisch veranschaulicht werden.

Darüber hinaus zeichnen sich die Aufgaben und Visualisierungen zu bedingten Wahrscheinlichkeiten im digitalen Schulbuch durch eine erhöhte Informationsdichte aus. Diese ergibt sich etwa durch direkt eingebettetes Feedback, Markierungen zu den Eingaben sowie interaktive Tipps und Hinweise zur Aufgabenbearbeitung. Solche Elemente sind in der analogen Fassung nur in stark eingeschränkter Form realisierbar.

5.2.5 Forschungsfrage 4

Inwiefern unterscheidet sich die Mathematikleistung zwischen Schüler:innen, die mit einem digitalen Mathematikschulbuch arbeiten, und jenen, die mit einem analogen Mathematikschulbuch arbeiten, …

a. wenn die Schüler:innen Aufgaben zu natürlichen Häufigkeiten lösen?
b. wenn die Schüler:innen Aufgaben zu Wahrscheinlichkeiten lösen?

Diese explorative Fragestellung (FF4) zielt darauf ab, die Leistung der Schüler:innen getrennt nach natürlichen Häufigkeiten und Wahrscheinlichkeiten und innerhalb der digitalen und analogen Untersuchungsgruppe zu analysieren. Obwohl empirische Studien die Vorteile natürlicher Häufigkeiten vielfach belegen (vgl. Abschnitt 4.4.1), bleibt unklar, inwiefern sich diese Vorteile auch bei unterschiedlichen medialen Umsetzungen zeigen. Dabei wird untersucht, ob die Kombination verschiedener Visualisierungen, d. h. von Baumdiagrammen und Vierfeldertafeln, im digitalen bzw. analogen Schulbuch jeweils unterschiedliche Effekte auf die Kompetenzentwicklung hat.

5.3 Methodische Verortung

Die vorliegende Studie knüpft an empirische Untersuchungen an, die die Wirksamkeit digitaler und analoger Curriculum Ressourcen im Mathematikunterricht vergleichen (z. B. Kaplar et al., 2022; Reinhold, 2019, vgl. Abschnitt 3.2). Die beiden Untersuchungsbedingungen unterscheiden sich ausschließlich in der medialen Umsetzung (digital vs. analog) und damit einhergehenden Veränderungen (u. a. dynamisch vs. statisch). Während die eine Gruppe mit einer digitalen

Version des Schulbuchs arbeitet, nutzt die Vergleichsgruppe eine analoge Adaption desselben Materials, das als analoges Schulbuch aufgefasst wird. Dadurch wird sichergestellt, dass potenzielle Unterschiede in der Kompetenzentwicklung möglichst klar auf die Erweiterungsfunktionen zurückgeführt werden können, wenngleich auch Effekte der medialen Umsetzung (Bildschirm- vs. Papierformat) nicht auszuschließen sind (vgl. z. B. Castro-Alonso et al., 2016). Das Ziel ist die Bedingungen so zu gestalten, dass ein methodisch fairer und kontrollierter Vergleich möglich wird.

Zum Einsatz kommt dabei das Net-Mathebuch, das exemplarisch für die zweite Generation digitaler Schulbücher steht und zentrale Erweiterungsfunktionen wie interaktives Feedback, dynamische Visualisierungen und interaktive Elemente integriert (vgl. Abschnitt 2.3). Die Erhebung erfolgt über einen kompetenzbasierten Leistungstest, der Aufgaben sowohl mit Wahrscheinlichkeiten als auch mit natürlichen Häufigkeiten umfasst. Die Auswertung der Testdaten erfolgt auf Grundlage probabilistischer Testtheorie (Rasch-Modell), wodurch eine theoriebasierte Skalierung und der Vergleich gruppenspezifischer Leistungsausprägungen möglich werden. Dadurch wird sich an Standards etablierter Schulleistungsstudien wie PISA (OECD, 2012) oder TIMSS orientiert (von Davier et al., 2024).[1]

Im Unterschied zu vielen anderen Untersuchungen im Bereich bedingter Wahrscheinlichkeiten richtet die vorliegende Studie ihren Fokus auf Schüler:innen (wie z. B. Wassner, 2007). Hinsichtlich des inhaltlichen Vorgehens orientiert sie sich an Trainingsstudien zu bedingten Wahrscheinlichkeiten, in denen zentrale Konzepte systematisch anhand gezielter Aufgabenformate und über geeignete Visualisierungen vermittelt werden (vgl. Übersicht solcher Trainingsstudien bei Büchter, Eichler, et al., 2022).

Darüber hinaus werden ausgewählte Hintergrundvariablen erhoben, z. B. das Geschlecht, die Schulform und die Vorerfahrungen mit dem digitalen Schulbuch. Sowohl theoretische Überlegungen als auch empirische Befunde legen nahe (z. B. bei Brnic et al., 2024; Reinhold, Hoch, et al., 2020; Rezat, 2024), dass diese Merkmale potenziellen Einfluss auf das Lernen mit unterschiedlichen Schulbuchvarianten sowie auf das Verständnis bedingter Wahrscheinlichkeiten haben können. Die Variablen werden in weiterführenden Analysen berücksichtigt, um etwaige Verzerrungen oder potenzielle Einflüsse bei der Beantwortung der Forschungsfragen zu identifizieren.

Eine detaillierte Beschreibung des Designs, der Testkonstruktion und der Auswertungsverfahren folgt in Teil II der Arbeit.

---

[1] Eine Übersicht über die verwendeten Modelle findet sich bei von Davier et al. (2020).

Teil II
Methodischer Rahmen

Furthermore, to further advance the field of textbook research, the paper argued that researchers need to expand research issues from descriptive issues, such as what textbooks look like and how a particular topic is treated, to correlational issues and especially causal issues, including how they are affected by other factors as independent variables and how they affect other factors as dependent factors in the context of education. And for this purpose, researchers must go beyond textbook analysis, textbook comparison and textbook use to a new paradigm of research that employs more empirically based, and particularly experimental, methods and view more rigorously textbook research as scientific research.

(Fan, 2013, S. 776)

6 Das Projekt KomNetMath

Die zuvor vorgestellten Forschungsfragen werden im Rahmen des Projektes KomNetMath – Kompetenter Umgang mit einem integrierten digitalen Schulbuch und digitalem Werkzeug (net-mathebuch) für den Mathematikunterricht der Oberstufe untersucht.[1] In diesem Kapitel werden zuerst der Projektrahmen und grundlegende Projektinformationen vorgestellt (Abschnitt 6.1). Da für die Durchführung das digitale Mathematikschulbuch *Net-Mathebuch* genutzt wird, wird dieses im Anschluss vorgestellt (Abschnitt 6.2). Dabei wird insbesondere auf die Charakteristika eingegangen, die es von einem gedruckten Schulbuch unterscheidet. Damit die Lehrkräfte das digitale Schulbuch auch zielführend mit ihren Mathematikkursen einsetzen konnten, wurden unterstützende Fortbildungen angeboten. Auf die Konzeption der Fortbildungen wird in Abschnitt 6.3 eingegangen.

6.1 Projektrahmen

Das Ziel des Projektes KomNetMath ist die Erforschung der Nutzung eines digitalen Schulbuchs im regulären Mathematikunterricht. Im Mittelpunkt stehen dabei die Schüler:innen, um affektive und kognitive Auswirkungen des regelmäßigen

[1] Dieses Projekt wurde von Dezember 2018 bis Juni 2022 vom Landschaftsverband Rheinland durch die Medienberatung NRW gefördert. Diese Partei hat weder auf die Gestaltung der Studie, der Datenerhebung und -auswertung noch auf das Schreiben dieser Arbeit einen Einfluss gehabt.

M. Brnic, *Digitales versus analoges Schulbuch*, Studien zur theoretischen und empirischen Forschung in der Mathematikdidaktik,
https://doi.org/10.1007/978-3-658-52464-7_6

Einsatzes eines digitalen Schulbuchs zu untersuchen.[2] Die hier dargestellte Studie greift den Projektschwerpunkt auf, der im Vergleich zwischen der Arbeit mit einem digitalen Schulbuch und der Verwendung analoger Materialien zur Evaluation von Kompetenzunterschieden in einer Unterrichtsreihe liegt.

Im Rahmen des Projektes wurden Schüler:innen und ihren Lehrkräften das digitale Schulbuch Net-Mathebuch für ein Schuljahr kostenlos zur Verfügung gestellt. Am Projekt interessierte Lehrkräfte konnten sich für eine freiwillige Teilnahme anmelden. Der Projektstart erfolgte zu Beginn des zweiten Schulhalbjahres 2018/19 und die Durchführung der begleitenden Studien endete mit dem Schuljahr 2021/22.

Mit ihrer Teilnahme verpflichteten sich die Lehrkräfte, dass sie das Net-Mathebuch regelmäßig im Unterricht einsetzen. Es wurde jedoch, unter Berücksichtigung des Unterrichtsalltages, auf verpflichtenden Vorgaben zum konkreten Einsatzes des digitalen Schulbuchs verzichtet. Lediglich für die im Folgenden dargestellte Studie wurden Vorgaben festgehalten, auf welche Weise das digitale Schulbuch eingesetzt werden sollte (vgl. Abschnitt 7.2). Die Lehrkräfte erklärten sich zudem dazu bereit, mit ihren Schüler:innen an Studien des Projektes teilzunehmen.

Die Grundvoraussetzung für eine Projektteilnahme bestand darin, dass in den jeweiligen Schulen eine entsprechende technische Ausstattung gewährleistet war, sodass das digitale Schulbuch von allen Schüler:innen regelmäßig im Mathematikunterricht genutzt werden konnte. Dies bedeutet, dass für Schüler:innen während des Unterrichts der Zugang zum Internet und einem digitalen Endgerät gewährleistet ist. Als Endgerät war die Verwendung eines Smartphone ausgeschlossen.[3] Die Nutzung eines digitalen Schulbuchs ist prinzipiell auch auf einem Smartphone möglich, aber aufgrund der geringen Bildschirmgröße und im Sinne einer besseren Vergleichbarkeit zur Arbeit mit gedruckten Materialien wurde auf diese Form der Nutzung verzichtet.

---

[2] Im Rahmen des Projektes wurden weitere Studien durchgeführt, u. a. wurden die Schüler:innen regelmäßig zu ihren Einstellungen und zu ihrer Selbstwirksamkeit im Arbeiten mit dem digitalen Schulbuch befragt, die Nutzung und Erfahrungen der Lehrkräfte untersucht. Erste Ergebnisse dieser Studien sind teilweise bereits veröffentlicht, z. B. bei Brnic & Greefrath (2021, 2022b) oder in Masterarbeiten (Chamberlain, 2022; Enste, 2019; Felke, 2020; Hübner, 2021; Kieser, 2022; Mertens, 2023; Pott, 2020; Puchegger, 2020; Reese, 2020; Rensing, 2021; Schäfer, 2021; Zepke, 2020).

[3] Es wurde keine Unterscheidung in dieser Studie getroffen, ob es sich dabei um schülereigene oder von der Schule gestellte Endgeräte handelt. Eine Beispielstudie, die sich mit unterschiedlichen Konzepten zur Gerätebereitstellung auseinandersetzt und etwaige Auswirkungen auf Kompetenzentwicklungen untersucht, ist Krause (2022) bzw. Krause et al. (2024).

Das für die Studien zu verwendende digitale Mathematikschulbuch sollte sich durch die Integration digitaler Werkzeuge und interaktiver Elemente auszeichnen. Als digitales Schulbuch wurde das *Net-Mathebuch* (NET-Schulbuch.DE gUG, 2021) genutzt, da es zum Zeitpunkt der Erhebung das einzig bekannte digitale Schulbuch für die gymnasiale Oberstufe war, welches sowohl eine enge Verzahnung mit einem digitalen Werkzeug (GeoGebra) aufweist als auch digitale Feedbackmöglichkeiten und dynamische Visualisierungen als Charakteristika eines modernen digitalen Schulbuchs integriert hat, welche einen potentiell lernwirksamen Einfluss auf die Schüler:innen haben können (vgl. Abschnitt 3.1 und 6.2).

Mit der Redaktion des Net-Mathebuchs, bei der es sich um erfahrene Mathematiklehrkräfte handelt, wurde während der Projektdurchführung kooperativ zusammengearbeitet.[4] Einerseits unterstützte die Redaktion die Konzeption der Studie. Gemeinschaftlich wurde das in dieser Studie untersuchte Kapitel zu bedingten Wahrscheinlichkeiten überarbeitet und die zugehörige Unterrichtsreihe konzipiert (vgl. Abschnitt 7.2). Anderseits bezog sich die Zusammenarbeit auf technische Unterstützung, z. B. bei der Einrichtung von Zugängen für die Mathematikkurse, und die gemeinsame Durchführung von Fortbildungen für die teilnehmenden Lehrkräfte. Die Gestaltung des Net-Mathebuchs wird im folgenden Abschnitt 6.2 vorgestellt.

6.2 Das Net-Mathebuch

Das *Net-Mathebuch* ist ein digitales Mathematikschulbuch, welches von der net-schulbuch.de gUG herausgegeben wird. Das aktuelle Redaktionsteam besteht aus zehn Personen, wobei es sich um aktive und pensionierte Mathematiklehrkräfte handelt. Seit 2015 wird das Net-Mathebuch herausgegeben und fortlaufend weiterentwickelt. Das Schulbuch ist browserbasiert (m2.net-schulbuch.de), sodass zum Zugriff ein Internetzugang notwendig ist. Dadurch kann es auf allen digitalen Endgeräten und jeglichen Browsern genutzt werden. Die Nutzungserfahrung ist jedoch für größere Bildschirme, wie auf einem Tablet oder Notebook, optimiert.

Zum Net-Mathebuch gibt es kein durch die Redaktion bereitgestelltes, gedrucktes Pendant. Es besteht jedoch die Möglichkeit einzelne Seiten auszudrucken. Eine entsprechende Druckfunktion ist im Net-Mathebuch hinterlegt,

[4] Die Redaktion des Net-Mathebuchs bestand im Projektzeitraum aus den folgenden Personen: Heinz Böer, Anke Braun, Klaus Dingemann, Egbert Hüster, Berthold Hufnagel, Burckhard Müller, Antonius Warmeling, Christian Westphal und Jürgen Zumdick.

wobei aber interaktive oder dynamische Elemente nicht an ein Druckformat angepasst werden. Das digitale Schulbuch wurde exklusiv digital entwickelt (vgl. Aufteilung nach Usiskin, 2018), ist demzufolge ein *born-digital* Produkt. Eine ausführliche Beschreibung des Net-Mathebuchs, welches die Version während des KomNetMath-Projektes widerspiegelt, ist in den MUED-Rundbriefen 217 (Böer, 2021) und 220 (Böer & Brnic, 2022) sowie bei Brnic & Greefrath (2021) nachzulesen. Im Folgenden wird sich daher auf wesentlichen Aspekte beschränkt, die für die vorliegende Studie von zentraler Bedeutung sind.

Das Net-Mathebuch ist auf den Kernlehrplan in Nordrhein-Westfalen abgestimmt (vgl. Ministerium für Schule und Bildung des Landes Nordrhein-Westfalen, 2023; Ministerium für Schule und Weiterbildung des Landes Nordrhein-Westfalen, 2014), wird aber mittlerweile auch in anderen Bundesländern eingesetzt. Es werden die vollständigen Kernlehrplaninhalte der gymnasialen Oberstufe abgedeckt. Da es die Eigenschaften eines sich *entwickelnden* Schulbuchs hat (vgl. Pepin et al., 2015; Roth, 2022), werden fortlaufend Inhalte durch das Redaktionsteam ergänzt, sodass diese auch die Vorgaben für andere Lehrpläne weiterer Bundesländer erfüllen. Zugleich hat es aber auch die Eigenschaften eines *interaktiven* Schulbuchs (vgl. Pepin et al., 2015). Durch die Integration interaktiver Elemente und Aufgaben sowie keiner festen Vorgabe der Lernreihenfolge ist das Net-Mathebuch ebenso diesem Schulbuchtypen zuzuordnen. Es handelt sich dabei um kein Selbstlernbuch, obschon es Elemente integriert hat, die zum eigenständigen Lernen genutzt werden können. So gibt es zahlreiche Tipps und Hilfen, die das Arbeiten mit dem Net-Mathebuch unterstützen und oftmals Eingabemöglichkeiten, um Lösungen kontrollieren zu können (KC- und KCR-Feedback, vgl. Abschnitt 3.1.3). Das Net-Mathebuch grenzt sich durch solche digitalen Feedbackmöglichkeiten und durch dynamischen Visualisierungen von gedruckten Schulbüchern ab. Insbesondere interaktiv-dynamische Visualisierungen werden durch GeoGebra-Apps umgesetzt. GeoGebra ist auf vielfältige Weise im Net-Mathebuch integriert und erfüllt dabei unterschiedliche Funktionen (vgl. Böer, 2021; Böer & Brnic, 2022). Einerseits gibt es aufgabenspezifische GeoGebra-Apps, die zur Visualisierung mathematischer Zusammenhänge, zum Erkunden oder zur Simulation genutzt werden können und für eine bestimmte Aufgabe entwickelt wurden (vgl. Abbildung 4.5 in Abschnitt 4.5). Andererseits sind auch zahlreiche aufgaben<u>un</u>spezifische GeoGebra-Apps integriert. So sind der GeoGebra-Taschenrechner und der GeoGebra-Grafikrechner direkt im Schulbuch für eigene Berechnungen oder zum Konstruieren hinterlegt. Außerdem sind GeoGebra-Apps implementiert, die für ein bestimmtes Themengebiet entwickelt worden sind und für unterschiedliche Aufgaben genutzt werden können. Beispielsweise ergeben sich für die GeoGebra-App aus Abbildung 6.1 zahlreiche

Aufgabenszenarien, die im Zusammenhang mit Vierfeldertafeln, Baumdiagrammen oder der Umrechnung von natürlichen Häufigkeiten zu Wahrscheinlichkeiten stehen.

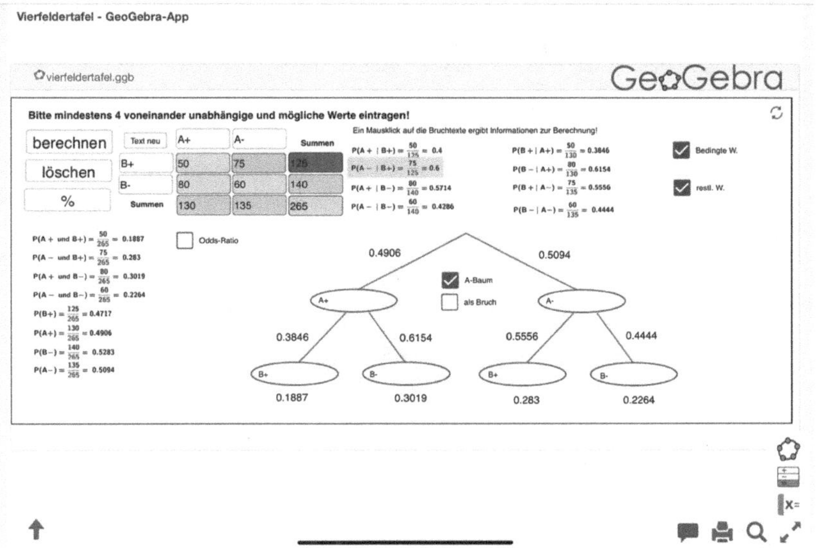

Abbildung 6.1 GeoGebra-App „Vierfeldertafel". (*Anmerkung.* Übernommen aus dem Net-Mathebuch (Net-Code: aaba_geogebra), App erstellt mit GeoGebra® (www.geogeb ra.org))

Zudem wurde die Struktur gedruckter (Schul-)Bücher aufgebrochen. Kapitel sind in einzelne Register (Reiter) sortiert und statt Seitenzahlen ist jede Webseite mit einer eigenen Kennung (sogenannter Net-Code) identifizierbar und auch abrufbar. Typischerweise folgt ein Kapitel einem Dreischritt, der aus einer Einstiegsseite, einem Lehrtext und aus Übungsaufgaben besteht.[5] Die Aufgabenregister sind zudem oftmals nach Schwierigkeits- oder Aufgabentypen differenziert. Im Kapitel zu Bedingten Wahrscheinlichkeiten sind beispielsweise grundlegende Einsteigsaufgaben als „Basisaufgaben" und weiterführende oder komplexere Aufgaben als „Aufgaben 1" und „Aufgaben 2" klassifiziert (vgl. Abbildung 6.2).

[5] Teilweise werden diese Kapitel auch durch weitere Register ergänzt, z. B. einem „Check In" oder einer „Vertiefung".

Abbildung 6.2 Navigationsbeispiel aus dem Net-Mathebuch. (*Anmerkung.* Darstellung unterschiedlicher Register (Reiter) und des Net-Code-Eingabefenster zum Kapitel „Bedingte Wahrscheinlichkeiten & der Satz von Bayes". Aus dem Net-Mathebuch (Net-Code: aabb_index))

Zudem finden sich für die von Choppin et al. (2014) beschriebenen Charakteristika und Potenziale digitaler Schulbücher im Net-Mathebuch jeweils konkrete Umsetzungen (vgl. Tabelle 6.1).

Tabelle 6.1 Umsetzungen theoretischer Potenziale im Net-Mathebuch

Potenzial	Beispiele aus dem Net-Mathebuch
Multimediale Elemente	Lernvideos; Animationen; Simulationen; Pop-Up-Fenster und Tooltipps; Lückentexte; Diashows; ...
Interaktivität	Interaktive Aufgaben, z. B. durch GeoGebra-Apps; Aufgaben mit Auswahlmöglichkeiten durch Checkboxen oder Radiobuttons; Zuordnungsaufgaben; ...
Soziale Aspekte und Kommunikation	Uploadfunktion für eigene Materialien; Chat[6]; ...
Anpassung der Lernerfahrung	Anpassung an individuelle Bedürfnisse und Lernstile, z. B. durch das Setzen von Lesezeichen und Links; Freischaltung von Lösungen durch die Lehrkraft; ...
Fortwährendes Assessment / Dokumentieren des Lernprozesses	Einbindung unterschiedlicher Feedbackarten; Druck- und Speichermöglichkeit; ...
Ökonomische Vorteile	Schnelle Überarbeitungsmöglichkeit der Inhalte und Features eines digitalen Schulbuchs durch die Redaktion; Einbindung aktueller Kontexte; ...

Anmerkung. Vgl. zur Tabelle Abschnitt 2.3.1.

[6] Der Chat wurde im Schuljahr 2021/22 implementiert. Für die Mathematikkurse des KomNetMath-Projektes wurde dieser während der Studiendurchführung deaktiviert.

Die Administration des Net-Mathebuchs erfolgt kursweise, sodass Uploads und das Freischalten von Lösungen durch die jeweilige Lehrkraft gesteuert werden. Damit den Lehrkräften ein sicherer Umgang mit dem Net-Mathebuch gelingen kann, wurden im Rahmen des Projektes unterstützende Fortbildungen angeboten, auf die im Folgenden Abschnitt 6.3 eingegangen wird.

6.3 Fortbildungen

Zur erfolgreichen Implementierung des Net-Mathebuchs im Unterricht wurden gezielte Fortbildungen für die am Projekt teilnehmenden Lehrkräfte angeboten. Diese Fortbildungen hatten das Ziel, Lehrkräfte sowohl in der technischen Handhabung als auch in der didaktischen Nutzung des digitalen Schulbuchs zu schulen. Grundlage hierfür ist die These, dass die „Verbreitung von Innovationen im Schulkontext [..] im Transfer begleitet und unterstützt werden [muss]“ (Barzel & Selter, 2015, S. 261), etwa bei der Einführung eines digitalen Schulbuches oder digitaler Werkzeuge, da dies hohe Anforderungen an eine Lehrkraft stellt (Klinger et al., 2018; Thurm, 2020, S. 102). Es ist also nicht ausreichend, den Lehrkräften lediglich ein neuartiges digitales Schulbuch bereitzustellen. Stattdessen sollten diese dazu befähigt werden, die Materialien bzw. Angebote effektiv nutzen zu können (Barzel et al., 2018; Barzel & Selter, 2015). Auch in Hinblick auf die Studiendurchführung sind die Fortbildungen von Bedeutung, da diese beim Einsatz interaktiver Werkzeuge und Systeme die Effektstärken in Interventionsstudien erhöhen können (Hillmayr et al., 2020).

Die Kompetenzen der Lehrkräfte gelten für eine gelungene Integration technischer Innovationen im Unterricht als entscheidender Erfolgsfaktor (Thurm, 2020, S. 101 f.). Gleichzeitig werden solche Innovationen von diesen nicht immer als Arbeitserleichterung oder Bereicherung wahrgenommen. Dies kann darauf zurückgeführt werden, dass individuelle Überzeugungen oder subjektive Theorien den Umgang mit neuen Technologien beeinflussen (Barzel et al., 2018; Barzel & Selter, 2015).

Die Konzeption der KomNetMath-Fortbildungen orientierte sich an den inhaltlichen und organisatorischen Gestaltungsprinzipien des *Deutschen Zentrums für Lehrkräftebildung Mathematik* (DZLM) (Barzel & Selter, 2015), die Kriterien für effiziente und wirksame Fortbildungen auf Basis nationaler und internationaler

Forschungsergebnisse darstellen.[7] Die beispielhafte Umsetzung der Kriterien ist in der Tabelle 6.2 dargestellt.

Tabelle 6.2 Umsetzungsbeispiele der Gestaltungsprinzipien im Rahmen der KomNetMath-Fortbildungen

Gestaltungsprinzip	Umsetzungsbeispiele
Kompetenzorientierung	– Thematische Orientierung der Workshops an Lehrplaninhalten – Kommunikation der jeweiligen Workshopziele im Vorfeld der Fortbildung
Teilnehmerorientierung	– Planung der Fortbildung unter Berücksichtigung von Workshopwünschen – Offenes Angebot einer Einführung in die Navigation und in das Kursverwaltungssystem des Net-Mathebuchs – Planung der Workshopinhalte an typischen Schuljahresverläufen
Lehr-Lern-Vielfalt	– Unterschiedliche Arbeits- und Sozialformen in den Workshops – Erprobungsphasen während der Fortbildung und zwischen den Fortbildungen
Fallbezug	– Teilnehmende stellen Fallbeispiele ihres digitalen Schulbucheinsatzes vor – Rollentausch: Lehrkräfte werden in Workshops punktuell in die Rolle der Lernenden versetzt
Kooperationsanregung	– Kooperationsphasen in den Workshops zwischen und innerhalb von Schulgruppen – Anregung zum gegenseitigen Austausch außerhalb der Workshops, auch unter Einbezug der Redaktion
Reflexionsförderung	– Konsequente Einbindung von Reflexionsphasen am Anfang und Ende der Fortbildungstage

Wirksame Fortbildungen sollten dabei stets eine fachdidaktische und eine fachliche Komponente haben (Barzel & Selter, 2015). Entsprechend wurden die Fortbildungen so gestaltet, dass sie unterrichtsrelevante Inhalte aus dem Kernlehrplan NRW (Ministerium für Schule und Weiterbildung des Landes Nordrhein-Westfalen, 2014) und didaktische Anregungen zum Einsatz digitaler Schulbücher und digitaler Werkzeuge verbanden. Für diesen Zweck umfasste ein ca. 4-stündiger Fortbildungstag mehrere Workshops. Diese waren sowohl

[7] Das Ziel dieser Arbeit ist nicht die Wirksamkeit dieser Fortbildungen zu untersuchen. Zur Wirksamkeit von Fortbildungen gibt beispielsweise Thurm (2020, S. 114 ff.) einen Überblick.

innerhalb eines Fortbildungstages als auch zwischen den Fortbildungstagen aufeinander abgestimmt, um den Lehrkräften auch eine langfristige Orientierung zu geben.

Die Durchführung und Konzeption der Workshops oblag, als Experten für den Mathematikunterricht und des Einsatzes des digitalen Schulbuchs, der Redaktion des Net-Mathebuchs. Die Gestaltung erfolgte jedoch in enger Abstimmung mit dem mathematikdidaktischen Team der Universität Münster. Jeder Workshop folgte dabei einem Schwerpunkt, d. h. dieser orientierte sich an einer inhaltlichen oder prozessbezogenen Kompetenz oder einem Charakteristikum des Net-Mathebuchs. Eine Übersicht über die einzelnen Workshopthemen stellt die folgende Auflistung dar:

- Allgemeine Einführung in das Net-Mathebuch
- Stochastik mit dem Net-Mathebuch: Zufallsprozesse und bedingte Wahrscheinlichkeit
- Modellieren in der Analysis mit digitalen Werkzeugen im Net-Mathebuch
- Funktionen und Analysis mit dem Net-Mathebuch: Transformationen, Ableitungsbegriff und Ableitungsfunktionen
- GeoGebra nutzen mit dem Net-Mathebuch
- Analytische Geometrie erkunden mit dem Net-Mathebuch
- Erforschen-Einstiege nutzen mit dem Net-Mathebuch
- Gutachteraufgaben (Langzeitaufgaben) mit dem Net-Mathebuch
- Hilfsmittelfreie Aufgaben zur Vorbereitung auf die zentralen Klausuren in der Einführungsphase im Net-Mathebuch
- Aufgabenkultur und Aufgabentypen im Net-Mathebuch
- Übergänge von der Einführungsphase in die Qualifikationsphase mit dem Net-Mathebuch gestalten
- Kommunikation und Kooperation mit dem Net-Mathebuch fördern
- Stochastik in der Einführungsphase und Qualifikationsphase: Grundlagen und Binomialverteilung
- Simulationen im Net-Mathebuch nutzen
- Analytische Geometrie im Net-Mathebuch mit speziellem Fokus auf Skalar- und Vektorprodukt
- Methodische Vorgehensweise im Vorkurs/Vertiefungskurs und neue Überlegungen

Insgesamt wurden im Projektzeitraum neun Fortbildungen durchgeführt, wobei die Teilnahme der Lehrkräfte fakultativ war. Teilweise fungierten die Lehrkräfte auch als Multiplikator:innen für andere Kolleg:innen, da oftmals nur eine Lehrkraft durch die Schule freigestellt werden konnte. Die Fortbildungen fanden jeweils am Anfang des Schuljahres und zum Halbjahreswechsel statt. Im Schuljahr 2021/22 wurde eine zusätzliche Fortbildung nach den Herbstferien durchgeführt.

7 Design der Studie

Durch den Projektrahmen und die zugehörigen Fortbildungen konnte sichergestellt werden, dass die teilnehmenden Mathematikkurse das Net-Mathebuch regulär im Unterricht einsetzten. Die Fragestellung, inwiefern die Nutzung des digitalen Schulbuches im Vergleich zur Arbeit mit einem analogen Schulbuch leistungswirksamer ist, sollte exemplarisch anhand des Themenschwerpunktes „bedingte Wahrscheinlichkeiten" untersucht werden. Für einen möglichst fairen Vergleich wurde ein neuartiges Studiendesign entwickelt, welches in Abschnitt 7.1 erläutert wird. Die Intervention erfolgte im Rahmen einer Unterrichtsreihe, die in Abschnitt 7.2 vorgestellt wird.

Da nicht zwei verschiedene Schulbücher miteinander verglichen werden sollten, sondern gezielt die Wirkung der Umsetzung (digital vs. analog) bei identischen Inhalten untersucht werden sollte, musste ein analoges Vergleichsschulbuch zum Net-Mathebuch entwickelt werden. Auf welche Weise zentrale Funktionen und Elemente des digitalen Schulbuchs adaptiert wurden, wird in Abschnitt 7.3 vorgestellt.

Ergänzende Information Die elektronische Version dieses Kapitels enthält Zusatzmaterial, auf das über folgenden Link zugegriffen werden kann https://doi.org/10.1007/978-3-658-52464-7_7.

M. Brnic, *Digitales versus analoges Schulbuch*, Studien zur theoretischen und empirischen Forschung in der Mathematikdidaktik,
https://doi.org/10.1007/978-3-658-52464-7_7

7.1 KomNetMath-Design

Das Studiendesign sollte so konzipiert sein, dass ein möglichst fairer Vergleich zwischen einem digitalen Schulbuch und einem analogen Schulbuch ermöglicht wird. Die Auswirkungen auf die Leistungen der Schüler:innen sollten möglichst auf die Materialunterschiede, z. B. der Integration dynamischer Visualisierungen und Feedbackfunktionen, zurückzuführen sein. Da die Untersuchung der Schüler:innen im Mittelpunkt steht, sollte die Rolle der Lehrkraft möglichst minimiert sein. Für diesen Zweck wurde ein neuartiges Studiendesign konzipiert, welches sich einerseits an prototypischen Gegebenheiten des Schulalltags, andererseits an vergleichbaren und bereits erfolgreich abgeschlossenen mathematikdidaktischen Studien orientiert (v. a. Krug & Schukajlow, 2020; Schukajlow et al., 2015; Schukajlow & Krug, 2014). Die Pilotierung der einzelnen Design-Komponenten erfolgte in Zusammenarbeit mit Masterarbeiten (Felke, 2020; Puchegger, 2020; vgl. auch Brnic, 2020). Zudem konnte eine Unterbrechung durch die COVID-19-Pandemie für eine weitere Überarbeitungsschleife genutzt werden. Der zeitliche Ablauf ist in der folgenden Abbildung 7.1 dargestellt.

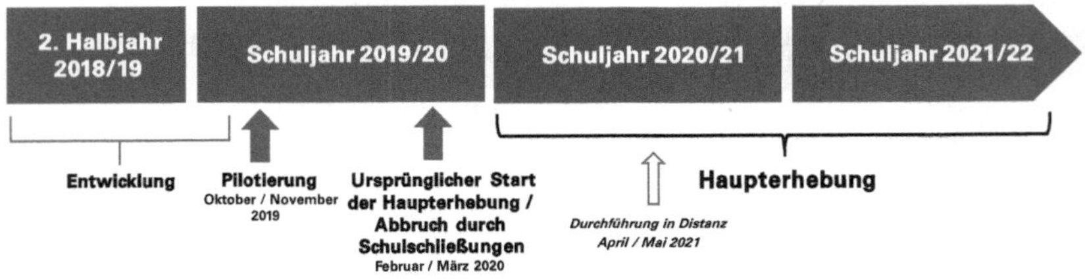

Abbildung 7.1 Ablauf der Design-Entwicklung und der Studiendurchführung

Eine wesentliche Herausforderung bei der Studienkonzeption bestand darin, die Untersuchung möglichst realitätsnah im Schullalltag durchzuführen und gleichzeitig eine möglichst hohe Vergleichbarkeit der Durchführungsbedingungen zwischen den Untersuchungsgruppen sicherzustellen. Zudem sollte gewährleistet sein, dass sich letztendliche Auswirkungen in den Studienergebnissen auf den jeweiligen Ressourcentyp zurückführen lassen.

Zur Beantwortung der Forschungsfragen (Kapitel 5) wurde ein Studiendesign gewählt, das dem Ansatz einer quasi-experimentellen Studie mit Messwiederholung folgt. Im Unterschied zu echten Experimenten wird bei einer quasi-experimentellen Studie keine Randomisierung durchgeführt. Stattdessen wird mit „vorgefundenen" Gruppen gearbeitet, um eine praktikable Studienumsetzung im

Schulalltag zu gewährleisten (Döring, 2023, S. 201). In diesem Fall wurde die Studie mit Mathematikkursen durchgeführt, deren Lehrkräfte sich freiwillig für eine Studienteilnahme meldeten (vgl. Kapitel 8 zur Stichprobe).

Da die Implementation und Erforschung des Schulbuchs somit unter natürlichen Bedingungen erfolgten, entspricht das Vorgehen dem einer Feldstudie. Diese zeichnet sich durch eine hohe Validität sowie Authentizität und damit einer praktischen Relevanz für den Schulalltag aus (Döring, 2023, S. 209). Das Vorgehen hat jedoch zur Folge, dass sich die teilnehmenden Mathematikkurse in weiteren Merkmalen, etwa hinsichtlich der Lehrkraft oder der Schule, unterscheiden können. Daraus können sich potenzielle Störvariablen ergeben, die bei der Auswertung und Interpretation der Ergebnisse berücksichtigt werden sollten.

Analog zu einem echten Experiment dient eine quasi-experimentelle Studie ebenfalls der Überprüfung des „kausalen Einflusses einer oder mehrerer unabhängiger Variablen (UV) auf die Ausprägungen einer oder mehrerer abhängiger Variablen (AV)“ (Döring, 2023, S. 201). Dementsprechend werden in dieser Studie durch die systematische Variation der unabhängigen Variable – digitales Schulbuch vs. analoges Schulbuch – Rückschlüsse auf eine abhängige Variable, die Leistung der Schüler:innen, angestrebt. Zur Erfassung möglicher Effekte wurde eine Prä-Post-Messung durchgeführt. Der Vor- und Nachtest werden im Abschnitt 9.1 ausführlich beschrieben.

Zwischen den beiden Messzeitpunkten wurde eine Unterrichtsreihe unter Verwendung unterschiedlicher Materialien durchgeführt. Für diese Intervention wurde jeder teilnehmende Mathematikkurs in zwei Untersuchungsgruppen aufgeteilt: Die **Digitale Gruppe** arbeitete mit dem digitalen Schulbuch Net-Mathebuch und dessen integrierten Tools. Die **Analoge Gruppe** nutzte dagegen eine gedruckte, analoge Adaption des Net-Mathebuchs.[1]

Ziel dieser Aufteilung war es, dass eine Lehrkraft während der Intervention *sowohl* in einer Digitalen Gruppen *als auch* in einer Analogen Gruppe unterrichtete. Da der Studienfokus auf den Schüler:innen liegt, sollte der Einfluss der Lehrkraft möglichst minimiert werden. Denn das Fachwissen, das fachdidaktische Wissen und die Handlungen einer Lehrkraft gelten als zentrale Einflussfaktoren für den Kompetenzaufbau der Lernenden (vgl. Baumert & Kunter, 2011; Hattie, 2015).

---

[1] Für das Studiendesign wurde nicht das vollständige Net-Mathebuch adaptiert, sondern lediglich die für die Durchführung relevanten Inhalte und Strukturelemente (vgl. Abschnitt 7.3).

Die Aufteilung in die Digitale Gruppe und Analoge Gruppe erfolgte hierbei auf Basis des Vortests, um einen einzelnen Mathematikkurs in zwei vergleichbare Untersuchungsgruppen aufzuteilen. Hierzu wurde ein Parallelisierungsverfahren angewandt, das eine gleichmäßige Verteilung hinsichtlich der Heterogenitätsdimensionen Leistung und Geschlecht anstrebt (vgl. Details in Abschnitt 10.3). Die Auswahl dieser Heterogenitätsdimension begründet sich durch die forschungsleitende Fragestellung dieser Arbeit, die insbesondere die Wirksamkeit des jeweiligen Materialeinsatzes auf die *Leistung* der Schüler:innen untersucht. Vergleichbare Studien weisen darauf hin, dass leistungsstarke und leistungsschwache Schüler:innen unterschiedlich stark von digitalen bzw. analogen Materialien profitieren können (vgl. z. B. Reinhold, Hoch, et al., 2020). Durch die Gruppenaufteilung sollte gewährleistet werden, dass Lehrkräfte ihre Unterrichtsgestaltung nicht an das jeweilige Leistungsniveau anpassen müssen, was die Vergleichbarkeit der Untersuchungsgruppen und die Ergebnisinterpretation zusätzlich unterstützt. Außerdem wurde bei der Gruppeneinteilung darauf geachtet, dass das Geschlecht der Schüler:innen möglichst gleichmäßig verteilt wurde. In der ersten Erprobung zeigte sich, dass sich aufgrund der kleinen Kursgrößen teilweise nahezu homogene Jungen- oder Mädchengruppen ergaben. Einzelne Schüler:innen meldeten zurück, dass dies (in der untersuchten Altersgruppe) zu Unwohlsein führte. Darüber hinaus dient die Berücksichtigung des Geschlechtes auch der Kontrolle potenzieller Unterschiede im Nutzungsverhalten (Hoch, 2020; Reinhold, Strohmaier, et al., 2020) sowie domänenspezifischer Kompetenzunterschiede, die sich etwa im IQB-Bildungstrend zur Leitidee *Daten und Zufall* in der 9. Klasse ergaben (Schipolowski et al., 2019; Stanat et al., 2019), die auch in dieser Studie den inhaltlichen Schwerpunkt bildet. Insgesamt sollten diese Aufteilungsprämissen für möglichst wenige Verzerrungen in der Durchführung sorgen.

Die Berücksichtigung potenzieller Verzerrungen spielt auch eine Entscheidung bei der Festlegung der Interventionslänge, die sich in einem gewissen Spannungsfeld befindet. Auf der einen Seite soll der Einsatz der Ressourcen über einen möglichst langen Untersuchungszeitraum erfolgen, um Auswirkungen erfassen zu können. Auf der anderen Seite steigt mit zunehmender Dauer das Risiko, dass externe Störfaktoren das Ergebnis beeinflussen. Vor diesem Hintergrund wurde eine fünfstündige (à 45 Minuten) Unterrichtsreihe konzipiert, die in beiden Untersuchungsgruppen identisch durchgeführt wurde (vgl. Abschnitt 7.2). Die Länge der Unterrichtsreihe orientiert sich zum einem am Zeitrahmen, der im Beispiel eines schulinternen Lehrplans des Landes Nordrhein-Westfalen für den inhaltlichen Schwerpunkt „Bedingte Wahrscheinlichkeiten“ empfohlen wird (QUA-LIS NRW NRW, 2013). Dort sind insgesamt neun Unterrichtsstunden vorgesehen, wobei weitere Inhalte wie stochastische Unabhängigkeit vorgesehen sind, die über die in dieser Studie behandelten Aspekte hinausgehen. Zum anderen orientiert sich der Zeitaufwand an anderen quasi-experimentellen Studiendesigns mit Messwiederholungen (u. a. Beckschulte, 2019; de Vries, 2021; Frenken, 2022; Hankeln, 2019).

Das KomNetMath-Design zeichnet sich dadurch aus, dass eine Lehrkraft die Digitale *und* die Analoge Gruppe eines Kurses unterrichtet.[2] Dabei folgte der Unterricht in beiden Gruppen einem vorgegebenem Verlaufsplan und wurde nach einem einheitlichen methodischen Schema durchgeführt. Das alternierende System hat zur Folge, dass die Lehrkraft nach einer Unterrichtsstunde stets die Gruppe wechselt und denselben Stundeninhalt erneut in der jeweils anderen Gruppe unterrichtet.

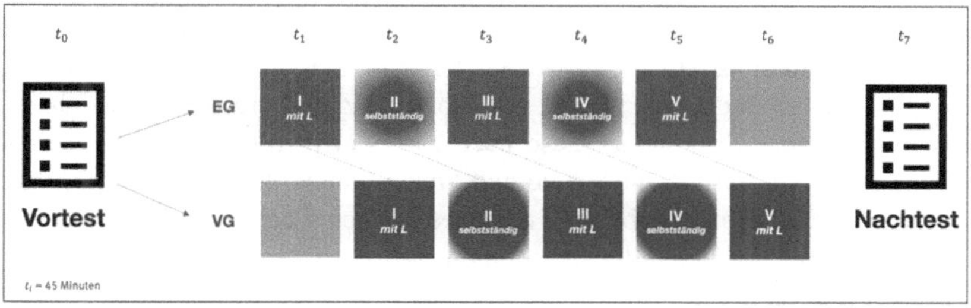

Abbildung 7.2 Schema des KomNetMath-Design

In der Abbildung 7.2 ist der Verlauf so dargestellt, dass eine Lehrkraft die Stunde I zuerst in der Digitalen Gruppe unterrichtet. Nach diesen 45 Minuten wechselte sie in die Analoge Gruppe und führte genau die gleiche Stunde noch einmal durch. Anschließend wechselte sie zurück in die Digitale Gruppe. Der Wechsel wiederholte sich stets von Stunde zu Stunde, sodass sie die Stunden I, III und V jeweils in beiden Gruppen durchgeführt hatte. Über alle teilnehmenden Mathematikkurse wurde darauf geachtet, dass die Hälfte der Lehrkräfte zuerst in der Digitalen Gruppe unterrichtete (wie in der Abbildung 7.2 dargestellt) und die andere Hälfte in umgekehrter Reihenfolge, d. h. zuerst in der Analogen

[2] Das Vorgehen, jeden Kurs in zwei Hälften aufzuteilen und in separaten Räumen zu unterrichten, um den Einfluss einer Lehrkraft zu minimieren, ist an ein Studiendesign von Krug & Schukaljow (2020; 2014) bzw. Schukaljow et al. (2015) angelehnt. Das KomNetMath-Design stellt insofern eine Weiterentwicklung dar, dass durch das alternierende System *beide* Untersuchungsgruppen *eines* Kurses von *einer* ihr bekannten Lehrkraft unterrichtet werden.

Gruppe. Auf diese Weise wird Reihenfolgeneffekten entgegengewirkt, die daraus entstehen können, dass Lehrkräfte beim zweiten Durchgang einer Stunde von den Erfahrungen der ersten Stunde profitieren und den Unterricht entsprechend optimieren. Zudem wurden die Stunden so gestaltet, dass diese sich durch einen hohen Anteil individueller Lernzeit auszeichnen (vgl. Abschnitt 7.2), wodurch der Einfluss der Lehrkraft weiter reduziert wurde.

Das alternierende System hat zur Folge, dass die Stunden II und IV ohne Lehrkraft stattfinden. In diesen Stunden liegt der Fokus auf dem selbstständigen Arbeiten, wobei die Schüler:innen von wissenschaftlichen Beteiligten begleitet wurden.[3] Es waren keine Unterrichtsgespräche vorgesehen, sodass die Betreuenden nur die Arbeitsaufträge bereitstellten und lediglich organisatorische Hilfen bzw. Hilfen zur Selbsthilfe geben sollten.

Das Schema hat zur Folge, dass am Anfang oder am Ende der Reihe eine Leerstunde vorliegt, die in der Abbildung 7.2 und in den Verlaufsplänen als „graue Stunde" dargestellt ist. In dieser Stunde beschäftigten sich die Schüler:innen, in Absprache mit der Lehrkraft, mit Aufgaben zu Zufallsprozessen im Rahmen von Glücksspielen. So konnten diese noch zum gleichen Inhaltsfeld Stochastik arbeiten (vgl. Ministerium für Schule und Weiterbildung des Landes Nordrhein-Westfalen, 2014), aber es gab keine inhaltsbezogenen Überschneidungen zu den inhaltlichen Schwerpunkten der Intervention.

Zusammenfassend ist festzuhalten, dass das KomNetMath-Design so gewählt ist, dass es im regulären Unterricht eingesetzt werden kann und dabei prototypische Gegebenheiten des Schulalltags aufgreift, z. B. die 45-minütige Stundentaktung. Des Weiteren ist die Konzeption an anderen mathematikdidaktischen Studien angelehnt (Krug & Schukajlow, 2020; Schukajlow et al., 2015; Schukajlow & Krug, 2014). Wie die einzelnen Unterrichtsstunden konkret aufgebaut sind und die Erhebungsinstrumente gestaltet sind, wird im Folgenden erläutert.

7.2 Aufbau der Unterrichtsreihe

Die fünfstündige Unterrichtsreihe wurde bereits bei Brnic & Greefrath (2021) ausführlich beschrieben, sodass sich hier auf eine Beschreibung und Erläuterungen der wesentlichen Aspekte beschränkt wird. Die Unterrichtsreihe gliedert sich an das Inhaltsfeld *Stochastik* im für diese Arbeit relevanten Kernlehrplan

[3] In den Verlaufsplänen und Materialien für die Lehrkräfte sind diese stets als „Begleitende Forscher" tituliert.

NRW für die Sekundarstufe II am Gymnasium und der Gesamtschule (Ministerium für Schule und Weiterbildung des Landes Nordrhein-Westfalen, 2014) und an die Leitidee *Daten und Zufall* in den Bildungsstandards für die Allgemeine Hochschulreife (KMK, 2012).[4]

Für eine erfolgreiche Durchführung der Unterrichtsreihe musste die Lehrkraft sicherstellen, dass die Schüler:innen gewisse inhaltsbezogene Voraussetzungen erfüllen. Diese Voraussetzungen setzen an Kompetenzerwartungen der Sekundarstufe I an, die aber noch keine expliziten Kompetenzen im Umgang mit bedingten Wahrscheinlichkeiten erforderten (Ministerium für Schule und Weiterbildung des Landes Nordrhein-Westfalen, 2014; vgl. Ministerium für Schule und Weiterbildung des Landes NRW, 2007). So sollten die Schüler:innen bereits in der Lage sein, Vierfeldertafel und Baumdiagramme aufstellen und Berechnungen mit der Vierfeldertafel und dem Baumdiagramm bereits durchführen zu können, für die keine expliziten Kenntnisse zu bedingten Wahrscheinlichkeiten notwendig sind, z. B. mit den Pfadregeln. Zudem sollten sich die Schüler:innnen bereits mit dem Darstellungswechsel zwischen Baumdiagramm und Vierfeldertafel mit natürlichen Häufigkeiten beschäftigt haben, da der Wechsel zwischen beiden Darstellungsformen in dieser Unterrichtsreihe wieder aufgegriffen wird. Hierbei wird insbesondere die prozessbezogene Kompetenz *Mathematische Darstellungen verwenden* im Sinne der Bildungsstandards gefördert (KMK, 2012). Bei den Übersetzungsprozessen vom Text zur Darstellung und bei dem anschließenden Schlussfolgern sowie Interpretieren handelte es sich außerdem um typische Modellierungsaktivitäten (Dreher, 2014; Greefrath, 2018), sodass auch die Kompetenz *Mathematisch modellieren* angesprochen wird.

Da die Auseinandersetzung mit Baumdiagrammen und Vierfeldertafeln als einzige Darstellungsformen im Zusammenhang mit bedingten Wahrscheinlichkeiten explizit in den Bildungsstandards und in den für diese Studie relevanten Kernlehrplänen NRW für die Sekundarstufen I und II genannt werden (KMK, 2012; Ministerium für Schule und Weiterbildung des Landes Nordrhein-Westfalen,

---

[4] Es werden explizit folgende Kompetenzbeschreibungen aufgegriffen: „Die Schüler:innen und Schüler […] modellieren Sachverhalte mithilfe von Baumdiagrammen und Vier- oder Mehrfeldertafeln, bestimmen bedingte Wahrscheinlichkeiten, […] bearbeiten Problemstellungen im Kontext bedingter Wahrscheinlichkeiten" im Kernlehrplan NRW (Ministerium für Schule und Weiterbildung des Landes Nordrhein-Westfalen, 2014, S. 26 f.) sowie „Die Schülerinnen und Schüler können … Sachverhalte mithilfe von Baumdiagrammen oder Vierfeldertafeln untersuchen und damit Problemstellungen im Kontext bedingter Wahrscheinlichkeiten lösen" in den Bildungsstandards (KMK, 2012, S. 21).

2014; Ministerium für Schule und Weiterbildung des Landes NRW, 2004, 2007)[5], beschränkt sich die Unterrichtsreihe auf diese zwei Darstellungsformen. Das Studienziel ist nicht die Einführung neuer und gegebenenfalls vielversprechender Darstellungsformen, wie etwa das Häufigkeitsnetz oder der Doppelbaum (vgl. Kapitel 5; vgl. Binder et al., 2020; Böcherer-Linder & Eichler, 2019; Eichler et al., 2020), sondern der Vergleich zwischen digitalem und analogem Schulbuch. Daher erscheint diese gewählte Beschränkung auf Baumdiagramme und Vierfeldertafeln zielgerecht.

Die Konzeption der Unterrichtsreihe orientiert sich neben den curricularen Vorgaben am KomNetMath-Studiendesign (vgl. Abschnitt 7.1) und an der Struktur des Net-Mathebuchs (vgl. Abschnitt 6.2 und Abschnitt 7.3.1). Ausgangspunkt für die Konzeption der Unterrichtsreihe ist das Kapitel „Bedingte Wahrscheinlichkeiten & der Satz von Bayes“ im Net-Mathebuch (Net-Code: aabb). Im Vorfeld der Studie überarbeite die Redaktion des Net-Mathebuchs dieses und entwickelte es zum Teil neu, sodass es den aktuellen Stand der digitalen Schulbuchentwicklung des Net-Mathebuchs darstellte.[6] Die einzelnen Unterrichtsstunden wurden ebenfalls in Zusammenarbeit mit Redaktionsmitgliedern des Net-Mathebuchs entwickelt, sodass die Expertise erfahrener Redaktionsmitglieder und Mathematiklehrkräfte einfließen konnte.[7] Eine Erprobung der vollständigen Unterrichtsreihe erfolgte im Rahmen der ersten Pilotierung (Brnic, 2020). Das Projektteam holte von den an der Pilotierung beteiligten Lehrkräften Rückmeldungen zum Ablauf ein. Die anschließende Weiterentwicklung hatte eine vereinzelte sprachliche Überarbeitungen des Kapitels sowie eine Reduktion der in dieser Reihe eingesetzten Übungsaufgaben zur Folge. Die inhaltliche Weiterentwicklung des Kapitels im Net-Mathebuch sowie der Verlaufspläne wurden daraufhin für die Studienfortführung „eingefroren“, sodass alle teilnehmenden Kursen stets mit den gleichen Materialien gearbeitet haben.

---

[5] In den aktuellen Bildungsstandards für den Ersten Schulabschluss und Mittleren Schulabschluss, die bereits bedingte Wahrscheinlichkeiten aufgreifen, wird die Verwendung von Visualisierungen zwar gefordert, ihre konkrete Ausgestaltung jedoch offen gelassen (KMK, 2022). Im aktuellen Kernlehrplan NRW für die Sekundarstufe II wird die Nutzung von Baumdiagrammen und Vierfeldertafeln weiterhin explizit verlangt (Ministerium für Schule und Bildung des Landes Nordrhein-Westfalen, 2023).

[6] Beispielsweise ist die Aufgabe zum HIV-Heimtest eine Weiterentwicklung einer vergleichbaren Aufgabe von Böer (1997), der auch redaktionell (mit)verantwortlich für das Kapitel im Net-Mathebuch ist.

[7] Hier sind insbesondere Heinz Böer und Burckhard Müller zu nennen, die bei der Konzeption der Unterrichtsreihe beratend tätig waren.

Die Unterrichtsreihe ist in drei ein- bis zweistündige Einheiten unterteilt, welche die Kapitelstruktur und den Wechsel zwischen Stunden mit (eigener) Lehrkraft und der Betreuung durch eine wissenschaftliche Begleitung aufgreifen. Dies hat zur Folge, dass die Stunden I, III und V mit der eigenen Lehrkraft jeweils den Beginn einer eigenen Einheit bilden (vgl. Tabelle 7.5). Die ersten beiden Einheiten zeichnen sich dadurch aus, dass die Lehrkraft in der jeweils ersten Einheitsstunde in einen neuen Kontext einführt (DNA-Analyse bzw. HIV-Heimtest) und in der jeweiligen Folgestunde II und IV ohne Lehrkraft die Schüler:innen daran anschließende Übungsaufgaben bearbeiten. Die dritte Einheit ist dadurch charakterisiert, dass es sich um eine abschließende Übungsstunde handelt, in der vergleichbare Problemstellungen aus den ersten beiden Einheiten zu weiteren Kontexten vertiefend geübt werden können.

In der folgenden Tabelle 7.1 sind die wesentliche Merkmale der behandelten Aufgaben bzw. Einheiten abgebildet. Weitere Details sind den Stundenverlaufsplänen (vgl. Repositorium Brnic, 2025) bzw. dem Net-Mathebuch zu entnehmen.

Tabelle 7.1 Übersicht der Unterrichtsreihe

Einheit (Stunden)	Aufgaben im Net-Mathebuch	Inhaltliche Merkmale der Einheit
1. Einheit (1. und 2. Stunde)	Erforschen-Aufgabe „Morden im Norden" mit anschließender Übungsaufgabe	Kontext: Sicherheit einer DNA-Analyse im Rahmen eines fiktiven Kriminalfalls Schwerpunkte: Natürliche Häufigkeiten, Aufstellen einer Vierfeldertafel, Einführung des Begriffs „Bedingte Wahrscheinlichkeit", Sprech- und Schreibweisen unterschiedlicher Ereignisse
2. Einheit (3. und 4. Stunde)	Erforschen-Aufgabe „HIV-Heimtest" mit anschließender Übungsaufgabe zum Diabetestest	Kontexte: Zuverlässigkeit eines (positiven) HIV-Heimtests; Diabetestest Schwerpunkte: Wahrscheinlichkeiten, Aufstellen eines Baumdiagramms, Kovariationsaspekt, Einführung der Begriffe „Prävalenz, Sensitivität, Spezifität und positiver bzw. negativer Vorhersagewert"
3. Einheit (5. Stunde)	Übungsphase	Kontexte: Drogentest, Pfandflaschen-Annahme, ELISA-Test Schwerpunkte: Wahrscheinlichkeiten, Aufstellen eines Baumdiagramms, Wechsel von Baumdiagramm zu Vierfeldertafeln

In allen drei Einheiten zeigt sich, dass die Schüler:innen sowohl prozedurale als auch konzeptuelle Anforderungen bewältigen müssen. Während das Aufstellen und Berechnen mit Vierfeldertafeln und Baumdiagrammen, z. B. bei der Nutzung von Pfadregeln, in erster Linie prozedurales Wissen erfordert, zielt der flexible Wechsel zwischen den Darstellungen auf konzeptuelles Wissen ab. Dieser Wechsel wird in der Literatur als bedeutsam hervorgehoben, da er ein tieferes Verständnis der zugrunde liegenden Strukturen und damit bayesianischen Denkens fördert (Rach, 2021; Rittle-Johnson & Schneider, 2014). Die Konzeption der Unterrichtsreihe zielt also darauf ab, dass beide Wissensarten systematisch angesprochen werden.

Eine zentrale Rolle nehmen die beiden Erforschen-Aufgaben „Morden im Norden“ und „HIV-Heimtest“ ein, da diese nicht nur einen erheblichen Teil der verfügbaren Unterrichtszeit beanspruchen, sondern in den Folgeaufgaben in anderen Kontexten wieder aufgegriffen werden. Die beiden Erforschen-Aufgaben unterscheiden sich dahingehend, dass sie zu jeweils einer anderen Darstellungsform führen. Bei der Aufgabe Morden im Norden zielt die Aufgabe auf die Nutzung einer Vierfeldertafel ab und bei der Aufgabe HIV-Heimtest steht die Arbeit mit einem Baumdiagramm im Fokus. Gemeinsam ist beiden Aufgaben, dass sie zuerst zum Arbeiten mit natürlichen Häufigkeiten anregen. In der Aufgabe HIV-Heimtest werden dabei Wahrscheinlichkeiten und natürliche Häufigkeiten parallel dargestellt. Beide Problemstellungen greifen reale Daten und somit authentische Problemstellungen auf, um die inhaltliche Relevanz für die Schüler:innen zu erhöhen. Um dem Basisratenproblem (bzw. Prävalenzfehler) zu begegnen (vgl. Abschnitt 4.3), werden in beiden Aufgaben Testsituationen gewählt, in denen die Tests eine hohe Sensitivität aufweisen. Dadurch kann als übergeordnete Fragestellung thematisiert werden, wie ein positives Testergebnis interpretiert werden sollte.

Die Unterrichtsstunden II und IV ohne Lehrkraft wurden so konzipiert, dass die jeweils verantwortliche Person aus dem Forschungsteam in dieser Stunde vor allem eine betreuende Funktion hatte. Diese stellte am Anfang der Stunde den Schüler:innen die Arbeitsaufträge kurz vor, sodass diese selbstständig arbeiteten. Die Aufgaben sind so ausgewählt, dass die Schüler:innen die Lösungen eigenständig überprüfen konnten bzw. diese ausgelegt wurden.[8] Die begleitende Person war zudem angewiesen, keine inhaltlichen Hilfestellungen zu geben. Falls es nötig war, sollte hier stets auf die die integrierten Tipps und Hilfen verwiesen

---

[8] Hierzu wurden die im Net-Mathebuch hinterlegten Lösungen genutzt. Es handelt es sich um ausführliche Lösungswege, die so aufgeschrieben sind, dass sie sowohl von Lehrkräften als auch von Schüler:innen genutzt werden können.

werden. Leitend war dabei das Prinzip der minimalen Hilfe (Aebli, 1987), wonach unterstützende Maßnahmen in abgestufter Form erfolgen sollen. Zunächst sollten Hilfen erst auf motivationaler Ebene erfolgen, dann dürfen allgemeine Rückmeldungen gegeben werden, anschließend allgemeine strategische Hilfen und erst zuletzt inhaltliche Hilfen (vgl. Zech, 2002).

Sowohl diese Begleitperson als auch die Lehrkräfte sollten sich möglichst an die vorgegebenen Verlaufspläne orientieren. Lediglich die Sozialform in den Erarbeitungsphasen, Einzelarbeit oder Partnerarbeit, wurde den Lehrkräften freigestellt, um hier bisherige Arbeitsgewohneiten aufzugreifen. Für jeden Mathematikkurs galt die Maxime, dass beide Untersuchungsgruppen auf gleiche Weise behandelt werden sollten. Beispielsweise waren die Lehrkräfte in Unterrichtsgesprächen oder Lehrer:innen-Vorträgen angewiesen, in beiden Untersuchungsgruppen möglichst die gleichen Impulse zu geben.

Eine zentrale Rolle innerhalb der Unterrichtsreihe nehmen Visualisierungen zu bedingten Wahrscheinlichkeiten ein, die entweder vorgegeben sind oder von den Schüler:innen selbst erstellt werden sollen. Die systematische Nutzung solcher Darstellungsformen ermöglicht die Berechnung bedingter Wahrscheinlichkeiten auf anschauliche und unterstützende Weise und dient damit als zentrales Mittel zur Lösung der Aufgaben. Vor diesem Hintergrund wird in der Unterrichtsreihe bewusst auf eine formale Einführung des Satzes von Bayes verzichtet, da sich die entsprechenden Aufgaben auch ohne explizite Anwendung der entsprechenden Formel lösen lassen und dies zur Minimalisierung des Begriffsumfangs beiträgt (Arbeitskreis Stochastik der GDM, 2003; vgl. Dreher, 2014; Gallin, 2003). Im Lehrtext des Net-Mathebuchs wird der Satz von Bayes jedoch als ergänzende Zusatzinfo eingeführt und für interessierte Schüler:innen erläutert.

Auf welche Weise sich die Visualisierungen bzw. die Materialien im weiteren Sinne unterscheiden, wird im Folgekapitel 7.3 dargestellt.

7.3 Unterschiede der Unterrichtsmaterialien: Digital vs. Analog

Damit das Arbeiten mit dem digitalen Schulbuch gegenüber dem Arbeiten mit einem analogen, gedruckten Schulbuch verglichen werden kann, wurde das Net-Mathebuch zu einer Printversion umgesetzt. Aufgrund des Umfangs des Net-Mathebuchs wurde aber nicht das vollständige Schulbuch adaptiert. Es wurde für diesen Zweck eine analoge, gedruckte Version des Kapitels „Bedingte Wahrscheinlichkeiten und der Satz von Bayes“ (Net-Code: aabb) entwickelt. Die in dieser Studie genutzte Version stellt daher keinen vollständigen Schulbuchersatz dar, sondern umfasst einen inhaltlich und strukturell repräsentativen Ausschnitt. Da zentrale Charakteristika eines Schulbuchs, d. h. die Struktur, die Aufgabenformate und die inhaltliche Gestaltung, übernommen wurden, wird die Adaption als *analoges Schulbuch* aufgefasst.

Das Ziel bei der Entwicklung dieses analogen Schulbuchs war es, dass dieses mit dem digitalen Original möglichst vergleichbar ist, sodass etwaige Wirksamkeitsunterschiede auf bestimmte Schulbuchmerkmale zurückführbar sind. Beim Vergleich zwischen digitalen und analogen Materialien müssen potenzielle Verzerrungen berücksichtigt oder gezielt genutzt werden, um Effekte systematisch untersuchen zu können (vgl. Castro-Alonso et al., 2016). Einen Überblick über mögliche Einflussfaktoren geben Castro-Alonso et al. (2016), die insbesondere den Vergleich zwischen statischen und dynamischen Visualisierungen in den Fokus nehmen (vgl. Abbildung 7.3).

In der vorliegenden Studie sollen Unterschiede möglichst nur in den zentralen Aspekten *Medium* (Digital vs. Papier) und in der *Interaktion* vorzufinden sein. In allen weiteren Dimensionen, wie etwa Bildgestaltung, Realitätsgrad oder Größe der Darstellung, wurde auf eine größtmögliche Übereinstimmung geachtet. So werden beispielsweise die gleichen statischen Bilder und Piktogramme, im digitalen und analogen Schulbuch genutzt. Ein zusätzlicher Unterscheidungsaspekt ergibt sich durch die Integration von digitalem Feedback. Dieser Aspekt wird bei Castro-Alonso et al. (2016) nicht explizit berücksichtigt, stellt aber eine zentrale Eigenschaft des Net-Mathebuchs dar.

Eine zentrale Herausforderung in der Schulbuchwirksamkeitsforschung ist, dass ein digitales Schulbuch diverse Strukturelemente und Funktionen vereint (vgl. u. a. Choppin et al., 2014; M. Pohl, 2023), für die jeweils individuelle Lösungen gefunden werden mussten. So muss nicht nur eine vergleichbare Struktur und ähnliches Layout entstehen, sondern auch für die einzelnen Erweiterungsfunktionen ein entsprechendes Äquivalent gefunden werden. Wesentliche Erweiterungsfunktionen dieses Kapitels stellen GeoGebra-Apps, digitale Eingabefelder mit Feedbackfunktion, aufklappbare Tipps und Hilfen sowie ein Video dar. Die Umsetzung in der Adaption wird im Folgenden vorgestellt (vgl. Repositorium Brnic, 2025).

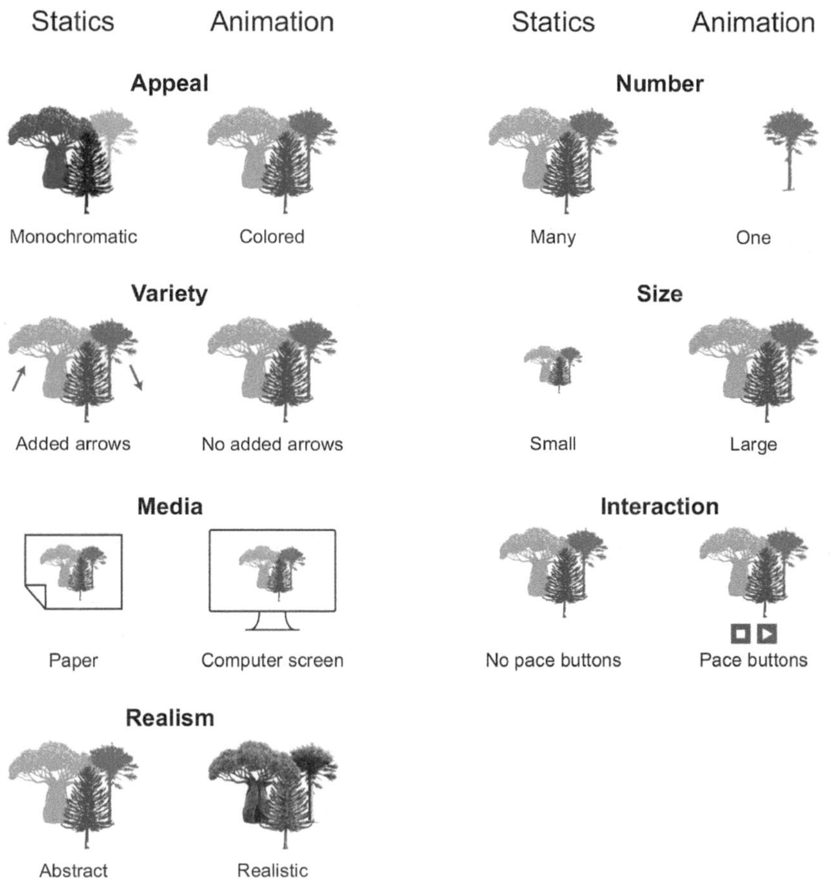

Abbildung 7.3 Potenzielle Einflussfaktoren beim Vergleich dynamischer und statischer Visualisierungen. (*Anmerkung*. Übernommen aus Castro-Alonso et al. (2016, S. 237))

7.3.1 Struktur und Layout

Da die Analoge Gruppe die Adaption erst zu Beginn der Unterrichtsreihe kennenlernen konnte, aber bereits Vorerfahrungen mit dem digitalen Net-Mathebuch gesammelt hatte, sollte der Aufbau schnell wiedererkennbar sein. Leitgebend war die Idee, eine „Druckversion“ der einzelnen inhaltlichen Webseiten zu erstellen. Hierzu wurde ein Hefter mit gedruckten Seiten erstellt, in denen die Aufgaben aus dem Net-Mathebuch abgebildet sind (vgl. Abbildung 7.4). Das Deckblatt des Hefters enthält zudem Nutzungshinweise für den Hefter, in dem die Struktur und die Integration von Tipps und Lösungen kurz erläutert wird.

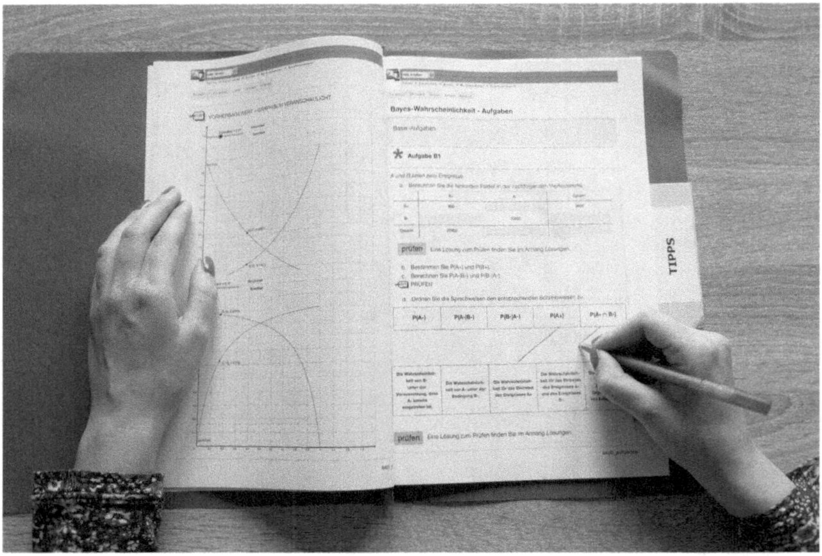

Abbildung 7.4 Analoge, gedruckte Adaption des Net-Mathebuchs als Hefter

Bei der Umsetzung wurde das Layout hinsichtlich Farbe, Reihenfolge der Aufgaben und Schriftart vollständig übernommen. Zudem wurde die im Net-Mathebuch stets präsente Oberzeile 1:1 als Screenshot eingefügt, um auch die Register-Aufteilung wieder aufzugreifen. Entsprechend wurde hier nicht mit Seitenzahlen gearbeitet, sondern ebenfalls mit den Titeln der Register: „Erforschen 1, Erforschen 2, Lehrtext, Basiaufgaben, Aufgaben 1 und Aufgaben 2“. Die Umsetzung wird durch die Abbildung 7.5 und die Abbildung 7.6 verdeutlicht, die eine Beispielseite aus dem digitalen Original und in der analogen Adaption aufzeigt.

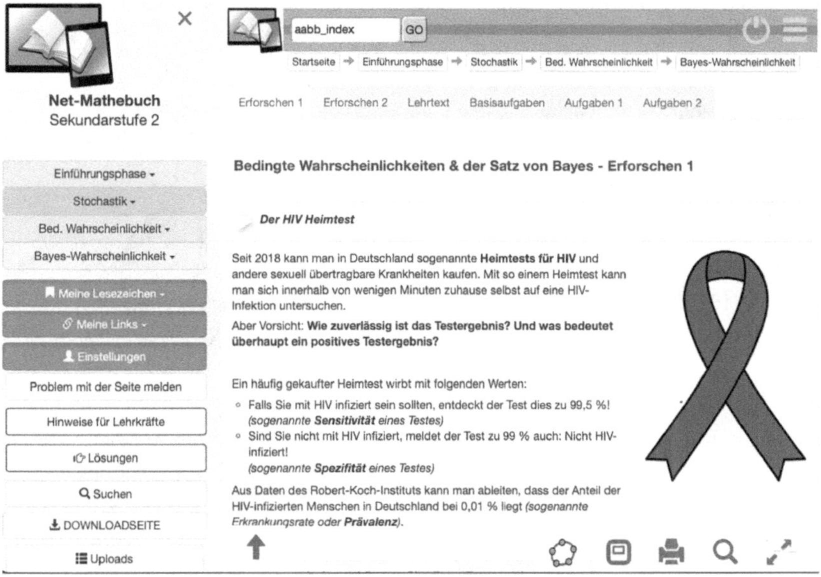

Abbildung 7.5 Tablet-Ansicht des Kapitels *Bedingte Wahrscheinlichkeiten & der Satz von Bayes* zum Register *Erforschen 1*. (*Anmerkung*. Darstellung mit offenem Menü (links) von der Net-Mathebuch-Version 2021 (Net-Code: aabb:index))[9]

Bei der Größe der Darstellungen im analogen Format (z. B. Bilder bzw. Visualisierungen, Schriftgröße) wurde darauf geachtet, dass diese gut lesbar sind, da diese auf dem digitalen Gerät in ihrer Größe durch Zoom-Funktionen einstellbar sind. Da es sich bei der gedruckten Variante um Seiten im A4-Format handelt, ist hierbei mehr Inhalt auf einmal von einer Seite sichtbar.

Zur Komplexitätsreduktion wurde in der Adaption auf bestimmte digitale Funktionalitäten verzichtet. Dies betraf die auf- und zuklappbare Menüführung (vgl. Abbildung 7.5), nicht mit der Unterrichtsreihe in Verbindung stehender Elemente, wie beispielsweise das Setzen von Lesezeichen, sowie die sogenannten Schwebebuttons (Links zu GeoGebra, Taschenrechner, Drucken, Suchen und Vollbild). Diese Elemente wurden auch nicht visuell in der analogen Version übernommen.

[9] Die Ansicht zwischen Lehrkraft und Schüler:innen unterscheidet sich lediglich durch den Button „Hinweise für Lehrkräfte".

aabb_index GO

Bedingte Wahrscheinlichkeiten & der Satz von Bayes - Erforschen 1

Der HIV Heimtest

*Seit 2018 kann man in Deutschland sogenannte **Heimtests für HIV** und andere sexuell übertragbare Krankheiten kaufen. Mit so einem Heimtest kann man sich innerhalb von wenigen Minuten zuhause selbst auf eine HIV-Infektion untersuchen.*

*Aber Vorsicht: **Wie zuverlässig ist das Testergebnis? Und was bedeutet überhaupt ein positives Testergebnis?***

Ein häufig gekaufter Heimtest wirbt mit folgenden Werten:

- *Falls Sie mit HIV infiziert sein sollten, entdeckt der Test dies zu 99,5 %!*
  *(sogenannte **Sensitivität** eines Testes)*
- *Sind Sie nicht mit HIV infiziert, meldet der Test zu 99 % auch: Nicht HIV-infiziert!*
  *(sogenannte **Spezifität** eines Testes)*

*Aus Daten des Robert-Koch-Instituts kann man ableiten, dass der Anteil der HIV-infizierten Menschen in Deutschland bei 0,01 % liegt (sogenannte Erkrankungsrate oder **Prävalenz**).*

TIPP ZUR BEARBEITUNG DER TEILAUFGABEN KÖNNEN SIE DIESE BAUMVORLAGE NUTZEN

a. Nehmen Sie an, dass 2 Millionen solcher Heimtests von Personen in Deutschland gekauft und auch eingesetzt werden.
Wie viele dieser Personen sind vermutlich HIV-infiziert?
Bestimmen Sie die Anzahl der Personen mithilfe der Prävalenz.

b. Sie wissen nun mit dem TIPP ERGEBNIS VON A, wie viele der 2 Millionen Personen vermutlich HIV-infiziert sind. Aber wie viele dieser HIV-infizierten Personen erhalten auch richtigerweise das Testergebnis HIV-infiziert?
Bestimmen Sie die Anzahl dieser Personen.

TIPP WICHTIGES ZUR VERWENDETEN WAHRSCHEINLICHKEIT

c. Wie viele Personen erhalten *fälschlicherweise* das Testergebnis HIV-positiv, obwohl sie eigentlich nicht infiziert sind?

TIPP GELERNTES ÜBERTRAGEN

Erforschen 1

Abbildung 7.6 Analoge Seite aus dem Kapitel *Bedingte Wahrscheinlichkeiten & der Satz von Bayes* zum Register *Erforschen 1*. (*Anmerkung*. Adaptiert aus dem Net-Mathebuch (Net-Code: aabb_index))

Zu jeder Aufgabe sind im Net-Mathebuch Lösungsvorschläge hinterlegt, auf welche die Lehrkraft zugreifen und deren Sichtbarkeit sie für die Schüler:innen freigeben können. Diese Freigabe wurde von den Lehrkräften im Rahmen dieser Studie deaktiviert. Somit wurde gewährleistet, dass die Digitale Gruppe keinen zusätzlichen Vorteil durch den Zugriff auf die Lösungen hat.

In beiden Versionen sind spezifische Schulbuchelemente einheitlich gekennzeichnet. So ist beispielsweise bei Aufgaben, die im Digitalen einen „Prüfen"-Button enthalten, auch in der analogen Version das gleiche Prüfen-Symbol integriert. Zwar war eine Interaktion im Analogen nicht möglich, jedoch ist durch die identische Kennzeichnung signalisiert, dass an dieser Stelle eine Überprüfung der Lösung vorgesehen ist. Dieses Prinzip wurde auch für Tipps und Hinweise genutzt.

7.3.2 Aufklappbare Tipps und Hinweise

Tipps und *Hinweise* wurden für die Analoge Gruppe auf separaten Seiten ausgedruckt und im Hefter als eigener Anhang unter der Rubrik *Tipps* beigefügt (vgl. Abbildung 7.4). Falls zu diesen Tipps und Hinweisen ergänzende Lösungen nachgeschaut werden können, sind diese ebenfalls in einem eigenen Anhang unter der Rubrik *Lösungen* einsehbar. Dementsprechend sind Hilfen bzw. Lösungen nicht unmittelbar, sondern nur zeitversetzt durch Blättern einsehbar.

So kann beispielsweise der Tipp „Zur Bearbeitung der Teilaufgaben können Sie diese Baumvorlage nutzen", im Tipp-Anhang des Analogen Schulbuchs wiedergefunden und nachgelesen werden (vgl. Abbildung 7.7). Dieser Tipp enthält u. a. ein vorstrukturiertes Baumdiagramm. Ergänzend kann im Lösungen-Anhang die eigene Lösung mit der Musterlösung verglichen werden.

Im Gegensatz dazu können die Schüler:innen in der digitalen Variante ihre Lösungswerte in das vorstruktierte Baumdiagramm eingeben und mittels eines Prüfen-Buttons auf Richtigkeit prüfen. Der unmittelbare Zugriff in der digitalen Umsetzung gilt als vorteilhaft (vgl. van der Kleij et al., 2015).

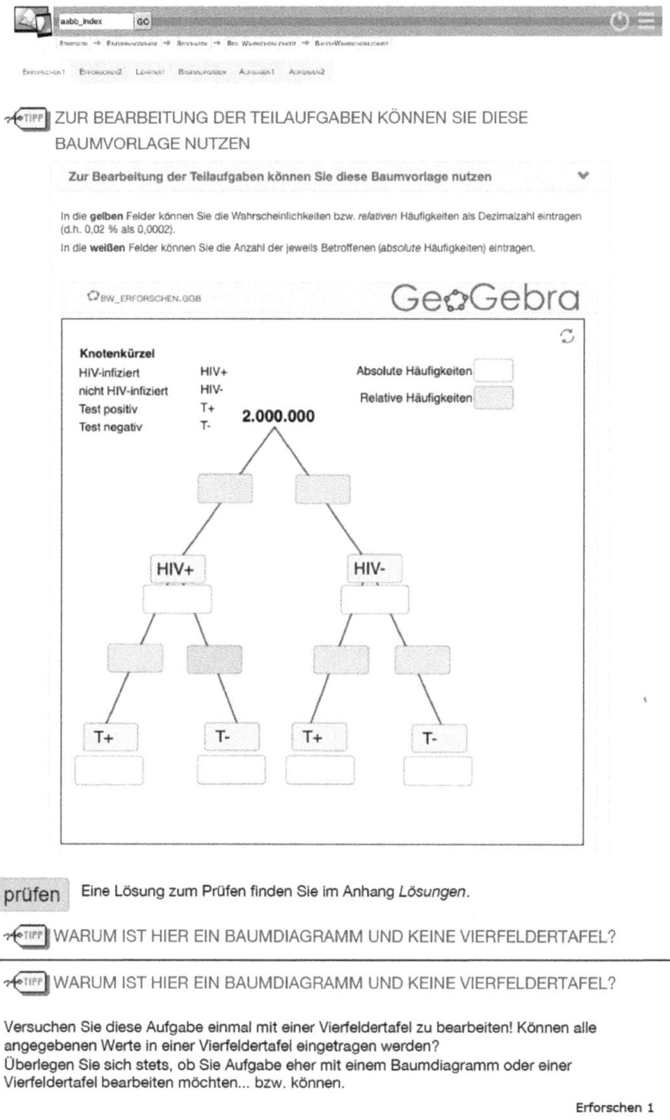

Abbildung 7.7 Beispieltipp im analogen Schulbuch mit Prüfungshinweis. (*Anmerkung*. Adaptiert aus dem Net-Mathebuch (Net-Code: aabb_index), App erstellt mit GeoGebra® (www.geogebra.org))

Für *Pop-Up Fenster* wurde eine vergleichbare Logik im analogen Schulbuch angewandt und die Inhalte eines solchen Fensters in den Tipp- bzw. Lösungen-Anhang gesetzt. Diese entsprechen funktional den Tipps und Hinweisen des Net-Mathebuchs und unterscheiden sich lediglich in der technischen Implementation. Im digitalen Schulbuch erscheinen Pop-Up Fenster stets über dem aktuellen Inhalt und werden nicht wie Tipps und Hinweise aufgeklappt.

Lediglich die im Lehrtext integrierten, aufklappbaren Tipps und Hinweise stellen aufgrund ihrer Charakteristik eine Ausnahme dar. Im digitalen Schulbuch ist ein Großteil des Lehrtextes in aufklappbaren Fenstern gestaltet. Diese Gestaltung dient der Übersichtlichkeit, da jeweils nur die aktuell relevanten Abschnitte angezeigt werden können. Da es sich hierbei nicht um zusätzliche Tipps oder Hinweise im eigentlichen Sinne handelt, sondern um strukturelle Elemente des digitalen Layouts, wurden die entsprechenden Inhalte in der analogen Version direkt an Ort und Stelle hinterlegt und nicht in einen separaten Anhang ausgelagert.

7.3.3 Digitale Eingabefelder mit Feedbackfunktion

Im digitalen Net-Mathebuch gibt es unterschiedliche Varianten, um eigene Lösungen zu kontrollieren. Diese sind mithilfe von GeoGebra oder als eigene technische Lösungen umgesetzt. In der Unterrichtsreihe enthalten die Aufgaben *Morden im Norden* und *Diabetestest* sowie eine Übungsaufgabe (Pfandflaschenautomat) ein zur Aufgabe zugehöriges GeoGebra-Baumdiagramm, bei denen die fehlenden Werte eingetragen und geprüft werden können oder die korrekte Lösung angezeigt werden kann (vgl. Abbildung 7.8).

Neben solchen GeoGebra-Apps hat das digitale Schulbuch eigene Lösungseingabemöglichkeiten implementiert, die mit einfachen (nicht-elaborierten) Feedbackfunktionen verknüpft sind. Dabei handelt es sich um Drag-and-Drop Aufgaben, Aufgaben mit Lückentexten und ausfüllbare Vierfeldertafeln. Drag-and-Drop Aufgaben wurden im Analogen so konzipiert, dass statt einer Touch-Bewegung die Kästchen miteinander per Linie verbunden werden (vgl. Abbildung 7.4 und Abbildung 7.9). Damit bleibt die inhaltiche Struktur und Zuordnungslogik der Aufgabe erhalten, während die Interaktion an das analoge Medium angepasst ist.

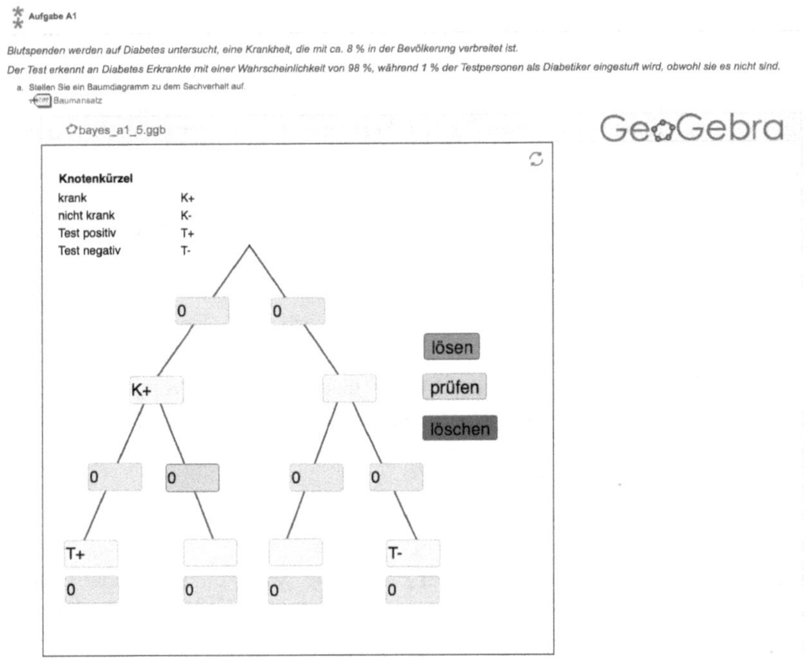

Abbildung 7.8 GeoGebra-App im Net-Mathebuch mit Feedbackfunktionen. (*Anmerkung.* Übernommen aus dem Net-Mathebuch (Net-Code: aabb_aufgaben1), App erstellt mit GeoGebra® (www.geogebra.org))

Die weiteren Eingabefelder, d. h. ausfüllbare Vierfeldertafeln (vgl. Abbildung 7.4) und Lückentexte sind in der analogen Version im gleichen Layout wie im digitalen Schulbuch abgebildet, vergleichbar mit einem Screenshot. Während im Digitalen die Eingaben per Tastatur oder Tablet-Stift erfolgen, werden sie im analogen Pendant per Hand vorgenommen. Durch diese Gestaltung wird eine möglichst hohe Layout- und Aufgabenäquivalenz zwischen den beiden Umsetzungsformen sichergestellt, sodass sich Unterschiede in der Eingabe primär auf die Medienform und nicht auf die Aufgabenstruktur zurückführen lassen.

Das Feedback zu den Eingaben erfolgt entsprechend unterschiedlich. Die Ergebnisse werden im Analogen über den Lösungen-Anhang überprüft. In der digitalen Version erfolgt die Prüfung unmittelbar über das Drücken entsprechender Buttons.

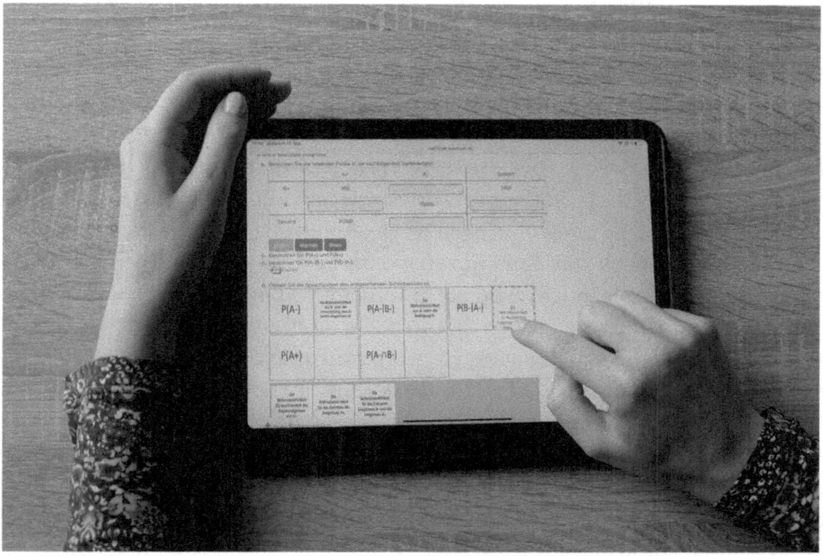

Abbildung 7.9 Drag-and-Drop Aufgabe im Net-Mathebuch (Net-Code: aabb_aufgaben). (*Anmerkung*. Die Abbildung stellt eine Net-Mathebuch-Seite dar (Net-Code: aabb_ aufgaben))

7.3.4 Dynamische Visualisierungen

Das digitale Schulbuch enthält in dem relevanten Kapitel sowohl linear-dynamische Visualisierungen, wie Videos, als auch interaktiv-dynamische Visualisierungen, wie manipulierbare GeoGebra-Apps. In der analogen Adaption wurden diese durch statische Visualisierungen ersetzt, die verschiedene Zustände abbilden und so zentrale Aspekte der dynamischen Visualisierung nachvollziehbar machen.

Im Lehrtext ist ein Erklärvideo enthalten, indem anhand von Säckchen und Kugeln bedingte Wahrscheinlichkeiten exemplarisch bestimmt werden. Obwohl dieses Video in der Unterrichtsreihe nicht explizit besprochen wurde, konnte es aber trotzdem von den Schüler:innen genutzt werden, beispielsweise in Phasen des selbstständigen Arbeitens. Aus dem Video wurde für die analoge Adaption eine Fotosequenz erstellt, indem die wichtigsten Video-Schritte nacheinander gezeigt werden. Ergänzend ist das Transkript jeweils direkt unter den entsprechenden Bildern abgedruckt, sodass der zeitliche Ablauf des Videos nachempfunden werden kann.

Auch die Umsetzung von manipulierbaren GeoGebra-Apps erfolgte im analogen Schulbuch mithilfe statischer Visualisierungen. Eine zentrale Rolle in der Reihe nimmt die App *Sensispezibaum* ein, in der Prävalenz, Sensitivität und Spezifität eines Tests eingestellt werden und die Auswirkungen auf den negativen und positiven Vorhersagewert sowie auf die Pfadwahrscheinlichkeiten direkt abgelesen werden können (vgl. Abbildung 4.5). Hierbei befassen sich die Schüler:innen mit dem Kovariationsaspekt, in dem die Auswirkungen von A-priori-Wahrscheinlichkeiten auf invertierte bedingte Wahrscheinlichkeiten untersucht wird (Büchter, Eichler, et al., 2022). In der Digitalen Version können Nutzer:innen mithilfe von Schiebereglern eigene Werte für die Prävalenz, Sensitivität und die Spezifität auswählen. Im Analogen wird den Schüler:innen dieselbe Ausgangsstellung wie im digitalen Schulbuch präsentiert. Zusätzlich erhalten sie eine Bildreihe, in der jeweils nur eine der drei Wahrscheinlichkeiten verändert wurde. Durch den Vergleich mit dem Ausgangsbild können die Lernenden ableiten, wie sich eine Veränderung einzelner Parameter auswirkt, beispielsweise die Änderung der Prävalenz auf die Vorhersagewerte.

Auch hierbei wurde das Layout aus der digitalen Variante übernommen, um eine möglichst hohe Vergleichbarkeit zu erzielen. Im Lehrtext ist eine weitere GeoGebra-App mit Schiebereglern vorhanden, die einen Funktionsgraphen darstellt, in der Prävalenz (x-Achse) und positiver/negativer Vorhersagewert (y-Achse) dargestellt werden. Diese hat aber in der Unterrichtsreihe nur eine ergänzende Funktion im Lehrtext und wird nicht explizit behandelt.

Einen Sonderfall stellt die GeoGebra-App *Vierfeldertafel* dar. In dieser können Häufigkeiten oder Wahrscheinlichkeiten in einer Vierfeldertafel eingetragen werden. Anschließend können die bedingten Wahrscheinlichkeiten sowie Schnitt- und Randwahrscheinlichkeiten und die zugehörigen Baumdiagramme automatisch bestimmt werden. Bei Bedarf könnten auch fehlende Werte aus der Vierfeldertafel direkt ermittelt werden. Es gibt auch die Zusatzmöglichkeit durch Klicken auf eine berechnete Wahrscheinlichkeit eine Hervorhebung der zugehörigen Werte sowohl in der Vierfeldertafel als auch im Baumdiagramm zu erhalten. Auf den Einsatz dieser App wird bei der Aufgabe Morden im Norden und bei der sich daran anschließenden Übungsaufgabe B1 verwiesen, um den eigenen Rechenweg zu prüfen. Die Nutzung dieser App ist jedoch fakultativ. Die Analoge Gruppe kann dagegen eine bereits vorausgefüllte Eingabemaske zum Prüfen und Vergleichen ihrer eigenen Ergebnisse nutzen (vgl. Abbildung 7.10).

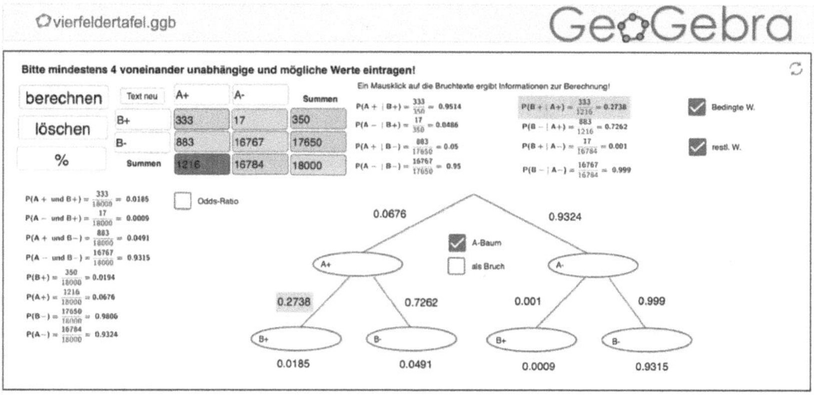

Abbildung 7.10 Ausgefüllte GeoGebra-App Vierfeldertafel aus dem Net-Mathebuch. (*Anmerkung*. Übernommen aus dem Net-Mathebuch (Net-Code: aaba_geogebra), App erstellt mit GeoGebra® (www.geogebra.org))

7.4 Aufgreifen gewohnter Nutzungsweisen

Die Bearbeitung der Aufgaben in der Unterrichtsreihe erfordern grundlegende Bruchrechnungen (vgl. Abbildung 7.10 für Beispielrechnungen). Diese Berechnungen können mit einem wissenschaftlichen Taschenrechner oder mit einem vergleichbaren (digitalen) Werkzeug durchgeführt werden. Da die Wirksamkeit oder der Vergleich unterschiedlicher Mathematikwerkzeuge bzw. punktueller Curriculum Ressourcen nicht von explizitem Forschungsinteresse ist, nutzten die Schüler:innen und Lehrkräfte ihre vertrauten Taschenrechner. So sollte der Einsatz zusätzlicher, möglicherweise ungewohnter Hilfsmittel vermieden werden. Die gleiche Leitlinie galt für die Verschriftlichung von Lösungswegen und Notizen. Diese dokumentierten die Schüler:innen auf gewohnte Weise und unabhängig von ihrer Gruppenzugehörigkeit in ihr reguläres digitales oder analoges Mathematikkursnotizbuch.

8 Stichprobe

Die Zusammensetzung der Stichprobe, mit der das Studiendesign durchgeführt wurde, wird in diesem Kapitel vorgestellt.

Interessierte Lehrkräfte konnten sich freiwillig für eine Teilnahme am KomNetMath-Projekt und den begleitenden Studien melden. Für eine Teilnahme wurde über Mailverteiler der Bezirksregierung Münster, über die Homepage des Instituts für Didaktik der Mathematik und der Informatik sowie über die Homepage des Net-Mathebuchs geworben. Für eine Teilnahme sollten die Lehrkräfte einen Mathematikkurs in der Einführungsphase an einer Gesamtschule (11. Klasse) oder einem Gymnasium unterrichten (10. Klasse). In dieser Jahrgangsstufe sind bedingte Wahrscheinlichkeiten als inhaltlicher Schwerpunkt im Lehrplan NRW vorgesehen (Ministerium für Schule und Weiterbildung des Landes Nordrhein-Westfalen, 2014). Zudem mussten für den jeweiligen Mathematikkurs die technischen Gegebenheiten erfüllt sein, sodass das digitale Schulbuch problemlos über ein Schuljahr eingesetzt werden kann (vgl. Abschnitt 6.1).

Da die Lehrkräfte sich auf einen Aufruf zur Teilnahme meldeten, sind die an der Studie teilnehmenden Kurse durch selbstselektive Elemente gekennzeichnet (Döring, 2023, S. 306 ff.). Es ist davon auszugehen, dass sich insbesondere motivierte Lehrkräfte für das Projekt meldeten, da die Projektteilnahme mit einem organisatorischen Mehraufwand verbunden war. Beispielsweise mussten die Lehrkräfte das Einverständnis der Schulleitung einholen sowie zeitliche Kapazitäten für die Einarbeitung in das digitale Schulbuch und für die Studienteilnahme berücksichtigen. Im Gegenzug erhielten sie kostenlose Zugänge zum Net-Mathebuch und regelmäßige kostenlose Fortbildungen.

M. Brnic, *Digitales versus analoges Schulbuch*, Studien zur theoretischen und empirischen Forschung in der Mathematikdidaktik,
https://doi.org/10.1007/978-3-658-52464-7_8

Da jedoch nicht die Lehrkräfte, sondern die Schüler:innen im Mittelpunkt dieser Untersuchung sind, gelten für diese nicht zwangsläufig die gleichen Charakteristika. Zwar gilt auch für diese die Teilnahme, im Sinne ethischer Richtlinien zur Freiwilligkeit in schulischen Untersuchungen, als freiwillig. Jedoch bezieht sich diese Freiwilligkeit in dieser Studie primär auf die Verarbeitung und Nutzung der Daten, da die Studie im regulären Mathematikunterricht stattfand und die Unterrichtsstunden Teil des Schulalltags waren. Bei den Schüler:innen handelt es sich entsprechend um eine Gelegenheitsstichprobe (auch: anfallende/angefallene Stichprobe), da sich diese durch eine willkürliche Auswahl kennzeichnet und nicht-probabilistisch (bzw. nicht zufallsgesteuert) ist (Döring, 2023, S. 306 ff.).

Ein potenzielles Problem dieser Stichprobenart liegt in ihrer begrenzten Repräsentativität, da „nur indirekt auf die Inferenzpopulation zurückgeschlossen werden [kann]" (Döring, 2023, S. 308). Dies erfordert besondere Sorgfalt bei der Interpretation der Ergebnisse, um keine unzulässigen Verallgemeinerungen vorzunehmen. Zudem können sich die Schüler:innen, insbesondere zwischen den Mathematikkursen und den Schulen, in weiteren Merkmalen (Störvariablen) unterscheiden (Döring, 2023, S. 201). Beispielsweise können sich die Schüler:innen in ihren Vorerfahrungen in der Arbeit mit digitalen Curriculum Ressourcen unterscheiden, da Schulen unterschiedlich ausgestattet sind.

Trotz dieser Einschränkungen bleibt diese Stichprobenart jedoch für die Theoriebildung und Hypothesenprüfung wertvoll, da sie oft genügend Einsichten liefert, um wissenschaftliche Annahmen zu entwickeln und zu testen (Döring, 2023, S. 308). Für solche Erkundungsstudien (explorative Studie) oder theorieprüfende bzw. theoriebildende Studien (explanative Studie) gelten kleine oder mittlere, nicht-zufällige Stichproben als ausreichend (Döring, 2023, S. 299).[1]

Die folgende Tabelle 8.1 gibt eine Übersicht der Schüler:innen, die am Vortest und Nachtest teilgenommen haben. Die Erhebung fand mit insgesamt 22 Lehrkräften (23 Mathematikkursen) statt, wobei eine Lehrkraft in zwei unterschiedlichen Schuljahren bei der Studiendurchführung partizipiert hat. Die Lehrkräfte stammen von insgesamt 5 Gymnasien und 3 Gesamtschulen. Obwohl an beiden Messzeitpunkten jeweils 478 Schüler:innen teilgenommen haben, konnten im Rahmen der Datenaufbereitung (vgl. Abschnitt 11.1) nur noch 331

[1] Döring (2023, S. 308) weist darauf hin, dass einzelne Autor:innen solche Gelegenheitsstichproben auch ablehnen, z. B. Schnell et al. (2018). Gelegenheitsstichproben lassen sich dahingehend differenzieren, auf welche Weise die Stichprobenbildung erfolgt. So kann es einen Unterschied machen, ob Personen gezielt angesprochen werden oder sich diese selbstständig für eine Teilnahme melden. Eine ausführliche Diskussion zu dieser Thematik findet sich bei Döring (2023, S. 307 f.).

Schüler:innen in die Analyse einbezogen werden. Voraussetzung hierfür war, dass die Schüler:innen an beiden Testzeitpunkten teilgenommen haben und während der Unterrichtsreihe mindestens 60 % der Zeit anwesend waren. Der Rückgang der Fallzahlen ist insbesondere auf pandemiebedingte Ausfälle zurückzuführen. Dennoch wird die Stichprobe, in Anlehnung an Döring (2023, vgl. vorige Absätze), als ausreichend groß und für das Ziel der Hypothesenprüfung als zielführend eingestuft.

Tabelle 8.1 Übersicht der Stichprobe nach Schulform und Messzeitpunkten

	Anzahl der Schüler:innen		
Schulform	Vortest	Nachtest	Vor- und Nachtest
Gymnasium	264	256	186
Gesamtschule	214	222	145
Gesamt	478	478	331

Außerdem können noch Aussagen darüber getroffen werden, welche Endgeräte die Schüler:innen im Unterricht zur Nutzung des Net-Mathebuchs verwendeten. Von den insgesamt 331 Schüler:innen nutzten 41 das digitale Schulbuch an einem Desktop-PC und 6 Schüler:innen an einem Laptop. Diese Geräte kamen ausschließlich an den teilnehmenden Gesamtschulen zum Einsatz. Alle weiteren Schüler:innen arbeiteten mit Tablets, wobei stets Apple iPads (unterschiedliche Modellreihen) genutzt wurden.

9 Messinstrument

Zur Quantifizierung und Beschreibung möglicher Effekte der Nutzung eines digitalen Schulbuchs gegenüber einem analogen Schulbuch wurden ein *Vortest* und ein *Nachtest* durchgeführt (vgl. Design der Studie, Abschnitt 7.1). Genau genommen handelt es sich dabei um *einen* Test, der in zwei Testformen (Vortest und Nachtest) vorliegt. Die Konzeption (Abschnitt 9.1) und Testspezifika (Abschnitt 9.2), Entwicklungshintergründe (Abschnitt 9.3), die Itemauswahl (Abschnitt 9.4) und die Testheftvarianten (Abschnitt 9.5) des Messinstruments werden im Folgenden vorgestellt. Die Erläuterungen beziehen sich auf diejenigen Items, mit denen die Leistung der Schüler:innen zu beiden Messzeitpunkten gemessen werden sollten, um ihre Kompetenzen im Bereich bedingter Wahrscheinlichkeiten abzubilden. In den Testheften sind aber für Kontrollzwecke und zur Stichprobenbeschreibung weitere Items inkludiert, die abschließend beschrieben werden (Abschnitt 9.6).

9.1 Konzeption des Vor- und Nachtests

Der Test soll die *Kompetenzen* der Schüler:innen im Bereich der bedingten Wahrscheinlichkeiten erfassen. Die inhaltliche Gestaltung orientiert sich an den Kompetenzerwartungen des Curriculums zum Inhaltsfeld Stochastik bzw. zur Leitidee Daten und Zufall, die in der Unterrichtsreihe aufgegriffen werden oder relevante Vorkenntnisse darstellen (vgl. Abschnitt 7.2). Im Fokus steht dabei die

M. Brnic, *Digitales versus analoges Schulbuch*, Studien zur theoretischen und empirischen Forschung in der Mathematikdidaktik,
https://doi.org/10.1007/978-3-658-52464-7_9

Bearbeitung von Problemstellungen mit bedingten Wahrscheinlichkeiten sowie der Umgang mit Visualisierungen wie Vierfeldertafeln und Baumdiagrammen.

Ausgehend vom Kompetenzkonzept nach Hartig & Klieme (2006) werden die im Curriculum verankerten Kompetenzerwartungen als „kontextspezifische kognitive Leistungsdispositionen“ (S. 129) verstanden, die sich in der Fähigkeit spezifische Aufgaben und Situationen zu bewältigen zeigen.[1] Die Tests sollen also nicht nur Faktenwissen abfragen, sondern die Anwendung mathematischer Konzepte zu bedingten Wahrscheinlichkeiten. Zudem sollen die Antworten der Schüler:innen nach objektiven Kriterien als richtig oder falsch bewertet werden, wodurch die Definition eines Leistungstests erfüllt wird (Bühner, 2021, S. 6). Zusammenfassend wird von einem *kompetenzbasierten Leistungstest* gesprochen.

Die beobachtbaren Leistungen bilden die empirische Grundlage für die anschließende Rasch-Modellierung (vgl. Abschnitt 11.2). Dabei wird für jede Testperson eine individuelle *Personenfähigkeit* auf einer latenten Skala geschätzt, die eine quantitative Repräsentation der zugrunde liegenden Kompetenz darstellt. So verbindet das Messinstrument eine curriculare Passung, eine theoretisch fundierte Kompetenzmodellierung und eine objektive Leistungsbewertung und ermöglicht eine präzise und vergleichbare Erfassung der mathematischen Kompetenzen im Bereich bedingter Wahrscheinlichkeiten.

Die Testkonstruktion befindet sich dabei in einem Spannungsfeld. Einerseits soll der Test die Kompetenzen messen, die in der Intervention tatsächlich gefördert werden. Andererseits soll das Messinstrument eine möglichst hohe Generalisierbarkeit aufweisen. Aus diesen Gründen wurde ein neues Testinstrument entwickelt, das im Folgenden ausführlich erläutert wird.

9.2 Testspezifika

Innerhalb des Studiendesigns waren für eine praktikable Umsetzung für den Vor- und Nachtest jeweils 45 Minuten vorgesehen. Die Bearbeitungszeit war damit zwar knapp bemessen, sollte jedoch grundsätzlich ausreichen, um alle Items zu bearbeiten. Ein reiner Speed-Test liegt daher nicht vor. Der Test soll unterschiedliche Kompetenzen und damit Aufgabenschwierigkeiten abdecken, sodass er vorwiegend die Charakteristika eines Power-Tests aufweist, zugleich aber in

[1] Dieses Kompetenzverständnis greift die umfassendere Definition von Weinert (2001) auf. Die Ansätze unterscheiden sich dahingehend, dass Hartig & Klieme (2006) motivationale und affektive Faktoren aus dem Kompetenzbegriff ausklammern. Hartig & Klieme heben hervor, dass ihre Definition für die Bildungsforschung eine passende Ausgangsbasis bildet, sodass sich auf deren Kompetenzverständnis beschränkt wird.

geringem Maße auch zeitliche Aspekte berücksichtigt (Döring, 2023, S. 448; Moosbrugger & Kelava, 2020, S. 44 f.).

Da in dieser Studie der Vergleich zwischen dem Arbeiten mit dem digitalen und analogen Schulbuch von Interesse ist, stellte sich parallel die Frage nach einem digitalen oder analogen Testformat. Es wurde entschieden, einen Paper-Pencil-Test zu konzipieren, um eine höhere Kontrolle der Testsituation zu ermöglichen. Zum einen sind die beteiligten Schüler:innen durch Klassenarbeiten / Klausuren stärker mit gedruckten Test als mit computergestützte Verfahren vertraut. Zum anderen stellte zum Zeitpunkt der Testerstellung das Ausfüllen und Skizzieren von Baumdiagrammen und Vierfeldertafeln eine erhebliche Herausforderung in der technischen Umsetzung dar.[2] Der Test ist also bewusst so angelegt, dass er nicht digitale Kompetenzen prüft, sondern die in der Unterrichtsreihe erworbenen mathematischen Kompetenzen zu bedingten Wahrscheinlichkeiten. Da ausschließlich eine analoge Testdurchführung erfolgte, lassen sich potenzielle Einflüsse des Testmediums nicht empirisch überprüfen, können jedoch auch nicht vollständig ausgeschlossen werden.

Für eine standardisierte Durchführung wurde ein Testmanual erstellt (vgl. Repositorium Brnic, 2025). Dadurch erhielten alle Schüler:innen dieselben Testanweisungen und Rahmenbedingungen (z. B. Einzelarbeit an Einzelplätzen). Zudem sind relevante Hinweise, beispielsweise zur Korrektur von Eintragungen, für die Schüler:innen in jedem Testheft auf der zweiten Seite abgebildet.

9.3 Pilotierung

Der Prozess der Testentwicklung verlief mehrphasig. In einem ersten Schritt wurden mithilfe von Masterarbeiten Items entwickelt (Felke, 2020; Puchegger, 2020), sodass eine erste Testzusammenstellung an einem Gymnasium mit drei Mathematikkursen pilotiert werden konnte (vgl. Brnic, 2020). Mithilfe dieser Pilotierungsergebnisse und dem Einbezug von Expert:innen aus der Mathematikdidaktik und der Testentwicklung wurde in einem nächsten Schritt eine finale Version der Testhefte zusammengestellt (vgl. Testheftvarianten im Repositorium Brnic, 2025). Dies hatte insbesondere sprachliche Überarbeitungen der Items zur Folge sowie eine Ausdifferenzierung bereits vorhandener Items. So wurde das

[2] Im Projektverlauf wurde für den Distanzunterricht eine hybride Testvariante erstellt. Die finalen Antworten gaben die Schüler:innen digital ab, während sie zugehörige Rechnungen oder Notizen auf Papier ausfüllten und anschließend Fotos von diesen hochluden (vgl. Brnic & Greefrath, 2022a).

Item *Sattelschutz* von einem Single-Choice zu einem zweigeteilten Multiple-Choice Item geändert und bei der Kodieranweisung für das Item *Fernsehserie* eine Zwischenstufe hinzugefügt. Ein Item musste ausgeschlossen werden, da es in der Pilotierung Differential Item Function (vgl. Abschnitt 11.2.4.2), d. h. eine unterschiedliche Schwierigkeit für Jungen und Mädchen, statistisch aufwies.

Dafür wurde das Item *Testgüte* ergänzt, welches von einem Leistungstest von Rach (2021) adaptiert wurde. Zudem wurde aus dem Item *Schuhgeschäft* ein zusätzliches Ankeritem gebildet, sodass die Kriterien zur Ankerauswahl noch besser abgedeckt sind. Mithilfe der empirischen Itemschwierigkeiten aus einer Rasch-Skalierung wurden die Items zudem in eine neue Reihenfolge gebracht.

9.4 Auswahl der Items

Mithilfe der Pilotierung wurde eine finale Item-Auswahl getroffen, die in den Testheften begutachtet werden kann (vgl. Repositorium Brnic, 2025). Eine Beschreibung der einzelnen Items erfolgt in der folgenden Tabelle 9.1:

Tabelle 9.1 Item-Übersicht des kompetenzbasierten Leistungstests

MZP	Item-Bezeichnung	Gegebene Informationen	Zentrale Anforderungen
Vor	Handyvertrag	Natürliche Häufigkeiten	Darstellungswechsel vom Baumdiagramm zur Vierfeldertafel
Vor	Tageszeitung	Natürliche Häufigkeiten	Wahrscheinlichkeit eines Ereignisses bestimmen
Vor	Sattelschutz	Natürliche Häufigkeiten	Baumdiagramm prüfen (1. Teil) Umgekehrtes Baumdiagramm prüfen (2. Teil)
Vor	Rechts- und Linksänder*innen	Natürliche Häufigkeiten	Bedingte Wahrscheinlichkeit bestimmen
Vor	Wahlbeteiligung	Wahrscheinlichkeiten	Bedingte Wahrscheinlichkeit bestimmen
Vor	Wohnsituation von Studierenden	Wahrscheinlichkeiten	Aufstellen einer Vierfeldertafel

(Fortsetzung)

Tabelle 9.1 (Fortsetzung)

MZP	Item-Bezeichnung	Gegebene Informationen	Zentrale Anforderungen
Vor	Klassenzugehörigkeit von Schülerinnen und Schülern	Wahrscheinlichkeiten	Wahrscheinlichkeit eines zusammengesetzten Ereignisses bestimmen, z. B. per Summenregel
Anker	Musicalbesuch	Wahrscheinlichkeiten	Bedingte Wahrscheinlichkeit bestimmen (mithilfe eines Baumdiagramms)
Anker	Autobahnraststätte	Wahrscheinlichkeiten	Darstellungswechsel vom Baumdiagramm zur Vierfeldertafel
Anker	Grippeimpfung	Natürliche Häufigkeiten	Bedingte Wahrscheinlichkeit bestimmen
Anker	Fernsehserie	Wahrscheinlichkeiten	Darstellungswechsel von der Vierfeldertafel zum Baumdiagramm (1. Teil) Berechnung fehlender Bedingter Wahrscheinlichkeiten (2. Teil)
Anker	Schuhgeschäft	Natürliche Häufigkeiten	Schnittwahrscheinlichkeit bestimmen, z. B. mithilfe der Produktregel (Pfadregel)
Nach	Deutsch-niederländisches Handballturnier	Natürliche Häufigkeiten	Aufstellen einer Vierfeldertafel
Nach	Datenspeicherspürhunde	Wahrscheinlichkeiten	Bedingte Wahrscheinlichkeit bestimmen
Nach	Sensispezibaum 1	Wahrscheinlichkeiten	Einfluss der Prävalenz (1. Teil) auf den negativen bzw. positiven Vorhersagewert untersuchen (Kovariationsaspekt)

(Fortsetzung)

Tabelle 9.1 (Fortsetzung)

MZP	Item-Bezeichnung	Gegebene Informationen	Zentrale Anforderungen
Nach	Sensispezibaum 2	Wahrscheinlichkeiten	Einfluss der Sensitivität eines Tests (2. Teil) auf den negativen bzw. positiven Vorhersagewert untersuchen (Kovariationsaspekt)
Nach	Sensispezibaum 3	Wahrscheinlichkeiten	Einfluss der Spezifität eines Tests (3. Teil) auf den negativen bzw. positiven Vorhersagewert untersuchen (Kovariationsaspekt)
Nach	Angestelltenverhältnis von Frauen und Männern	Wahrscheinlichkeiten	Schnittwahrscheinlichkeit bestimmen, z. B. mithilfe der Produktregel (Pfadregel)
Nach	Medikament	Natürliche Häufigkeiten	Bedingte Wahrscheinlichkeit bestimmen
Nach	Testgüte	Natürliche Häufigkeiten	Aussagen zur Testgüte bewerten

Anmerkung. MZP = Messzeitpunkt, Vor = Vortest, Anker = Ankeritem, Nach = Nachtest.

Bei den Aufgaben *Sattelschutz* und *Sensispezibaum* handelt es sich um eine zweigeteilte bzw. dreigeteilte Aufgabe mit jeweils unterschiedlichen inhaltlichen Anforderungen. Dementsprechend werden diese nicht als ein einziges Items, sondern als zwei bzw. drei separate Items aufgefasst. Obwohl diese Teilitems auf einer gemeinsamen Ausgangssituation beruhen, können sie unabhängig voneinander beantwortet werden und sind im Rahmen des Leistungstests einzeln bewertbar (Lienert & Raatz, 1998, S. 33).

Insgesamt umfassen sowohl der Vor- als auch der Nachtest jeweils 13 Items. Zur Vermeidung von ausgeprägten Testwiederholungs- bzw. Erinnerungseffekten sollten sich der Vor- und Nachtest inhaltlich unterscheiden (Moosbrugger & Kelava, 2020, S. 124 f.). Wenn bei Messwiederholungen dieselbe Testzusammenstellung eingesetzt wird, kann dies die interne Validität beeinträchtigen (Döring, 2023, S. 211). Damit unterschiedliche Testheftvarianten im Vor- und Nachtest trotz jeweils eigenem Itempool statistisch auf einer gemeinsamen Skala ausgewertet werden können (vgl. Abschnitt 11.2 zur Rasch-Skalierung), wurden beide Messzeitpunkte durch Ankeritems miteinander verbunden. Die Auswahl der Ankeritems basierte auf der Pilotierung und orientierte sich an den von Klinger (2018, S. 379; vgl. auch Kolen & Brennan, 2014) zusammengestellten Empfehlungen:

- Gute Modellpassung – jedes Ankeritem weist akzeptable Fit-Werte auf (vgl. Abschnitt 13.1.2 zur Bedeutung von Fit-Werten)
- Inhalts- und Schwierigkeitsrepräsentativität – die Ankeritems decken das gesamte inhaltliche Spektrum und die gesamte Bandbreite der Itemschwierigkeiten ab
- Mindestmenge – mindestens 20 % des Itempools jeder Testform (Vor- und Nachtest) besteht aus Ankeritems

Die Mindestmenge wurde deutlich überschritten, da jeweils 38,4 % der Items im Vor- und Nachtest Ankeritems waren. Auch auf die Gesamtmenge der Items wäre die Quote mit 23,8 Prozent erreicht. Inhaltlich decken die Items ein breites Spektrum ab. In drei Items müssen die Schüler:innen mit Wahrscheinlichkeiten und in zwei Items mit natürlichen Häufigkeiten arbeiten. Zudem wird durch die Übersicht in Tabelle 9.1 ersichtlich, dass sich die mathematischen Anforderungen zwischen den Items unterscheiden. Die Modellpassung und die Bandbreite der Itemschwierigkeiten werden im Ergebnisteil retrospektiv geprüft (vgl. Abschnitt 13.1).

Die voneinander abweichende Vor- und Nachtestzusammenstellung ermöglicht eine jeweils andere Schwerpunksetzung. Im Vortest konnten die Vorkenntnisse der Schüler:innen geprüft werden, wie beispielsweise der Umgang mit Vierfeldertafeln oder die Berechnung von Schnittwahrscheinlichkeiten. Obwohl die Schüler:innen erst durch die Intervention sich mit bedingten Wahrscheinlichkeiten explizit auseinandersetzen, schließt dies nicht aus, dass einzelne Schüler:innen bereits zum ersten Messzeitpunkt in der Lage sind entsprechende Problemstellungen zu lösen. Deshalb enthält der Vortest bereits Items, in denen bedingte Wahrscheinlichkeiten berechnet werden müssen. Im Nachtest liegt der Fokus deutlich stärker auf dem expliziten Umgang mit bedingten Wahrscheinlichkeiten. Die Itemauswahl setzt sich aus einer Mischung von passgenauen Items, die unmittelbar an Aufgabenbeispiele aus der Unterrichtsreihe anschließen (z. B. *Fernsehserie* oder *Sensispezibaum*) und Transferaufgaben, die eine höhere Generalisierbarkeit prüfen (z. B. *Datenspeicherspürhund* als komplexes Szenario oder der *Testgüte* aufgrund eines alternativen Aufgabenformats), zusammen.

Bei den Items werden sowohl konzeptuelle als auch prozedurale Wissensanteile angesprochen (vgl. Rach, 2021; Rittle-Johnson & Schneider, 2015). Konzeptuelles Wissen ist erforderlich, wenn Beziehungen zwischen Ereignissen verstanden oder Darstellungswechsel vorgenommen werden müssen (z. B. Item *Fernsehserie*), während prozedurales Wissen insbesondere bei der algorithmischen Berechnung von Wahrscheinlichkeiten eine Rolle spielt (z. B. Items Tageszeitung). Der eingesetzte Test enthält Items, die beide Anforderungsbereiche abdecken, wenngleich diese in der vorliegenden Untersuchung nicht als getrennte Skalen ausgewertet werden.

Da Studien zeigen, dass Aufgaben mit natürlichen Häufigkeiten oftmals besser als Aufgaben mit Wahrscheinlichkeiten bearbeitet werden (vgl. Abschnitt 4.3, beispielsweise McDowell & Jacobs, (2017) und diese jeweils in der Unterrichtsreihe behandelt werden, wurde der Test entsprechend so konzipiert, dass beide Formate vorkommen, um ggfs. eine spätere Differenzierung in diese beiden Dimensionen zu ermöglichen.

Des Weiteren wurden in Anlehnung an die Intervention bei der Zusammenstellung der Itempools die genutzten Visualisierungstypen, Baumdiagramm und Vierfeldertafel, berücksichtigt. Das Ziel der Studie ist nicht, solche Visualisierungen systematisch miteinander zu vergleichen. Daher gibt es auch keine Parallelaufgaben, die ausschließlich in ihrer Darstellungsform variieren. Entscheidend ist vielmehr, ob die Schüler:innen mit denen in der Unterrichtsreihe genutzten Visualisierungen umgehen können, da diese sowohl in der Digitalen Gruppe als auch in der Analogen Gruppe genutzt wurden. Kompetenzen im Umgang mit Visualisierungen werden auf vielfältige Weise geprüft. So sind Items vorhanden, bei denen die vorgegebene Visualisierung dahingehend geprüft werden soll, ob diese korrekt ausgefüllt ist (*Wohnsituation von Studierenden*, *Sattelschutz* und *Deutsch-niederländisches Handballturnier*). Dann gibt es Items, bei denen Informationen aus der jeweiligen Visualisierung entnommen werden und interpretiert werden sollen (*Autobahnraststätte*, *Fernsehserie*, *Handyvertrag*, *Sensispezibaum*, *Testgüte*). Die weiteren Items geben keine Visualisierung vor, wobei das Aufstellen einer eigenen Visualisierung beim Lösen des Items helfen kann.

Wenn eine Visualisierung im Test dargestellt wurde, dann im gleichen Design wie in den genutzten Unterrichtsmaterialien (digital / analog). Dadurch ergibt sich die Eigenheit, dass Wahrscheinlichkeiten im Baumdiagramm im Ausgabeformat des Net-Mathebuchs, d. h. stets mit Dezimalbrüchen dargestellt sind.

9.4.1 Itemformate

Da für die Aufteilung der Schüler:innen in die Digitale und Analoge Gruppe mithilfe des Vortests objektive und ökonomische Antwortformate erforderlich waren, enthalten die Tests halboffene und geschlossene Antwortformate (Döring, 2023, S. 449 f.). Bei den Items *Sattelschutz* und *Testgüte* ist ein Multiple-Choice-Format vorzufinden, d. h. hier sind mehrere Antwortoptionen als richtig einzustufen. Bei den Items *Wohnsituation von Studierenden*, *Deutsch-Niederländisches Handballturnier* und *Sensispezibaum* handelt es sich um Single-Choice-Formate, sodass hier aus mehreren Antwortalternativen eine korrekte ausgewählt werden muss. Die weiteren Items sind in einem halboffenen Format gestaltet, d. h. die Schüler:innen müssen eine Einfachantwort, also beispielsweise die Wahrscheinlichkeit (z. B. *Angestelltenverhältnis von Frauen und Männern*) oder Mehrfachantworten, d. h. ein Baumdiagramm oder Vierfeldertafel vollständig ausfüllen (z. B. *Fernsehserie* oder *Autobahnraststätte*). Die Items sind dabei so konstruiert, dass lediglich eine Antwort richtig ist und somit die Items objektiv auswertbar sind (Döring, 2023, S. 449 f.). Das Format, wie die Schüler:innen die Lösung angeben, als Bruch, gemeiner Bruch oder Prozentangabe, wurde nicht unterschieden. Jede dieser Darstellungsformen wurde als korrekt akzeptiert, da diese erkennen ließen, dass die Schüler:innen die Aufgabe richtig gelöst hatten. Da ausschließlich die *finalen* Lösungen der Schüler:innen ausgewertet werden, geht dies mit einem gewissen Informationsverlust über richtige Teilschritte einher. Die Testhefte waren zwar so gestaltet, dass die Schüler:innen ihren Lösungsweg dokumentieren konnten. In der Nachbetrachtung zeigte sich jedoch, dass diese Verschriftlichungen häufig unvollständig oder wenig aussagekräftig waren. Eine detaillierte Analyse der Lösungswege wäre daher nur für einen Teil der Stichprobe möglich gewesen und wurde aus Gründen der Vergleichbarkeit nicht weiterverfolgt.

9.5 Testheftvarianten

Bei der Zusammenstellung des Vor- bzw. Nachtests wurde aus motivationalen Gründen auf die Reihenfolge der Items geachtet. Ziel war es, eine Teststruktur zu gestalten, dass die Schüler:innen die Testhefte vollständig bearbeiten. Es sollte weitestgehend verhindert werden, dass Schüler:innen frühzeitig (frustriert) aufgeben, wenn sie beispielsweise Schwierigkeiten bei der Bestimmung bedingter Wahrscheinlichkeiten haben. Dies ist vor dem Hintergrund relevant, dass in vergleichbaren Testsituationen zu bedingten Wahrscheinlichkeiten teilweise sehr geringe Lösungsquoten festgestellt wurden (z. B. McDowell & Jacobs, 2017; Weber et al., 2018).

Oftmals sind Leistungstests nach aufsteigender Schwierigkeit sortiert und der Einstieg übernimmt eine sogenannte „Eisbrecherfunktion“ (Moosbrugger & Kelava, 2020, S. 68). Dies hätte zur Folge, dass sich die schwierigsten Items am Ende des Testheftes befinden. Es ist davon auszugehen, dass am Ende der Testzeit die Konzentration nachlässt. Es bietet sich also an, dass eine rein lineare Anordnung aufgebrochen wird und schwierige Items auch schon früher angeboten werden (vgl. Moosbrugger & Kelava, 2020, S. 68). Hierfür kann ein *Sägezahndesign* genutzt werden. Dieses sieht vor, dass der Test in 10- bis 15-minütige Itemblöcke unterteilt ist, innerhalb derer die Itemschwierigkeit stets ansteigt. Nach jedem Block folgt erneut ein leichteres Item als Einstieg in den nächsten Abschnitt. Ziel des Sägezahndesigns ist, die Motivation über den gesamten Testverlauf hinweg aufrechtzuerhalten und gleichzeitig sicherzustellen, dass anspruchsvollere Items auch in Phasen höherer Konzentration bearbeitet werden können. Ein solches Vorgehen ist beispielsweise bei den VERA-8 Testheften etabliert (Drüke-Noe, 2012).

Die Bestimmung der Itemreihenfolge geht davon aus, dass die Schüler:innen ein Testheft linear bearbeiten. In der Testsituation war jedoch freigestellt, in welcher Reihenfolge sie sich mit den Items befassen, sodass sich ebenso individuelle Bearbeitungswege der Testhefte ergeben können.

Zusätzlich wurden für den Vor- und Nachtest jeweils zwei Testversionen (A und B) erstellt, die sich lediglich in der Reihenfolge der Items bzw. der Itemblöcke unterscheiden. Durch den Einsatz beider Versionen konnten potenzielle Positions- oder Reihenfolgeneffekten kontrolliert werden (Rost, 2004, S. 69 f.). Die Aufteilung der Items in diese Testversionen und in die Itemblöcke erfolgte auf Basis der Pilotierung und Erfahrungswerten. Die tatsächliche Umsetzung des Sägezahndesigns wird im Ergebnisteil auf Grundlage der empirisch geschätzten Itemschwierigkeiten überprüft (vgl. Abschnitt 13.1.2).

9.6 Sonstige Items

Die bisherigen Beschreibungen beziehen sich auf diejenigen Items, welche die Leistung der Schüler:innen messen sollen. Diese Items zeichnen sich dadurch aus, dass stets eine Aufgabe zum Themenkomplex bedingter Wahrscheinlichkeiten bearbeitet werden soll. Neben diesen Items enthalten die Testhefte weitere Items (vgl. Repositorium Brnic, 2025), welche zur Beschreibung der Stichprobe oder als Kontrollvariable genutzt werden können und damit als Prädiktoren in der Datenanalyse (Döring, 2023, S. 202).

So wurden zum ersten Testzeitpunkt demografische Merkmale (Alter, Geschlecht, Schulform) sowie die Mathematiknote des letzten Zeugnisses erhoben, um Hintergrundinformationen über die Stichprobe zu erhalten. Zudem handelt es sich hierbei um typische Variablen, die in anderen Studien wiederholt als bedeutsame Einflussfaktoren auf Kompetenzentwicklungen identifiziert wurden (vgl. Beckschulte, 2019; Brnic et al., 2024; de Vries, 2021; Frenken, 2022; Hankeln, 2019; Reinhold, 2019). Da lediglich Schüler:innen in die Datenanalyse einbezogen werden sollten, die während der Intervention mindestens zur Hälfte teilgenommen hatten, wurde im Nachtest erfasst, in wie vielen Stunden der Unterrichtsreihe die Person anwesend war (Item *Anwes*).

Da sich die Unterrichtsreihe auf mehrere Tage erstreckte, bestand zudem die Möglichkeit, dass die Schüler:innen außerhalb der Unterrichtszeit mit dem digitalen oder analogen Schulbuch nacharbeiteten. Deshalb wurde erhoben, ob und wie häufig sie auf das Material zusätzlich zugriffen (Items *zuHaus* / *zuHaus_Ja* und *Gedr* / *Gedr_Ja*)

Die Orientierung an schulinternen Vorgaben führte dazu, dass die Durchführung der Unterrichtsreihe zu unterschiedlichen Zeitpunkt im Schuljahr stattfand. Entsprechend konnten sich die Vorerfahrungen mit dem Net-Mathebuch unterscheiden, insbesondere wenn die Reihe früh im Schuljahr lag. Um dies zu berücksichtigen, wurden die Vorerfahrungen mit dem Net-Mathebuch der Schüler:innen abgefragt (Item *N3_Vor*).

Aufgrund dessen das KomNetMath-Design oftmals Phasen des selbstständigen Arbeitens vorsieht, wurde zudem erhoben, inwiefern die Schüler:innen bereits Erfahrung mit selbständigen und eigenverantwortlichem Arbeiten im Mathematikunterricht hatten (Item *N4_Vor*).

Zur Quantifizierung solcher Häufigkeiten, die sich auf Zeitraum vor der Intervention beziehen, kam eine fünfstufige Skala zum Einsatz („nie, selten, gelegentlich, häufig, immer"). Wenn nach Häufigkeitsangaben gefragt wurde, die sich auf den Interventionszeitraum beziehen, sollte eine konkrete Zahl angegeben werden. Da es sich bei diesen Angaben um Selbstberichte handelte, ist bei der Interpretation eine mögliche Verzerrung durch subjektive Einschätzungen zu berücksichtigen. In Abschnitt 10.1 wird ausführlich auf die Rolle von Kontrolltechniken im Rahmen der Studiendurchführung eingegangen.

An beiden Messzeitpunkten wurden noch weitere Items eingesetzt (vgl. Repositorium Brnic, 2025), darunter beispielsweise Items zur außerunterrichtlichen Gerätenutzung, die von de Vries (2021) übernommen wurden. Diese Items waren für das Gesamtprojekt relevant, spielen jedoch für die hier dargestellte Studie keine Rolle und werden daher im Folgenden nicht weiter berücksichtigt.

10 Durchführung der Studie

Nach der Entwicklung des Messinstruments und des KomNetMath-Designs wurde die Untersuchung zur Beantwortung der Forschungsfragen an mehreren Projektschulen durchgeführt. Dieses Kapitel beschreibt die übergeordneten Abläufe und Rahmenbedingungen der Durchführung. Da es sich um eine Feldstudie handelt, kamen diverse Kontrolltechniken zum Einsatz (Abschnitt 10.1). Inwiefern die Intervention wie geplant umgesetzt wurde, wird im Kapitel zur Treatment Fidelity eruiert (Abschnitt 10.2). Ein wesentlicher Aspekt in der Durchführung war eine faire Aufteilung der Schüler:innen in die Digitale und Analoge Gruppe. Das hierzu entwickelte Verfahren wird in Abschnitt 10.3 vorgestellt.

In den Schuljahren 2020/21 und 2021/21 fand die Haupterhebung der Studie statt.[1] Aufgrund zwischenzeitlicher, pandemiebedingter Schulschließungen gab es im Schuljahr 2020/21 eine zusätzliche Durchführung mit drei Kursen ($N_{Distanz} = 63$) im Distanzunterricht. Da im Folgenden insbesondere der Vergleich zwischen digitalem und analogen Schulbuch unter parallelen Bedingungen

[1] Der ursprünglich terminierte Beginn der Haupterhebung (Februar 2020) musste aufgrund pandemiebedingter Schulschließungen verschoben werden. Mit drei Kursen konnte eine Durchführung begonnen, aber nicht abgeschlossen werden. Die Erfahrungen konnten zumindest für eine weitere Detailanpassung der Testinstrumente und der Unterrichtsreihe genutzt werden.

M. Brnic, *Digitales versus analoges Schulbuch*, Studien zur theoretischen und empirischen Forschung in der Mathematikdidaktik,
https://doi.org/10.1007/978-3-658-52464-7_10

interessiert, wird diese Untersuchungsgruppe im Folgenden nicht weiter betrachtet. Auswirkungen des Net-Mathebuch-Einsatzes im Distanzunterricht werden bei Brnic & Greefrath (2022a) diskutiert.

Den teilnehmenden Mathematikkursen und ihren Lehrkräften stand das Net-Mathebuch für das jeweilige Schuljahr vollständig zur Verfügung. Der Zeitpunkt der Unterrichtsreihe zu bedingten Wahrscheinlichkeiten wurde zu Beginn des Schuljahres mit den Lehrkräften abgesprochen, da dieser sich am schulinternen Curriculum orientieren sollte. Bis zur eigentlichen Studiendurchführung erhielten die Lehrkräfte keine verbindlichen Vorgaben zum konkreten Einsatz des Net-Mathebuchs. Sie wurden lediglich angewiesen, das Net-Mathebuch möglichst regelmäßig zu nutzen, damit die Schüler:innen mit der Handhabung vertraut waren. Zudem hatten alle beteiligte Lehrkräfte mindestens an einer Fortbildung teilgenommen, sodass diese mit der Gestaltung und den Einsatzmöglichkeiten des Schulbuchs vertraut sein sollten.

Etwa zwei bis drei Wochen vor der Durchführung fand mit der jeweiligen Lehrkraft ein Gespräch statt, um organisatorische Aspekte und offene Fragen der Lehrkräfte zu besprechen. Dadurch sollte ein möglichst reibungsloser Ablauf gewährleistet sein. Bereits vor diesem Gespräch erhielten die Lehrkräften die Verlaufspläne und die wichtigsten organisatorischen Aspekte (z. B. zur Raumplanung) per E-Mail gesendet.

Die Tests und die Unterrichtsreihe wurden während der regulären Mathematikschulstunden konsekutiv durchgeführt. Bei der Planung wurde darauf geachtet, dass der Vortest und die erste Einheit nicht am gleichen Tag erfolgten, sodass ein Zeitrahmen für die Aufteilung in beide Untersuchungsgruppen zur Verfügung stand. Aufgrund der Stundenstruktur an den Schulen hatte dies zugleich die Konsequenz, dass auch der Nachtest nicht am gleichen Tag wie die letzte Unterrichtseinheit der Reihe stattfand. Ein methodischer Nachteil dieses Studiendesigns besteht darin, dass Schüler:innen an einem der Messzeitpunkte oder während der Intervention teilweise ausfallen können.

Unmittelbar vor Beginn des Vortests wurden die Schüler:innen zudem über den konkreten Ablauf der Studie durch die begleitenden Wissenschaftler:innen informiert. Dabei wurde besonders hervorgehoben, dass ihnen durch die Zuteilung zu einer Gruppe keine inhaltlichen Nachteile entstehen, da alle Teilnehmenden die gleichen Aufgaben in identischer Abfolge bearbeiten und sich lediglich die Materialform (digital vs. analog) unterscheidet. Den Schüler:innen und ihren Erziehungsberechtigten waren die Projektziele und die Durchführung von Untersuchungen bereits ab Schuljahresbeginn bekannt, sodass das Einverständnis bis zum Vortest eingeholt war. Außerdem wurden die Schüler:innen darauf verwiesen, dass durch die Pseudonymisierung ihrer Daten keine unmittelbaren

Rückschlüsse auf sie geführt werden können. Die Schüler:innen erstellten im Vor- und Nachtest einen Code, sodass diese einander zuordenbar sind. Diese Codes wurden später in anonyme und zufällige IDs für die weitere Datenaufbereitung und Nutzung überführt.

Zur Sicherstellung der Durchführungsobjektivität wurden beim Vor- und Nachtest standardisierte Testanweisungen verwendet und die Unterrichtsreihe mit festgelegten Verlaufsplänen durchgeführt (vgl. Repositorium Brnic, 2025). Ergänzend wurden mehrere Kontrolltechniken angewandt, die im Folgenden vorgestellt werden.

10.1 Kontrolltechniken

Damit Effekte auf den Einsatzes des digitalen Schulbuchs bzw. des analogen Schulbuchs in diesem Studiendesign zurückgeführt werden können, müssen in einem solchen quasi-experimentellen Setting Maßnahmen getroffen werden, um den Einfluss etwaiger Störvariablen auszuschließen oder zumindest zu minimieren. Dies ist insbesondere in der hier vorgestellten Studie relevant, da mit bestehenden Mathematikkursen im regulären Schulalltag gearbeitet wurde und somit Einflüsse durch Lehrkräfte, Schulen oder Schulformen als potenzielle Störfaktoren wirken können. Es wurden mehrere Kontrolltechniken eingesetzt, sodass die interne Validität der Studie erhöht wird.[2]

Prinzipiell lassen sich Störvariablen in *personengebundene* und *untersuchungsgebundene* Störvariablen unterscheiden (Döring, 2023, S. 199). Personengebundene Störvariablen beziehen sich auf individuelle Voraussetzungen und Merkmale der Teilnehmenden, wie beispielsweise die Motivation oder die Vorerfahrungen. So könnte es sein, dass Schüler:innen abhängig von ihrer Zuteilung in die Digitale oder Analoge Gruppe motivierter sind oder auf unterschiedliche Weise bereits mit dem Net-Mathebuch vertraut sind. Für den Umgang mit personengebundenen Störvariablen nennt Döring (2023, S. 202) verschiedene Strategien, darunter das *Konstanthalten* von Störvariablen in den Untersuchungsbedingungen, die *Parallelisierung* bzw. das *Matching* von Stichproben und der Einbezug von Störvariablen in die statistische Analyse. Untersuchungsgebunde Störvariablen ergeben sich aus den Rahmenbedingungen der Untersuchung,

[2] In der Literatur sind diverse Auflistungen zu finden, auf welche Weise der Einfluss von irrelevanten Faktoren kontrolliert werden kann, z. B. bei Döring (2023) oder Huber (2019). So kann bereits die Nutzung einer Messwiederholung als Kontrolltechnik eingestuft werden. In diesem Abschnitt wird auf die weiteren wesentlichen Kontrolltechniken dieser Studie eingegangen.

etwa unterschiedliche Endgeräte, der Uhrzeit der Unterrichtsstunden oder der Schulzugehörigkeit. Solche Störvariablen können nach Döring (2023, S. 203) durch *Ausschalten, Konstanthalten* oder *Registrieren* kontrolliert werden. An diese Empfehlungen anknüpfend, wurden mehrere Maßnahmen systematisch umgesetzt.

Die Aufteilung der Kurse in die Digitale und Analoge Gruppe erfolgte mit einem Parallelisierungsverfahren, um möglichst vergleichbare Gruppen zu schaffen (vgl. Abschnitt 10.3). Während der Intervention arbeiteten beide Gruppen in separaten Räumen, um gegenseitige Beeinflussungen zu reduzieren. Zusätzlich wurde die Reihenfolge, in der die Lehrkraft zuerst eine der beiden Gruppen unterrichtete, über alle Mathematikkurs hinweg zufällig festgelegt. Um zentrale Rahmenbedingungen konstant zu halten, wurden ausschließlich Kurs aus derselben Jahrgangsstufe (Einführungsphase) einbezogen und identische Verlaufspläne, Manuals und Materialien verwendet. Die Durchführung fand an der jeweiligen Schule im gewohnten Unterrichtsumfeld statt. Der Vor- und Nachtets wurde mit dem gesamten Mathematikkurs durchgeführt, wobei die beiden Testversionen (A und B) innerhalb der Kurse zufällig verteilt wurden, um Positions- und Reihenfolgeeffekte zu vermeiden. Weitere potenzielle Störvariablen wurden mithilfe der Tests registriert, zum Beispiel die Vorerfahrungen mit dem Net-Mathebuch oder dem selbstständigen Arbeiten (vgl. Abschnitt 9.6). Diese können in der statistischen Auswertung berücksichtigt oder zumindest deskriptiv beschrieben werden.

Da aus jedem Mathematikkurs Schüler:innen beiden Untersuchungsgruppen zugeordnet wurden, galten für diese vergleichbare Bedingungen, wodurch der Einfluss untersuchungsbedingter Störvariablen zusätzlich reduziert werden konnte. An dieser Stelle bleibt jedoch noch offen, ob die Unterrichtsreihe tatsächlich auf geplante Weise umgesetzt wurde. Auf diesen Aspekt geht das folgende Kapitel ein.

10.2 Treatment Fidelity

Unter *Treatment Fidelity* wird das Ausmaß verstanden, zu welchem eine Intervention gemäß dem vorgesehenen Ablauf umgesetzt wurde (Sanetti et al., 2021).[3] Treatment Fidelity ist ein entscheidender Aspekt für die Validität einer Studie (O'Donnell, 2008; Sanetti et al., 2021), da sonst offen bleibt, inwiefern das Treatment tatsächlich stattgefunden hat oder es sich um eine unkontrollierte „Black Box" handelt (Döring, 2023, S. 976). Eine Messung oder Einschätzung der Treatment Fidelity ist insbesondere für die Interpretation von Studienergebnissen relevant. Erst dann lässt sich beurteilen, ob beobachtete Effekte auf die Intervention selbst *oder* auf eine unzureichende Umsetzung der Intervention zurückzuführen sind (Sanetti et al., 2021). Beispielsweise konnte O'Donnell (2008) konnte in einem Review aufzeigen, dass eine höhere Treatment Fidelity mit besseren Ergebnissen der Intervention („outcome") in einem Zusammenhang stehen. Die Berücksichtigung der Treatment Fidelity ist dabei nicht nur für die wissenschaftliche Ergebnisinterpretation von Bedeutung, sondern ebenso für die Unterrichtspraxis. So sollten Lehrkräfte bei der Übernahme bereits erprobter Unterrichtskonzepte prüfen, inwieweit sie diese tatsächlich wie vorgesehen umsetzen, um deren Wirksamkeit sicherzustellen.

Sanetti et al. (2021) schlagen vor, die Einhaltung eines Treatments aus vier Perspektiven zu untersuchen, die eine inhaltsbezogene, einer umfangsbezogene und eine prozessbezogene Dimension abbilden (vgl. Tabelle 10.1).

Die einzelnen Aspekte können durch verschiedene Erhebungsmethoden wie Selbstberichte, Beobachtungen, Analyse der Lernprodukte oder Interviews geprüft werden (O'Donnell, 2008; Sanetti et al., 2021). In der hier durchgeführten Studie wurden entsprechende Prüfungsmaßnahmen getroffen, um die tatsächliche Einhaltung des Treatments beschreiben zu können.

[3] Es gibt für dieses Konzept keinen einheitlichen Begriff im deutschen oder englischen Sprachraum. Statt „Treatment Fidelity" wird international oftmals auch von „implementation fidelity", „program fidelity / integrity" gesprochen. Im deutschsprachigen Raum werden die Begriffe „Umsetzungskonformität", „Programmtreue oder „Implementierungstreue" genutzt (Döring, 2023, S. 976), aber auch Begriffe wie „Manualtreue" oder Ausführungsintegrität". In mathematikdidaktischen Dissertationen werden vergleichbare Aspekte teilweise auch unter dem Aspekt „Treatmentkontrolle" gesetzt (vgl. (vgl. Beckschulte, 2019; de Vries, 2021; Frenken, 2022; Hankeln, 2019; Wess, 2020).

Tabelle 10.1 Teilaspekte der Treatment Fidelity

Aspekt	Definition	Dimension
Adherence	"The extent to which the intervention steps were implemented as planned."	Inhalt
Dosage	"The frequency with and duration for which an intervention was delivered."	Umfang
Exposure	"The frequency with and duration for which a recipient received the intervention."	Umfang
Quality	"How well intervention steps were implemented."	Prozess

Anmerkung. Zitiert und adaptiert von Sanetti et al. (2021, S. 6).

Zur Erhebung der *Adherence* wurde den Schülerinnen und Schülern ein sogenannter „Laufzettel" (vgl. Repositorium Brnic, 2025) zur Verfügung gestellt, auf dem alle vorgesehenen Aufgaben der Unterrichtsreihe tabellarisch aufgelistet waren. Die Lernenden sollten dort ankreuzen, welche Aufgaben sie bearbeitet hatten.[4] Das Ausfüllen des Laufzettels und die Abgabe nach der Unterrichtsreihe an das Forschungsteam war freiwillig. Insgesamt wurden 98 Laufzettel abgegeben, auf denen durchschnittlich 87,13 % (Median 94,90 %) der vorgesehenen Aufgaben als bearbeitet markiert wurden. Dieses Ergebnis wird, in Anlehnung an Sanetti et al. (2021), als hohe Adherence interpretiert. Ergänzend wurden regelmäßige Reflexionsgespräche mit den Lehrkräften nach jeweils ein bis zwei Unterrichtsstunden geführt, um Abweichungen vom geplanten Ablauf zu identifizieren. Dabei zeigten sich keine nennenswerten Abweichungen.

Die *Dosage*, d. h. die Dauer und Länge der Intervention, war durch das KomNetMath-Studiendesign bereits weitgehend vorgegeben. Die Schüler:innen sollten die gleiche Anzahl an Unterrichtsstunden sowie die gleiche Anzahl an Aufgaben bearbeiten. Es ist jedoch nicht auszuschließen, dass die Schüler:innen auch außerhalb des Unterrichts, z. B. zuhause zur Vor- oder Nachbearbeitung das (digitale oder analoge) Net-Mathebuch nutzten. Zur Kontrolle sollten die Schüler:innen im Nachtest berichten, wie oft sie außerhalb der Unterrichtsstunden mit dem Net-Mathebuch arbeiteten (vgl. Abschnitt 9.6).

[4] Dieser Laufzettel bot die Möglichkeit, für jede Aufgabe eine Selbsteinschätzung zur wahrgenommenen Schwierigkeit vorzunehmen („zu leicht", „genau richtig", „zu schwer"). Die Einschätzung war in erster Linie für die Schüler:innen selbst gedacht, damit sie diese als Übersicht über eigene Lernhürden/stärken, beispielsweise für die nächste Klausur, nutzen konnten. Diese Einschätzung steht nicht im vordergründigen Forschungsinteresse und wird hier nicht weiter berücksichtigt.

Um Aussagen über die *Exposure* zu treffen, also die Häufigkeit, wie oft oder wie lange jemand die Intervention erfahren hat, wurden ebenfalls Selbstberichte im Nachtest genutzt. Im diesem gaben die Schüler:innen an, in wie vielen Unterrichtsstunden der Reihe sie anwesend waren. Schüler:innen, die an weniger als 60 % der Stunden teilgenommen haben, wurden bei der Datenanalyse ausgeschlossen (vgl. Abschnitt 11.1). Es wird davon ausgegangen, dass sie das Treatment dann nicht in ausreichendem Maße erfahren haben. Damit wurde gewährleistet, dass sie mindestens eine der beiden ersten Unterrichtseinheiten der Intervention durchlaufen hatten.

Die *Quality* der Durchführung wurde nicht systematisch erfasst. Da die Qualität der Durchführung insbesondere von den Lehrkräften abhängig ist, beispielsweise auf welche Weise sie mit den Schüler:innen interagierten, sind hier Unterschiede zwischen den Lehrkräften zu erwarten. Die Zuordnung der Schüler:innen zu einer Lehrkraft bzw. einem Mathematikkurs wurde statistisch erfasst und kontrolliert (vgl. Abschnitt 13.2). Die Unterrichtsstunden waren jedoch so konzipiert, dass selbstständiges Arbeiten im Vordergrund stand und der Einfluss der Lehrkraft bzw. der begleitenden Person aus dem Forschungsteam minimiert wurde. Die einheitlichen Verlaufspläne sollten die Konsistenz der Umsetzung gewährleisten. Hierbei war der designbedingte Wechsel zwischen Lehrkraft und wissenschaftlicher Begleitung nach 45 Minuten vorteilhaft, wodurch die Einhaltung der vorgegeben Struktur zusätzlich sichergestellt wurde. Rückmeldungen der Lehrkräfte sowie der begleitenden Forschenden bestätigten, dass die Stunden im Wesentlichen wie geplant durchgeführt wurden. In den Stunden, die durch das Forschungsteam begleitet wurden, wurde die Durchführung über alle Gruppen hinweg konstant umgesetzt.

Aus Gründen der Komplexitätsreduktion sowie aus ethischen und datenschutzrechtlichen Erwägungen wurde auf eine durchgehende Video- oder Bildschirmaufzeichnung sowie dem Sammeln von Prozessdaten verzichtet, die weitere Aussagen über die Treatmentdurchführung ermöglicht hätten.[5]

Technische Probleme, die zu einem Ausfall des digitalen Schulbuchs führten, traten nicht auf. Um Anmeldeprobleme zu entgehen und zur Unterstützung der wissenschaftlichen Nachvollziehbarkeit, wurde mit der Redaktion des Net-Mathebuchs vereinbart, dass das Kapitel zu bedingten Wahrscheinlichkeiten frei zugänglich ist.

---

[5] Im Einzelfällen wurden im Rahmen von Masterarbeiten exemplarische Bildschirmaufnahmen für qualitative Untersuchungszwecke durchgeführt (Enste, 2019; Hübner, 2021; Reese, 2020; Schäfer, 2021).

10.3 Aufteilung der Untersuchungsgruppen

Auch unter der Voraussetzung, dass das Treatment in der Digitalen und Analogen Gruppe bestmöglich umgesetzt wird, sollten Effektunterschiede letztendlich nicht von der Zusammenstellung und den Leistungsunterschieden einzelner Mathematikkurse abhängig sein. Dementsprechend wurde die Idee verfolgt, dass Schüler:innen aus jedem Kurs in beiden Untersuchungsgruppen vertreten sind. Somit wurde jeder teilnehmende Kurs in zwei vergleichbare Gruppen aufgeteilt wird, in der eine Hälfte als Digitale Gruppe und die andere Hälfte als Analoge Gruppe unterrichtet wurde.

Da die Mathematikkurse der Oberstufe oft nur wenige Personen umfassten (hier: 10–26 Schüler:innen), bot sich eine Gruppenteilung mithilfe einer Parallelisierung an, die sich vor allem für kleine Versuchsbedingungen eignet (Döring, 2023; Huber, 2019). Ziel einer Parallelisierung ist es, Gruppen zu bilden, die sich in bestimmten Merkmalen ähneln. Hierfür kann ein im Vortest erhobenes Merkmal genutzt werden, z. B. die Leistung, das Alter oder das Geschlecht. Maßgeblich für eine Entscheidung, nach welchen Merkmalen aufgeteilt wird, ist, welche Variablen als potenzielle Störvariable vermutet werden und gleichzeitig praktikabel in der Studiendurchführung berücksichtigt werden können. Letzterer Aspekt war von besonderer Bedeutung, da zwischen Vortest und erster Unterrichtsstunde nur ein kleiner Zeitraum lag. Zudem sollten die Schüler:innen bereits vor der ersten Unterrichtseinheit darüber informiert sein, welcher Gruppe sie zugeteilt sind, um Verzögerungen im Ablauf zu vermeiden und direkt mit der ersten Stunde beginnen zu können.

Da in dieser Studie insbesondere die Leistung der Schüler:innen im Fokus steht, sollten zum Startzeitpunkt vergleichbar leistungsstarke Untersuchungsgruppen vorliegen. Dieses Vorgehen sollte zudem sicherstellen, dass innerhalb eines Mathematikkurses sowohl die Digitale als auch Analoge Gruppe im gleichen Tempo unterrichtet werden konnten, die Lehrkraft in beiden Untersuchungsgruppen vergleichbare Bedingungen vorfand und keine Decken- oder Bodeneffekte durch die Aufteilung entstanden. Der Aufteilungsprozess orientierte sich an einem von Vorschlag von Huber (2019).

Die Aufteilung erfolgte auf Basis der kompetenzbasierten Vortest-Items zum Themenkomplex der bedingten Wahrscheinlichkeiten (vgl. Abschnitt 9.4), wobei zunächst eine Rangordnung der Schüler:innen erstellt wurde. Dabei wurden die Items mit richtig/falsch (1/0) kodiert. In der Pilotierung stellte sich jedoch heraus, dass aufgrund der geringen Itemanzahl häufig mehrere Schüler:innen eines Kurses die gleiche Anzahl korrekter Lösungen erzielten. Die Pilotierung verdeutlichte zugleich, dass die Items unterschiedliche Schwierigkeitsgrade aufwiesen

(Brnic, 2020). Da für die spätere Analyse Personenfähigkeiten unter Berücksichtigung von Itemschwierigkeiten mithilfe des Rasch-Modells geschätzt werden (vgl. Abschnitt 11.2), wurde für die Gruppenaufteilung eine vereinfachte Vorgehensweise gewählt, welche Unterschiede zwischen Schüler:innen auf Basis der Itemschwierigkeiten abbildet und sich schnell umsetzen lässt.

Deswegen wurden für jede:n Schüler:in ein *gewichteter Gesamtscore* gebildet. Dieser berücksichtigt, dass Items unterschiedliche Schwierigkeiten aufweisen können. Die Schwierigkeit eines Items wurde über den Anteil der Personen bestimmt, die es korrekt beantwortet haben, d. h. mithilfe der Lösungswahrscheinlichkeit innerhalb eines Kurses. Ein Item, welches von wenigen Schüler:innen korrekt gelöst wurde, gilt als schwieriger, sodass die korrekte Lösung eines solchen Items höher gewichtet wurde. Die konkrete Bildung des gewichteten Gesamtscores und der anschließende Aufteilungsalgorithmus werden im Folgenden erläutert.

Zuerst wurde für jedes Item i die Lösungswahrscheinlichkeit

$$S_i = \frac{\text{Anzahl richtiger Antworten fü r Item } i}{\text{Gesamtanzahl der Personen eines Kurs}}$$

berechnet. Ein niedriger Wert S_i weist dabei auf ein schwierigeres Item hin. Items mit einer Lösungswahrscheinlichkeit von $S_i = 0$ wurden für die Gewichtung ausgeschlossen, da sie von keiner Person innerhalb eines Kurses korrekt bearbeitet wurden und somit keine Differenzierung zwischen den Testpersonen ermöglichen. Das Gewicht w_i eines Items wird als Kehrwert der Lösungswahrscheinlichkeit angenommen:

$$w_i = \frac{1}{S_i}$$

Damit erhielten selten korrekt gelöste Items ein höheres Gewicht als leicht lösbare Items. Für jede Person n wurde anschließend ein gewichteter Gesamtscore W_n berechnet:

$$W_n = \sum_{i=1}^{11} (x_{in} \cdot w_i)$$

Dabei stellt $x_{in} \in \{0, 1\}$ das Antwortverhalten (1 = richtig, 0 = falsch) einer Person n für ein Item i dar.[6] Höhere Werte für W_n deuten somit auf eine höhere Vortestleistung hin. Zuerst wurden die Schüler:innen kursweise und absteigend nach ihrem gewichteten Gesamtscore W_n sortiert. Beispielwerte sind in Tabelle 10.2 illustriert.

Tabelle 10.2 Beispielrangliste mit gewichteten Gesamtscores

Schüler/in	Gewichteter Gesamtscore
ID 1	6,7
ID 2	5,6
ID 3	4,4
ID 4	3,9
ID 5	2,6
ID 6	1,8
...	...

Falls Schüler:innen einen gleichen Gesamtscore hatten, wurden diese in eine zufällige Reihenfolge gebracht. Anschließend wurden jeweils benachbarte Personen in der Rangliste zu Paaren zusammengefasst (ID 1 & ID 2, ID 3 & ID 4 usw.). Somit wurden vergleichbar leistungsstarke Schüler:innen einander zugeordnet. Solch eine Zuordnung führt zu sogenannten *matched samples*. Die Person mit dem höchsten Gesamtscore wurde zufällig in die Digitale oder Analoge Gruppe eingeteilt. Die nachfolgende Person des Paares wurde dann in die jeweils andere Gruppe eingeordnet. Bei dem folgenden Paar fand dann stets eine umgekehrte Zuteilung statt, um einer Verzerrung des Mittelwertes zugunsten einer Gruppe entgegenzuwirken. Jedes Paar konnte auf diese Weise in die Digitale und Analoge Gruppe aufgeteilt werden. Eine solche Aufteilung auf Basis der Beispielwerte ist in Tabelle 10.3 dargestellt.

[6] Das Item Fernsehserie wurde zur Komplexitätsreduktion ebenfalls nur dichotom kodiert. Für die spätere Rasch-Analyse wurde dies polytom kodiert.

Tabelle 10.3 Aufteilung (matched samples) auf Basis gewichteter Gesamtscores

Digitale Gruppe	Gewichteter Gesamtscore	Analoge Gruppe	Gewichteter Gesamtscore
ID 1	6,7	ID 2	5,6
ID 4	3,9	ID 3	4,4
ID 5	2,6	ID 6	1,8
...			

Da es sich in jedem Mathematikkurs um verhältnismäßig wenige Paare handelte, zeigte sich in der Pilotierung, dass es zu Aufteilungen kam, bei denen beispielsweise nur ein einziges Mädchen (bzw. ein einziger Junge) der Digitalen bzw. Analogen Gruppe zugewiesen wurde. Den Schüler:innen der Pilotierung fiel es teilweise noch schwer, sich in einer andersgeschlechtlich dominierten Gruppe wohlzufühlen. Spätere Teilergebnisse deuten auch darauf hin, dass Jungen und Mädchen unterschiedlich mit dem digitalen Schulbuch bzw. mit der analogen Adaption arbeiteten (Brnic et al., 2024). Um eine ungleiche Geschlechterverteilung zu vermeiden, wurde entsprechend das Geschlecht bei der Verteilung berücksichtigt.

Damit die Geschlechterverteilung möglichst ausgeglichen wird, wurde für die Aufteilung ein Minimalisierungsalgorithmus verwendet. Dabei erfolgte die Zuweisung der Schüler:innen so, dass die absolute Differenz der Anzahl von Jungen und Mädchen zwischen den Gruppen minimiert wurde.[7] In diesen Fällen hatte die Ausgeglichenheit Vorrang vor dem gewichteten Gesamtsore. Im Vergleich der Tabelle 10.3 und der Tabelle 10.4 wird dies ersichtlich. Das Mädchen des dritten Paares wurde in Tabelle 10.4 so zugeteilt, dass nach der Zuweisung in beiden Gruppen gleich viele Mädchen und Jungen vertreten sind.

[7] Eine alternative Möglichkeit bestünde darin, die Aufteilung getrennt nach Geschlechtern vorzunehmen und innerhalb der jeweiligen Teilgruppen (z. B. Jungen und Mädchen) *matched samples* zu bilden. Aufgrund der teilweise geringen Kursgrößen und ungleichen Geschlechterverteilung hätte dieses Vorgehen jedoch zu kleinen oder unausgeglichenen Teilgruppen geführt, wodurch die leistungsmäßige Vergleichbarkeit der gebildeten Paare beeinträchtigt worden wäre. Die gewählte Kombination aus leistungsbasiertem Matching und anschließender Minimalisierung der Geschlechterverteilung erwies sich daher als praktikablere und ausgewogenere Lösung.

Tabelle 10.4 Aufteilung in die Untersuchungsgruppen unter zusätzlicher Berücksichtigung des Geschlechts

Digitale Gruppe	Geschlecht	Gewichteter Gesamtscore	Analoge Gruppe	Geschlecht	Gewichteter Gesamtscore
ID 1	m	6,7	ID 2	m	5,6
ID 4	m	3,9	ID 3	w	4,4
ID 6	w	1,8	ID 5	m	2,6
...					

Wenn das Kriterium der Geschlechterausgeglichenheit nicht relevant war, erfolgte die Zuweisung weiterhin nach dem zuvor beschriebenen Algorithmus. Die leistungsstärkere Person eines Paares wird der Gruppe zugeordnet, in der sich vom vorherigen Paar die leistungsschwächere Person befand. In Tabelle 10.5 wird die Fortführung dieser Aufteilung aufgezeigt. Im Beispiel wird vom vierten Mädchen-Paar die Person ID 7 in die Digitale Gruppe einsortiert, da im vorherigen Paar die leistungsschwächere Person (ID 5) ebenfalls in die Digitale Gruppe eingeteilt wurde. Schüler:innen, die kein Geschlecht oder divers als Geschlecht angaben, wurden nur auf Basis des gewichteten Gesamtscores einsortiert.

Tabelle 10.5 Fortführung der Gruppenaufteilung mithilfe gewichteter Gesamtscores

Digitale Gruppe	Geschlecht	Gewichteter Gesamtscore	Analoge Gruppe	Geschlecht	Gewichteter Gesamtscore
ID 1	m	6,7	ID 2	m	5,6
ID 4	m	3,9	ID 3	w	4,4
ID 6	w	1,8	ID 5	m	2,6
ID 7	w	1,5	ID 8	w	1,2
...					

Inwiefern der Aufteilungsprozess zu einer tatsächlich vergleichbaren Digitalen und Analogen Gruppen geführt hat, wird durch die Datenanalyse überprüft (vgl. Kapitel 12). Auf die in dieser Untersuchung genutzten Datenanalyseverfahren wird im Folgenden eingegangen. Dabei wird insbesondere erläutert, wie die Vor- und Nachtestergebnisse zur Beantwortung der Forschungsfragen analysiert werden.

11 Datenanalyseverfahren

Auf welche Weise die erhobenen Daten aus der Studiendurchführung analysiert werden, wird in diesem Kapitel erläutert. Ausgangspunkt bildet die Datenaufbereitung, in der die erhobenen Rohdaten so strukturiert werden, dass sie für weitere Analysen genutzt werden können (Abschnitt 11.1). Darauf aufbauend folgt die Skalierung der Daten mithilfe des ordinalen Rasch-Modells (Abschnitt 11.2). Einerseits wird durch dieses Verfahren die Messqualität des Instruments geprüft, andererseits ermöglicht dieses die Schätzung von Item- und Personenfähigkeitsparameter auf einer gemeinsamen, intervallskalierten Skala. Die Personenfähigkeitsparameter sind als abhängige Variable für die Beantwortung der Forschungsfragen entscheidend. Es werden die Grundlagen des ordinalen Rasch-Modells skizziert und die Annahmen und Eigenschaften erläutert. Außerdem wird der Ablauf der Parameterschätzung beschrieben und Verfahren zum Modellvergleich und zur Modellgültigkeit beschrieben.

Da es sich um eine genestete (hierarchische) Datenstruktur aus dem Schulkontext handelt, werden im Anschluss die Personenfähigkeitsparameter mit Linearen Gemischten Modellen ausgewertet. Es werden die theoretischen Grundlagen und die Anwendung von Linearen Gemischten Modellen erläutert (Abschnitt 11.3).

M. Brnic, *Digitales versus analoges Schulbuch*, Studien zur theoretischen und empirischen Forschung in der Mathematikdidaktik,
https://doi.org/10.1007/978-3-658-52464-7_11

11.1 Datenaufbereitung

Im Rahmen der Datenaufbereitung wurde das Rohdatenmaterial des Vor- und Nachtests zu Datensätzen transformiert, die zur weiteren Analyse genutzt werden können. Dieser Prozess umfasst u. a. die Strukturierung und Kodierung der Daten sowie die Auseinandersetzung mit fehlenden Werten. Durch die Datenaufbereitung wird die Datenqualität gesteigert (Döring, 2023, S. 272).

In einem ersten Schritt wurden die Items des Vor- und Nachtests kriteriengeleitet kodiert und in Excel-Tabellen strukturiert. Die leistungsbasierten Items sind in einem geschlossen bzw. halb-offenen Antwortformat gestaltet (vgl. Abschnitt 9.4.1), wobei ein *richtiges* Antwortverhalten mit 1 und ein *falsches* Antwortverhalten mit 0 kodiert wurde. Eine Ausnahme stellt hierbei das Item *Fernsehserie* dar, welches mit einer Zwischenstufe kodiert wurde. Dabei wurde eine 1 vergeben, wenn der Darstellungswechsel der Werten aus der Vierfeldertafel in das Baumdiagramm korrekt erfolgte. Wenn zusätzlich die fehlenden bedingten Wahrscheinlichkeiten im Baumdiagramm richtig bestimmt wurden, wurde das Antwortverhalten mit einer 2 kodiert (vgl. Kapitel 9 und Repositorium Brnic, 2025).

Die demografischen Daten der Schüler:innen und Kontrollitems wurden zudem für jede Person in den Datenmatrizen des Vor- bzw. Nachtests ergänzt. Häufigkeitseinschätzungen der Schüler:innen wurden entweder auf einer fünfstufigen Skala kodiert (1 = nie, 2 = selten, 3 = gelegentlich, 4 = häufig und 5 = immer) oder bei offenen Formaten mit der jeweils angegebenen Zahl. Weitere kategoriale Kodierungen (Schulform, Geschlecht, Note, Gerät) sind dem Kodiermanual zu entnehmen (vgl. Repositorium Brnic, 2025). Die Gruppenzugehörigkeit wurde mit 0 = Analoge Gruppe, 1 = Digitale Gruppe und der jeweilige Messzeitpunkt mit 0 = Vortest und 1 = Nachtest kodiert. Die demografischen Daten und Kontrollvariablen wurden so aufbereitet, dass sie mit der Software *JASP* (2025) für deskriptive Analyse, *t*-Tests und Chi-Quadrat-Tests genutzt oder in *jamovi* als Variablen in Linearen Gemischten Modellen aufgenommen werden können (The jamovi project, 2025).

Die daraus resultierende Datengrundlage stellt eine Personen-Item-Matrix dar. In jeder Zeile ist eine Testperson und in jeder Spalte ein Item repräsentiert. Da es zwei Messzeitpunkte gab, erweiterte sich die Datenstruktur um eine weitere Dimension (Rost, 2004, S. 272). Dieser kann als Datenkubus *Personen x Items x Messzeitpunkt* aufgefasst werden (Hartig & Kühnbach, 2006) (Abbildung 11.1).

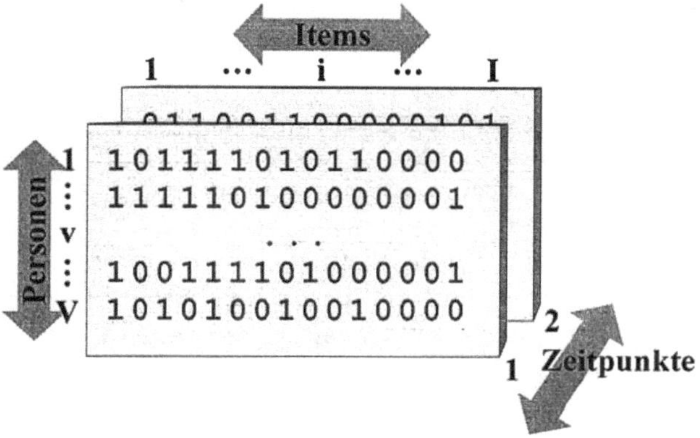

Abbildung 11.1 Dreidimensionale Datenstruktur als Datenkubus Personen x Items x Messzeitpunkt. (*Anmerkung.* Übernommen aus Hartig & Kühnbach (2006, S. 32))

Im Rahmen von Veränderungsmessungen ist somit jede Person in (mindestens) zwei Datenmatrizen vorzufinden, d. h. in diesem Fall einmal für den Vor- und einmal für den Nachtest. In der sich anschließenden Datenskalierung wurde diese Datenmatrizen so umstrukturiert, dass jede Person innerhalb *einer* Datenmatrix abgebildet wurde (vgl. Abschnitt 11.2.3). Bei dieser Datenumstrukturierung entstanden fehlende Werte in der neuen Datenmatrix, da der mehrheitliche Anteil der Items nur zu einem Messzeitpunkt bearbeitet wurde. Mit diesen *Missing by Design* können die genutzten Statistikprogramme umgehen, sodass dies für die Datenskalierung keine Problematik darstellt (vgl. Adams et al., 2025).

Fehlende Daten können sich aber auch durch die Studiendurchführung ergeben, beispielsweise durch Krankheitsfälle oder fehlende Motivation der Schüler:innen. In der Datenaufbereitung sollten solche Fehlwerte identifiziert werden. Abhängig vom Grund dieser sogenannten *Missings* können dann Einzelpersonen für die weitere Auswertung ausgeschlossen oder die Daten passend kodiert werden. In der Klassifikation fehlender Daten wird oftmals zwischen den beiden Typen *Unit-Nonresponse* und *Item-Nonresponse* unterschieden (Engel & Schmidt, 2019). Darüber hinaus werden in der Literatur weitere Typen klassifiziert, der *Wave-Nonresponse*, der *Dropout* und der *Observation-Nonresponse* (Göthlich, 2007).

Unter dem Begriff *Unit-Nonresponse* versteht man, dass Personen die Teilnahme verweigern oder erst gar nicht erreichbar sind (Engel & Schmidt, 2019;

Göthlich, 2007). In seltenen Fällen ist es in dieser Studie vorgekommen, dass die Schüler:innen kein Einverständnis zur Nutzung der Daten gaben. Da die Durchführung während des regulären Schulbetriebes stattgefunden hatte und verpflichtende Inhalte des Lehrplans vermittelt wurden, nahmen die Schüler:innen dann zwar an den Unterrichtsstunden teil, führten dann aber nicht den Vor- bzw. Nachtest durch oder die Daten wurden nicht aufgenommen.

Item-Nonresponse bedeutet, dass einzelne Items nicht beantwortet wurden. Hierfür kann es vielfältige Gründe, die beispielsweise in motivationalen oder persönlichen Aspekte liegen. Ein Item kann auch zu hohe kognitive Hürden aufweisen, sodass eine Person die bereitgestellten Informationen eines Items nicht verarbeiten kann (Engel & Schmidt, 2019). Fälle von Item-Nonresponse treten in dieser Studie auf. Es kann jedoch nicht differenziert werden, aus welchen Gründen eine Person ein Item ausließ. Prinzipiell stand den Schüler:innen genügend Zeit für die Bearbeitung der Items zur Verfügung. Deswegen wird davon ausgegangen, dass eine Nicht-Bearbeitung insbesondere auf die Schwierigkeit des Items zurückzuführen war. Entsprechend wird ein Item, welches nicht bearbeitet und somit nicht gelöst werden konnte, mit 0 kodiert.[1] Ein potenzieller Nachteil dieser Vorgehensweise ist, dass die Fähigkeiten der Schüler:innen in den weiteren Analyseschritten unterschätzt werden könnten (Rost, 2004, S. 324 ff.).

Wave-Nonresponse bezeichnet Fälle, in denen Personen zu mindestens einem der geplanten Messzeitpunkte nicht teilnehmen (Göthlich, 2007). Zu solchen Fällen ist es häufig in dieser Studie gekommen. So absolvierten 43 Schüler:innen lediglich den Vortest und 43 Schüler:innen nur den Nachtest. Wesentliche Gründe für die hohe Ausfallquote sind auf die Durchführung während der COVID-19-Pandemie zurückzuführen. So mussten Schüler:innen erkrankt oder als Kontaktpersonen von Erkrankten zuhause bleiben. Zudem kam es vor, dass Schüler:innen zu schulischen Veranstaltungen mussten. Da insbesondere Interventionseffekte zwischen Vor- und Nachtest von zentralem Interesse sind, wurden nur Personen für die weiteren Analyseschritte ausgewählt, die zu beiden Messzeitpunkten den Test bearbeiteten.

Eine weiterer typischer Ausfallgrund ist der sogenannte *Dropout* (Göthlich, 2007), d. h. Personen fallen während des Untersuchungszeitraums aus und nehmen damit am weiteren Untersuchungszeitraum nicht mehr teil. Diese können unter die Personen fallen, die auch unter Wave-Nonresponse fallen und am zweiten Zeitpunkt in dieser Studie nicht mehr teilgenommen haben. Da diese Studie

[1] Hierbei handelt es sich um eine Vorgehensweise, die auch in anderen Kompetenz- bzw. Leistungstests genutzt wurde, u. a. bei (Beckschulte, 2019; de Vries, 2021; Frenken, 2022; Hankeln, 2019; Quarder, 2024; Wess, 2020).

über mehrere Unterrichtsstunden und somit Tage/Wochen ging, trat das Phänomen auf, dass Schüler:innen zwar im Vor- und Nachtest anwesend waren, aber dafür während der Unterrichtsreihe ausgefallen sind. Es wurde festgelegt, dass Schüler:innen, die an weniger als 60 % der Unterrichtsstunden anwesend waren, d. h. maximal 2 Unterrichtsstunden, von weiteren Analyseschritten ausgeschlossen werden. In diesen Fällen ist davon auszugehen, dass wesentliche Teile der Unterrichtsreihe und Materialnutzung verpasst wurden und diese zur Beantwortung der Forschungsfragen nicht beitragen.

Eine weitere Klassifizierung von Nichtantworten ist der *Observation-Nonresponse* (Göthlich, 2007). Dies bedeutet, dass Probanden zuvor definierter Untersuchungseinheiten oder Cluster fehlen. In diesem Fall wären dies beispielsweise ganze Kurse oder Schulen/Schulformen, die während des Untersuchungszeitraumes wegfallen. Ein Ausfall von kompletten Kursen oder Schulen war während der Studiendurchführung nicht eingetreten. Allerdings liegen nicht in allen Fällen Daten für sämtliche Einheiten eines Clusters, z. B. alle Kurse einer Schule, vor.

Diese einzelnen Formen von Nichtantworten beziehen sich insbesondere darauf, zu welchem Zeitpunkt bzw. an welcher Stelle im Erhebungsprozess die Daten verloren gegangen sind. Eine weitere Klassifikation ist die nach *Fehlendmechanismen*, wobei die Zusammenhängen zwischen fehlenden Daten und dem Erhebungsprozess in den Blick genommen werden (Göthlich, 2007). Es wird klassischerweise zwischen drei Fehlendmechanismen unterschieden: Missing Completely At Random (MCAR), Missing At Random (MAR) sowie Missing not at Random (MNAR) (Göthlich, 2007).

MCAR bezeichnet einen vollständig *zufälligen* Datenausfall. Das Fehlen tritt ohne erkennbaren Grund auf und steht in keinem Zusammenhang mit anderen erhobenen Variablen auf. MAR, „ignorierbare Nichtanwort", beschreibt einen *bedingt zufälligen* Datenausfall. Dieser kann mit weiteren beobachteten Variablen zusammenhängen, nicht aber mit dem fehlenden Wert selbst. Ein typisches Beispiel wäre eine fehlende Motivation bei der Bearbeitung. MNAR, auch „nicht ignorierbare Nichtantwort", liegt vor, wenn der Datenausfall *nicht zufällig* erfolgt und direkt mit der zugrundeliegenden Variable zusammenhängt. Dies kann zu systematischen Verzerrungen der Ergebnisse führen (Göthlich, 2007).

Fehlende Werte, die sich in dieser Studie auf die Leistung beziehen, werden v. a. auf fehlende Kompetenzen zurückgeführt und daher als falsch behandelt (vgl. auch Rost, 2004, S. 325). Fehlende Werte bei den weiteren Items werden zunächst als Missing (99) kodiert. Es wird angenommen, dass diese Missings zufällig (MCAR) oder bedingt zufällig (MAR) entstanden sind, da sie beispielsweise übersehen wurden. Die Einordnung des Fehlendmechanismus ist für die Wahl geeigneter statistischer Analysemethoden von zentraler Bedeutung. So können fehlende Werte aus MCAR- oder MAR-Gründen bei Bedarf imputiert werden, beispielsweise wenn diese als Prädiktoren in ein Modell aufgenommen werden. Dies ist v. a. für die Nutzung Linear Gemischter Modelle relevant (vgl. Abschnitt 11.3), da es hier zu fallweisen Ausschlüssen aufgrund fehlender Daten kommen kann. Da in dieser Studie mehrere Modelle gegenübergestellt werden, wird eine Imputation erst für das finale Modell in Betracht gezogen.

11.2 Skalierung der Daten

Ein wesentliches Ziel dieser Arbeit ist die Erfassung von Kompetenzen der Schüler:innen im Bereich bedingter Wahrscheinlichkeiten, um Gruppenunterschiede zu analysieren und Veränderungsmessungen zu erfassen. Hierbei werden Kompetenzen als kontextspezifische Leistungsdispositionen verstanden (Hartig & Klieme, 2006, vgl. Abschnitt 9.1). Da es sich also um latente Merkmale handelt, die nicht direkt beobachtbar sind, werden Kompetenzen aus dem beobachtbaren Verhalten der Schüler:innen (Leistung in den Tests) erschlossen (Eid & Schmidt, 2014, S. 28). Zur Schätzung solcher latenten Merkmale bzw. latenten Variablen eignen sich insbesondere Modelle der *probabilistischen Testtheorie* (Item Response Theory, IRT) (Moosbrugger & Kelava, 2020, S. 263).[2] Solche Modelle werden unter anderem in internationalen Schulleistungsstudien wie PISA oder TIMSS eingesetzt (OECD, 2012; von Davier et al., 2020, 2024).

In dieser Arbeit werden die individuellen Ausprägungen mittels der sogenannten *Rasch-Skalierung* als *Personenfähigkeiten* auf einer latenten Skala geschätzt (Eid & Schmidt, 2014, S. 71; Moosbrugger & Kelava, 2020, S. 263). Die Rohwerte der Testleistung werden also in Skalenwerte transformiert, die eine hohe Vergleichbarkeit der Ergebnisse ermöglichen (Eid & Schmidt, 2014, S. 71 ff.). Die Messwerte werden in der probabilistischen Testtheorie mithilfe mathematischer Modelle geschätzt, die die Wahrscheinlichkeit bestimmter Antwortmuster in Abhängigkeit von der Personenfähigkeit beschreiben (Rost, 2004, S. 12).

Im Unterschied zur klassischen Testtheorie, die von einem konstanten, personenunabhängigen Messfehler ausgeht, berücksichtigt die probabilistische Testtheorie, dass die Messgenauigkeit von der Ausprägung der Person auf dem latenten Merkmal abhängt (Bühner, 2021, S. 245 ff.; Rost, 2004, S. 309 ff.).

[2] Latente Variablen stehen im Gegensatz zu den sogenannten *manifesten* Variablen, die direkt beobachtbar sind, beispielsweise die beobachtbaren Itemantworten (Döring, 2023, S. 478).

Die zugrunde liegende Logik basiert auf Wahrscheinlichkeiten. Die Wahrscheinlichkeit, dass eine Person ein Item korrekt löst, wird durch ihre Personenfähigkeit und die Itemschwierigkeit bestimmt. Es wird zudem davon ausgegangen, dass die Lösung eines Items nicht deterministisch vorhergesagt werden kann, sondern stets mit einer gewissen Unsicherheit verbunden ist (Eid & Schmidt, 2014, S. 28).

Ein methodischer Vorteil dieser Modelle ist, dass Itemschwierigkeitsparameter und Personenfähigkeitsparameter auf derselben Skala dargestellt und somit in Relation gesetzt werden können (Moosbrugger & Kelava, 2020, S. 262). Außerdem ist es für die Analyse nicht notwendig, dass *alle* Testpersonen *alle* Items zu beiden Messzeitpunkten bearbeiten. Hierfür genügt eine Verankerung (Linking) über gemeinsame Ankeritems (Bond & Fox, 2015, S. 87 ff.). Denn die Schätzung der Personenfähigkeitsparameter erfolgt auf Grundlage der gelösten Items und ist unabhängig davon, welche konkreten Items gelöst wurden (Moosbrugger & Kelava, 2020, S. 263). Durch die Nutzung von Ankeritems wird eine gemeinsame Skalierung beider Messzeitpunkte ermöglicht.

Auf Grundlage dieser theoretischen Überlegungen zur probabilistischen Testtheorie wird in dieser Arbeit das *ordinale Rasch-Modell* zur Analyse der Testdaten verwendet. Das Modell wird im folgenden Abschnitt 11.2.1 näher erläutert. Damit die Vorteile und Eigenschaften des Rasch-Modell gelten, muss überprüft werden, ob die empirischen Daten die zugrunde liegenden Modellannahmen erfüllen. Auf diese Annahmen wird in Abschnitt 11.2.2 genauer eingegangen.

11.2.1 Das ordinale Rasch-Modell

Der in dieser Studie eingesetzte Leistungstest enthält sowohl dichotom (0/1) als auch polytom (0/1/2) kodierte Items, die eine gestufte Bewertung abbilden (vgl. Abschnitt 9.4). Diese Abstufungen, z. B. *falsch, teilweise richtig, vollständig richtig*, werden im Rahmen der probabilistischen Testtheorie als *Kategorien* eines Items aufgefasst (Eid & Schmidt, 2014, S. 230 ff.). Diese Kategorien werden zudem in aufsteigender Reihenfolge nummeriert, beginnend mit der 0 für die niedrigste Kategorie (Eid & Schmidt, 2014, S. 232).

Zur Analyse solcher Leistungstests eignet sich als probabilistisches Modell das *ordinale Rasch-Modell*, ebenso bekannt unter der Bezeichnung *Partial Credit Model* (Moosbrugger & Kelava, 2020, S. 265; Rost, 2004, S. 203 ff.). Das ordinale Rasch-Modell geht auf Masters (1982) zurück und stellt eine Erweiterung des dichotomen Rasch-Modells dar, sodass für beide Modelle vergleichbare Annahmen und Eigenschaften gelten.[3]

Die Grundidee des Modells besteht darin, die Wahrscheinlichkeit zu bestimmen, dass eine Person m mit einer Personenfähigkeit θ_m bei einem Item i eine bestimmte Kategorie c erreicht. Diese Wahrscheinlichkeit hängt von der jeweiligen Personenfähigkeit θ_m und dem *Schwellenparameter* β_{ic} ab. Beim Schwellenparameter handelt sich dabei um den Punkt auf der latenten Skala, an dem die Wahrscheinlichkeit zur nächsthöheren Kategorie zu wechseln, 50 % beträgt (Eid & Schmidt, 2014, S. 232 f.). Der Schwellenparameter ist also ein Maß für die Schwierigkeit eines spezifischen Kategoriensprungs. Jedes Item mit k_i Kategorien besitzt $k_i - 1$ solcher Schwellenparameter (Strobl, 2015, S. 57). Bei einem dichotomen Item ($k_i = 2$) gibt es nur einen Schwellenparameter, der in diesem Fall die gesamte Itemschwierigkeit repräsentiert und daher häufig als *Itemschwierigkeitsparameter* bezeichnet wird. Um Items mit unterschiedlichen Kategorienanzahlen auf einer gemeinsamen Skala zu vergleichen, wird häufig ein Lokalisationsparameter genutzt (Eid & Schmidt, 2014, S. 237). Der stellt eine Art mittlere Itemschwierigkeit eines polytomen Items dar und wird mithilfe der Schwellenparameter des jeweiligen Items bestimmt (Adams et al., 2025). Dieser Lokalisationsparameter wird aus Konsistenzgründen ebenfalls als Itemschwierigkeitsparameter eines polytomen Items aufgefasst. Die Bezeichnung *Itemparameter* wird im Folgenden als zusammenfassender Begriff für die Itemschwierigkeitsparameter, die Schwellenparameter und die Lokalisationsparameter genutzt.

Ein zentrales Element des ordinalen Rasch-Modells ist die Modellierung des Übergangs zwischen zwei benachbarten Kategorien, beispielsweise von 0 = falsch zu 1 = teilweise richtig. Diese beobachteten Itemantworten werden mit der latenten Variable über bedingte Wahrscheinlichkeiten verknüpft. Der Ausdruck $P(Y_i = 1|\theta_m)$ beschreibt dabei die Wahrscheinlichkeit, dass eine Person m mit der Personenfähigkeit θ_m bei Item i die Kategorie *1* erreicht.

[3] Das dichotome Rasch-Modell kann auch als Spezialfall des ordinalen Rasch-Modells angesehen werden. Wenn im Folgenden von Rasch-Modell gesprochen wird, ist explizit das ordinale Rasch-Modell bzw. das Partial Credit Modell gemeint. Es gibt auch komplexere, mehrparametrige Modelle, wie das Birnbaum-Model, welches noch Trennschärfeparameter einbezieht (vgl. z. B. Rost, 2004, S. 133 ff.).

Diese Überlegungen bilden die Grundlage für die Formulierung des ordinalen Rasch-Modells. Dabei werden die Wahrscheinlichkeiten zweier benachbarter Kategorien in ein Verhältnis gesetzt (Eid & Schmidt, 2014, S. 231 f.). Daraus ergibt sich für das ordinale Rasch-Modell folgende Modellgleichung[4]:

$$\frac{P(Y_i = c|\theta_m)}{P(Y_i = c|\theta_m) + P(Y_i = c - 1|\theta_m)} = \frac{e^{\theta_m - \beta_{ic}}}{1 + e^{\theta_m - \beta_{ic}}} \, f\ddot{u}r \, c = 1, \ldots, k_i - 1.$$

Diese Modellgleichung bezieht sich jeweils nur auf den Übergang zwischen zwei benachbarten Kategorien. Der Zähler gibt die bedingte Wahrscheinlichkeit an, die Kategorie c eines Items zu erreichen, und der Nenner die bedingte Wahrscheinlichkeit, sich in Kategorie c oder der darunterliegenden Kategorie $c - 1$ zu befinden (Eid, 230 ff.).

Aus dieser Modellgleichung entwickelte Masters (1982) eine Gleichung, um die Wahrscheinlichkeit für das Erreichen einer bestimmten Kategorie zu berechnen (*Kategorienwahrscheinlichkeit*). Dabei werden die Schwellen bis zur jeweiligen Kategorie aufsummiert (Eid & Schmidt, 2014, S. 234):

$$P(Y_i = c|\theta_m) = \frac{e^{c \cdot \theta_m - \sigma_{ic}}}{\sum_{d=0}^{k-1} e^{d \cdot \theta_m - \sigma_{id}}} \, f\ddot{u}r \, c = 0, \ \ldots, k_i - 1$$

Zudem wird für diese Gleichung festgelegt, dass

$$\sigma_{ic} = \sum_{s=0}^{c} \beta_{is}$$

$$\sigma_{ic} = \text{Summe der Schwellenparameter, die kleiner oder gleich c ist}$$

$$s = \text{Wert einer Kategorie von Y}_\text{i}$$

gilt und für die erste Kategorie $c = 0$ wird der Schwellenparameter per Definition $\beta_{i0} = 0$ bzw. $\sigma_{i0} = 0$ gesetzt. Eine weitergehende Herleitung und ausführliche Diskussion der hier beschriebenen Modellgleichungen wird an dieser Stelle aus Gründen der Übersichtlichkeit nicht vertieft. Für eine detaillierte Darstellung sei

[4] Für Items mit zwei Kategorien ergibt sich die Gleichung für das dichotome Rasch-Modell.

auf einschlägige Statistikliteratur verwiesen (z. B. Bühner, 2021; Eid & Schmidt, 2014; Masters, 1982; Rost, 2004; Strobl, 2015).

Der Zusammenhang zwischen den Kategorienwahrscheinlichkeiten bzw. den Schwellenparametern und den Personenfähigkeitsparameter kann auch grafisch dargestellt werden. Die folgende Abbildung 11.2 stellt ein Beispiel für ein Item mit drei Kategorien dar, welche für die Ausprägungen 0 = falsch, 1 = teilweise richtig, 2 = vollständig richtig stehen können.

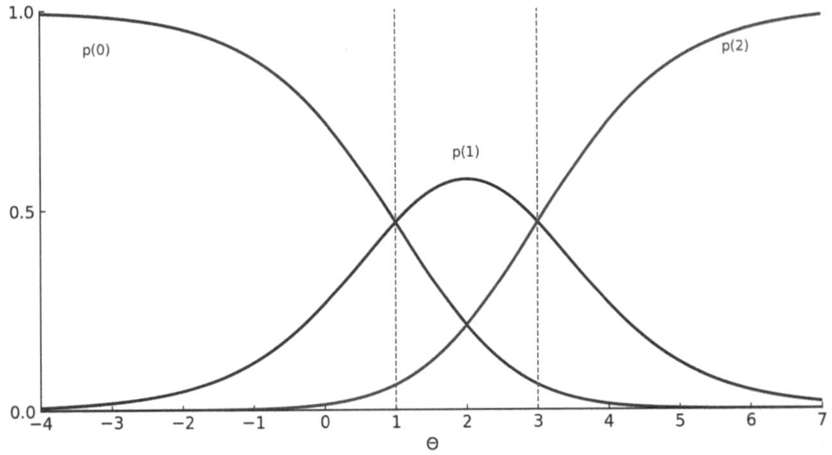

Abbildung 11.2 Kategoriencharakteristikkurven für ein Item mit drei Kategorien. (*Anmerkung.* Die y- Achse stellt die Kategorienwahrscheinlichkeit und die x-Achse die Personenfähigkeitsparameter dar. Die Abbildung ist erstellt mit Chat GPT-5 (OpenAI, 2025; adaptiert aus Rost, 2004, S. 20))

Die Visualisierung stellt sogenannte *Kategoriencharakteristikkurven* dar (CCC, category characteristic curves) (Strobl, 2015, S. 58).[5] Mithilfe der CCC wird ersichtlich, dass mit zunehmender Personenfähigkeit die Kategorienwahrscheinlichkeit für die Kategorie 0 sinkt, während sie dagegen für Kategorie 2 steigt. Die Wahrscheinlichkeit für die mittlere Kategorie 1 nimmt dagegen auch bis zu einem Hochpunkt zu und sinkt anschließend wieder. Für jede gegebene Personenfähigkeit summieren sich die Wahrscheinlichkeiten der einzelnen Kategorien zu 1.

[5] Im dichotomen Raschmodell spricht man von einer Itemcharakteristikkurve (ICC), welche lediglich die Kurve der übergeordneten Kategorie 1 darstellt.

Eine Besonderheit des ordinalen Rasch-Modells ist die Schwellenstruktur, welche durch die Visualisierung verdeutlicht wird. Die x-Werte der Schnittpunkte zweier nebeneinanderliegender CCCs entsprechen den Schwellenparametern. Es wird zudem ersichtlich, in welchen Bereichen einer Personenfähigkeit eine bestimmte Kategorie die höchste Antwortwahrscheinlichkeit gegenüber den anderen Kategorien aufweist (Eid & Schmidt, 2014, S. 237 f.). In dem Abbildungsbeispiel ist bei einem Personenfähigkeitsparameter von $\theta_m \approx 1,5$ die Wahrscheinlichkeit eine Antwort in Kategorie 1 zu geben, größer als die Wahrscheinlichkeit, Kategorie 0 oder Kategorie 2 zu erzielen.

Die Schwellenparameter sind in der Abbildung 11.2 *geordnet*, was dem Regelfall entsprechen sollte. Es kann auch der (seltene) Fall eintreten, dass diese Schwellenparameter *ungeordnet* sind und diese anders als erwartet sortiert sind (Eid & Schmidt, 2014, S. 238 f.). Dies kann beispielsweise dann auftreten, wenn nur sehr wenige Personen eine bestimmte Kategorie erreichen (Strobl, 2015, S. 62 f.). Die Bedeutung ungeordneter Schwellenparameter ist aber nicht eindeutig geklärt (Strobl, 2015, S. 63). So gehen Adams et al. (2012) davon aus, dass das ordinale Rasch-Modell auch bei ungeordneten Kategorien erfüllt ist. Eine Prüfung der Schwellenordnung ist dennoch sinnvoll, da dies auf Probleme beim Antwortformat oder in der Kategorieneinteilung hinweisen kann (Eid & Schmidt, 2014, S. 238 f.) und erfolgt auch in dieser Studie. Weitere Kriterien, um die Schwellenparameter zu prüfen, werden von Jude (2006) vorgeschlagen: (1) Die einzelnen Kategorien sollten nicht zu selten vorkommen (unter 10 %); (2) die punktbiseriale Korrelationen der Antwortkategorien, d. h. die Korrelation der Kategorie mit dem Gesamtscore sollten mit höherer Kategorie steigen und sich zugleich von negative auf positive Werte ändern; (3) die Mittelwerte der Personenfähigkeitsparameter sollten von der niedrigsten zur höchsten Kategorie kontinuierlich steigen.

Die Modellgleichung des Rasch-Modells beschreibt Antwortwahrscheinlichkeiten, die auf den Bereich 0 bis 1 beschränkt sind. Für weitere Analysezwecke und zur besseren Vergleichbarkeit von Item- und Personenfähigkeitsparameter werden diese auf eine kontinuierliche latente Skala transformiert (Eid, 152 f.). Die Itemparameter und die Personenfähigkeitsparameter werden in der Einheit *Logit* angegeben, sodass auch von einer Logit-Transformation durch Logarithmieren gesprochen wird (Bühner, 2021, S. 250 ff.). Hierbei handelt es sich um eine abstrakte Größe, die theoretische Werte im Intervall $(-\infty; +\infty)$ annehmen kann. In der Praxis bewegen sich die Parameter jedoch in der Regel in einem Bereich zwischen -3 und + 3 Logit (Bühner, 2021, S. 253; Moosbrugger & Kelava, 2020, S. 431).

Item- und Personenfähigkeitsparameter werden damit auf einer gemeinsamen Skala abgebildet (*Joint Scale*) (Moosbrugger & Kelava, 2020, S. 413). Standardmäßig wird die durchschnittliche Itemschwierigkeit als Nullpunkt definiert[6] und die Personenfähigkeitsparameter werden relativ zu diesem geschätzt (Adams et al., 2025). Eine Person mit einer Fähigkeit von $\theta = 0$ hat demnach eine mittlere Fähigkeit in Bezug auf die getesteten Items, d. h. bei einem dichotomen Item mit $\delta = 0$ liegt die Lösungswahrscheinlichkeit bei 50 % (Rost, 2004, S. 309 ff.). Im polytomen, dreikategoriellen Fall entspricht dies der Fähigkeit, bei der die mittlere zu erwartende Kategorie erreicht wird, in dieser Studie also die Kategorie 1 beim Item *Fernsehserie.*

Zusammenfassend kennzeichnen höhere Itemparameter schwierigere Items und höhere Personenfähigkeitsparameter gehen mit einer höheren Wahrscheinlichkeit einher, die jeweils höhere Kategorie bzw. die richtige Lösung zu erreichen.

Das ordinale Rasch-Modell erlaubt somit eine differenzierte Bewertung von Teil- und Vollleistungen innerhalb eines Items, wobei alle Items und Personen auf einer gemeinsamen Skala abgebildet werden. Die Parameter werden dabei auf Grundlage der empirischen Antwortdaten geschätzt.

11.2.1.1 Mehrdimensionale Modelle

Im bislang beschriebenen Fall wird davon ausgegangen, dass sich alle Items auf *eine* latente Variable und somit auf *eine* einzige Dimension beziehen. Es ist jedoch denkbar, dass der hier genutzte Leistungstest mehrdimensional ist und mehrere latente Variablen erfasst. Für die vorliegende in dieser Studie wäre insbesondere eine Unterscheidung zwischen Items zu natürlichen Häufigkeiten (Dimension 1) und zu Wahrscheinlichkeiten (Dimension 2) denkbar. In der Intervention wurden abhängig von der jeweiligen Unterrichtsstunde schwerpunktmäßig eher Aufgaben zu Wahrscheinlichkeiten *oder* zu natürlichen Häufigkeiten bearbeitet. Zudem wurde der Test so konstruiert, dass beide Dimensionen gleichmäßig repräsentiert sind (vgl. Kapitel 9). Im Abschnitt 4.3 wurde zudem aufgezeigt, dass sich die Kompetenzen von Personen bei der Bearbeitung von Aufgaben zu natürlichen Häufigkeiten und zu Wahrscheinlichkeiten oftmals unterscheiden. Auf einen solchen mehrdimensionalen Fall kann das ordinale

---

[6] Es ist auch möglich, die durchschnittliche Personenfähigkeiten als Nullpunkt zu setzen. In der hier verwendeten Software ist dies aber die Itemschwierigkeit (Adams et al., 2025).

Rasch-Modell ausgeweitet werden (Adams et al., 1997).[7] Hierbei wird zwischen zwei Fällen unterscheiden, die in der folgenden Abbildung 11.3 dargestellt sind:

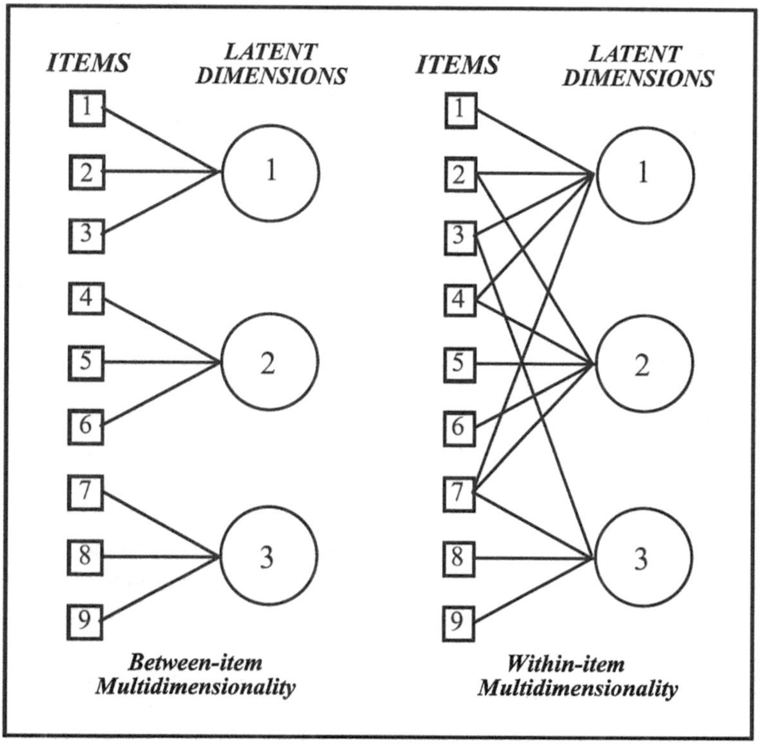

Abbildung 11.3 Unterscheidung zwischen Between-Item-Modell und Within-Item-Modell. (*Anmerkung*. Übernommen aus Adams et al. (2025))

Im *Between-Item-Modell* ist jedes Item zu einer Dimension zuzuordnen, wobei mehrere Items auch zur gleichen Dimension gehören können. Das *Within-Item-Modell* dagegen beschreibt eine Zuordnung, in der einzelne Items auch auf mehrere Dimensionen laden können (Adams et al., 1997, 2025). Dadurch wird aber eine Interpretation erschwert, da die einzelnen Subskalen bzw. Dimensionen

[7] Für eine ausführliche Beschreibung des mehrdimensionalen Modells, welches durch Con-Quest verwendet wird und auch *Multidimensional Random Coefficients Multinomial Logit Model* (MRCMLM) genannt wird, siehe Adams et al. (1997).

nicht mehr unabhängig voneinander analysiert werden können (Hartig & Höhler, 2010). Aus diesem Grund werden in dieser Untersuchung lediglich Between-Item-Modelle genutzt, bei denen jede Dimension durch unterschiedliche Items repräsentiert wird. Die geschätzten Personenfähigkeitsparameter stellen dann „direkte Leistungsmaße" für die jeweilige Dimension dar (Hartig & Höhler, 2010, S. 193).

Eine Prüfung auf mehrere Dimensionen ist insbesondere dann sinnvoll, wenn die Möglichkeit besteht, dass Personen in verschiedenen Dimensionen unterschiedlich stark abschneiden, beispielsweise Items zu einer Dimension besonders gut und zu einer anderen Dimension eher schlechter bearbeiten (Strobl, 2015, S. 70). Solche Fälle sind in dieser Studie nicht auszuschließen. So könnten Schüler:innen, auch im Vergleich zu ihren Peers, Aufgaben zu natürlichen Häufigkeiten deutlich besser bearbeiten als Aufgaben zu Wahrscheinlichkeiten. Unterschiede könnten dabei sowohl zwischen den Aufgabentypen als auch zwischen den Schüler:innen mit ihren Stärken und Schwächen bestehen. Ob solche Unterschiede aber auch auf die verwendeten Materialien, digital oder gedruckt, zurückzuführen sind, bleibt eine offene und explorative Fragestellung.

Es gilt zu beachten, dass es sich im Rahmen von mehrdimensionalen Rasch-Modellen um *hypothesentestende Modelle* handelt. Rost (2004, S. 261) beschreibt dies folgendermaßen: „die Zuordnung der Items zu den latenten Dimensionen ist präexperimentell festgelegt. Die Modellanwendung dient dazu die Gültigkeit der angenommenen mehrdimensionalen Teststruktur zu überprüfen." Diese Vorgehensweise unterscheidet sich dadurch von einer explorativen Faktorenanalyse der klassischen Testtheorie (Rost, 2004, S. 262).

Inwiefern die Daten besser durch ein unidimensionales oder mehrdimensionales Modell abgebildet werden können, kann durch einen empirischen Modellvergleich entschieden werden (vgl. Abschnitt 11.2.4.1).[8] In dieser Arbeit werden, ausgehend von der Strukturierung der Unterrichtsreihe und des Vor- bzw. Nachtests, ein eindimensionales und ein zweidimensionales Modell (natürliche Häufigkeiten / Wahrscheinlichkeiten) gegenübergestellt.

[8] Eine Diskussion über Vor- und Nachteile beider Modelltypen wird in der Literatur vielfältig diskutiert, beispielhaft kann auf Erbay Mermer (2024) verwiesen werden.

11.2.2 Modellannahmen und Eigenschaften des ordinalen Rasch-Modells

Das ordinale Rasch-Modell und die zuvor dargestellten Modellgleichungen basieren auf Modellannahmen und sich daraus ableitenden Eigenschaften des Rasch-Modells (Strobl, 2015, S. 14 ff.). Eine zentrale Aufgabe im Analyseprozess ist, diese Modellannahmen zu prüfen, damit die Daten mithilfe des Rasch-Modells analysiert werden dürfen (Strobl, 2015, S. 14 ff.). Eine wesentliche Herausforderung ist jedoch, dass es keine festgelegte Liste mit Annahmen und Eigenschaften des Rasch-Modells gibt, die es stets zu prüfen gibt (Rost, 2004, S. 345). In Abhängigkeit der jeweiligen Statistikliteratur oder auch Studie, die ein Rasch-Modell nutzt, unterscheidet sich diese Liste der Annahmen und Eigenschaften.[9] Im Folgenden wird sich insbesondere an der von Eid & Schmidt (2014, S. 231 ff.) vorgeschlagenen Kategorisierung orientiert. Diese gehen von zwei zentralen Annahmen für das ordinale Rasch-Modell aus, der *Homogenität* der Items und Kategorien sowie der *bedingten (lokalen) stochastischen Unabhängigkeit.*

Der Begriff *Homogenität* im Sinne des Rasch-Modells bedeutet, dass alle Items (bzw. Kategorien) eine gemeinsame latente Variable messen (Eid & Schmidt, 2014, S. 146 ff. & 233 ff.). In diesem Fall wird auch von *Eindimensionalität* des Rasch-Modells gesprochen. Dies widerspricht aber nicht der Nutzung mehrdimensionaler Modelle, die bereits im Vorhinein von mehreren, sich unterscheidenden latenten Variablen ausgeht. Dann gilt die Homogenitätsannahme für die jeweilige Dimension, d. h. jede Dimension hat Rasch-Eigenschaften (Strobl, 2015, S. 23 f.).

Die *bedingte (lokale) stochastische Unabhängigkeit* setzt voraus, dass „für jede Ausprägung der latenten Variable $\eta[\theta]$ die beobachtbaren Variablen Y_i stochastisch unabhängig sind“ (Eid & Schmidt, 2014, S. 154). Praktisch bedeutet dies, dass Items unabhängig voneinander lösbar sein müssen. Zudem sollten auch die einzelnen Personen voneinander unabhängig sein, d. h. gegenseitiges Abschreiben in der Testsituation würde diese Annahme verletzen. Die Lösung darf also auch nicht davon abhängig sein, ob jemand anderes die Aufgabe gelöst hat (Moosbrugger & Kelava, 2020, S. 381 ff.; Strobl, 2015, S. 16 ff.). Damit diese Annahmen erfüllt werden, sind insbesondere in der Testkonstruktion und Durchführung Aspekte zu beachten (vgl. Kapitel 9 & 10). So wurde darauf geachtet, dass die Items unabhängig voneinander gelöst werden können. Dies

[9] Die Begriffe Annahmen und Eigenschaften werden teilweise unterschiedlich genutzt, teilweise synonym, teilweise abgegrenzt. Strobl (2015) spricht von Eigenschaften, Rost (2004)eher von Annahmen. Eid & Schmidt (2014) gehen von den hier präsentierten Annahmen aus und weisen diesen weitere Eigenschaften zu.

ist v. a. für Items relevant, die sich auf den gleichen Impulstext beziehen. In der Durchführung wurden die Schüler:innen auseinandergesetzt, sodass gegenseitiges Abschreiben verhindert wurde.

Für die Schätzung der Personenfähigkeitsparameter ist lediglich die Anzahl der gelösten Items entscheidend und nicht das spezifische Antwortmuster (Rost, 2004, S. 124; Strobl, 2015, S. 14 ff.). Der Summenscore stellt eine *suffiziente Statistik* für die Schätzung der Personenfähigkeitsparameter dar, da er bereits alle relevanten Informationen enthält (Rost, 2004, S. 124; Strobl, 2015, S. 14 ff.) (Rost, 124, Strobl, 14 ff.). Dies zeigt sich beispielsweise in der hohen Korrelation zwischen Personenfähigkeitsparameter und Summenscore (ca. 0,95; vgl. Rost, 2004, S. 122 & 309). Für die Schätzung der Itemschwierigkeitsparameter ist ebenfalls nicht entscheidend, welche Personen das Item gelöst haben, sondern nur wie viele Personen es gelöst haben. Bei polytomen Items liefern die Kategorienhäufigkeiten ebenfalls genügend Informationen, um die Schwellenparameter zu schätzen (Eid & Schmidt, 2014, S. 242 ff.; Strobl, 2015, S. 14 ff.).

Daraus leitet sich ab, dass auch Personen miteinander verglichen werden, die unterschiedliche Items bearbeitet haben, die sich durch die Testkonstruktion mit Vor- und Nachtest oder unterschiedlichen Testformen ergeben. Entscheidend hierfür ist, dass mithilfe von Ankeritems die einzelnen Tests auf einer Skala gemeinsam kalibriert werden. Ohne eine solche gemeinsame Kalibrierung sind Summenscores aus unterschiedlich langen oder unterschiedlichen Testformen nicht direkt vergleichbar.

Hieran schließt sich auch die *spezifische Objektivität* als weitere Rasch-Eigenschaft an. Diese besagt, dass „spezifisch objektive Vergleiche von zwei Personen und zwei Items möglich [sind], d. h. der Vergleich zweier Personen (anhand ihrer Personenwerte) hängt nicht von den Items ab, anhand derer der Vergleich vorgenommen wurde. Ebenso hängt der Vergleich zweiter Items (anhand ihrer Schwellenparameter) nicht von den Personen ab, die die Items bearbeitet haben.“ (Eid & Schmidt, 2014, S. 241). Dies schließt nicht aus, dass unterschiedliche Personengruppen bzw. Stichproben die Items unterschiedlich lösen (Strobl, 2015, S. 22). Erst wenn in unterschiedlichen Stichproben die Annahmen des Rasch-Modells erfüllt sind, dann ist eine Vergleichbarkeit der Parameter gegeben und eine höhere Generalisierbarkeit der Ergebnisse möglich.

Erst wenn das Rasch-Modell gilt, kann davon ausgegangen werden, dass Summenscores eine valide Grundlage für Aussagen über die Personenfähigkeiten liefern (Rost, 2004, S. 122). Der Vorteil der Verwendung von Personenfähigkeitsparametern gegenüber Summenscores ist jedoch, dass diese (mindestens) intervallskaliert sind[10] (Rost, 2004, S. 19 f.; Strobl, 2015, S. 25 f.) und damit die Mindestvoraussetzungen für weitere Analysemethoden (z. B. im Rahmen von Veränderungsmessungen und Gruppenvergleichen) erfüllen. Eine Differenz von Personenfähigkeitsparametern kann als Differenz der zugrunde liegenden Personenfähigkeiten interpretiert werden (Eid & Schmidt, 2014, S. 240 f.; Rost, 2004, S. 121).

Die praktische Umsetzung der Prüfung der Modellannahmen mithilfe empirischer Kenndaten (u. a. Fit-Statistiken) sowie die Schätzung von Schwellen- und Personenfähigkeitsparametern werden den beiden folgenden Abschnitten 11.2.3 und 11.2.4 erläutert.

11.2.3 Ablauf der Parameterschätzung

Das Ziel der hier durchgeführten Rasch-Analyse ist die Schätzung von Personenfähigkeitsparametern, sodass diese für den Vergleich zwischen der Digitalen und der Analogen Gruppe sowie für Veränderungsmessungen genutzt werden können. Hierfür wurde ein mehrschrittiger Ablauf genutzt, der sich an vergleichbaren mathematikdidaktischen Studienaufbauten (z. B. Beckschulte, 2019; de Vries, 2021; Frenken, 2022; Hankeln, 2019; Klinger, 2018; Quarder, 2024; Wess, 2020) und Empfehlungen zur Vorgehensweise aus einschlägiger Statistikliteratur (v. a. Adams et al., 2025; Hartig & Kühnbach, 2006; Koller et al., 2012) orientiert. Zur Skalierung der Daten wurde die Software *Acer ConQuest 5* in der Terminal-Version für Mac genutzt (Adams et al., 2020).[11]

---

[10] Für eine ausführliche Diskussion zum Skalenniveau sei auf Strobl (2015, S. 24 ff.) verwiesen. Es kann auch angenommen werden, dass die Skala auf einem Verhältnisskalenniveau liegt. Döring (2023, S. 479) führt dies folgendermaßen aus: „Werden die Personenparameter auf der Basis eines logistischen Modells berechnet, sind sie auf (logarithmiertem) Verhältnisskalenniveau angesiedelt, dem informationsreichsten Skalenniveau mit gleichabständigen Ausprägungen und absolutem Nullpunkt: Eine Person mit dem Personenparameter $\theta = -1,4$ weist somit z. B. eine dreimal geringere latente Merkmalsausprägung auf als eine Person mit $\theta = +2,8$."

[11] Diese Version unterscheidet sich zu der GUI-Version für Windows dahingehend, dass diese eingeschränkte Funktionen hat. Für diese Arbeit ist relevant, dass die Mac-Terminal-Version keine Graphen plotten kann, die als visuelle Unterstützung zur Darstellung von CCC oder für DIF-Analysen genutzt werden konnten. Mit ConQuest könnten ROUT-Dateien exportiert und dann in der Statistiksoftware *R* genutzt werden. Da diese visuellen Darstellungen aber lediglich Ergänzungen sind und ConQuest in der hier genutzten Variante bereits ausreichend Informationen für die im Folgenden diskutieren Aspekte liefert, wird darauf verzichtet.

Die hier aufgeführten Schätzmethoden beruhen auf Maximum-Likelihood-Schätzungen, die dem zentralen Schätzansatz für Rasch-Modelle entsprechen (Strobl, 2015, S. 27 ff.). Die Idee besteht darin, für gegebene Personenfähigkeitsparameter und Itemparameter zu prüfen, wie gut diese das tatsächlich beobachtete Antwortverhalten abbilden. Dies wird durch die sogenannte Likelihoodfunktion beschrieben, deren Auswertung für konkrete Parameterwerte die *Likelihood* ergibt (Koller et al., 2012, S. 29 ff.; Strobl, 2015, S. 27 ff.): „Die Likelihood fasst in einer Zahl zusammen, wie gut bestimmte Parameterwerte $\hat{\theta}_v$ [θ_m] und $\hat{\beta}_i$ [β_{ic}] einen beobachteten Datensatz beschreiben. Mittels der Likelihood können wir daher verschiedene „Parameterkandidaten“ hinsichtlich ihrer Eignung für einen gegebenen Datensatz vergleichen“ (Koller et al., 2012, S. 35).

Dabei sollen diejenigen Item- und Personenfähigkeitsparamater gefunden werden, welche diese Likelihood maximieren. Die Likelihood kann somit auch für zur Überprüfung der Passung zwischen Modell und Daten genutzt werden (Rost, 2004, S. 112, 303). Für eine ausführliche Beschreibung der Schätzmethoden siehe Moosbrugger & Kelava (Moosbrugger & Kelava, 2020, S. 447 ff.) oder Strobl (Strobl, 2015, S. 27 ff.). Der Ablauf des mehrschrittigen Skalierungsprozesses wird in den nächsten Abschnitten erläutert.

1. Schätzung der Itemparameter und Modellkennwerte

In einem ersten Schritt erfolgt eine Schätzung der Itemparameter. Für diese wird die *Marginal Maximum Likelihood Estimation* (MMLE) als Schätzmethode genutzt, welche standardmäßig bei ConQuest hinterlegt ist (Adams et al., 2025) und auch in PISA oder TIMMS verwendet wird (OECD, 2012; von Davier et al., 2024).

Für den Skalierungsprozess wird der ursprüngliche dreidimensionale Datenkubus (Person x Item x Messzeitpunkt) in eine zweidimensionale Matrix überführt. statt. Die Datenstruktur orientiert sich an Empfehlungen von Hartig & Kühnbach (2006). Hierfür werden die Daten aus dem Vor- und Nachtest in ein *Long-Format* transformiert, indem die Daten aus beiden Messzeitpunkten untereinander aufgelistet werden (Hartig & Kühnbach, 2006, vgl. Abbildung 11.4). Personen, die zu zwei Messzeitpunkten Items beantworten, tauchen somit zweimal in der Tabelle auf. Methodisch wird dies wie eine Beobachtung weiterer Personen interpretiert, sodass diese auch als *virtuelle Personen* aufgefasst werden. Diese Umstrukturierung hat den Vorteil, dass die Itemparameter über beide Zeitpunkte hinweg testzeitpunktübergreifend geschätzt werden. Dadurch lassen sich alle Items auf einer gemeinsamem Skala verankern und interpretieren (Hartig & Kühnbach, 2006). Außerdem erhöht dieses Vorgehen die Größe der Stichprobe, wodurch sich die Stabilität und Güte der Skalierung verbessert (Hanson & Béguin, 2002).

Diese Datenstruktur im Long-Format wird zur Schätzung der Itemparameter, dem Modellvergleich und zur Prüfung der Modellstruktur bzw. Modellpassung genutzt.

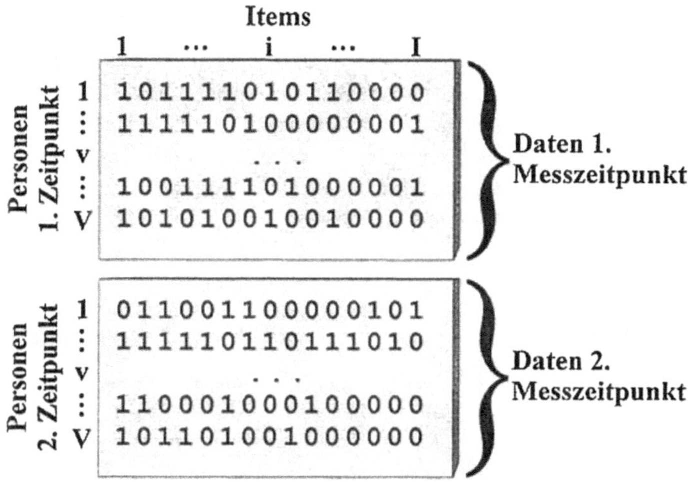

Abbildung 11.4 Zweidimensionale Datenstruktur mit virtuellen Personen. (*Anmerkung*. Übernommen aus Hartig & Kühnbach (2006, S. 34))

2. Modellvergleich

Infolge der Schätzung der Itemparameter gibt ConQuest Modellkennwerte, die zum Modellvergleich und zur Einschätzung der Modellgüte genutzt werden können, aus (u. a. AIC, BIC, EAP/PV-Reliabilität, Fit-Werte, vgl. Abschnitt 11.2.4). In dieser Untersuchung wird ein eindimensionales Modell einem zweidimensionalem Modell (Natürliche Häufigkeiten / Wahrscheinlichkeiten) gegenübergestellt.

3. Prüfung der Modellgüte

Das ausgewählte Modell wird daraufhin auf seine Modellgüte überprüft, wobei insbesondere auch die Passung der einzelnen Items im Fokus steht (u. a. Prüfung der Fit-Werte und DIF-Analyse, vgl. Abschnitt 11.2.4). Die Prüfung kann zu einem Ausschluss einzelner Items führen, sodass eine erneute Schätzung des Modells erforderlich ist.

4. Schätzung der Personenfähigkeitsparameter
Abschließend werden die Personenfähigkeitsparameter geschätzt. Die Schätzung erfolgt mithilfe des *Weighted Likelihood Estimation* (WLE)-Ansatzes. Die auf solche Weise bestimmten Parameter gelten als beste bzw. reliabelste Schätzer von Personenfähigkeiten (Hartig & Kühnbach, 2006).

Für diesen Schritt wird die Datenstruktur in ein *Wide-Format* transformiert, d. h. Vor- und Nachtest einer Person werden in einer Zeile zusammengeführt (vgl. Abbildung 11.5). Die zuvor bestimmten Itemparameter werden für die Schätzung der Personenfähigkeitsparameter fixiert, sodass die beiden Messzeitpunkte als zwei Ausprägungen derselben latenten Variablen auf einer gemeinsamen Skala interpretiert werden können. Dadurch lassen sich Veränderungen über die Zeit skalentreu auf der Individual- und auf der Gruppenebene darstellen (Hartig & Kühnbach, 2006).

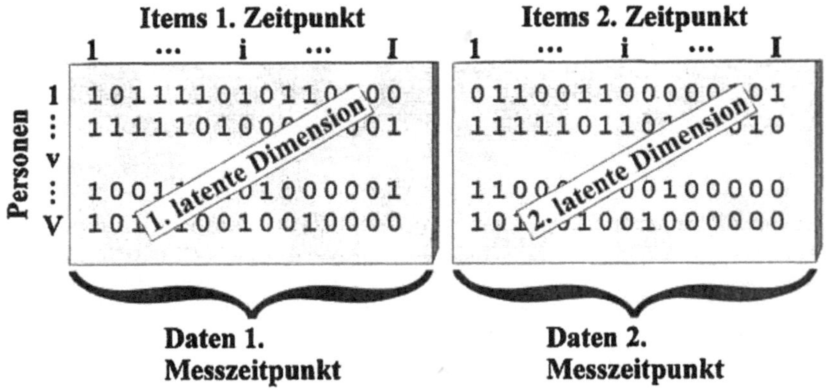

Abbildung 11.5 Veranschaulichung der Datenstruktur im Wide-Format. (*Anmerkung.* Übernommen aus Hartig & Kühnbach (2006, S. 35))

11.2.4 Methoden zur Überprüfung der Modellgültigkeit

Damit Personenfähigkeitsparameter überhaupt interpretiert bzw. genutzt werden dürfen, muss die Gültigkeit des Rasch-Modells geprüft werden. Zuvor wurden bereits einzelne Annahmen und Eigenschaften des Rasch-Modells vorgestellt, die auf ihre Einhaltung geprüft werden können. Analog dazu, dass es keinen festen Katalog von Annahmen und Eigenschaften gibt, sind auch die Methoden zu deren

Überprüfung nicht abschließend festgelegt (Rost, 2004, S. 345 ff.). Die Auswahl der Überprüfungsmethoden orientiert sich an den in der verwendeten ConQeust-Version implementierten Funktionen. So wird auf grafische Modellgeltungstests verzichtet, die einen ersten oder ergänzenden Einblick in die Modellkontrolle bieten könnten. Stattdessen werden ausschließlich numerische Kennwerte interpretiert, die für die Beurteilung der Modellpassung als ausreichend für die Modellprüfung angesehen werden.[12]

Einer der zentralen Leitgedanken bei der Modelltestung besteht darin zu prüfen, ob das Rasch-Modell abgelehnt werden müsste, was zugleich eine Stärke darstellt (Strobl, 2015, S. 1 ff.). Das Ziel ist daher im Regelfall *keinen* Grund für eine Ablehnung zu finden, auch wenn ein Modell niemals zu 100 % passen kann (vgl. Klinger, 2018, S. 156 f.). Für die Modellprüfung lassen sich grundsätzlich zwei Ansätze unterscheiden. Einerseits gibt es Methoden, die unterschiedliche Modelle miteinander vergleichen (hier: eindimensional vs. zweidimensional), andererseits Methoden, die die Modellgüte eines einzelnen Modells analysieren. Eine Prüfung der Modellgüte kann auf globaler Ebene und auf Item-Ebene erfolgen.

11.2.4.1 Modellvergleich

Zum Vergleich mehrerer Modelle wird auf informationstheoretischen Maße zurückgegriffen. Typische Maße sind das *Akaike Information Criterion* (AIC) und das *Bayesian Information Criterion* (BIC)[13], die einen Zusammenhang zwischen der Likelihood L und der Anzahl der zu schätzenden Parameter n_{par} herstellen. Beim BIC wird zusätzlich auch die Stichprobengröße N berücksichtigt (Eid & Schmidt, 2014, S. 190 f.; Rost, 2004, S. 339 ff.). Falls diese Maße unterschiedliche Modelle bevorzugen, dann sollte dem BIC ein höheres Gewicht beigemessen werden, da dieses in Simulationsstudien besser das passendste Modell aufgezeigt hat (Eid & Schmidt, 2014, S. 191; Moosbrugger & Kelava, 2020, S. 560 f.). Das AIC und BIC sind folgendermaßen definiert (Eid & Schmidt, 2014, S. 190):

---

[12] Es können auch keine typischerweise genutzten Tests wie der Andersen-Test oder der Wald-Test (zur Prüfung der Personenhomogenität) sowie der Martin-Löf-Test (zur Prüfung der Itemhomogenität) in ihrer Standardform eingesetzt werden, da diese ursprünglich für dichotome Rasch-Modelle ausgelegt sind (Rost, 2004, S. 345 ff.; Strobl, 2015, S. 44). Stattdessen werden im Folgenden Prüfformate beschrieben, die für das ordinale Rasch-Modell geeignet sind.

[13] Es gibt auch noch weitere informationstheoretische Maße wie das consistent AIC (CAIC) oder das aBIC, die in der Literatur aufgegriffen werden (vgl. Moosbrugger & Kelava, 2020, S. 560; Rost, 2004, S. 344).

$$AIC = -2 \cdot ln(L) + 2 \cdot n_{par}$$

$$BIC = -2 \cdot ln(L) + ln(N) \cdot n_{par}$$

Im Vergleich zweier AIC- bzw. BIC-Werte steht ein niedrigerer Wert für ein passenderes Modell.

Eine weitere Möglichkeit zum Modellvergleich ist die Durchführung eines *Likelihood-Quotienten-Test* (Likelihood-Ratio-Test) (Rost, 2004, S. 332). Mit einem solchen Test werden ebenfalls die Likelihoods zweier Modelle miteinander vergleichen. Voraussetzung ist, dass die Modelle verschachtelt sind, d. h. ein Modell sich durch Parameterrestriktionen durch das jeweils andere ergibt (Rost, 2004, S. 332). In dieser Untersuchung kann das eindimensionale Modell (L_0) auch als Spezialfall des zweidimensionalen Modells (L_1) angesehen werden. Für diese Art des Modellvergleichs gibt ConQuest die sogenannte Deviance (D) aus, die sich mit $D = -2 \cdot ln(L)$ berechnen lässt (Rost, 2004, S. 332). Da eine größere Likelihood für eine bessere Modellpassung spricht, steht im Modellvergleich eine kleinere Deviance entsprechend für ein besseres Modell. Zur Überprüfung, ob der Unterschied zwischen zwei Modellen tatsächlich auf einem 5 % – Signifikanzniveau signifikant ist, wird die Differenz ihrerer Deviances gebildet, in eine X^2-Statistik überführt und in einer X^2-Verteilungstabelle überprüft (Rost, 2004, S. 333). Die Freiheitsgrade werden durch die Parameteranzahl beider Modelle mit $df = n_p(L_1) - n_p(L_0)$ bestimmt. Falls der Test signifikant ausfällt, wird das allgemeinere Modell (hier also das zweidimensionale Modell) als das zu den Daten passendere Modell angenommen.

Eine weitere Möglichkeit zum Modellvergleich ist die Prüfung der *Korrelation* zwischen den Dimensionen im mehrdimensionalen Modell. Wenn der Korrelationswert über 0.95 ist, dann sollte auch das eindimensionale Modell bevorzugt werden (S. Pohl & Carstensen, 2012).

Diese Kennwerte dienen als Entscheidungsgrundlage im Modellvergleich. Inwiefern ein Modell theoretisch begründbar ist und in den bisherigen Forschungsdiskurs eingeordnet werden, ist darüber hinaus zu berücksichtigen (Bühner, 2021, S. 277). Neben empirischer Passung und theoretischer Plausibilität sollte zudem das *Einfachheitskriterium* beachtet werden sein. Wenn mehrere Modelle eine vergleichbare Passung zu den Daten aufweisen, ist das weniger komplexe Modell zu bevorzugen (Rost, 2004, S. 330).

11.2.4.2 Prüfung eines Einzelmodells

Neben dem zuvor beschriebenen Modellvergleich besteht die Möglichkeit, die Güte eines einzelnen Modells zu prüfen. Dabei wird insbesondere untersucht, wie gut einzelne Items zum jeweiligen Modell passen, dem sogenannten *Item-Fit*. Für diesen Zweck werden der *Weighted Mean Square* (WMNSQ, auch Infit genannt) und der *Unweigthed Mean Square* (UMNSQ, auch Outfit genannt) eines Items genutzt. Diese Maße zeigen auf, inwiefern die beobachteten Antworten von den durch das Modell erwarteten Antworten abweichen (Bond & Fox, 2015, S. 60 ff.).[14] Beide Maße unterscheiden sich darin, dass beim WMNSQ das Antwortverhalten von Personen, deren Fähigkeiten nahe an der Itemschwierigkeit liegt, stärker gewichtet wird (Bond & Fox, 2015, S. 67). Der WMNSQ ist damit sensitiver für Fehlpassungen bei Personen, deren Antworten eigentlich aufgrund ihrer Position auf der Skala besonderes informativ für die Parameterschätzung sind. Dadurch wird dem WMNSQ oftmals eine höhere Beachtung gegeben (Bond & Fox, 2015, S. 67). Der UMNSQ ist dagegen sensibler für Ausreißer.

Ein Wert von 1 beim WMNSQ bzw. UMNSQ bedeutet, dass das tatsächliche Antwortverhalten ideal mit dem erwarteten Verhalten übereinstimmt. Bei Werten über 1 spricht man von einem *Underfit*, d. h. die Abweichungen bzw. die Varianz ist größer als erwartet, was auf eine Fehlpassung hindeutet. Werte unter 1 werden als *Overfit* bezeichnet, d. h. sie zeigen eine geringere Varianz als erwartet auf. Das Item passt „zu gut" zum Modell (Rost, 2004, S. 374). Aus diesem Grund ist ein Overfit weniger problematisch als ein Underfit. Akzeptable Werte sind dabei von der jeweiligen Testart und der verwendeten Skala abhängig (Bond & Fox, 2015, S. 270 ff.). Für die hier durchgeführte Rasch-Analyse können Werte im Intervall [0,7; 1,3] als akzeptabel angenommen werden, wobei diese bestenfalls sogar zwischen [0,8; 1,2] liegen sollten (Bond & Fox, 2015, S. 272). Ergänzend können bei problematischen Underfit bzw. Overfit die *t-Werte* betrachtet werden (vgl. Hankeln, 2019, S. 194), die eine standardisierte Form des Infit bzw. Outfit darstellen (Bond & Fox, 2015, S. 270). Die t-Werte sollten im Intervall [-2; 2] liegen.

Des Weiteren wird die Trennschärfe der einzelnen Items betrachtet. Diese stellt die Produkt-Moment-Korrelation eines Items mit dem Gesamtscore dar. Höhere Trennschärfekoeffizienten deuten darauf hin, dass sich Unterschiede im Gesamtscore auch in den Antworten des jeweiligen Items widerspiegeln (Eid & Schmidt,

[14] Bei Bond & Fox (2015, S. 60 ff.) gibt es eine ausführliche Diskussion und weitere mathematische Hintergründe zu den Item-Fits.

2014, S. 216 f.). Zur Bestimmung der Trennschärfe wird zwischen zwei Möglichkeiten unterschieden. Bei der „klassischen" bzw. *unkorrigierten* Berechnung des Trennschärfekoeffizienten wird das betrachtete Item im Gesamtscore einbezogen (Moosbrugger & Kelava, 2020, S. 153 ff.). Obwohl es bei diesem Trennschärfetypen oftmals zu einer überschätzten Korrelation kommt (Bühner, 2021, S. 222; Eid & Schmidt, 2014, S. 216 f.; Moosbrugger & Kelava, 2020, S. 153 ff.), wird dieser häufig in vergleichbaren Rasch-Analysen verwendet, beispielsweise bei De Vries (2021), Hankeln (2019) oder Pohl & Carstensen (2012). Alternativ kann das betroffene Item bei der Bestimmung der Trennschärfe im Gesamtscore ausgeschlossen werden. Dies führt zur *korrigierten* Trennschärfe, welche auch *Part-Whole-Trennschärfe* bzw. *Part-Whole-Korrektur* genannt wird (Eid & Schmidt, 2014, S. 216 f.; Moosbrugger & Kelava, 2020, S. 153 ff.). Da ConQuest beide Trennschärfenvarianten ausgibt, werden im Folgenden auch beide betrachtet.[15] In der Literatur wird teilweise keine Unterscheidung zwischen den beiden Typen in Bezug auf Grenzwerte gemacht, obwohl die unkorrigierte Trennschärfe in der Regel zu höheren Korrelationen führt (Eid & Schmidt, 2014, S. 216 f.; Moosbrugger & Kelava, 2020, S. 153 ff.).[16] Für die Bewertung werden die Orientierungswerte aus PISA herangezogen. Demnach sind bei dichotomen Items punktbiseriale Korrelation unter 0.2 kritisch zu sehen (OECD, 2012, S. 132 f.). Bei polytomen Items wird die punktbiseriale Korrelation für jede Kategorie separat betrachtet (auch: polyseriale Korrelation, vgl. Eid & Schmidt, 2014, S. 255). Diese sollten zudem sortiert sein, d. h. von der niedrigsten Kategorie bis zur höchsten Kategorie ansteigen (OECD, 2012, S. 132 f.).

In Anlehnung an die zitierten Studien wird der unkorrigierten Trennschärfe eine höhere Gewichtung zugesprochen. Insbesondere wenn beide Trennschärfetypen einen Wert unter 0.2 erhalten, ist dies ein Ausschlusskriterium für ein Item. Bei Items mit einer unzureichenden Part-Whole-Trennschärfe, werden insbesondere noch einmal die Item-Fit-Werte betrachtet, da diese im Rahmen der Rasch-Skalierung als relevantere Kennwerte gelten, da sie sich aus der Rasch-Skalierung direkt ergeben und einen unmittelbaren Misfit aufzeigen.

Eine weitere Analysemöglichkeit auf Modellebene stellt die *DIF-Analyse* dar. Dabei wird geprüft, inwiefern einzelne Items *Differential Item Functioning* (DIF) aufweisen. Diese Analyse hat zum Ziel, Items dahingehend zu prüfen, ob sie

[15] ConQuest nutzt die Begriffe Item-Total-Correlation für die unkorrigierte Trennschärfe und Item-Rest-Correlation für die Part-Whole-Korrektur.

[16] Oftmals wird bei Rasch-Analysen nicht dokumentiert, welcher Typ tatsächlich in der Auswertung genutzt wurde.

für einzelne Personengruppen unterschiedlich funktionieren und damit potenziell unfair sind (Moosbrugger & Kelava, 2020, S. 239 ff.). Für eine solche Analyse wird die Stichprobe in Subgruppen unterteilt. Hierzu werden einerseits die bereits vorliegenden Gruppen Digital und Analog genutzt. Andererseits wird die DIF-Analyse in Bezug auf das Geschlecht durchgeführt. Da ein Einzelitem in der Pilotierung aufgrund eines Geschlechts-Biases aussortiert werden musste (Brnic, 2020) und da in einer Teilstudie geschlechtsspezifische Unterschiede zwischen digitalen und gedruckten Materialien beobachtet wurden, erscheint das Geschlecht als Subgruppenunterteilung für eine DIF-Analyse relevant (Brnic et al., 2024).

Denn erst wenn DIF ausgeschlossen werden kann, ist auch ein Vergleich dieser Gruppen unverzerrt interpretierbar, da Unterschiede im Vor- und Nachtest nicht auf systematisch unfair funktionierende Items zurückgeführt werden (S. Pohl & Carstensen, 2012). DIF-Analysen basieren auf der Differenz der geschätzten Itemparameter zwischen den Gruppen. Diese Differenz sollte nicht größer als 1 Logit sein. Zwischen 0.6 und 1 ist zumindest eine kritische Betrachtung des Einzelitems erforderlich (S. Pohl & Carstensen, 2012). Zudem kann ein Chi-Quadrat-Test eingesetzt werden, um zu prüfen, ob sich die Itemparameter zwischen zwei Subgruppen signifikant unterscheiden (Adams et al., 2025).

Abschließend wird die Reliabilität der einzelnen Dimensionen betrachtet. ConQuest gibt hierfür die EAP/PV-Reliabilität aus, welche mit Cronbachs Alpha vergleichbar ist und ein Maß für die Messgenauigkeit ist (Moosbrugger & Kelava, 2020, S. 495 f.; Rost, 2004, S. 382). Lienert & Raatz (1998, S. 14) empfehlen für Gruppenvergleiche eine EAP/PV-Reliabilität von mindestens 0.5. Da der Fokus nicht auf individualdiagnostischen Entscheidungen liegt, ist dieser Mindestwert für diese Studie ausreichend.

Das einzige polytome Item *Fernsehserie* wird darüber hinaus gesondert betrachtet. Hierfür kommen die in Abschnitt 11.2.1 beschriebenen Verfahren zur Prüfung der Schwellenparameter zum Einsatz.

Wenn die hier beschriebenen Prüfungen keine Hinweise auf eine Verletzung oder Ablehnung der Modellannahmen ergeben, kann die Rasch-Skalierung beibehalten werden. Anschließend erfolgt die Schätzung der Personenfähigkeitsparameter auf Intervallskalenniveau, die die Grundlage für die anschließenden statistischen Analysen sind. Die Rasch-Skalierung stellt zugleich eine Form der Qualitätssicherung dar, da nur modellkonforme Daten in die weiteren Auswertungen einfließen (Bond & Fox, 2015, S. 6). Die Gültigkeit des Rasch-Modells und damit der spezifischen Objektivität muss jedoch für jede neue Personengruppe erneut empirisch bestätigt werden (Strobl, 2015, S. 22).

11.3 Auswertung mit Linearen Gemischten Modellen

In dieser Studie werden die auf der Basis der probabilistischen Testtheorie (Rasch-Skalierung) geschätzten Personenfähigkeitsparameter mit Verfahren der klassischen Testtheorie ausgewertet. Beide Ansätze sind als komplementäre Verfahren zu verstehen (Döring, 2023, S. 476; Moosbrugger & Kelava, 2020, S. 251 ff.; Rost, 2004, S. 11 ff.). Denn die klassische Testtheorie arbeitet mit den Messwerten, die zuvor durch die probabilistische Testtheorie hergeleitet wurden (Rost, 2004, S. 11 ff.).

Zur Beantwortung der Forschungsfragen kommen verschiedene Analyseverfahren in Betracht, um Gruppenvergleiche und Veränderungsmessungen zu vorzunehmen. Da es sich um eine Feldstudie in einem quasi-experimentellen Prä-Post-Design handelt (vgl. Abschnitt 7.1), ist es jedoch wünschenswert, potenzielle Stör- und Kontrollvariablen in die Analyse einzubeziehen, die möglicherweise Einfluss auf die Ergebnisse haben (Döring, 2023, S. 199 ff.).

Insbesondere Hilbert et al. (2019) betonen die Potenziale eines *Linearen Gemischten Modells* (LMM)[17] in vergleichbaren Studiendesigns gegenüber einer ANOVA oder der multiplen linearen Regression.[18] Da die Studie an unterschiedlichen Schulen mit verschiedenen Mathematikkursen durchgeführt wurde und somit eine genestete Datenstruktur vorliegt, bietet sich der Einsatz von LMMs besonders an. Auf die Grundlagen und Besonderheiten von LMMs sowie die Abgrenzung zu den anderen statistischen Verfahren wird im folgenden Abschnitt 11.3.1 detailliert eingegangen. Im Anschluss (Abschnitt 11.3.2) wird beschrieben, wie eine LMM angewendet wird.

---

[17] In Studien und der Statistikliteratur wird der Begriff uneinheitlich genutzt. Teilweise werden LMMs als *hierarchisch lineare Modelle* oder *Mehrebenenmodelle* sowie mit den englischen Begriffen als *Multilevel Model, Mixed Model, Multilevel Analysis* oder *Linear Mixed-Effects Model* bezeichnet (vgl. z. B. Garson, 2013; Hilbert et al., 2019). Die Begriffsnutzung ist teilweise von der Untersuchungsdomäne oder von der Schwerpunktsetzung der jeweiligen Studie abhängig. Beispielsweise wenn die hierarchische Strukturen in einer Studie untersucht werden, dann werden diese oftmals im genutzten Modell-Begriff aufgegriffen. Dennoch können auch bei LMMs unterschiedliche Untertypen klassifiziert werden. Für eine ausführliche Beschreibung sei hier auf Garson (2013) verwiesen. In dieser Arbeit wird stets der übergeordnete Begriff LMM verwendet.

[18] Hilbert et al. (2019) beziehen sich in ihrem Vergleich auf die *ordinary least squares regression* als Schätzmethode.

11.3.1 Grundlagen Linearer Gemischter Modelle

Die vorliegenden Daten weisen eine genestete Struktur auf. Dies bedeutete, dass die Daten in mehreren Ebenen hierarchisch gegliedert sind. In dieser Studie werden drei Ebenen unterschieden (vgl. Abbildung 11.6): Schule (Ebene 3), Mathematikkurs (Ebene 2) und Schüler:innen (Ebene 1).

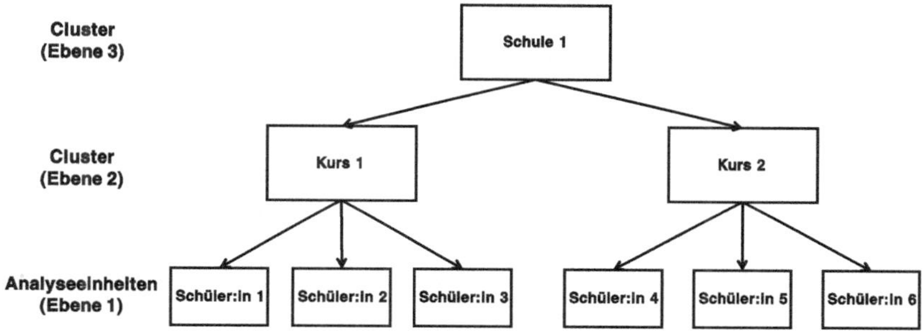

Abbildung 11.6 Genestete Datenstruktur mit drei Ebenen

Schulen und Mathematikkurse gruppieren die einzelnen Schüler:innen und bilden damit statistische *Cluster*. Innerhalb solcher Cluster können sich die Personenfähigkeitsparameter ähneln. Hierfür werden insbesondere Lineare Gemischte Modelle zur Auswertung empfohlen, da diese Clustereffekte statistisch berücksichtigen können (Hilbert et al., 2019).

Oftmals wird für solche Untersuchungszwecke eine ANOVA oder die multiple lineare Regression eingesetzt (Hilbert et al., 2019), die beide dem übergeordneten Konzept des *Allgemeinen Linearen Modell* (ALM) zuzuordnen sind (Sedlmeier & Renkewitz, 2018, S. 610, 628).[19] Methoden des ALM setzen voraus, dass alle Beobachtungen unabhängig voneinander sind (Hilbert et al., 2019). Diese Annahme ist bereits verletzt, wenn Personen wiederholt gemessen werden (Buscemi & Plaia, 2020; Hilbert et al., 2019). Werden diese Abhängigkeiten ignoriert, können beispielsweise in der multiplen linearen Regression Parameter fehlerhaft geschätzt werden und sich falsche Koeffizienten ergeben (Garson, 2013). Wenn eine genestete Datenstruktur vorliegt, können die Cluster zwar im ALM auch

[19] Das ALM kann als ein Spezialfall des LMM betrachtet werden (Brauer & Curtin, 2018). Bei beiden Modelltypen liegt der Interpretationsfokus auf Regressionskoeffizienten, die im Zusammenhang mit den jeweiligen Prädiktorvariablen stehen (Brauer & Curtin, 2018).

als Cluster-Variable aufgenommen werden, dennoch sollte in solchen Fällen der Einsatz eines LMM präferiert werden (Bühner & Ziegler, 2010, S. 681).[20]

Die Entscheidung, ob tatsächlich ein LMM genutzt wird, kann aber auch von der Anzahl der Einheiten auf den einzelnen Ebenen abhängen. Hierbei finden sich unterschiedliche Richtlinien, die sich oftmals auf Maas & Fox (2005) mit mindestens 50 Cluster beziehen. Alternative Vorschläge sehen mindestens 20 (Eid et al., 2017, S. 732) oder mindestens 30 Einheiten (Kreft, 1996) einer Ebene vor. Dabei zeigte sich in anderen Studien, dass bereits etwa 10 Cluster ausreichend sind und in der Praxis oftmals weniger als 30 Cluster vorliegen (Huang, 2018).

Ein weiterer Vorteil des LMM besteht darin, dass dieses auch mit fehlenden Werten in der abhängigen Variable umgehen kann, ohne dass Fälle vollständig ausgeschlossen werden müssen (Huang, 2018). Wenn mehrere Messzeitpunkte vorliegen, ist nicht jedes Mal eine Messung erforderlich, um eine Person in die Analyse einzubeziehen. Die fehlenden Werte müssen unter der Annahme Missing at Random vorliegen (West et al., 2022, vgl. Abschnitt 11.1). Dieser Vorteil wird in der vorliegenden Studie nicht genutzt, da lediglich zwei Messzeitpunkte vorliegen und in der vorgeschalteten Rasch-Skalierung nur vollständige Fälle aufgenommen wurden.

11.3.1.1 Unterscheidung zwischen festen und zufälligen Effekten

Die Hauptunterscheidung zu den anderen statistischen Verfahren besteht darin, dass in einem LMM zusätzlich *zufällige Effekte* (random effects) einbezogen werden. Dies bedeutet, dass sich Regressionskoeffizienten zwischen Clustern, beispielsweise von Kurs zu Kurs, unterscheiden können (Garson, 2013; Gordon, 2019). Solche Unterschiede in den Effekten einer Intervention können etwa auf Unterschiede in der technischen Ausstattung, der sozialen Zusammensetzung oder den vorhandenen Fördermöglichkeiten im Mathematikunterricht zurückzuführen sein. Zufällige Effekte treten insbesondere dann auf, wenn lediglich eine Zufallsstichprobe aus einer größeren Grundgesamtheit untersucht wird (Brauer & Curtin, 2018; Garson, 2013).

Auch in dieser Studie besteht das Forschungsinteresse darin, die gesamte Schülerschaft zu erfassen, aber es konnte nur ein Teil der Schulen und Kurse untersucht werden. Entsprechend werden solche Gruppierungsvariablen, die hier

[20] Eine ausführliche Diskussion über LMM-Alternativen findet sich bei Huang (2016). Er schlägt sogar vor, mehrere Alternativen zu testen und deren Ergebnisse zu vergleichen, um die Robustheit der Befunde zu prüfen. Dieser Schritt würde den Rahmen dieser Arbeit überschreiten.

die Ebene 2 und Ebene 3 definieren, als sogenannte *Random Factors* (auch: random variable) im LMM aufgenommen, um die damit verbundenen zufälligen Effekte zu berücksichtigen (West et al., 2022).[21] Brauer & Curtin (2018) nennen weitere typische Random Factors:

> *Subjects that are randomly selected from a larger pool of possible subjects and items that are randomly selected from a larger pool of possible items are nearly always random variables. Other typical random variables are individuals who work with multiple subjects (e.g., managers, teachers, therapists, social workers), higher-order units that subjects are nested in (e.g., families, work teams, classrooms, counties), and settings (e.g., locations on campus or in town, different situations in which a behavior may occur). (S. 393)*

Durch die Berücksichtigung solcher Random Factors können Unterschiede, die auf höhere Ebenen (z. B. Kurse und Schulen) zurückzuführen sind, in der Analyse statistisch kontrolliert werden. Dies erhöht die Generalisierbarkeit der Ergebnisse (West et al., 2022).

Eine Variable wird als *Fixed Factor* (auch: *fixed variable* oder *fixe/feste Variable)* bezeichnet, wenn alle relevanten Abstufungen dieser Variablen in der Untersuchung enthalten sind (Brauer & Curtin, 2018; West et al., 2022). Fixed Factors können qualitative Merkmalsausprägungen umfassen (z. B. das Geschlecht), Klassifikationen, die sich aus der untersuchten Stichprobe ergeben (z. B. die Region der Schule), oder Klassifikationen, die sich aus dem Studiendesign ergebenen (z. B. die Untersuchungsgruppen). Auch gestufte bzw. ordinale Klassifikationsvariablen, wie das Alter oder die Note, zählen hier dazu (West et al., 2022). Fixed Factors sind so gewählt, dass sie die unterschiedlichen Bedingungen der Studie widerspiegeln, und die Unterschiede, die von theoretischem Interesse sind, aufzeigen können (Peugh, 2010; West et al., 2022). Solche Fixed Factors finden sich oft in gleicher Form auch in anderen Studien wieder (Brauer & Curtin, 2018).

Zusammenhänge, die sich zwischen einem Fixed Factor und der abhängigen Variable ergeben, werden als *feste Effekte* (*fixed effects*) bezeichnet (West et al., 2022). Diese festen Effekte ergeben sich erst aus der Datenanalyse. Zufällige Effekte beschreiben hingegen „random deviations from the relationships described by fixed effects“ (West et al., 2022, S. 13), also zufällige Abweichungen von den Zusammenhängen, die durch feste Effekte beschrieben werden.

[21] In der deutschsprachigen Literatur werden oftmals die englischen Begriffe genutzt. Dies betrifft insbesondere die Random Factors, da der Begriff „Zufallsvariable“ andere Konnotationen hervorrufen kann.

Ob eine Variable als Fixed Factor oder Random Factor aufgenommen wird, ist letztendlich auch vom Studiendesign und den Forschungszielen abhängig (West et al., 2022). So könnten die teilnehmenden Mathematikkurse als Random Factor interpretiert, wenn die zufällige Auswahl dieser Kurse berücksichtigt werden soll. Das ist in dieser Untersuchung der Fall. Die Mathematikkurse könnten jedoch auch als Fixed Factors behandelt werden, wenn die Unterschiede zwischen diesen Kursen explizit untersucht werden sollen.

11.3.1.2 Modellgleichung

Die Unterscheidung zwischen festen und zufälligen Effekten spiegelt sich auch in der Modellgleichung des LMM wider. Im Vergleich zur linearen Regression wird diese um einen Term für die zufälligen Effekte u erweitert, um die genestete Datenstruktur abzubilden (Hilbert et al., 2019). Als abhängige Variable werden die aus der Rasch-Skalierung gewonnenen Personenfähigkeitsparameter θ genutzt. Im LMM werden diese nun auf feste und zufällige Effekte zurückgeführt, um Gruppenvergleiche und Veränderungsmessungen vorzunehmen.

Ein einfaches Modell, dass die Untersuchungsgruppen (Gruppe), die Messzeitpunkte (MZP), die Interaktion zwischen Gruppe und Messzeitpunkt sowie zufällige Effekte ausschließlich auf der Personenebene umfasst, ergibt die folgende Gleichung:

$$\theta_{tj} = \gamma_0 + \gamma_1 MZP_t + \gamma_2 Gruppe_j + \gamma_3 (Gruppe_j \times MZP_t) + u_{0j} + \varepsilon_{tj}$$

- θ_{tj} = Abhängige Variable von Person j zum Messzeitpunkt t (hier: geschätzte Personenfähigkeitsparameter aus der Rasch-Skalierung)
- γ_0 = Intercept, d. h. geschätzter Mittelwert der Referenzgruppe (hier: Analoge Gruppe im Vortest)
- γ_1 = Effekt des Messzeitpunkts (Vor- vs. Nachtest)
- γ_2 = Effekt der Untersuchungsgruppe (Digital vs. Analog)
- γ_3 = Interaktionseffekt zwischen Untersuchungsgruppe und Messzeitpunkt
- u_{0j} = zufällige Abweichung des Intercepts für Person j (Random Intercept auf Personenebene)
- ε_{tj} = Residuum (Messfehler) innerhalb einer Person

Das Modell nimmt hier an, dass jede Person ihr eigenes Ausgangsniveau (u_{0j}) hat. Der Term u_{0j} steht somit für die zufällige, personenspezifische Abweichung vom Intercept (*Random Intercept*). Da dieser Term additiv eingeht, verschiebt er sowohl Vor- als auch Nachtest in gleicher Weise. Damit wird angenommen, dass alle Personen innerhalb einer Gruppe unabhängig von ihrem individuellen Startniveau, eine identische Veränderung zwischen Vor- und Nachtest durchlaufen (vgl. Abbildung 11.7).

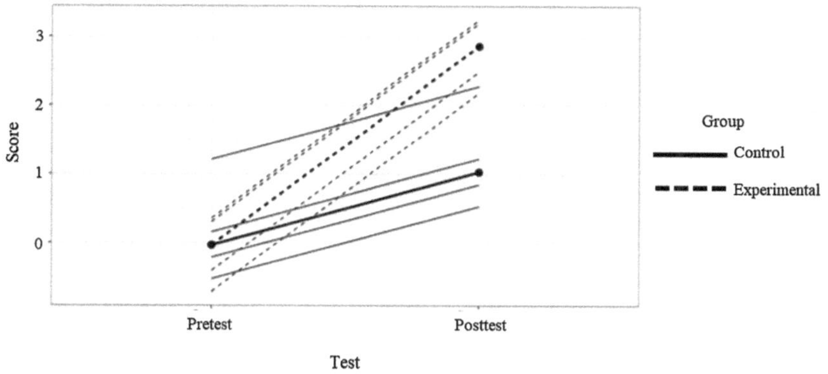

Abbildung 11.7 Illustration von Random Intercepts für eine Experimental- und eine Kontrollgruppe mit zwei Messzeitpunkten. (*Anmerkung*. Übernommen aus Hilbert et al. (2019, S. 107))

Neben solchen Random Intercepts können im Rahmen des LMM auch zufällige Steigungen (*Random Slopes*) modelliert werden (Brauer & Curtin, 2018; Gordon, 2019). Damit lassen sich Unterschiede in der Veränderung zwischen den Messzeitpunkten, also unterschiedliche Steigungen, zwischen den Personen erfassen (Brauer & Curtin, 2018; Gordon, 2019, vgl. Abbildung 11.8).

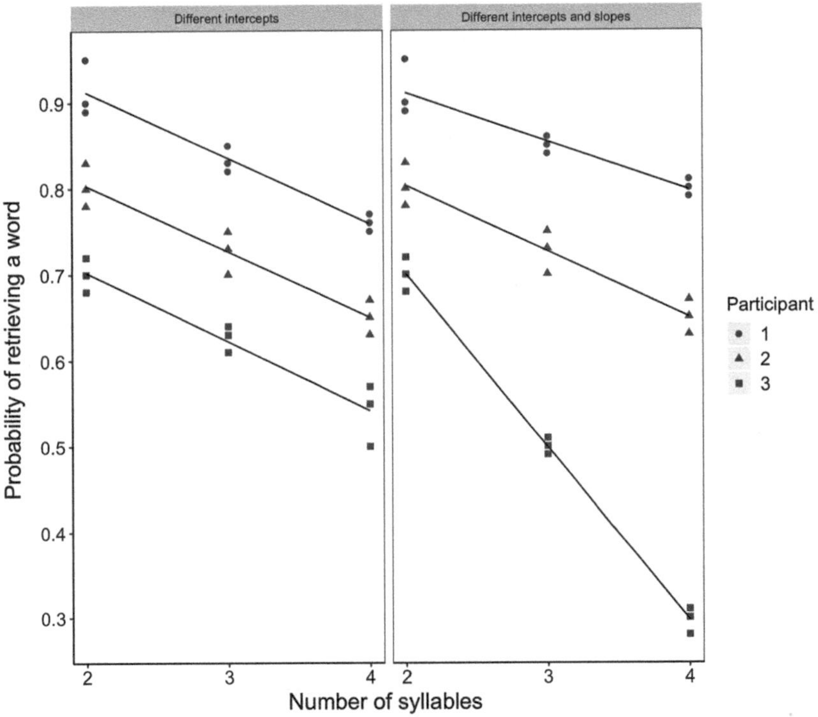

Abbildung 11.8 Unterscheidung zwischen unterschiedlichen *random intercepts* und *random intercepts & random slopes* für jede Person. (*Anmerkung*. Übernommen aus Gordon (2019, S. 513))

Würde man beispielsweise die individuelle Abweichungen über die Messzeitpunkte als Random Slope aufnehmen, erweitert sich die Gleichung um den Term $u_{1j}MZP_t$:

$$\theta_{tj} = \gamma_0 + \gamma_1 MZP_t + \gamma_2 Gruppe_j + \gamma_3 \left(Gruppe_j \times MZP_t\right) + u_{0j} + u_{1j}MZP_t + \varepsilon_{tj}$$

Die genutzte Modellgleichung wird oftmals in einer Kurznotation dargestellt. Dabei werden Random Intercepts als (1 I Random Factor) und Random Slopes als

(Fixed Factor I Random Factor) aufgeschrieben, wobei die „1" für den Intercept steht.[22]

Eine ausführliche Beschreibung und weiterführende Erläuterungen des LMM findet sich bei Snijders & Boskers (2012). An dieser Stelle wurden nur die für diese Studie relevanten Hauptaspekte erläutert und im Folgenden wird sich auf die Anwendung und Interpretation fokussiert.

11.3.2 Anwendung Linearer Gemischter Modelle

In diesem Kapitel wird erläutert, worauf bei der Anwendung Linearer Gemischter Modelle geachtet werden sollte. Insbesondere wird darauf eingegangen, wie ein geeignetes Modell mit festen und zufälligen Effekten ausgewählt wird. Für die Modellfindung und Umsetzung der LMM wurde die Software *jamovi* mit dem Modul *GAMLJ 3* (Version 3.6.1, https://gamlj.github.io) genutzt, welches auf dem R-Paket *lme4* basiert (vgl. Bates et al., 2015).

11.3.2.1 ICC-Prüfung

Zwar lässt sich theoretisch begründen, dass ein LMM aufgrund der genesteten Datenstruktur erforderlich ist, aber dies kann auch durch die Intraklassenkorrelation (intraclass corellation / ICC) empirisch geprüft werden. Die ICC ermöglicht, die Varianzanteile zwischen den Einheiten auf Ebene 2 (Mathematikkurse) bzw. Ebene 3 (Schulen) zu quantifizieren. Sie stellt einen Koeffizienten dar, der den Anteil der Gesamtvarianz beschreibt, der auf Unterschiede zwischen den Clustern zurückgeht (Peugh, 2010).

Ein Wert von 0 bedeutet, dass keine Clustereffekte vorliegen, wohingegen ein Wert von 1 aufzeigt, dass alle Unterschiede zwischen den Clustern bestehen und innerhalb eines Clusters keinerlei Variation vorhanden ist. Zur Bestimmung des ICC wird das *Nullmodell* (unconditional model) genutzt, d. h. ein Model ohne Prädiktoren (Garson, 2013). Nach Bühner & Ziegler (Bühner & Ziegler, 2010, S. 738) gelten Werte über .02 bereits als Kennzeichen für eine Clusterung, während Peugh (2010) Werte zwischen .05 und .20 als in der Studienpraxis häufig vorkommend angibt. Liegt der ICC in diesem Bereich oder darüber spricht dies für die Aufnahme entsprechender Random Factors in das LMM, um die Clusterstruktur angemessen zu berücksichtigen.

[22] Auf die letzte Gleichung übertragen, wäre dies: Personenfähigkeit ~ 1 + MZP + Gruppe + Zeitpunkt:MZP + (1 I Person) + (Gruppe I Zeitpunkt) + (1 + Zeitpunkt I Person).

Ergänzend wird der Design Effect (DEFF) als weiterer Kennwert für eine Entscheidung zugunsten eines LMM bestimmt (Huang; Peugh). Der DEFF ergibt sich aus folgender Formel:

$$DEFF = 1 + (n_c - 1)ICC,$$

Wobei n_c die durchschnittliche Gruppengröße bezeichnet. Der DEFF ist ein Maß dafür, wie stark die Varianz der abhängigen Variable durch die Gruppierung innerhalb der Cluster beeinflusst wird. Werte über 2.0 gelten als Indikator, dass ein LMM eingesetzt werden sollte (Huang, 2018; Peugh, 2010).

11.3.2.2 Datenstruktur

Eine wesentliche Voraussetzung für die Durchführung der LMM stellt die korrekte Datenstrukturierung dar, damit mehrere Messzeitpunkte und insbesondere die Interaktion zwischen Gruppe und Messzeitpunkt aufgenommen werden kann. Hierfür wird wieder das Long-Format, wie bereits in der Rasch-Skalierung, genutzt (vgl. Abschnitt 11.2.3). Da jede Person in diesem Datenformat zweimal in der Datentabelle erscheint (einmal pro Messzeitpunkt), wurde eine Dummy-Kodierung eingesetzt. In Anlehnung an den Vorschlag von Hilbert et al. (2019) wurde der Vortest mit 0 und der Nachtest mit 1 kodiert wurde. Die Gruppenvariable war bereits zuvor passend vorbereitet (0 = Analoge Gruppe, 1 = Digitale Gruppe).

11.3.2.3 Modellfindung

Die LMM zeichnet sich aufgrund des Einbezugs von festen und zufälligen Effekten durch eine hohe Flexibilität aus. Entsprechend ist nicht immer auf den ersten Blick ersichtlich, welche Random Factors und Fixed Factors in ein Modell aufgenommen werden sollten und es gibt auch keinen allgemeingültigen Ablauf zur Nutzung eines LMM (Meteyard & Davies, 2020). Das Ziel ist es, das Modell zu finden, welches die Daten möglichst passend beschreibt. Die hier dargestellte Vorgehensweise orientiert sich insbesondere an den von Meteyard & Davies sowie Peugh (2010) und West (2022) vorgeschlagenen Schritten.

Der Modellaufbau beginnt mit der Festlegung der Random Factors bzw. zufälligen Effekte (Meteyard & Davies, 2020). Hierbei ist zwischen zwei Vorgehensweisen zu unterschieden. Eine explorative Vorgehensweise ist, dass mit dem Nullmodell begonnen wird und schrittweise Random Factors hinzugefügt werden (Barr et al., 2013; Meteyard & Davies, 2020). Durch Modellvergleiche wird geprüft, ob sich die Modellgüte verbessert (vgl. Abschnitt 11.3.2.4).

Dieses Vorgehen entspricht einem *minimal to maximal-that-improves-fit-process* (Meteyard & Davies, 2020).

Eine alternative, konfirmatorische Strategie ist, dass zunächst möglichst viele Random Factors in das Modell einbezogen werden, die sich durch theoretische Überlegungen legitimieren lassen. Diese sogenannte *maximal random effects structure* wird vorwiegend in der experimentellen Psychologie eingesetzt wird (Barr et al., 2013; Brauer & Curtin, 2018). Da es sich in dieser Studie um ein quasi-*experimentelles* Design handelt und die theoretische Modellstruktur der Random Factors begründet werden kann, wird hier diese konfirmatorische Vorgehensweise genutzt (Meteyard & Davies, 2020).

Nach Barr et al. (2013) und Brauer & Curtin (2018) sind bei der Auswahl einer maximal random effects structure folgende drei Regeln zu beachten:

> *„(1) random intercepts for any unit (e.g., subjects or items) that cause non-independence in the data;*
>
> *(2) random slopes for any within-subject effects; and*
>
> *(3) random slopes for interactions that are completely within-subjects."*
>
> *(zitiert nach Meteyard & Davies, 2020, S. 18)*

Diese Regeln implizieren zugleich, dass nicht jeder Random Factor auch zwingend als zufälliger Effekt in das Modell aufgenommen werden muss. In einem ersten Ausgangsmodell werden daher Random Intercepts auf allen Ebenen berücksichtigt, die Verletzung der Unabhängigkeit verursachen können (Regel 1). Im vorliegenden Fall betrifft dies die Schüler:innen (Ebene 1), die Mathematikkurse (Ebene 2) und die Schulen (Ebene 3). Diese Variablen repräsentieren jeweils eine Zufallsauswahl aus einer größeren Grundgesamtheit. Eine Variable wird nur dann in das Modell aufgenommen, wenn pro Ebene mindestens zwei Beobachtungen vorliegen (Brauer & Curtin, 2018). Dies ist ebenfalls hier gegebenen. Für jede Person liegen durch die zwei Messzeitpunkte zwei Beobachtungen (hier: Personenfähigkeitsparameter) vor, sodass Abhängigkeiten innerhalb einer Person entstehen, die durch einen Random Intercept modelliert werden müssen. Entsprechendes gilt für die Kurs- und Schulebene, da für jedes Cluster diese zwei Beobachtungen vorliegen.

Nach Regel 2 und Regel 3 würde sich der Messzeitpunkt als Random Slope anbieten, da dieser für Within-Effekte sorgt. Zur sinnvollen Schätzung von Random Slopes sollten jedoch mindestens drei Messzeitpunkte liegen (Willett et al., 1998). Der Grund hierfür ist, dass eine Steigung sich erst stabil identifizieren lässt, wenn mehr als zwei Datenpunkte zur Verfügung stehen. Bei lediglich zwei Messzeitpunkten kann nur eine Differenz berechnet werden, nicht aber individuelle Veränderungsraten bzw. die Steigung pro Person oder pro Cluster.

Zusätzlich wird aber ein Random Slope für die Variable *Untersuchungsgruppe* auf Kursebene aufgenommen (Gruppe | Kurs). Damit kann modelliert werden, dass der Effekt der Gruppenzugehörigkeit (Digital vs. Analog) zwischen den Mathematikkursen unterschiedlich stark ausgeprägt sein kann. So könnte dieser in einem Kurs deutlich ausgeprägt sein, während er in einem anderen Kurs kaum oder gar nicht auftritt. Durch die Aufnahme dieses Random Slope wird diese kursabhängige Variation explizit in der Modellfindung berücksichtigt.

Bei der Auswahl einer maximal random effects structure Auswahl kann es zu sogenannten Konvergenzproblemen kommen (Barr et al., 2013), d. h. das Modell kann nicht erfolgreich geschätzt werden. Hauptursachen für Konvergenzprobleme sind, dass das Modell zu komplex spezifiziert wurde oder dass zu wenige Beobachtungen für eine stabile Schätzung vorliegen (Barr et al., 2013; Brauer & Curtin, 2018). Die einfachste Möglichkeit mit dieser Problematik umzugehen, ist eine Vereinfachung des Modells. Zudem ist bei Brauer & Curtin (2018) eine ausführliche Auflistung weiterer Strategien zu finden, auf die bei Bedarf zurückgegriffen wird. Der iterative Anpassungsprozess wird auch als *maximal to a minimal-that-converges modelling process* bezeichnet (Meteyard & Davies, 2020).

Auf welche Weise die Fixed Factors im Anschluss zum Modell hinzugefügt werden sollten, ist nicht durch klare Richtlinien vorgegeben (Meteyard & Davies, 2020). Es werden von West et al. (2022) zwei prototypische Vorgehensweisen unterschieden: die *Top-Down* Strategie und die *Step-Up* Strategie. Bei der Top-Down Strategie werden zuerst möglichst viele Fixed Factors in das Modell aufgenommen, die theoretisch oder praktisch relevant erscheinen. Anschließend wird geprüft, ob das Modell vereinfacht werden kann und alle Fixed Factors tatsächlich benötigt werden (West et al., 2022). Diese Vorgehensweise bietet sich dann an, wenn man die einfachste Erklärung bzw. das einfachste Modell für die Daten finden möchte, welche die Daten noch hinreichend gut beschreibt (Meteyard & Davies, 2020). In der Step-Up Strategie wird mit dem einfachsten, dem sogenannten *unconditional* Modell angefangen und erweitert dieses schrittweise um weitere Fixed Factors. Leitgebend ist bei dieser Strategie die Ebenenhierarchie. Zuerst werden Variablen der untersten Ebene hinzugefügt, bevor nach und nach welche auf den höheren Ebenen hinzugefügt werden.[23]

[23] West et al. (2022) beschreiben zudem, wie bei beiden Strategien auch Random Factors parallel hinzugefügt werden könnten. Da beide Prozesse (Hinzufügen der Random Factors und Fixed Factors) hier aber getrennt werden, wird nicht weiter darauf eingegangen.

Bei der Modellwahl sollte sich an pragmatischen Grundsätzen orientiert werden, wie Meteyard & Davies (2020) herausstellen. Die eigentliche Fragestellung der Studie und die Untersuchungskonditionen, z. B. Digital und Analog, sind entscheidende Auswahlkriterien sein, da die Datenanalyse einem vorab festgelegten Forschungsziel folgt. Dies bedeutet, dass bestimmte Random Factors bereits vorab festgelegt werden dürfen, wenn ihr Einfluss untersucht werden soll oder ein solcher theoretisch begründet wird. Entsprechend wird in dieser Untersuchung festgelegt, dass die Gruppe (Digital vs. Analog), der Zeitpunkt und die Interaktion zwischen Gruppe und Zeitpunkt zur Beantwortung der Forschungsfragen in das Modell aufgenommen werden.

Weitere Variablen, die für die Untersuchung von Interesse sind oder einen Einfluss haben, können daraufhin ergänzt werden (Meteyard & Davies, 2020). In dieser Auswertung werden daher mehrere Modelle spezifiziert, in denen schrittweise die Variablen Geschlecht (*divers* wird aufgrund der geringen Fallzahl von nur vier Personen nicht in geschlechtsspezifische Analysen berücksichtigt), Note, Schulform, die Vorerfahrungen mit dem Net-Mathebuch (*N3_Vor*) und mit selbstständigen Arbeiten (*N4_Vor*) aufgenommen werden, da dieses einen potenziellen Einfluss auf die Effekte haben können (vgl. Kapitel 9). Dabei wird jeweils geprüft werden, ob die Aufnahme dieser Fixed Factos im Sinne der Step-Up Strategie zu einer tatsächlichen Modellverbesserung führt, d. h. die Daten durch die Berücksichtigung der Zusatzvariablen besser erklärt werden können. Somit wird einerseits gewährleistet, dass die für diese Untersuchung relevanten Variablen in dem Modell aufgenommen werden, andererseits bleibt das Modell so einfach wie möglich.

11.3.2.4 Modellvergleich

Damit unterschiedliche LMM-Modelle miteinander verglichen werden können, werden Kriterien genutzt werden, die bereits beim Modellvergleich im Rahmen des ordinalen Rasch-Modells erläutert wurden (vgl. Abschnitt 11.2.4.1).[24] Die Modelle können ebenfalls mit den Informationskriterien AIC und BIC verglichen werden, wobei ein niedrigerer Wert einem passenderen Modell entspricht und BIC komplexere Modelle stärker bestraft (West et al., 2022). Es kann auch ein Likelihood-Quotienten-Test (Likelihood-Ratio-Test) zum Vergleich genesteter Modelle eingesetzt werden (Meteyard & Davies, 2020). Ein signifikantes Ergebnis spricht für das allgemeinere Modell (Hilbert et al., 2019). Da mit der Step-Up

[24] Ausführliche Erläuterungen zu den Informationskriterien und dem Likelihood-Quotienten-Test im Rahmen des Linearen Modells sind u. a. bei Buscemi & Plaia (2020), Peugh (2010) oder Fahrmeier et al. (2009) nachzulesen.

Strategie schrittweise das bestpassende Modell gesucht wird, wird jeweils das neue Modell mit dem bisher besten Modell verglichen.

Die Auswahl des geeigneten Modells kann nur ohne fehlende Werte in den unabhängigen Variablen bzw. bei den Prädiktoren erfolgen (Peugh, 2010), d. h. Fälle mit solchen Missings werden in den Statistikprogrammen, wie jamovi, standardmäßig ausgeschlossen. Dadurch wird sichergestellt, dass der Modellvergleich nicht durch Verzerrungen aufgrund unvollständiger Daten beeinträchtigt wird.

Nach Auswahl des finalen Modells wird geprüft, ob durch die im Modell einbezogenen Prädiktoren Fallausschlüsse entstehen. Gegebenenfalls werden fehlende Werte imputiert, um der Stichprobenverkleinerung entgegenzuwirken. Hierfür wird eine Multiple Imputation mittels *Predictive Mean Matching* (PMM) durchgeführt, welche im *jYS*-Modul (Version 1.0.9) von jamovi hinterlegt ist und auf dem *mice*-Paket in *R* basiert.[25] Es werden dabei in Anlehnung an Graham et al. (2007) 20 Imputationen durchgeführt. Außerdem wird der Empfehlung gefolgt, dass neben der abhängigen Variable auch alle Variablen in die Multiple Imputation aufgenommen werden, die im Zusammenhang mit dieser stehen könnten (Lüdtke et al., 2007; Manly & Wells, 2015). Neben der Berücksichtigung der Untersuchungsgruppe werden diejenigen Fixed Factors aufgenommen, die es in das finale LMM-Modell schaffen.

11.3.2.5 Auswahl der Schätzmethode

Bei der Anwendung eines LMM muss zwischen den beiden Schätzmethoden *full information maximum likelihood* (FIML) und *restricted maximum likelihood* (REML) gewählt werden (Peugh, 2010). Beide Modelle basieren auf dem Prinzip, die Parameterwerte zu finden, welche die Likelihood der Daten maximieren (Meteyard & Davies, 2020; Peugh, 2010). Beide Schätzmethoden werden für spezifische Einsatzzwecke genutzt, die hier aufgegriffen werden. Für den Vergleich von Modellen mit unterschiedlichen zufälligen Effekten wird in der Regel auf REML zurückgegriffen. Die Schätzung per REML hat den Vorteil, dass hier eine genauere Schätzung der Varianz erfolgt, insbesondere bei kleineren Stichproben oder einer kleinen Cluster-Anzahl (Huang, 2018; Peugh, 2010). Somit wird REML auch als Schätzmethode für das finale Modell zurückgegriffen wird. Da die REML-Schätzung aber die festen Effekte in der Likelihood-Berechnung einbezieht, sollte bei einem Modellvergleich, bei dem die Fixed Factors variieren, auf die FIML-Methode zurückgegriffen werden (Meteyard & Davies, 2020;

[25] Damit die Imputation reproduziert werden kann, wurde der „random number generation"-Wert (RNG) auf 123 gesetzt (vgl. Manly & Wells, 2015).

Peugh, 2010). Abhängig vom Analyseschritt werden also beide Schätzmethoden genutzt.

11.3.2.6 Modellannahmen

Damit ein LMM genutzt werden kann, müssen gewisse Modellannahmen erfüllt sein. Dazu zählen die Linearität, die Normalverteilung der Residuen und Homoskedastizität (Meteyard & Davies, 2020). Bei der Homoskedastizität genügt es, im Gegensatz zur ANOVA oder zur multiplen linearen Regression, dass diese innerhalb der einzelnen Gruppen erfüllt ist (Hilbert et al., 2019). Diese Annahmen können durch grafische Kontrolltests geprüft werden, u. a. durch *Residuals vs. Fitted Plots* und *Q-Q-Plots*. In der hier verwendeten Software ist zudem der *Shapiro-Wilk-Test* hinterlegt sowie Q-Q-Plots, um die Residuen auf Normalverteilung zu prüfen (vgl. The jamovi project, 2025 und GAMLj-Modul).

11.3.2.7 Effektgrößen

Ein Nachteil der Nutzung von LMMs ist, dass es noch keine fest etablierten Effektgrößen wie bei anderen Verfahren der klassischen Testtheorie gibt (Peugh, 2010). Ein Ansatz, der aktuell oftmals genutzt wird, besteht in der Bestimmung von R^2, das in vergleichbarer Weise bei der multiplen linearen Regression benutzt wird. R^2 ist eine Kennzahl dafür, welcher Anteil der Varianz der abhängigen Variable durch die unabhängigen Variablen erklärt wird (Huang, 2018).[26] Da sich das R^2 einer LMM von dem einer multiplen linearen Regression unterscheidet, wird dieses auch als *pseudo-*R^2 beschrieben. Es ergibt sich aus einer (quadrierten) Korrelation zwischen beobachteten und erwarteten Werten des jeweiligen Modelles (Peugh, 2010). Größere R^2*-Werte* sind gleichbedeutend mit einer besseren Varianzaufklärung des jeweiligen Modells. Dabei werden die beiden Varianten $R^2{}_{Conditional}$ und $R^2{}_{Marginal}$ unterschieden. Bei $R^2{}_{Conditional}$ wird die Varianz des Gesamtmodells einbezogen, also zufällige und feste Effekte, wohingegen bei der $R^2{}_{Marginal}$ lediglich die festen Effekte berücksichtigt werden (Hilbert et al., 2019).

Weitere Effektstärken lassen sich im Rahmen von LMMs nur eingeschränkt bestimmen, da unklar ist, auf welche Varianzkomponente sie sich beziehen sollten (z. B. Schule, Kurs oder Person).

11.3.2.8 Post-Hoc-Tests

Im Anschluss an die Modellfindung und Auswertung der zufälligen sowie festen Effekte (FF 1 und FF2), werden Post-Hoc-Tests durchgeführt. Diese dienen dazu,

[26] Teilweise werden laut Huang (2018) auch R^2 einer multiplen linearen Regression für eine LMM berichtet. Dies sollte vermieden werden, da es sich um unterschiedliche Werte handelt.

Veränderungen zwischen den Messzeitpunkten zu untersuchen (FF 3). Zudem kann geprüft werden, ob sich die Untersuchungsgruppen trotz des Aufteilungsalgorithmus bereits im Vortest in ihren Personenfähigkeiten unterschieden haben (vgl. Abschnitt 10.3).

Die Post-Hoc-Tests basieren auf den *geschätzten Randmitteln* (Estimate Marginal Means, EMM), die in jamovi über das R-Paket *emmeans* berechnet werden (CRAN – R-project, o. J.). Diese Werte stellen keine einfachen arithmetischen Mittelwerte dar, sondern modellbasierte, *adjustierte* Mittelwerte, da sie die festen und zufälligen Effekte berücksichtigen. Auf Grundlage dieser adjustierten Mittelwerte werden Signifikanztests (t-Tests) für Gruppen- und Zeitvergleiche berechnet. Da dabei multiple Vergleiche vorgenommen werden, erfolgt eine Korrektur der p-Werte nach Holm, um das Risiko von Fehlern 1. Art zu reduzieren.

Zusammenfassung: Teil II

Teil II beschreibt die konzeptionellen und methodischen Grundlagen der Studie. Die Untersuchung ist im Rahmen des Projekts KomNetMath verortet, in dem ein digitales Schulbuch (Net-Mathebuch) eingesetzt und durch Lehrer:innenfortbildungen begleitet wurde.

Im Zentrum des Projektes stand eine quasi-experimentelle Feldstudie, die den Vergleich zwischen einer digitalen und einer analogen Schulbuchversion im Rahmen einer Unterrichtsreihe zu bedingten Wahrscheinlichkeiten ermöglichte. Diese Studie bildet den Rahmen für die in dieser Arbeit bearbeiteten Forschungsfragen.

Die Unterrichtsreihe wurde entlang curricularer Vorgaben konzipiert und in zwei Untersuchungsgruppen inhaltlich identisch durchgeführt. Um den Einfluss der Lehrkraft möglichst gering zu halten, wurde dazu das KomNetMath-Studiendesign entwickelt, bei dem jeder teilnehmende Mathematikkurs in eine Digitale und eine Analoge Gruppe aufgeteilt wurde. Die Digitale Gruppe enthielt das Net-Mathebuch mit Erweiterungsfunktionen (z. B. digitales Feedback, dynamische Visualisierungen). Die Analoge Gruppe erhielt eine gedruckte Adaption des Schulbuchs ohne solcher interaktiven oder dynamischen Features.

Die Stichprobe umfasste Schüler:innen der Einführungsphase (gymnasiale Oberstufe) an Gymnasien und Gesamtschulen. Als Messinstrument wurde ein kompetenzbasierter Leistungstest mit Aufgaben zu natürlichen Häufigkeiten und Wahrscheinlichkeiten entwickelt.

Die Durchführung der Studie wurde durch Maßnahmen zur Treatment Fidelity und durch eine kontrollierte Gruppenzuweisung abgesichert. Zur Auswertung kamen ein ordinales Rasch-Modell zur Schätzung latenter Personenfähigkeiten sowie Lineare Gemischte Modelle (LMM) zur Analyse der Effekte zum Einsatz. Dabei wurden feste und zufällige Effekte berücksichtigt, um individuelle und kontextuelle Einflussfaktoren adäquat abzubilden. Die theoretischen Grundlagen beider Verfahren sowie deren Anwendung wurden im Detail erläutert. Die Ergebnisse werden im Folgenden Teil III präsentiert.

Teil III Ergebnisse

„KomNetMath: Lernende … prüfen Vorteile des digitalen Lernens im Unterricht“
Webseite einer Projektschule zur Studiendurchführung

12 Ausgangsbedingungen der Untersuchungsgruppen

Im vorhergehenden Teil II wurde der methodische Rahmen, d. h. die Datenerhebung sowie die angewandten Analyseverfahren beschrieben. Darauf aufbauend beginnt der Teil III mit einer Beschreibung der Ausgangsbedingungen der Untersuchungsgruppen. Diese deskriptiven Informationen liefern eine Grundlage, um die Ergebnisse der nachfolgenden Analysen zur Wirksamkeit der Intervention interpretieren zu können.

In Kapitel 8 wurde bereits die Auswahl der Stichprobe beschrieben. Für die folgenden Analysen wurden nun ausschließlich diejenigen Schüler:innen berücksichtigt, die an beiden Messzeitpunkten teilgenommen haben und nicht durch die Datenaufbereitung ausgeschlossen wurden (vgl. Abschnitt 11.1). Die ergänzenden Informationen aus dem Vor- und Nachtest erlauben einen genaueren Blick auf die Zusammensetzung der Untersuchungsgruppen und bieten eine wichtige Orientierung für die Interpretation der Ergebnisse. Aufgrund der Parallelisierung der Untersuchungsgruppen sind nur geringe Unterschiede zu erwarten. Dennoch können sich durch Fallausschlüsse Verschiebungen ergeben. Die nachfolgenden deskriptiven Statistiken schaffen damit die Grundlage für das Verständnis der anschließenden, auf die Forschungsfragen bezogenen, Analysen.

Zunächst wird die Verteilung der Schüler:innen nach Untersuchungsgruppen und Schulform dargestellt. Dadurch lässt sich überprüfen, ob die Gruppenzusammensetzung nach der Datenbereinigung weiterhin ausgewogen ist. Die Tabelle 12.1 zeigt, dass zwischen der Analogen und Digitalen Gruppe lediglich ein Unterschied von drei Schüler:innen besteht. Auch innerhalb der Schulformen zeigen

M. Brnic, *Digitales versus analoges Schulbuch*, Studien zur theoretischen und empirischen Forschung in der Mathematikdidaktik,
https://doi.org/10.1007/978-3-658-52464-7_12

sich nur geringe Abweichungen (am Gymnasium sind vier Schüler:innen mehr in der Digitalen Gruppe, an der Gesamtschule sieben mehr in der Analogen Gruppe).

Tabelle 12.1 Aufteilung nach Untersuchungsgruppe und Schulform

	Gruppe		
Schulform	Analog	Digital	Gesamt
Gymnasium	91	95	186
Gesamtschule	76	69	145
Gesamt	167	164	331

Ein Chi-Quadrat-Test bestätigt, dass kein signifikanten Zusammenhang zwischen der Schulform und der Gruppenzugehörigkeit besteht, $\chi^2(1) = 0.379, p = .529$. Die Gruppen sind also hinsichtlich der Schulform ausgewogen zusammengesetzt.

Neben der Verteilung nach Schulformen bietet auch die Betrachtung des Alters, der Noten und der Geschlechterverteilung wichtige Hinweise zur Vergleichbarkeit der Gruppen (vgl. Tabelle 12.2). In Bezug auf das Alter mit $t(329) = 1.65, p = 0.101, d = 0.18$ und die Note mit $t(329) = -0.96, p = 0.339, d = -0.11$ zeigen die Digitale und Analoge Gruppe keine signifikanten Unterschiede. Auch die Geschlechteraufteilung ist zwischen den Untersuchungsgruppen nahezu ausgeglichen mit $\chi^2(2) = 1.079, p = .583$.

Tabelle 12.2 Durchschnittsalter und -note sowie Geschlechterverteilung der analysierten Stichprobe

Gruppe	Alter	Note (max. 15 Punkte)	Geschlecht (m/w/d/kA)
Analog	$MW = 15.65$ $SD = .775$	$MW = 9.81$ $SD = 2.85$	82/83/1/1
Digital	$MW = 15.62$ $SD = .794$	$MW = 9.85$ $SD = 2.94$	78/82/3/1
Gesamt	$MW = 15.63$ $SD = .784$	$MW = 9.83$ $SD = 2.89$	160/165/4/2

Anmerkung. MW = Mittelwert, SD = Standardabweichung, m = männlich, w = weiblich, d = divers, kA = keine Angabe.

Da unklar war, wie oft das Net-Mathebuch tatsächlich im Unterricht bis zum Startzeitpunkt der Intervention genutzt wurde, wurden die Vorerfahrungen mit dem Net-Mathebuch erhoben (Item *N3_Vor*). Erwartbar wäre, dass die Schüler:innen dieses durch die Projekteinbindung zumindest gelegentlich nutzten. Jedoch gaben fast ein Drittel ($\approx$ 28,8%) der Schüler:innen an, das digitale Schulbuch noch nie genutzt zu haben (bzw. ca. 44,4% Kategorien „nie“ oder „selten“). Die Angaben variieren jedoch innerhalb einzelner Kurse. Lediglich in einem Kurs gaben alle Schüler:innen an, das Net-Mathebuch noch nie verwendet zu haben, wohingegen in anderen Kursen die Angaben heterogener ausfallen. Zwischen den Schulformen zeigen sich signifikante Unterschiede, $\chi^2(4) = 29.001, p < .001$. Am Gymnasium finden sich häufiger die die Extrema („nie“ oder „immer“), während an Gesamtschulen eher mittlere Kategorien genannt wurden (vgl. Abbildung 12.1). Auch zwischen den Schulen zeigen sich signifikante Unterschiede, $\chi^2(28) = 266.628, p < .001$. Zwischen den Untersuchungsgruppen Digital und Analog ergeben sich keine signifikanten Unterschiede; $\chi^2(4) = 5.080, p = .279$. Damit kann ausgeschlossen werden, dass Unterschiede in den Ergebnissen auf ungleiche Vorerfahrungen mit dem Net-Mathebuch zurückzuführen sind. Zusammenfassend sind die Vorerfahrungen mit dem Net-Mathebuch insgesamt eher gering und heterogen verteilt.

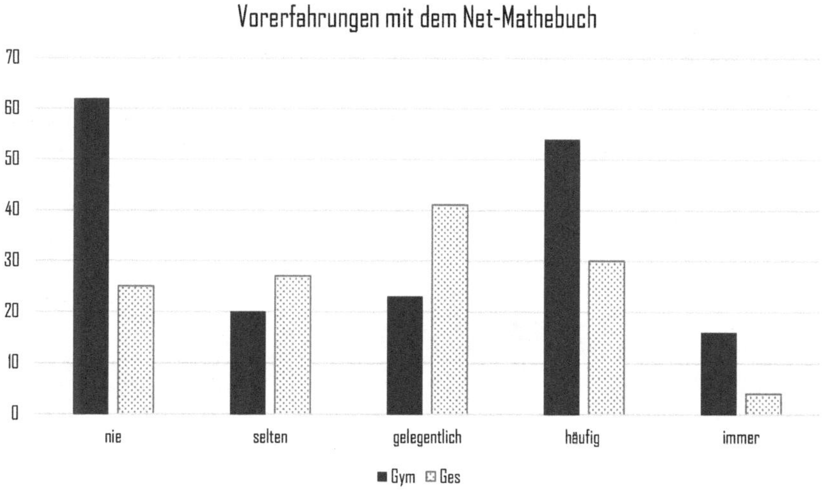

Abbildung 12.1 Vorerfahrungen mit dem Net-Mathebuch (Anzahl der Personen)

Die Angaben zum selbstständigen Arbeiten (Item *N4_Vor*) zeigen ein konsistentes Bild. Bis auf eine Person gaben alle Schüler:innen an, mindestens gelegentlich selbstständig zu arbeiten. Zwischen den Untersuchungsgruppen mit $\chi^2(3) = 6.054, p = .109$, den Schulformen mit $\chi^2(3) = 5.015, p = .171$ und den Schulen mit $\chi^2(21) = 24.034, p = .291$ zeigen sich keine signifikanten Unterschiede. Damit sind etwaige Effekte zwischen den Gruppen nicht mit differierenden Vorerfahrungen im selbstständigen Arbeiten begründbar.

Die Nutzung des Net-Mathebuchs zuhause, d. h. außerhalb der Interventionsstunden, wurde ebenfalls erfasst. Insgesamt bestätigten 54 Schüler:innen der Digitalen Gruppe, dass sie zu Hause mindestens einmal in das Net-Mathebuch geschaut haben. Wenn dies der Fall war, lag die durchschnittlich Nutzungshäufigkeit bei etwa zweimal ($MW = 2.320$, $SD = 1.316, Maximum = 6$).[1] In der Analogen Gruppe gaben ebenfalls 34 Schüler:innen an, mindestens einmal in das digitale Net-Mathebuch geschaut zu haben, da ihnen der Zugang weiterhin ermöglicht war ($MW = 1.839, SD = 1.635, Maximum = 10$). Ein Chi-Quadrat-Test zur Verteilung der Ja/Nein-Antworten ergibt einen signifikanten Unterschied, $\chi^2(1) = 8.010, p = .005$. Somit nutzten die Schüler:innen der Digitalen Gruppe signifikant häufiger zuhause das *digitale* Net-Mathebuch als Schüler:innen der Analogen Gruppe. Dafür gaben 64 Schüler:innen der Analogen Gruppe an, dass sie mindestens einmal in die *gedruckte* Adaption zuhause geschaut haben ($MW = 2.541, SD = 1.566, Maximum = 7$). Diese Ergebnisse verdeutlichen, dass Schüler:innen beider Gruppen auf die Materialien außerunterrichtlich zurückgegriffen haben. In der Digitalen Gruppe nutzen 32,93 % der Schüler:innen das digitale Net-Mathebuch mindestens einmal zuhause. In der Analogen Gruppe griffen 43,71 % der Schüler:innen mindestens einmal auf die digitale oder analoge Version zurück.

[1] Hier werden nur Werte von Schüler:innen wiedergegeben, die keine Spannweite nannten.

13 Empirische Beschreibung der Daten (FF1)

Zur Untersuchung möglicher Effekte der Nutzung des digitalen Schulbuchs im Vergleich zum analogen Schulbuch wurde ein kompetenzbasierter Leistungstest entwickelt (vgl. Kapitel 9). Um die Daten theoriegeleitet zu analysieren und im Hinblick auf die erste Forschungsfrage (FF1) empirisch zu beschreiben, wird zunächst eine Rasch-Skalierung durchgeführt, sodass die Leistungen der Schüler:innen auf einer intervallskalierten Skala als Personenfähigkeitsparameter abgebildet werden können (Abschnitt 13.1). Diese Personenfähigkeiteparameter werden als Kompetenzschätzungen interpretiert, da sie die latenten mathematischen Fähigkeiten der Schüler:innen im Bereich bedingter Wahrscheinlichkeiten repräsentieren (vgl. Abschnitt 9.1). Anschließend wird geprüft, welches Lineare Gemischte Modell die Datenstruktur unter Berücksichtigung theoretischer Annahmen am besten erfasst und damit eine geeignete Grundlage für die weiteren Analysen bietet (Abschnitt 13.2).

Ergänzende Information Die elektronische Version dieses Kapitels enthält Zusatzmaterial, auf das über folgenden Link zugegriffen werden kann https://doi.org/10.1007/978-3-658-52464-7_13.

M. Brnic, *Digitales versus analoges Schulbuch*, Studien zur theoretischen und empirischen Forschung in der Mathematikdidaktik,
https://doi.org/10.1007/978-3-658-52464-7_13

13.1 Rasch-Skalierung

Im Rahmen der Skalierung wird geprüft, inwiefern der Datensatz mit dem Rasch-Modell kompatibel ist, sodass die geschätzten Personenfähigkeitsparameter für weiterführende Analysen genutzt werden können (Moosbrugger & Kelava, 2020, S. 251 ff.; Rost, 2004, S. 11 ff.). Wenn die Daten die Annahmen des Rasch-Modells hinreichend erfüllen, wird auch von Rasch-Gültigkeit gesprochen. Die Rasch-Skalierung dient zugleich der Evaluation des Testinstrument, indem sie das Gütekriterium der Skalierbakeit empirisch überprüft, Aussagen zur Modellgültigkeit ermöglicht und dabei statistische Gütekriterien (u. a. EAP/PV-Reliabilität und Fit-Werte) berücksichtigt (vgl. Eid & Schmidt, 2014, S. 73). Im Folgenden werden Modellvergleiche genutzt (Abschnitt 13.1.1), Itemkennwerte geprüft und DIF-Analysen (Abschnitt 13.1.2) durchgeführt. Abschließend wird das finale Modell auf seine Gültigkeit geprüft (Abschnitt 13.1.3). Die Rasch-Skalierung folgt dem in Abschnitt 11.2.3 dargestellten Ablauf. Auch die dort erläuterten Prüfverfahren zur Modellgültigkeit werden herangezogen, sodass an dieser Stelle lediglich die Ergebnisse berichtet werden.

13.1.1 Rasch-Modellvergleich

Zunächst soll überprüft werden, ob die Daten durch eine eindimensionale oder zweidimensionale Modellstruktur besser abgebildet werden. Da sich Items zu natürlichen Häufigkeiten von solchen zu Wahrscheinlichkeiten unterscheiden, wäre eine zweidimensionales Modell denkbar. Die Schätzung beider Modelle ergibt jedoch, dass das eindimensionale Modell dem zweidimensionalen Modell vorzuziehen ist. Die entsprechenden Modellkennwerte sind in Tabelle 13.1 dargestellt.

Tabelle 13.1 Vergleich zwischen eindimensionalem und zweidimensionalem Modell

	Eindimensional	Zweidimensional
Deviance	9052	9049
Anzahl geschätzter Parameter	23	25
Anzahl (virtueller) Personen	662	662
AIC	9098	9099
BIC	9201	9211

Beide informationstheoretische Maße AIC und BIC sowie die Deviance verweisen auf eine bessere Passung des eindimensionalen Modells. Der Likelihood-Quotienten-Test zwischen diesen beiden Modellen ist ebenfalls nichts signifikant, $X^2(2, 662) = 3.32, p = .190$, sodass das komplexere, zweidimensionale Modell keine Verbesserung der Datenpassung darstellt.

Lediglich die Korrelation zwischen den beiden Dimensionen ist mit $r = .82, p < .001$ verhältnismäßig hoch, aber noch unter der von Pohl & Carstensen (2012) vorgeschlagenen Grenze von $r = .95$. Dies ist ein Kennzeichen dafür, dass auch dem zweidimensionales Modell eine gewisse Passung zugeschrieben werden kann. Da den anderen Kennwerten aber eine höhere Gewichtung gegeben wird, wird für die weiteren Skalierungsschritte das eindimensionale Rasch-Modell genutzt. Dadurch wird das Modell im Sinne des Einfachheitskriteriums möglichst simpel gehalten.

13.1.2 Item-Fit und Differential Item Functioning

Inwiefern die einzelnen Items tatsächlich zum eindimensionalen Modell passen, wird im Folgenden mithilfe der Item-Fit-Statistiken begutachtet (vgl. Anhang B im elektronischen Zusatzmaterial). Die Fit-Werte WMNSQ und UMNSQ der meisten Items zeigen keine systematischen Abweichungen vom Modell und liegen im erwarteten Wertebereich von 0.8 bis 1.2 (Bond & Fox, 2015, S. 272 f.). Ausnahmen stellen lediglich die Items *Datenspeicherspürhund* und *Sensispezibaum 2* dar. Besonders kritisch ist das Item *Sensispezibaum 2*, da es neben dem unzureichenden Fit auch schwache Trennschärfewerte aufweist. Die unkorrigierte Trennschärfe liegt mit $r = .20$ genau auf der Ausschlussgrenze (OECD, 2012, S. 132 f.) und die Part-Whole-Trennschärfe weist den niedrigsten Wert aller Items mit $r = .03$ auf. Aufgrund dieser Auffälligkeiten wird das Item *Sensispezibaum 2* aus dem Modell ausgeschlossen.

Beim Item *Datenspeicherspürhund* sind die weiteren Itemkennwerte im akzeptablen Bereich, sodass dieses im Modell behalten wird. Zudem ist es inhaltlich besonders bedeutsam, da es die Inhalte der Unterrichtsreihe in umfassender Weise abbildet.

Das Item *Fernsehserie* wird gesondert betrachtet, da es sich um das einzige polytome Item handelt und daher eine Prüfung der Kategorienstruktur und Schwellenparameter erforderlich ist. Die punktbiseriale Korrelation für Kategorie 1 liegt unter dem gewünschten Schwellenwert und ist somit als kritisch einzustufen. Es sprechen jedoch einige Befunde gegen einen Ausschluss. So liegen die punktbiserialen Korrelationen der einzelnen Kategorien in strikt sortierter Reihenfolge vor und steigen vom Negativen ins Positive. So sind die Lösungsquoten der einzelnen Kategorien über 10 % und damit ausreichend. Außerdem zeigt sich, dass die Schwellenparameter (−2,26 und 1,16 Logit) geordnet sind und die Itemschwierigkeit von der niedrigsten zur höchsten Kategorie ansteigt. Auch die weiteren Itemkennwerte sind in geeigneten Wertebereichen. Trotz einzelner Schwächen wird das Item im Modell belassen, da es insgesamt funktional ist und inhaltlich relevante Aspekte des Leistungstests abdeckt.

Des Weiteren haben neun Items eine Part-Whole-Trennschärfe, die unterhalb der wünschenswerten Schwelle liegt. Da bei diesen Items keine weiteren Kennwerte im kritischen Bereich liegen, wird davon ausgegangen, dass diese einen akzeptablen Item-Fit haben und hinreichend zum Modell passen.

Eine weitere Möglichkeit das Modell auf Item-Ebene zu prüfen, ist die Analyse auf Differential Item Functioning. Dabei stellt sich die Frage, ob Items für bestimmte Subgruppen als unfair gelten. Die DIF-Analyse wird einmal für geschlechtsspezifische und treatmentspezifische Gruppen durchgeführt. Die Ergebnisse der DIF-Analyse zeigen, dass keines der Items für eine der Subgruppen unterschiedlich funktioniert (vgl. Anhang B im elektronischen Zusatzmaterial). Die Itemdifferenzen zwischen den Digitalen und Analogen liegen bei maximal 0.39 Logit (0.04 Mindestdifferenz). Die Differenzen zwischen den Geschlechtern liegen im Bereich von 0.04 bis 0.26 Logit. Diese Werte gelten als nicht auffällig. Diese Ergebnisse werden auch durch nicht signifikante Chi-Quadrat-Tests unterstützt, mit $X^2(20) = 19.76, p = .473$ für das Geschlecht, und mit $X^2(20) = 22.50, p = .314$ für die Gruppe. Es muss also kein weiteres Item durch die DIF-Analyse ausgeschlossen werden und es müssen keine subgruppenspezifische Auffälligkeiten an dieser Stelle berichtet werden.

Ergänzend wird die Anordnung der Items in den Testheften auf Basis der geschätzten Itemparameter betrachtet. Diese Prüfung dient der Kontrolle, ob die intendierte Testheftkonstruktion umgesetzt wurde. Die Abbildung 13.1 und die Abbildung 13.2 verdeutlichen, dass die Items im Wesentlichen im vorgesehenen Sägezahndesign in Blöcken mit ansteigender Schwierigkeit angeordnet sind.

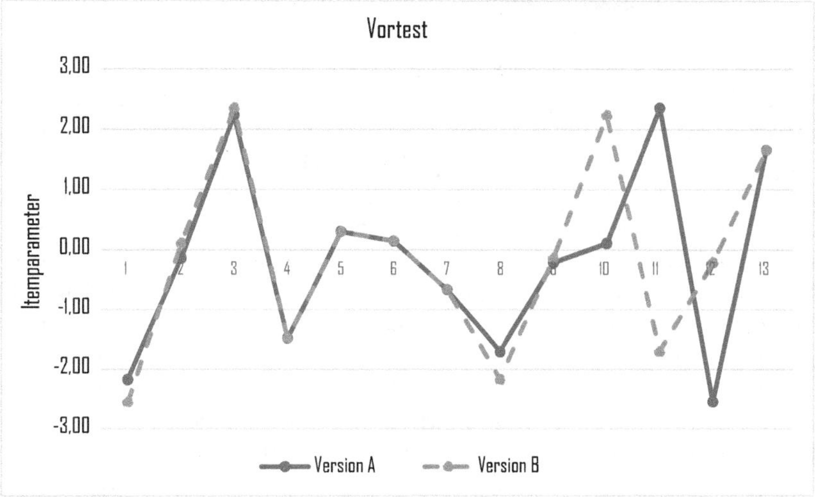

Abbildung 13.1 Darstellung der Itemparameter des Vortests (eindimensionales Modell)

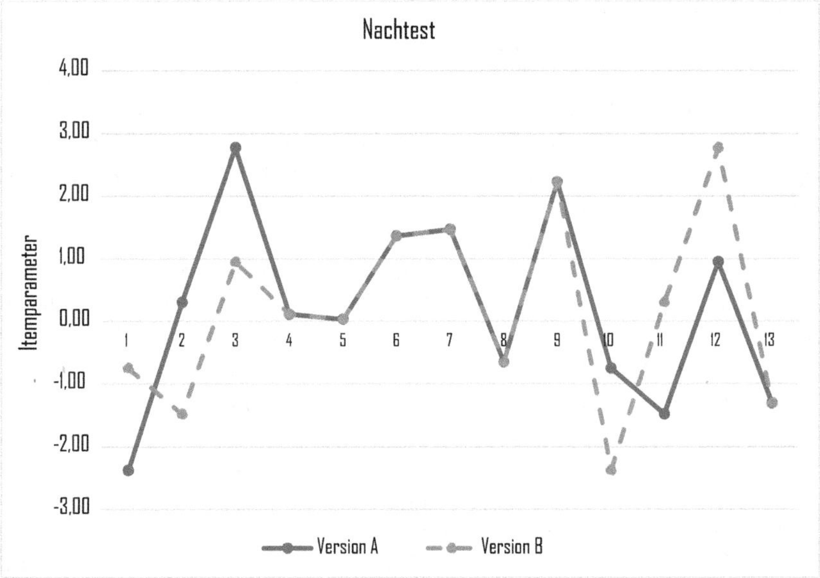

Abbildung 13.2 Darstellung der Itemparameter des Nachtests (eindimensionales Modell)

13.1.3 Finales Rasch-Modell

Aufgrund des Ausschlusses eines Items muss eine Neuschätzung des Modells mit den verbliebenden Items erfolgen. Das hat jedoch zur Folge, dass sich die Itemkennwerte teilweise ändern (vgl. Tabelle 13.2). Diese ergeben, dass kein weiteres Item aufgrund der neuen Item-Fit-Statistik ausgeschlossen werden muss.

Dennoch sind weiterhin Items mit kritischen Fit-Werten vorhanden. So liegt der UMNSQ des Items *Autobahnraststätte* jetzt nur noch im erweiterten annehmbaren Wertebereich [0,7; 1,3] und beim Item *Datenspeicherspürhund* ist dieser Wert weiterhin im kritischen Bereich. Das Item *Sensispezibaum 1* hat durch die neue Modellschätzung einen t-Wert außerhalb des Bereiches von −2 bis 2 erhalten. Da bei diesen drei Items alle weiteren Kennwerte zufriedenstellend sind, werden diese weiterhin im Modell behalten. Das polytome Item *Fernsehserie* hat keine nennenswerten Veränderungen erhalten und wird ebenso weiterhin im Modell belassen (Schwellenparameter bei −2,33 und 0,99 Logit).

Außerdem erweist sich die Auswahl der Ankeritems auch aus empirischer Perspektive zufriedenstellend. Wie in Abschnitt 9.4 dargelegt, erfüllen die Items die Kriterien zur Ankeritemauswahl. Die Fit-Werte liegen im akzeptablen Bereich und das Schwierigkeitsspektrum wird mit den Items angemessen abgedeckt (−1,43; −0,59; 0,18; 0,37; 2,31 Logit).

Auch eine erneute DIF-Analyse zeigt keine Veränderungen, die subgruppenspezifische Unterschiede zwischen den Items aufzeigen würden. Die Logit-Differenzen sind weiterhin unter der auffälligen Grenze von 0.6 und liegen bei 0.01 bis 0.41 Logit zwischen den Untersuchungsgruppen und bei 0.09 bis 0.26 Logit zwischen den Geschlechtern. Die jeweiligen Chi-Quadrat-Tests zeigen diesbezüglich keine Gruppenunterschiede auf, mit $X^2(19) = 21.30, p = .320$ für die Untersuchungsgruppen und $X^2(19) = 19.69, p = .413$ für die Geschlechter.

Aus dem aktuellen Modell müssen also keine weiteren Items ausgeschlossen werden. Die EAP/PV-Reliabilität ist mit 0.56 für Gruppenvergleiche ausreichend. Es sollten aber keine Individualvergleiche erfolgen, was aber für die Ziele dieser Studie keine Problematik darstellt.

Somit wird das neugeschätzte Modell als finales Modell für die weiterführenden Schritte genutzt. Die Itemparameter werden fixiert und zur Schätzung der Personenfähigkeitsparameter genutzt. Da es sich um ein eindimensionales Modell handelt, kann für jede Person *ein* Score für den Vortest und *ein* Score für den Nachtest geschätzt werden. Da insbesondere die Gruppenvergleiche zwischen unterschiedlichen Materialien von Interesse sind, vereinfacht dies die Interpretation der weiteren Analysen.

Tabelle 13.2 Übersicht der Items des finalen, eindimensionalen Modells

Item	MZP	β	SE	Lösungsquote (%)	UMNSQ	WMNSQ	t	rit	rit (corrected)
Handyvertrag	1	−2.12	0.14	78,85	1.1	1.03	0.4	.34	.16
Tageszeitung	1	−0.08	0.12	37,76	0.96	0.96	−0.8	.48	.29
Rechts- und Linkshänder*innen	1	0.21	0.13	32,02	1.01	1	0	.48	.29
Sattelschutz 1	1	−1.66	0.13	71	0.96	0.99	−0.1	.43	.24
Sattelschutz 2	1	−0.15	0.12	39,27	0.99	1	−0.1	.47	.27
Wahlbeteiligung	1	2.42	0.23	5,74	0.92	1	0.1	.25	.15
Wohnsituation von Studierenden	1	−2.50	0.16	83,99	1.02	1.01	0.1	.27	.11
Klassenzugehörigkeit	1	1.73	0.18	10,57	1.01	1.01	0.1	.31	.17
Fernsehserie – Total	1 / 2	−0.59	0.08		0.96	0.96	−0.8	.58	.35
Fernsehserie – Kat. 0		−1.07		15,86	1	0.98	−0.3		−.20 (Pt. Bis)
Fernsehserie – Kat. 1		−0.56	0.09	66,92	0.98	0.98	−0.6		−.11 (Pt. Bis)
Fernsehserie – Kat. 2		0.06		17,22	0.87	0.96	−0.7		.34 (Pt. Bis)
Schuhgeschäft	1 / 2	0.18	0.09	34,59	1.03	1.02	0.4	.43	.42
Musicalbesuch	1 / 2	2.31	0.15	6,95	0.79	0.96	−0.3	.36	.25
Autobahnraststätte	1 / 2	−1.43	0.09	68,58	1	1	0	.40	.19
Grippeimpfung	1 / 2	0.37	0.09	30,82	1.03	1.02	0.4	.42	.22
Dt.-niederl. Handballturnier	2	−2.32	0.16	84,29	0.86	0.94	−0.6	.43	.27

(Fortsetzung)

Tabelle 13.2 (Fortsetzung)

Item	MZP	β	SE	Lösungsquote (%)	UMNSQ	WMNSQ	t	rit	rit (corrected)
Datenspeicherspürhunde	2	2.88	0.26	4,53	0.59	0.96	−0.1	.36	.26
Sensispezibaum 1	2	0.11	0.12	38,07	1.13	1.11	2.4	.28	.04
Sensispezibaum 3	2	1.56	0.16	14,2	1.23	1.08	0.8	.21	.04
Angestelltenverhältnis	2	−0.69	0.12	55,29	0.97	0.98	−0.6	.48	.27
Medikament	2	1.03	0.14	21,15	1	0.99	−0.1	.43	.25
Testgüte	2	−1.25	0.13	67,07	1.11	1.05	1.1	.35	.13

Anmerkung. MZP = Messzeitpunkt, β = Itemschwierigkeitsparameter, SE = Standardfehler, UMNSQ = Unweighted Mean Square, WMNSQ = Weighted Mean Square, t = t-Werte, rit = unkorrigierte Trennschärfe, rit (corrected) = Part-Whole-Trennschärfe, Pt. Bis = Punktbiseriale Korrelation für polytome Items.

Dies schließt aber weitere Sekundäranalysen, die sich auf unterschiedliche Subskalen beziehen, nicht aus. So können die Itemparamter aus der unidimensionalen Rasch-Schätzung als fixiert angenommen werden und für die zusätzliche Schätzung von Personenfähigkeitsparametern auf inhaltlich klar definierten Subdimensionen verwendet werden. Eine solches Vorgehen, bei dem sowohl ein Gesamtscore als auch Teilscores auf Basis einer gemeinsamen eindimensionalen Schätzung ermittelt werden, wird u. a. auch bei PISA oder TIMSS eingesetzt (vgl. OECD, 2015, 2024; von Davier et al., 2024). Da der explorative Vergleich zwischen den Dimensionen Natürliche Häufigkeit und Wahrscheinlichkeiten ein zusätzliches Forschungsinteresse darstellt (FF 4), werden für beide Dimensionen separate Personenfähigkeitsparameter für den Vor- und Nachtest geschätzt. Da die Items beider Dimensionen in einem gemeinsamen Modell geschätzt und anschließend fixiert wurden, liegen auch die Personenfähigkeitsparameter beider Dimensionen auf einer gemeinsamen Skala (Adams et al., 2025).[1]

13.2 Modellfindung im Linearen Gemischten Modell

Nachdem die Rasch-Skalierung durchgeführt und überprüft wurde, ob die erhobenen Daten hinreichend mit dem Rasch-Modell übereinstimmen, können die geschätzten Personenfähigkeitsparameter als abhängige Variablen für weiterführende Analysen genutzt werden. Im nächsten Schritt wird untersucht, welches LMM die Datenstruktur am besten beschreibt. Dabei stehen zunächst potenzielle Clustereffekte im Fokus, die sich aus der hierarchischen Anordnung der Daten ergeben und die Nutzung eines LMM begründen (Abschnitt 13.2.1). Anschließend werden verschiedene Modellvarianten miteinander verglichen, um diejenige Modellstruktur zu identifizieren, die die Daten am passendsten abbildet (Abschnitt 13.2.2).

13.2.1 Überprüfung auf Clustereffekte

Um die Eignung eines Linearen Gemischten Modells zu überprüfen, wurde zunächst untersucht, ob Clustereffekte in den Daten vorliegen. Für die Kursebene ergibt sich eine ICC = 0.147, d. h. 14,7 % der Varianz der Personenfähigkeiten

[1] Das wäre nicht der Fall, wenn die Itemparameter auch zweidimensional geschätzt werden, da die Dimensionen dann jeweils einen unterschiedlichen Nullpunkt hätten (Mittelpunkt der Itemschwierigkeit der jeweiligen Dimension).

sind auf Unterschiede zwischen den Mathematikkursen zurückzuführen. Zudem beträgt der Design Effect etwa 3.08. Dies bedeutet, dass die effektive Stichprobengröße bei einer Nichtberücksichtigung der Clustereffekte um diesen Faktor überschätzt wäre. Da der DEFF über dem kritischen Schwellenwert von 2 liegt, sollte die hierarchische Datenstruktur mindestens auf Kursebene berücksichtigt werden.

Auf der Schulebene beträgt die ICC $= 0.144$ und der DEFF ≈ 6.82. Somit sind 14,4 % der Varianz auf Unterschiede zwischen den Schulen zurückzuführen. Zudem weist der DEFF ebenfalls eine Abhängigkeit der abhängigen Variablen von den Schulen auf.

Insgesamt ist also davon auszugehen, dass es Clustereffekte zwischen den Schulen und den einzelnen Mathematikkursen gab. Die Personenfähigkeiten hängen also unter anderem davon ab, in welcher Schule oder welcher Klasse die Schüler:innen unterrichtet wurden. Die Beobachtungen sind also nicht unabhängig voneinander. Dementsprechend ist die weitere Nutzung eines LMM aus diesen empirischen Überprüfungsschritten gerechtfertigt. Es bleibt jedoch noch offen, mit welcher Modellstruktur sich die Daten am besten in einer LMM abbilden lassen. Dazu werden im Folgenden Modellvergleiche vorgenommen.

13.2.2 LMM-Modellvergleich

In einem ersten Schritt des Modellaufbaus geht es um den Einbezug von zufälligen Effekten. Dazu werden nach dem Prinzip der *maximal random effect structure* zuerst alle Random Factors einbezogen, die für zufällige Einflüsse stehen und eine Nicht-Unabhängigkeit der Daten verursachen können. Die zuvor berechneten ICC bestätigten, dass es sinnvoll ist, Kurse und Schulen als Random Intercept aufzunehmen. Zudem wird auf der Personenebene ein Random Intercept berücksichtigt. Darüber hinaus wird ein Random Slope für den Effekt der Gruppenzugehörigkeit auf Kursebene (Gruppe | Kurs) in das Modell integriert (vgl. Abschnitt 11.3.2.3).

Die Aufnahme dieses Random Slope führt jedoch dazu, dass die Varianzkomponente nahezu null ist ($5, 10 \cdot 10^{-4}$) und die Korrelation zwischen Intercept (mittleres Ausgangsniveau pro Kurs) und Random Slope (Gruppeneffekt pro Kurs) sehr hoch ausfällt, sodass es zu Konvergenzproblemen kommt. Dies bedeutet, dass der zusätzliche zufällige Effekt praktisch keine weitere Varianz erklärt und das Modell dadurch unnötig komplex würde. Da das Modell ohne diesen Random Slope problemlos konvergiert und alle theoretisch relevanten zufälligen Effekte berücksichtig werden können (Random Intercepts zu Schule, Kurs,

Schüler:in), wird dieses als finale Struktur im Sinne der *maximal random effects structure* verwendet.

Im nächsten Schritt wird das Modell mithilfe der Step-Up Strategie sukzessive um Fixed Factors erweitert. Dabei werden die Fixed Factors beginnend auf der untersten Ebene (Geschlecht, Vorerfahrungen mit dem Net-Mathebuch und dem selbstständigen Arbeiten, Note) zuerst hinzugefügt und anschließend weitere Variablen der höheren Ebene (Schulform) ergänzt. Ziel ist es, ein Modell zu finden, das einerseits die Daten möglichst gut beschreibt, andererseits nicht unnötig komplex wird. In Tabelle 13.3 sind die getesteten Modelle dokumentiert. Auf Basis der Informationskriterien und der Likelihood-Quotienten-Tests wird das *Modell 6* mit der folgenden Modellgleichung ausgewählt:[2]

$$\theta_{tijk} = \gamma_0 + \gamma_1 \mathrm{MZP}_t + \gamma_2 \mathrm{Gruppe}_i + \gamma_3 \mathrm{Note}_i + \gamma_4 \mathrm{Schulform}_k + \gamma_5 (\mathrm{MZP}_t \times \mathrm{Gruppe}_i) + u_{0i} + u_{0j} + u_{0k} + \varepsilon_{tijk}$$

- θ_{tijk} = Abhängige Variable von Person i im Kurs j und in Schule k zum Messzeitpunkt t (hier: geschätzte Personenfähigkeitsparameter aus der Rasch-Skalierung)
- γ_0 = Intercept, d. h. geschätzter Mittelwert der Referenzgruppe (hier: Analoge Gruppe im Vortest)
- γ_1 = Effekt des Messzeitpunkts (Vor- vs. Nachtest)
- γ_2 = Effekt der Untersuchungsgruppe (Digital vs. Analog)
- γ_3 = Effekt der Mathematiknote
- γ_4 = Effekt der Schulform (Gymnasium vs. Gesamtschule)
- γ_5 = Interaktionseffekt zwischen Untersuchungsgruppe und Messzeitpunkt
- u_{0i} = Random Intercept auf Personenebene
- u_{0j} = Random Intercept auf Kursebene
- u_{0k} = Random Intercept auf Schulebene
- ε_{tijk} = Residuum (Messfehler)

[2] In vereinfachter Darstellung: Personenfähigkeiten ~ 1 + Zeitpunkt + Gruppe + Note + Schulform + Zeitpunkt:Gruppe + (1 | ID) + (1 | Schule_ID) + (1 | Kurs).

Tabelle 13.3 Übersicht des LMM-Modellvergleichs

Feste Effekte	**Modell 1**	Modell 2	Modell 3	Modell 4	**Modell 5**	**Modell 6**	Modell 7	Modell 8
Gruppe	**X**	X	X	X	**X**	**X**	X	X
Zeitpunkt	**X**	X	X	X	**X**	**X**	X	X
Gruppe X Zeitpunkt	**X**	X	X	X	**X**	**X**	X	X
Geschlecht		X						
Vorerfahrungen N3			X					
Selbstständiges Arbeiten N4				X				
Note					**X**	**X**	X	X
Schulform						**X**	X	X
Note x Zeitpunkt x Gruppe							X	
Zeitpunkt x Schulform x Gruppe								X
Zufällige Effekte: Schule, Kurs, Schüler:in	**X**	X	X	X	**X**	**X**	X	X
Likelihood	**−701**	−700	−700	−700	**−678**	**−673**	−670	−672
AIC	**1417**	1418	1419	1418	**1374**	**1366**	1366	1371
BIC	**1452**	1457	1458	1457	**1413**	**1409**	1422	1427

(Fortsetzung)

Tabelle 13.3 (Fortsetzung)

Feste Effekte	**Modell 1**	Modell 2	Modell 3	Modell 4	**Modell 5**	**Modell 6**	Modell 7	Modell 8
df	**6**	7	7	7	**7**	**8**	11	11
Likelihood-Quotienten-Test		$\chi^2(1) = 1.32, p = .251$ zu Modell 1	$\chi^2(1) = 0.15, p = .701$ zu Modell 1	$\chi^2(1) = 0.89, p = .347$ zu Modell 1	$\boldsymbol{\chi^2(1) = 45.03, p < .001}$ **zu Modell 1**	$\boldsymbol{\chi^2(1) = 10.08, p = 0.002}$ **zu Modell 5**	$\chi^2(3) = 6.44, p = .092$ zu Modell 6	$\chi^2(3) = 1.12, p = .772$ zu Modell 6

Anmerkung. Für den Modellvergleich wurden die Daten von 278 Personen genutzt, da nur für diese alle Variablen vollständig vorlagen. In der Tabelle sind jene Modelle fett hervorgehoben, die im Modellvergleichsprozess jeweils als passendste Modelle identifiziert wurden.

Von den insgesamt 331 Schüler:innen fehlen für 11 Personen Angaben zur Note (Item Nonresponse). Dies entspricht einem Datenverlust von 3,4 %, der deshalb als verhältnismäßig hoch einzuschätzen ist, da für diese Personen ansonsten vollständige Datensätze vorliegen. Damit diese Fälle nicht vollständig aus den Analysen ausgeschlossen werden müssen, werden die fehlenden Werte mithilfe einer Multiplen Imputation ergänzt. Grundlage dafür ist die Annahme, dass die Werte Missing at Random (MAR) sind. Beispielsweise könnten die fehlenden Werte dadurch bedingt sein, dass bestimmte Personengruppen (z. B. weniger engagierte Schüler:innen) seltener ihre Noten angegeben, unabhängig vom tatsächlichen Notenwert. Für die Imputation werden, entsprechend einschlägigen Empfehlungen, die relevanten Prädiktoren Gruppe und Schulform sowie die geschätzten Personenfähigkeitsparameter herangezogen (vgl. Ausführungen und technische Details in Abschnitt. 11.3.2.4).

Zur Überprüfung der Stabilität der Imputation wird ein abschließender Modellvergleich durchgeführt: Mit allen 331 Personen werden sowohl das Ausgangsmodell (Modell 1) als auch das finale Modell 6 geschätzt und die Ergebnisse gegenübergestellt. Die Ergebnisse in Tabelle 13.4 verdeutlichen, dass auf Basis der informationstheoretischen Maße und des Likelihood-Quotienten-Test das Modell 6 die Daten besser als das Ausgangsmodell abbildet.

Tabelle 13.4 Vergleich Ausgangsmodell und finales Modell (LMM)

	Vollständige Modelle, N = 331	
Feste Effekte	Modell 1	Modell 6
Gruppe	X	X
Zeitpunkt	X	X
Gruppe X Zeitpunkt	X	X
Note (imputiert)		X
Schulform		X
Zufällige Effekte: Schule, Kurs, Schüler:in	X	X
Likelihood	−841	−807
AIC	1697	1632
BIC	1733	1680
df	6	8
Likelihood-Quotienten-Test	$\chi^2(2) = 66.56, p < .001$	

Die Überprüfung der Modellannahmen erfolgt mithilfe grafischer Modelltests (vgl. Plots im Anhang C im elektronischen Zusatzmaterial) sowie einem ergänzenden inferenzstatistischen Verfahren. Für die Residuenprüfung auf Normalverteilung ergab der Shapiro-Wilk-Test keinen Hinweis auf eine Verletzung der Annahme, $W(662) = 0.999, p = .937$. Auch der Q-Q-Plot zeigt, dass die Datenpunkte eng entlang der Diagonalen verlaufen und somit die Normalverteilungsannahme erfüllt ist. Die Prüfung der Homoskedastizität und Linearität anhand der Residuals vs. Fitted Plots ergeben ebenfalls keine Auffälligkeiten. Weder auf Gesamtdatenebene noch innerhalb einzelner Cluster (Schulen und Kurse) zeigen sich systematische Muster oder Krümmungen, die auf eine Verletzung der Annahmen hindeuten würden. Lediglich leichte Streifenmuster im Residualplot sind erkennbar, die jedoch auf die Rasch-Skalierung zurückzuführen sind, da viele Personen identische Personenfähigkeitsparameter besitzen, die sich aus der Itemanzahl ergeben. Diese stellen keine Verletzung der Modellannahmen dar. Insgesamt zeigen die Ergebnisse, dass die Annahmen der Normalverteilung, Homoskedastizität und Linearität erfüllt sind und somit keine Einschränkungen für die Interpretation des Modells bestehen.

Es stellt sich die Frage, wie viel Varianz der abhängigen Variable das Modell erklärt. Das *marginale* R^2 beträgt .234. Damit lässt sich feststellen, dass die festen Effekte (Zeitpunkt, Gruppe, Interaktion, Note und Schulform) etwa 23,4 % der Varianz der Personenfähigkeiten aufklären. Unter Einbezug der zufälligen Effekte steigt das *konditionale* R^2 auf .656. Somit tragen die zufälligen Effekte zusätzlich etwa 42 % zu erklärten Varianz bei. Dieses Ergebnis verdeutlicht, dass die Clusterstrukturen (Schule, Kurse, Personen) eine zentrale Rolle spielen und in der Modellierung zwingend berücksichtigt werden müssen.

Im nächsten Schritt wird die Analyse auf eine zweidimensionale Betrachtung ausgeweitet. Dabei werden die Personenfähigkeitsparameter getrennt nach natürlichen Häufigkeiten und Wahrscheinlichkeiten ausgewertet. Für beide Dimensionen wird das aus der eindimensionalen Analyse abgeleitete Modell 6 übernommen, sodass die Struktur der festen und zufälligen Effekte vergleichbar bleibt. Hier wird der pragmatischen Empfehlung von Meteyerd & Davies (2020) gefolgt, dass die Modellstruktur auch aus praktischen Erwägungen oder forschungsleitenden Fragestellungen festgelegt werden darf. Zur Bewertung der Modellgüte werden die zweidimensionalen Modelle jeweils nur mit dem Ausgangsmodell (Modell 1) verglichen, das die Minimalstruktur abbildet. Damit wird überprüft, ob die zweidimensionale Modellierung im Vergleich zum Minimalmodell eine bessere empirische Passung aufweist.

Die Ergebnisse der zweidimensionalen Modellierung sind in Tabelle 13.5 (natürliche Häufigkeiten) und in Tabelle 13.6 (Wahrscheinlichkeiten) dargestellt. Für die Dimension natürliche Häufigkeiten konnte die Schätzung nur mit REML durchgeführt werden, da bei der FIML-Schätzung Konvergenzprobleme auftraten. In dieser Dimension zeigt sich, dass Modell 6 die bessere Modellpassung als Modell 1 liefert ($R^2_{Marginal} = .133$; $R^2_{Conditional} = .424$). Auch für die Dimension Wahrscheinlichkeiten weist Modell 6 eine überlegene Modellgüte auf ($R^2_{Marginal} = .180$; $R^2_{Conditional} = .498$).

Tabelle 13.5 Modellvergleich für natürliche Häufigkeiten

	Vollständige Modelle, N = 331	
Feste Effekte	Modell $1_{\text{Natürliche Häufigkeiten}}$	Modell $6_{\text{Natürliche Häufigkeiten}}$
Gruppe	X	X
Zeitpunkt	X	X
Gruppe X Zeitpunkt	X	X
Note (imputiert)		X
Schulform		X
Zufällige Effekte: Schule, Kurs, Schüler:in	X	X
Likelihood	−1036	−1021
AIC	2088	2062
BIC	2124	2107
df	6	8
Likelihood-Quotienten-Test	$\chi^2(2) = 29.71, p < .001$	

Tabelle 13.6 Modellvergleich für Wahrscheinlichkeiten

	Vollständige Modelle, N = 331	
Feste Effekte	Modell $1_{\textbf{Wahrscheinlichkeiten}}$	Modell $6_{\textbf{Wahrscheinlichkeiten}}$
Gruppe	X	X
Zeitpunkt	X	X
Gruppe X Zeitpunkt	X	X
Note (imputiert)		X
Schulform		X
Zufällige Effekte: Schule, Kurs, Schüler:in	X	X
Likelihood	−1044	−1014
AIC	2104	2048
BIC	2140	2093
df	6	8
Likelihood-Quotienten-Test	$\chi^2(2) = 59.89, p < .001$	

14 Effekte

Im vorangegangenen Kapitel 13 wurde die Modellfindung abgeschlossen und das finale LMM bestimmt. Auf dieser Grundlage werden nun die Ergebnisse im Hinblick auf die Forschungsfragen berichtet. die sich auf die Wirksamkeit des digitalen Schulbuchs bzw. des analogen Schulbuchs beziehen. In Abschnitt 14.1 werden zunächst die Effekte zu den Forschungsfragen 2 & 3 dargestellt, also zum Vergleich der Digitalen und Analogen Gruppe sowie zu den Leistungsentwicklungen innerhalb der Gruppen. Anschließend wird in Abschnitt 14.2 auf die dritte Forschungsfrage eingegangen, die explorativ mögliche Unterschiede zwischen den beiden Untersuchungsgruppen in Bezug auf Aufgaben mit Wahrscheinlichkeiten und in Bezug auf Aufgaben mit natürlichen Häufigkeiten untersucht.

14.1 Digital vs. Analog (FF2 & FF3)

Die Nutzung des digitalen bzw. gedruckten Net-Mathebuchs sollte durch die fünfstündige Intervention zu einer Leistungssteigerung bei den Schüler:innen führen (FF2). Zur Analyse dieser Veränderung werden die geschätzten Randmittel betrachtet, die auf dem zuvor beschriebenen LMM basieren. Ein Vergleich der beobachteten Mittelwerte und adjustierten Randmittelwerte zeigt auf, dass diese in beiden Gruppen nah beieinander sind (vgl. Tabelle 14.1). Durch das LMM wurden die Mittelwerte also nicht stark korrigiert, da sich die Gruppen in Bezug

M. Brnic, *Digitales versus analoges Schulbuch*, Studien zur theoretischen und empirischen Forschung in der Mathematikdidaktik,
https://doi.org/10.1007/978-3-658-52464-7_14

auf die Fixed Factors wie Schulform oder Note bereits ähneln. Dies spricht für eine robuste und unverzerrte Schätzung im Modell.

Die Ergebnisse in Tabelle 14.1 weisen darauf hin, dass in beiden Untersuchungsgruppen die Schüler:innen ihre Leistung steigern konnten. Sowohl die Digitalen als auch die Analogen können im Nachtest durchschnittlich höhere Personenfähigkeiten als im Vortest aufzeigen.

Tabelle 14.1 Vor- und Nachtestergebnisse der Untersuchungsgruppen

	Vortest						
Gruppe	*MW*	*SD*	MW_{adj}	SE_{adj}	95 % KI_{adj}	Minimum	Maximum
Analog	−0.70	0.97	−0.72	0.10	[−0.93; −0.50]	−2.57	2.30
Digital	−0.72	1.10	−0.75	0.10	[−0.97; −0.50]	−3.29	1.71
Gesamt	−0.71	1.04	−0.74	0.08	[−0.95; −0.52]	−3.29	−2.95
	Nachtest						
Analog	−0.46	1.02	−0.47	0.10	[−0.69; −0.25]	−2.95	2.41
Digital	−0.26	1.02	−0.31	0.10	[−0.53; −0.09]	−2.95	2.41
Gesamt	−0.36	1.02	−0.39	0.08	[−0.60; −0.17]	2.30	2.41

Anmerkung. MW = Mittelwert, SD = Standardabweichung, MW_{adj} *= geschätzte Randmittelwerte, SE = Standardfehler in Bezug auf* MW_{adj}*, 95 % –* KI_{adj} *= Konfidenzintervall in Bezug auf* MW_{adj}*.*

Diese Veränderungen sind, wie aus Tabelle 14.2 hervorgeht, für beide Gruppen signifikant mit $p < .001$. Diese Ergebnisse unterstützen die Hypothese, dass beide Gruppen durch die inhaltliche und konzeptuelle Stundengestaltung sowie dem Wechsel zwischen Lehrkraft und selbstständigem Arbeiten durch das KomNetMath-Design ihre Fähigkeiten zu bedingten Wahrscheinlichkeiten steigern konnten.

Tabelle 14.2 Veränderung vom Vortest zum Nachtest

Gruppe	Δ	*SE*	95 % – KI	*t*	*df*	p_{holm}
Analog	0.25	0.07	[0.12; 0.38]	3.74	328	< .001
Digital	0.45	0.07	[0.32; 0.58]	6.69	328	< .001

Anmerkung. Geschätzte Randmittelwerte auf Basis des LMM, Δ *= Differenz von Nach- zum Vortest, 95 % – KI = Konfidenzintervall, SE = Standardfehler, t = t-Wert, df = Freiheitsgrade,* p_{holm} *= p-Wert mit Bonferroni-Holm Korrektur, Signifikanzniveau:* $p < .05$*.*

Der Vergleich zwischen den Digitalen und Analogen zeigt den Unterschied auf, dass der Zuwachs der modellbasierten Randmittel bei den Digitalen höher als bei den Analogen ist. Zum Zeitpunkt des Vortests und zum Zeitpunkt des Nachtest unterscheiden sich die Randmittel jedoch nicht signifikant, mit $\Delta = 0.04$, $SE = 0.10$, $p_{holm} = .689$ beim Vortest und $\Delta = -.16$, $SE = 0.10$, $p_{holm} = .206$ beim Nachtest. Der minimale Unterschied beim Vortest zeigt außerdem auf, dass die Aufteilung zu vergleichbar leistungsstarken Gruppen führte.

Die unterschiedlichen Verläufe der Digitalen und Analogen Gruppe werden durch die folgende Abbildung 14.1 ersichtlich.

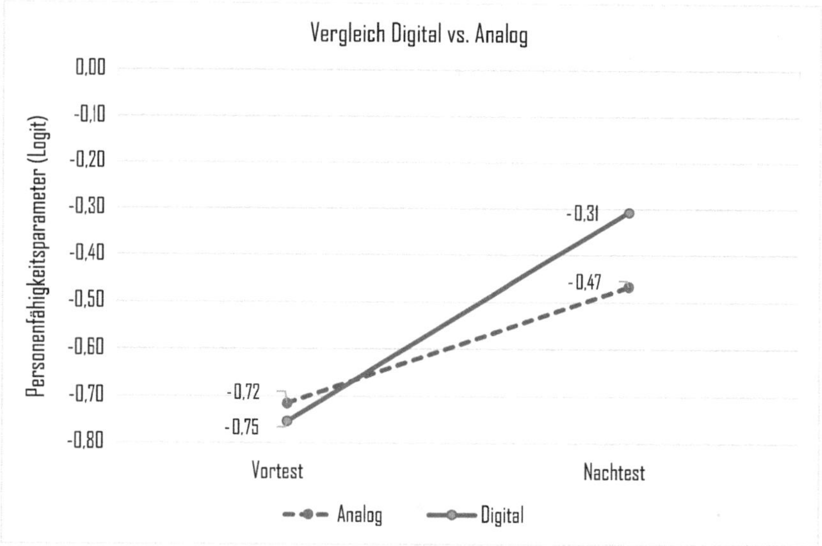

Abbildung 14.1 Verlauf der Untersuchungsgruppen (mit geschätzten Randmittelwerten)

Inwiefern sich der Zuwachs zwischen der Nutzung eines analogen und digitalen Schulbuchs tatsächlich unterscheidet, wird mithilfe des LMM berechnet (FF3). Die Digitale Gruppe sollte durch ihre Materialnutzung in einem höheren Maß profitieren, da sie auf dynamische Visualisierungen, interaktive Elemente und digitales Feedback zurückgreifen können. In Tabelle 14.3 sind die entsprechenden geschätzten festen und zufälligen Effekte abgebildet.

Tabelle 14.3 Feste und zufällige Effekte

Feste Effekte

	Estimate (γ_i)	*SE*	95 % – KI	*t*	*p*
Intercept	−0.56	0.08	[−0.72; −0.40]	−6.94	0.002
MZP	0.39	0.05	[0.25; 0.44]	7.39	<.001
Gruppe	0.06	0.09	[−0.11; 0.23]	0.70	0.482
Note	0.12	0.01	[0.09; 0.15]	8.08	<.001
Schulform	−0.63	0.16	[−0.95; −0.31]	−3.89	0.015
MZP X Gruppe	0.20	0.09	[0.01; 0.38]	2.12	0.035

Zufällige Effekte

	Varianz	*SD*	95 % – KI
Schüler:in (Intercept)	0.42	0.65	[0.57; 0.72]
Kurs (Intercept)	0.02	0.15	[0; 0.30]
Schule (Intercept)	0.02	0.14	[0; 0.29]

Anmerkung. MZP = Messzeitpunkt, Estimate (γ_i)= geschätzte Regressionsparameter, SE = Standardfehler, 95 % – KI = Konfidenzintervall, t = t-Werte, p = p-Werte, SD = Standardabweichung, Signifikanzniveau: $p < .05$.

Besonders relevant zur Beantwortung der Forschungsfrage ist die Interaktion Messzeitpunkt X Gruppe. Die Signifikanz dieser Interaktion weist darauf hin, dass die Digitale Gruppe und die Analoge Gruppe unterschiedlich stark ihre Kompetenzen steigern konnten. Mithilfe der Abbildung 14.1 wird ersichtlich, dass die Digitale Gruppe von stärkerem Maß als die Analoge Gruppe von der Materialnutzung profitierten. So macht die Digitale Gruppe im Vergleich zu der Analogen Gruppe einen zusätzlichen Zuwachs von 0.20 Logit.

Außerdem wird durch die Tabelle 14.3 erkennbar, dass die Note und die Schulform signifikant mit der Leistung der Schüler:innen zusammenhängen. So steigert sich mit jedem besseren Notenpunkt die geschätzte Personenfähigkeit durchschnittlich um 0.12 Logit. Zudem hatten die Schüler:innen der Gesamtschule ($MW_{adj} = -0.88$, $SE = 0.10$) einen um 0.63 niedrigeren Leistungsschnitt als die Schüler:innen der beteiligten Gymnasien ($MW_{adj} = -0.25$, $SE = 0.13$).

Diese Ergebnisse zeigen, dass sich die Leistungen in Abhängigkeit von personenbezogenen Merkmalen unterscheiden, was die Entscheidung für den Einsatz eines LMM stützt. Durch die Berücksichtigung zufälliger Effekte lassen sich zusätzliche Aussagen über die Streuung innerhalb der Stichprobe treffen. Die starke Varianz bei den Schüler:innen zeigt auf, dass es große interindividuelle Unterschiede zwischen den Schüler:innen gibt, die durch das Modell berücksichtigt werden. Die mittleren Leistungen zwischen den Kursen und Schulen schwanken deutlich weniger stark, aber immer noch auf einem leichten Niveau. Die Unterschiede, die bereits zuvor mithilfe der ICC bestimmt wurden, bestätigen sich hier und bestätigen somit die Wahl des LMM zur Analyse der Vor- und Nachtestdaten.

Insgesamt liegen die geschätzten Personenfähigkeitsparameter auf einem niedrigen Niveau. Im Durchschnitt sind diese unter null, was darauf hindeutet, dass die Schüler:innen im Mittel weniger Items korrekt lösen konnten, als bei einer durchschnittlichen Itemschwierigkeit zu erwarten wäre.

14.2 Natürliche Häufigkeiten vs. Wahrscheinlichkeiten (FF4)

Nachdem zuerst eine globale Sichtweise auf die Teststruktur eingenommen wurde, d. h. Kompetenzen zu bedingten Wahrscheinlichkeiten als ein eindimensionales Konstrukt eingestuft wurden, erfolgt im Folgenden eine differenzierte Analyse auf Ebene der Subskalen *natürliche Häufigkeiten* und *Wahrscheinlichkeiten*.

Es handelt sich um eine explorative Vorgehensweise. Inwiefern ein Kompetenzzuwachs im Bereich natürlicher Häufigkeiten oder Wahrscheinlichkeiten von der Curriculum Ressource (digital vs. analog) unterscheidet, lässt sich nicht vorab theoretisch begründet beantworten. Erste Hinweise auf Unterschiede zwischen den Untersuchungsgruppen zeigen sich jedoch bereits in den Verlaufskurven in Abbildung 14.2.

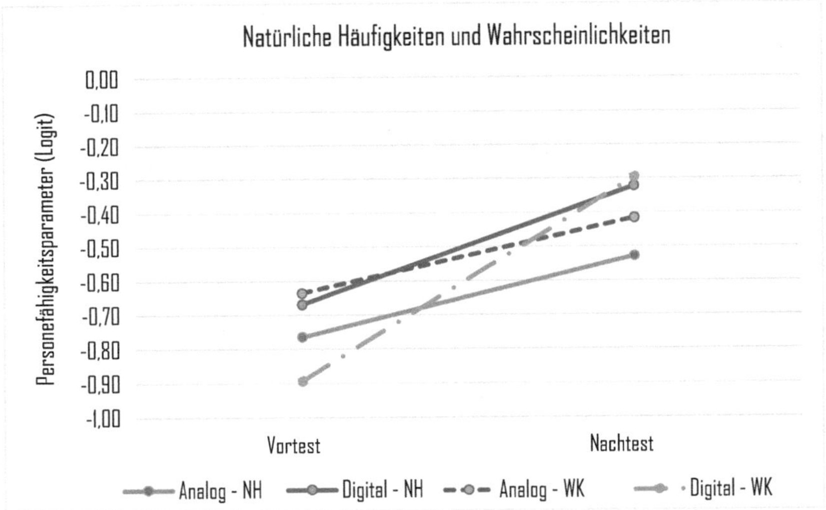

Abbildung 14.2 Verläufe zu den Subskalen natürliche Häufigkeiten und Wahrscheinlichkeiten für beide Untersuchungsgruppen

Inwiefern sich im jeweiligen Vergleich zwischen digitalem und analogem Schulbuch statistisch relevante Unterschiede in den beiden Bereichen natürlichen Häufigkeiten Wahrscheinlichkeiten feststellen lassen, wird in den folgenden Abschnitten 14.2.1 und 14.2.2 untersucht.

14.2.1 Natürliche Häufigkeiten

In der Tabelle 14.24 ist die deskriptive Statistik für beide Gruppen zum Vor- und Nachtest für die natürlichen Häufigkeiten abgebildet. Zwar erreicht die Digitale Gruppe zu beiden Messzeitpunkten jeweils im Schnitt höhere Randmittelwerte, jedoch sind diese Unterschiede nicht signifikant. Für den Vortest entspricht die Differenz 0.09 Logit ($SE = 0.13, p_{holm} = .527$) und für den Nachtest 0.21 Logit ($SE = 0.13, p_{holm} = .316$).

Tabelle 14.4 Natürliche Häufigkeiten – Vor- und Nachtestergebnisse der Untersuchungsgruppen

Natürliche Häufigkeiten							
	Vortest						
Gruppe	*MW*	*SD*	MW_{adj}	SE_{adj}	95 % KI_{adj}	Minimum	Maximum
Analog	−0.73	1.16	−0.76	0.10	[−0.99; −0.54]	−3.71	2.57
Digital	−0.63	1.19	−0.67	0.10	[−0.90; −0.44]	−3.71	2.57
Gesamt	−0.68	1.17	−0.72	0.08	[−0.96; −0.47]	−3.71	2.57
	Nachtest						
Analog	−0.50	1.26	−0.53	0.10	[−0.76; −0.30]	−3.61	2.60
Digital	−0.27	1.31	−0.32	0.10	[−0.56; −0.09]	−3.61	2.60
Gesamt	−0.39	1.19	−0.43	0.08	[−0.67; −0.18]	−3.61	2.60

Anmerkung. MW = Mittelwert, SD = Standardabweichung, MW_{adj} *= geschätzte Randmittelwerte, SE = Standardfehler in Bezug auf* MW_{adj}*, 95 % –* KI_{adj} *= Konfidenzintervall in Bezug auf* MW_{adj}*.*

Im Verlauf der Intervention sollten sich beide Untersuchungsgruppen im Bereich der natürlichen Häufigkeiten verbessern (vgl. Tabelle 14.5). Die Analoge und die Digitale Gruppe entwickelten sich beide in positiver Richtung. Allerdings fällt der Zuwachs lediglich durch die Nutzung des digitalen Schulbuchs statistisch signifikant aus ($p = 0.005$). In der Analogen Gruppe ist der Zuwachs über dem konventionellen Schwellenwert von $p = .05$, aber unter $p = .10$, was zumindest auf einen tendenziellen möglichen Effekt hinweist.

Tabelle 14.5 Natürliche Häufigkeiten – Veränderung vom Vortest zum Nachtest

Gruppe	Δ	*SE*	95 % – KI	*t*	*df*	p_{holm}
Analog	0.24	0.10	[0.03; 0.44]	2.29	329	0.091
Digital	0.34	0.10	[0.14; 0.55]	3.32	329	0.005

Anmerkung. Geschätzte Randmittelwerte auf Basis des LMM, Δ *= Differenz von Nach- zum Vortest, 95 % – KI = Konfidenzintervall, SE = Standardfehler, t = t-Wert, df = Freiheitsgrade,* p_{holm} *= p-Wert mit Bonferroni-Holm Korrektur, Signifikanzniveau:* $p < .05$*.*

Die Ergebnisse des LMM in Tabelle 14.6 zeigen auf, dass der Unterschied zwischen beiden Gruppen im Zuwachs statistisch nicht belegt werden kann. Die Interaktion Messzeitpunkt x Gruppe ist nicht signifikant mit $p = .454$.

Auch bei den natürlichen Häufigkeiten ist der Einfluss der Note und der Schulform statistisch relevant. Ein besserer Notenpunkt ist über beide Messzeitpunkte hinweg mit einer höheren Leistung verbunden ($p < .001$). Hinsichtlich der Schulform schneiden die Schüler:innen an der Gesamtschule im Durchschnitt um 0.61 Logit schlechter ab als die der Gymnasien. Dieser Unterschied liegt mit $p = .054$ am Rande der statistischen Signifikanz.

Tabelle 14.6 Natürliche Häufigkeiten – feste und zufällige Effekte

Natürliche Häufigkeiten					
Feste Effekte					
	Estimate (γ_i)	*SE*	95 % – KI	*t*	*p*
Intercept	−0.57	0.08	[−0.71; −0.44]	−8.31	0.018
MZP	0.29	0.07	[0.15; 0.44]	3.97	<.001
Gruppe	0.15	0.10	[−0.05; 0.35]	1.46	0.146
Note	0.10	0.02	[0.07; 0.14]	5.82	<.001
Schulform	−0.61	0.14	[−0.88; −0.34]	−4.47	0.054
MZP X Gruppe	0.11	0.15	[−0.18; 0.40]	0.75	0.454

Zufällige Effekte			
	Varianz	*SD*	95 % – KI
Schüler:in (Intercept)	0.42	0.65	[0.52; 0.76]
Kurs (Intercept)	0.02	0.15	[0; 0.30]
Schule (Intercept)	0.01	0.07	[0; 0.26]

Anmerkung. MZP = Messzeitpunkt, Estimate (γ_i)= geschätzte Regressionsparameter, SE = Standardfehler, 95 % – KI = Konfidenzintervall, t = t-Werte, p = p-Werte, SD = Standardabweichung, Signifikanzniveau: $p < .05$.

Die Analyse der zufälligen Effekte verdeutlicht, dass die individuellen Unterschiede stark ausgeprägt sind und 41,81 % der Varianz zwischen den Personen liegt. Die Kurs- und die Schulebene tragen dabei deutlich weniger zur Varianz bei, d. h. Unterschiede sind primär auf der Schüler:innenebene zu verorten.

14.2.2 Wahrscheinlichkeiten

Die explorative Analyse der Items zu Wahrscheinlichkeiten offenbart Unterschiede zwischen der Digitalen und Analogen Gruppe. Im Vortest erzielte die Analoge Gruppe durchschnittlich höhere Logit-Werte als die Digitale Gruppe (vgl. Tabelle 14.7). Die Differenz beträgt 0.26 Logit und zeigt einen Hinweis zur Signifikanz auf($SE = 0.13$, $p_{holm} = .0.092$). Die Konfidenzintervalle überlappen sich stark, was die Unsicherheit des Unterschieds unterstreicht. Zum Zeitpunkt des Nachtests verringert sich die Differenz um 0.12

Logit($SE = 0.13, p_{holm} = .0.345$), womit kein signifikanter Unterschied zwischen den Untersuchungsgruppen vorliegt.

Tabelle 14.7 Wahrscheinlichkeiten – Vor- und Nachtestergebnisse der Untersuchungsgruppen

Wahrscheinlichkeiten							
	Vortest						
Gruppe	*MW*	*SD*	MW_{adj}	SE_{adj}	95 % KI_{adj}	Minimum	Maximum
Analog	−0.63	1.30	−0.64	0.12	[−0.90; −0.36]	−2.68	4.24
Digital	−0.86	1.50	−0.89	0.13	[−1.17; −0.62]	−4.17	1.94
Gesamt	−0.75	1.41	−0.76	0.11	[−1.02; −0.51]	−4.17	4.24
	Nachtest						
Analog	−0.42	1.20	−0.42	0.12	[−0.69; −0.15]	−3.68	3.00
Digital	−0.26	1.12	−0.30	0.13	[−0.57; −0.02]	−3.68	3.00
Gesamt	−0.34	1.16	−0.36	0.11	[−0.61; −0.10]	−3.68	3.00

Anmerkung. MW = Mittelwert, SD = Standardabweichung, MW_{adj} *= geschätzte Randmittelwerte, SE = Standardfehler in Bezug auf* MW_{adj}*, 95 % –* KI_{adj} *= Konfidenzintervall in Bezug auf* MW_{adj}*.*

Tabelle 14.8 Wahrscheinlichkeiten – Veränderung vom Vortest zum Nachtest

Gruppe	Δ	*SE*	95 % – KI	*t*	*df*	p_{holm}
Analog	0.22	0.10	[0.02; 0.42]	2.17	329	0.092
Digital	0.60	0.10	[0.40; 0.80]	5.87	329	< .001

Anmerkung. Geschätzte Randmittelwerte auf Basis des LMM, Δ *= Differenz von Nach- zum Vortest, 95 % – KI = Konfidenzintervall, SE = Standardfehler, t = t-Wert, df = Freiheitsgrade,* p_{holm} *= p-Wert mit Bonferroni-Holm Korrektur, Signifikanzniveau: p <.05.*

Die abnehmende Differenz zwischen den Gruppen spiegelt sich auch in den Verläufen der Personenfähigkeitsparameter in Tabelle 14.8 wider. Während die Digitale Gruppe ihre Leistung signifikant steigern konnte ($p_{holm} < .001$), ist der Zuwachs in der Analogen Gruppe nur marginal signifikant mit$p_{holm} = 0.092$.. Diese Ergebnisse deuten auf eine größere Wirksamkeit des digitalen Schulbuchs im Vergleich zu der gedruckten Adaption in Bezug auf Wahrscheinlichkeitsaufgaben hin. Dies wird durch die signifikante Interaktion Messzeitpunkt X Gruppe unterstützt ($p = .009$). Die Digitale Gruppe verbessert sich gegenüber der Analogen Gruppe um zusätzliche 0.38 Logit über beide Messzeitpunkte.

Die Ergebnisse in Tabelle 14.9 zeigen wiederholt auf, dass Schüler:innen mit einer besseren Notenstufe signifikant bessere Leistungen erzielen ($p < .001$) und auch die Schüler:innen der Gesamtschule um 0.60 signifikant niedrigere Logit-Werte erreichen ($p = 0.029$).

Auch die Analyse der zufälligen Effekte verdeutlicht erneut, dass der größte Teil der Varianz auf der Ebene der einzelnen Schüler:innen liegt. Die Varianzanteile der Kurs- und Schulebene sind hingegen deutlich geringer, tragen aber ebenfalls etwas zur Erklärung der Leistungsunterschiede bei.

Tabelle 14.9 Wahrscheinlichkeiten – feste und zufällige Effekte

Wahrscheinlichkeiten

Feste Effekte

	Estimate (γ_i)	*SE*	95 % – KI	*t*	*p*
Intercept	−0.56	0.10	[−0.76; −0.36]	−5.51	0.002
MZP	0.41	0.07	[0.27; 0.55]	5.70	<.001
Gruppe	−0.07	0.11	[−0.28; 0.14]	−0.66	0.511
Note	0.14	0.02	[0.10; 0.17]	7.65	<.001
Schulform	−0.60	0.20	[−1.00; −0.20]	−2.95	0.029
MZP X Gruppe	0.38	0.14	[0.10; 0.66]	2.65	0.009

Zufällige Effekte

	Varianz	SD	95 % – KI
Schüler:in (Intercept)	0.47	0.69	[0.57; 0.80]
Kurs (Intercept)	0.05	0.23	[0.01; 0.41]
Schule (Intercept)	0.03	0.17	[0; 0.36]

Anmerkung. MZP = Messzeitpunkt, Estimate (γ_i)= geschätzte Regressionsparameter, SE = Standardfehler, 95 % – KI = Konfidenzintervall, t = t-Werte, p = p-Werte, SD = Standardabweichung, Signifikanzniveau: p < .05.

Zusammenfassung: Teil III

Teil III beschreibt die empirische Auswertung der Vor- und Nachtestdaten. Die beiden Untersuchungsgruppen (Digital vs. Analog) waren zu Beginn der Intervention hinsichtlich ihrer Leistung und zentraler Hintergrundvariablen weitgehend vergleichbar.

Die Kompetenzen im Bereich bedingter Wahrscheinlichkeiten konnten durch ein eindimensionales, ordinales Rasch-Modell angemessen abgebildet werden. Es musste lediglich ein Item im Skalierungsprozess ausgeschlossen werden. Die anschließend geschätzten Personenfähigkeitsparameter deuten aufgrund ihres niedrigen Niveaus auf Schwierigkeiten der untersuchten Schüler:innen im Umgang mit bedingten Wahrscheinlichkeiten hin.

Die Personenfähigkeitsparameter dienten als abhängige Variable in einem LMM, das die festen Effekte Gruppe, Messzeitpunkt, Interaktion Gruppe X Messzeitpunkt, Schulform und Note sowie die zufälligen Effekte auf Schüler:innen-, Kurs- und Schulebene umfasste. Der größte Teil der Varianz entfiel dabei auf die individuelle Ebene, während die Kurs- und Schulebene in geringerem Maße zur Erklärung der Unterschiede beitrugen. Weitere potenzielle Einflussvariablen (z. B. das Geschlecht) führten zu keiner Verbesserung der Modellgüte.

Im Gesamttest zeigen beide Gruppen Kompetenzzuwächse über die Zeit. Dabei profitierte die Digitale Gruppe stärker von der Intervention als die Analoge Gruppe, was durch eine signifikante Interaktion belegt wurde.

In den Subskalen zu natürlichen Häufigkeiten und Wahrscheinlichkeiten zeigte jeweils nur die Digitale Gruppe einen signifikanten Zuwachs. Die Analoge Gruppe erreichte jeweils lediglich einen Zuwachs im Bereich der marginalen Signifikanz.

In der Subskala Wahrscheinlichkeiten ergab sich darüber hinaus eine signifikante Interaktion, was auf eine unterschiedliche Wirksamkeit der Nutzung des digitalen und analogen Schulbuchs hinweist.

Zusätzlich hatten sowohl die Note als auch die Schulform einen signifikanten Einfluss auf die Leistung im Vor- und Nachtest: Schüler:innen mit besseren Noten und Gymnasiast:innen erzielten im Schnitt höhere Werte. Dies betraf sowohl die eindimensionale Analyse als auch die Aufteilung in beide Subskalen.

Im folgenden Teil IV werden diese Ergebnisse im Hinblick auf die Forschungsfragen, theoretische Annahmen sowie praktischen Implikationen eingeordnet und kritisch diskutiert.

Teil IV
Diskussion & Ausblick

„Die intendierten mathematischen Inhalte und Ziele legitimieren das digitale Medium."

(Eichler & Vogel, 2022, S. 294)

Diskussion 15

Die Diskussion nimmt die Ergebnisse der Untersuchung auf und ordnet sie im Hinblick auf die Forschungsfragen, den theoretischen Rahmen und den bisherigen Forschungsstand ein. Zunächst werden die Befunde zur Skalierung und Modellierung der Daten (Abschnitt 15.1.1) und anschließend zu den Veränderungsmessungen (Abschnitt 15.1.2) und Gruppenunterschieden (Abschnitt 15.1.3) im Detail diskutiert. Im Abschnitt 15.1.4 wird auf die Unterscheidung zwischen natürlichen Häufigkeiten und Wahrscheinlichkeiten eingegangen. Darauf folgt eine methodische Diskussion, in der Studiendesign (Abschnitt 15.2.1), Messinstrument (Abschnitt 15.2.2) und Datenanalysemethoden (Abschnitt 15.2.3) kritisch betrachtet und reflektiert werden. Auf diese Weise wird sichtbar, welche inhaltlichen Schlussfolgerungen aus der Datenanalyse gezogen werden können und inwiefern methodische Rahmenbedingungen die Aussagekraft der Ergebnisse begrenzen bzw. bestärken.

15.1 Diskussion der Ergebnisse

Die Diskussion der Ergebnisse setzt an der übergeordneten Forschungsfrage an, inwiefern sich der Einsatz eines digitalen Mathematikschulbuchs im Vergleich zu einem analogen Pendant auf die Leistung der Schüler:innen zu bedingten Wahrscheinlichkeiten auswirkt. Die Datenanalyse zeigt, dass im Vergleich bei den Schüler:innen der Digitalen Gruppe ein größerer Zuwachs als bei den Schüler:innen der Analogen Gruppe zu sehen ist. Dieser Effekt ist sowohl in einer

M. Brnic, *Digitales versus analoges Schulbuch*, Studien zur theoretischen und empirischen Forschung in der Mathematikdidaktik,
https://doi.org/10.1007/978-3-658-52464-7_15

eindimensionalen Betrachtung des Messinstruments zu sehen, als auch bei den Items zu den Wahrscheinlichkeiten. Im Folgenden werden diese Ergebnisse ausführlich diskutiert und auf den theoretischen Rahmen (vgl. Teil I) bezogen. Die Diskussion der Ergebnisse orientiert sich dabei an den vier untergeordneten Forschungsfragen.

15.1.1 Skalierung und Modellierung der Daten (FF1)

Die Verbindung von Rasch-Modellierung und Linearen Gemischten Modellen (LMM) bildet einen methodischen Kern dieser Arbeit. Die Rasch-Skalierung ermöglicht es, Item- und Personenfähigkeitsparameter der Lernenden auf einer gemeinsamen Skala zu verorten und damit Leistungen zwischen Vor- und Nachtest vergleichbar zu machen. Ein wesentlicher Vorteil besteht darin, dass an beiden Messzeitpunkten unterschiedliche Items eingesetzt werden konnten, die teils stärker auf Vorkenntnisse, teils stärker auf Inhalte der Unterrichtsreihe Bezug nahmen. Damit wurde zugleich die Gefahr von Testwiederholungseffekten reduziert und dennoch eine vergleichbare Messung gewährleistet (Moosbrugger & Kelava, 2020, S. 124 f.).

Die Prüfung der Modellgültigkeit war von besonderer Bedeutung, da ein neuentwickeltes Messinstrument eingesetzt wurde. Dieses sollte ermöglichen, Gruppenvergleiche durchzuführen, die eng an den Unterrichtsinhalten und dem Net-Mathebuch orientiert sind, die in der Reihe verwendeten Visualisierungen aufgreifen und sowohl Aufgaben zu natürlichen Häufigkeiten als auch zu Wahrscheinlichkeiten einbeziehen.

Erst durch die Überprüfung der Anwendbarkeit des Rasch-Modells auf die Daten wurde die Grundlage geschaffen, Kompetenzzuwächse valide zu quantifizieren und diese mit kontextuellen Faktoren in Beziehung zu setzen (Rost, 2004, S. 120 ff.). Der Modelltest zeigte, dass das eindimensionale Rasch-Modell die beste Passung aufwies und nicht verworfen werden musste. Für die Güte des Testinstruments spricht zudem, dass lediglich ein Item ausgeschlossen werden musste. Die Reliabilitätswerte lagen im moderaten Bereich und erlauben damit Gruppenvergleiche, die für die Zielsetzung dieser Studie hinreichend sind (vgl. Abschnitt 13.1.3).

Aufgrund der Testkonzeption und unterschiedlicher kognitiver Anforderungen an die Lernenden ließe sich eine Aufteilung in die Subdimensionen *natürliche Häufigkeiten* und *Wahrscheinlichkeiten* fachlich begründen (Böcherer-Linder, 2017; Leuders & Loibl, 2020 und Abschnitt 4.3). Empirisch bestätigte sich jedoch die Überlegenheit des eindimensionalen Modells. Dieses Ergebnis legt nahe, dass beide Informationsformate auf ein gemeinsames latentes Konstrukt verweisen. Daraus lässt sich folgern, dass das Verständnis bedingter Wahrscheinlichkeiten als einheitliche Kompetenz beschrieben werden kann, auch wenn natürliche Häufigkeiten und Wahrscheinlichkeiten spezifische Hürden aufwerfen (Borovcnik, 2014; Weber et al., 2018; Zhu & Gigerenzer, 2006). Dabei ist zu beachten, dass der Test nicht ausschließlich die Bestimmung bedingter Wahrscheinlichkeiten erfasste. Im Vor- und Nachtest wurden auch Vorkenntnisse gemessen, die in engem Zusammenhang mit bayesianischen Aufgaben stehen (z. B. Berechnung von Schnittwahrscheinlichkeiten) und *extended Bayesian Reasoning* durch den Einbezug des Kovariationsaspektes (Eichler et al., 2025). Insofern deckt das Instrument ein breiteres Verständnis bayesianischen Denkens ab.

Auch in anderen Studien wird eine mehrdimensionale Betrachtung häufig nicht vorgenommen, sondern von einem einheitlichen latenten Konstrukt ausgegangen (z. B. Binder et al., 2015; Büchter, Eichler, et al., 2022; Steib, 2025). Der Unterschied zu diesen liegt darin, dass dort meist nur wenige Items bzw. Aufgaben (ca. 2–5) direkt miteinander kontrastiert und ausführlich diskutiert werden.

Eine weitere Differenzierung des Testinstruments wäre grundsätzlich denkbar, etwa zwischen Items, die stärker auf prozedurale oder konzeptuelle Komponenten abzielen oder die sich auf unterschiedliche Visualisierungen beziehen. Die Trennung zwischen solchen Dimensionen ist jedoch nicht immer eindeutig, beispielsweise beim Darstellungswechsel zwischen einem Baumdiagramm und einer Vierfeldertafel (vgl. Itemübersicht in Abschnitt 9.4). Um die Interpretation der Ergebnisse zu vereinfachen, wurde in dieser Arbeit bewusst auf eine andere mehrdimensionale Between-Item oder Wihin-Item-Modellierung für die Festlegung der Itemparameter verzichtet (Adams et al., 1997; Hartig & Höhler, 2010).

Gleichzeitig zeigen theoretische Ansätze wie der *nested sets account* und der *ecological rationality account* sowie zahlreiche empirische Studien, dass eine zweidimensionale Betrachtung nicht bedeutungslos wäre. Insbesondere bei Aufgaben mit natürlichen Häufigkeiten erzielen Schüler:innen häufig bessere Leistungen, da diese die Teil-Ganzes-Strukturen klarer aufzeigen und ein für den Menschen geläufigeres Format darstellen (z. B. Gigerenzer & Hoffrage, 1995; McDowell & Jacobs, 2017; Sloman et al., 2003).

Die letztendliche Entscheidung für das eindimensionale Modell beruht sowohl auf inhaltlichen als auch auf methodischen Überlegungen. Inhaltlich spricht die empirisch bestätigte Passung des eindimensionalen Modells dafür, dass Aufgaben zu natürlichen Häufigkeiten und zu Wahrscheinlichkeiten auf ein gemeinsames latentes Konstrukt verweisen. Methodisch erwies sich das eindimensionale Modell als zweckmäßig, da es die notwendige empirische Stabilität gewährleistete, um die Itemparameter festzulegen und auf dieser Grundlage die

Personenfähigkeitsparameter für die Forschungsfragen 2 und 3 zu bestimmen. Ergänzend wurden auf Basis der eindimensional geschätzten Itemparameter für explorative Zwecke (FF4) Personenfähigkeitsparameter für natürliche Häufigkeiten und Wahrscheinlichkeiten separat berechnet. Dieses Vorgehen ist auch aus groß angelegten Studien wie PISA bekannt, in denen ebenfalls primär eindimensionale Skalen verwendet und zusätzliche Subanalysen explorativ ergänzt werden (OECD, 2012, 2024).

Die durchgeführten DIF-Analysen zeigten, dass keine systematischen Benachteiligungen nach Geschlecht oder Gruppe auftraten. Damit erfüllt das Instrument das Kriterium der Testfairness (Lienert & Raatz, 1998, S. 4). Auch die eingesetzten Ankeritems, die zur Verknüpfung der beiden Messzeitpunkte dienten, erwiesen sich als stabil.

Die anschließende Modellierung der Daten im LMM zeigte, dass der Einbezug von Note und Schulform die Modellgüte substanziell erhöhte. Damit bestätigt sich, dass leistungsbezogene und institutionelle Merkmale für die Erklärung von Unterschieden relevant sind, was auch in anderen vergleichbaren Studiendesigns berichtet wurde (z. B. de Vries, 2021; Frenken, 2022; Reinhold, 2019). Entgegen den Erwartungen erwies sich das Geschlecht nicht als bedeutsamer Prädiktor zur Modellverbesserung, obwohl in einer Voranalyse mit einem Teildatensatz Unterschiede zwischen Jungen und Mädchen sichtbar geworden waren (Brnic et al., 2024).

Auch die Vorerfahrungen mit dem Net-Mathebuch verbesserten die Modellgüte nicht, obwohl theoretisch ein Einfluss plausibel wäre (Rezat, 2020; Rezat et al., 2021). Möglicherweise verfügten die Lernenden über vergleichbare Ausgangserfahrungen, sodass dieser Faktor in der vorliegenden Stichprobe keine differenzierende Wirkung entfalten konnte.

Besonders aufschlussreich ist die Differenz zwischen dem $R^2_{Conditional}$ und dem $R^2_{Marginal}$. Während die festen Effekte bereits einen relevanten Anteil der Varianz erklären, zeigen die zufälligen Effekte zusätzliche substanzielle Varianzanteile auf. Eine zusätzlich vorgeschaltete Analyse auf Clustereffekte unterstützt diese Annahme. Dies verweist darauf, dass Unterschiede zwischen Kursen und Schulen erheblich sind und nicht ausschließlich durch die experimentellen Bedingungen erklärt werden können. Damit bestätigt sich die Annahme, dass Kontextfaktoren eine zentrale Rolle für Lernergebnisse spielen (vgl. z. B. Hartig & Klieme, 2006; Hillmayr et al., 2020).

Im theoretischen Rahmen lässt sich dieser Befund mit dem sozio-didaktischen Tetraeder verbinden, der Lernprozesse als Wechselspiel zwischen Lernenden, Lehrkraft, Mathematik und Ressource beschreibt (Rezat & Sträßer, 2012). Unterschiede zwischen Kursen und Schulen können durch institutionelle Normen,

Überzeugungen der Lehrkräfte oder etablierte Unterrichtstraditionen erklärt werden. Die deutliche Differenz zwischen $R^2_{Conditional}$ und $R^2_{Marginal}$ unterstreicht, dass solche zufälligen Effekte in den Analysen zwar statistisch berücksichtigt werden, für die inhaltliche Interpretation der Ergebnisse jedoch auch die dahinterliegenden Interaktionen zwischen Lehrkraft und Lernenden sowie die damit verbundenen Unterrichtsprozesse von zentraler Bedeutung sind.

15.1.2 Veränderungsmessungen (FF2)

Die Prä-Post-Analysen mithilfe des LMM verdeutlichen, dass beide Gruppen signifikante Kompetenzzuwächse erzielten. Damit ist zunächst festzuhalten, dass die Intervention unabhängig vom Medium (Digital bzw. Analog) wirksam war. Die Hypothese kann also bestätigt werden. Dies stellt einen weiteren empirischen Studienbefund dar, nämlich dass Kompetenzen zu bedingten Wahrscheinlichkeiten erlernbar sind (vgl. Büchter, Eichler, et al., 2022; Wassner, 2007).

Trotzdem zeigt sich, dass die Gesamtleistungen der Schüler:innen auf einem vergleichsweise niedrigen Niveau verblieben. Bereits die Leistungen des Vortests offenbaren, dass viele Lernende erhebliche Schwierigkeiten mit den Aufgaben zum Themenbereich der bedingten Wahrscheinlichkeiten hatten. Diese Ergebnisse legen nahe, dass das Testinstrument und die Unterrichtsreihe teilweise auf einem für viele Schüler:innen zu hohen Niveau ansetzten. Ohne hinreichende Basiskompetenzen, etwa im sicheren Umgang mit Rand- oder Schnittwahrscheinlichkeiten und in der Interpretation einfacher Visualisierungen, ist es schwierig, vertiefte Einsichten zu bedingte Wahrscheinlichkeiten zu entwickeln.

Für diese Schwierigkeiten sind verschiedene Gründe denkbar. Zum einen war nicht in allen Fällen sichergestellt, dass die notwendigen Vorkenntnisse im Unterricht zuvor systematisch aufgebaut worden waren, obwohl dies im Rahmen des Projekts mit den Lehrkräften abgesprochen worden war. Zum anderen ist zu berücksichtigen, dass ein Teil der Durchführung in Pandemiezeiten stattfand und die Schüler:innen teilweise von Unterrichtsausfällen betroffen waren, was negative Effekte auf den vorigen Kompetenzaufbau gehabt haben konnte (König & Frey, 2022).

Der theoretische Rahmen hebt hervor, dass das Lernen bedingter Wahrscheinlichkeiten mit einer hohen kognitiven Komplexität verbunden ist (Kapitel 4). Bayesianische Aufgaben führen oftmals zum Widerspruch zwischen der eigenen Intuition und den tatsächlichen Wahrscheinlichkeiten (Böcherer-Linder et al., 2018; Cosmides & Tooby, 1996). Zudem treten regelmäßig Fehlvorstellungen auf. So verwechseln Schüler:innen Wahrscheinlichkeiten oder Ereignisse, indem sie beispielsweise $P(A|B)$ mit $P(B|A)$ gleichsetzen (*Fisherian*-Fehler) oder die bedingte Wahrscheinlichkeit mit der Schnittwahrscheinlichkeit verwechseln (*Joint occurence*-Fehler) (Binder et al., 2020; Böcherer-Linder, 2021; Eichler & Vogel, 2013; Gigerenzer & Hoffrage, 1995; Girotto & Gonzalez, 2001). Diese Schwierigkeiten lassen sich in den Ergebnissen vermuten, auch wenn eine detaillierte Analyse von Fehlstrategien in der vorliegenden Arbeit nicht vorgenommen wurde.

Darüber hinaus erforderte die Unterrichtsreihe und der Test, verschiedene Darstellungen (Baumdiagramm, Vierfeldertafel, Text) flexibel zu nutzen und miteinander zu verknüpfen. Dabei hebt jede Visualisierung unterschiedliche Aspekte hervor. Vierfeldertafeln verdeutlichen vor allem Relationen, während Baumdiagramme sequenzielle Strukturen veranschaulichen (Dreher, 2014; Eichler & Vogel, 2013, S. 201; Wassner, 2007). Zudem unterscheiden sich diese Visualisierungen in ihrem Informationsgehalt. Der flexible Umgang mit diesen Visualisierungen und die Fähigkeit, Informationen zwischen ihnen zu übertragen, kann eine weitere Hürde darstellen.

Die Intervention wurde mit dem KomNetMath-Design durchgeführt (vgl. Abschnitt 7.1), das zwischen Phasen mit Lehrkraft und Phasen ohne Lehrkraft bzw. mit einer Person aus dem Forschungsteam wechselte. Die erzielten Kompetenzzuwächse zeigen, dass beide Schulbuchvarianten so gestaltet waren, dass sie auch ohne direkte Anleitung tragfähig bleiben und Schüler:innen beim selbstständigen Arbeiten unterstützen. Die Schüler:innen der Stichprobe gaben zudem an, es gewohnt zu sein, selbstständig zu arbeiten, was die Nutzung der Materialien in den Phasen ohne direkte Anleitung vermutlich erleichterte. Die Ergebnisse verweisen also darauf, dass die Materialien so strukturiert und verständlich gestaltet waren, dass sie Kompetenzzuwächse anstoßen konnten. Dies schließt an die theoretischen Überlegungen an, dass Lernende eine aktive Rolle in der Auseinandersetzung mit Curriculum Ressourcen und mit bedingten Wahrscheinlichkeiten einnehmen müssen (Binder et al., 2015; Eichler et al., 2025; Rezat et al., 2021). Letztendlich können die erzielten Veränderungen vom Vor- zum Nachtest auch als Qualitätsanzeichen für die Konzeption des Net-Mathebuchs gewertet werden.

Es bleibt aber unklar, in welchem Maße die affordances der eingesetzten Materialien tatsächlich genutzt wurden. Beobachtungen deuten darauf hin, dass Schüler:innen Tipps und Feedback regelmäßig in Anspruch nahmen. Systematische Nutzungsdaten liegen jedoch nicht vor. Viele Schüler:innen hatten zudem nur geringe Vorerfahrungen mit dem Net-Mathebuch, was Prozesse der Instrumentierung und Instrumentalisierung erschwerte (Drijvers & Trouche, 2008). Die kurze Interventionsdauer machte es unwahrscheinlich, dass stabile Nutzungsschemata entstehen konnten. Dadurch bleibt beispielsweise offen, inwiefern integriertes Feedback und Hilfen gezielt und effizient genutzt wurden.

15.1.3 Gruppenvergleich Digital vs. Analog

Die Ergebnisse zeigen, dass beide Gruppen vom Vor- zum Nachtest Kompetenzzuwächse erzielen konnten, die Digitale Gruppe jedoch signifikant stärker profitiert. Damit kann die Hypothese bestätigt werden.

Die Unterschiede lassen sich nicht monokausal erklären, da das Schulbuch als komplexe Curriculum Ressource verschiedene Funktionen und Strukturelemente in sich vereint (M. Pohl, 2023). Da externe Einflüsse durch das Studiendesign, beispielsweise durch die Gruppenaufteilungen, und im LMM als zufällige Effekte berücksichtigt wurden, können die Unterschiede vor allem auf die Spezifika des digitalen Schulbuchs und der analogen Adaption zurückgeführt werden. Besonders relevant sind dabei dynamische Visualisierungen, interaktive Eingabeformate sowie integriertes Feedback (Brnic et al., 2024; Brnic & Greefrath, 2021; Choppin et al., 2014). Insbesondere interaktive Elemente können Lernprozesse unterstützen, da diese Schüler:innen aktiv einbinden, die gezielte Untersuchung von Zusammenhänge leichter ermöglichen und dadurch ein vertieftes Verständnis anregen (Moreno & Mayer, 2007).

Die im digitalen Schulbuch eingebundenen dynamischen Visualisierungen leisten hierzu einen Beitrag, da sie (dynamische) Prozesse und Relationen unmittelbar veranschaulichen können (Ploetzner & Lowe, 2004; Schnotz & Lowe, 2008). Dies kann insbesondere für Kovariationsaspekte bei bedingten Wahrscheinlichkeiten bedeutsam sein (Büchter, Eichler, et al., 2022; Büchter, Steib, et al., 2022; Steib, 2025). Allerdings war der Anteil interaktiv dynamischer Visualisierungen in der Unterrichtsreihe gering, sodass ihre Wirkung nur partiell zur Erklärung der Unterscheide beitragen kann. Da Metaanalysen dynamische Visualisierungen jedoch als lernförderlich bewerten (Berney & Bétrancourt, 2016; Castro-Alonso et al., 2019; Höffler & Leutner, 2007), liegt es nahe, dass sie auch in dieser Studie einen Anteil am Effekt hatten.

Zudem können hier eine instruktionspsychologische und eine fachdidaktische Perspektive zu bedingten Wahrscheinlichkeiten zusammengeführt werden, da beide betonen, dass der Informationsgehalt bei Visualisierungen entscheidend sein kann (Böcherer-Linder & Eichler, 2019; Khan et al., 2015; McDowell & Jacobs, 2017; Tversky et al., 2002). Je mehr relevante Informationen eine Visualisierung enthält, desto stärker kann sie die jeweilige Person unterstützen.

Demgegenüber besteht die Gefahr erhöhter kognitiver Belastung, wenn dynamische Visualisierungen im Vergleich zu statischen Visualisierungen zusätzliche Verarbeitungsschritte erfordern. In der vorliegenden Studie wurden dynamische Visualisierungen aus Vergleichbarkeitsgründen in mehrere statische Bilder überführt, was die kognitiven Anforderungen eher erhöhte als reduzierte.

Ein weiterer zentraler Unterschied betrifft das aufgabenspezifische Feedback. In Kapitel 2 wurde herausgestellt, dass für wirksames Feedback die Art der Rückmeldung, der Zeitpunkt der Bereitstellung sowie die Bezugnahme auf individuelle Vorgehensweisen entscheidend sind (Hattie & Timperley, 2007; Rezat, 2021; van der Kleij et al., 2015). Im Net-Mathebuch sind Rückmeldungen in Form von richtig/falsch-Informationen mit Hinweisen zur korrekten Lösung sowie aufklappbare, aufgabenspezifische Hilfen integriert. Diese Informationen standen in beiden Untersuchungsbedingungen zur Verfügung, unterschieden sich jedoch in der Zugänglichkeit. Im Digitalen waren sie unmittelbar abrufbar, während sie im Analogen separat nachgeschlagen werden mussten. Der Zeitpunkt der Verfügbarkeit könnte somit die höhere Wirksamkeit des Digitalen erklären. Die Befunde fügen sich in empirische Studien ein, die insbesondere (unmittelbares) digitales Feedback als effektiv einschätzen (Hattie, 2017; van der Kleij et al., 2015). Bei der Interpretation des Feedbackeinflusses ist zu beachten, dass die Rückmeldungen nicht adaptiv gestaltet waren, sondern standardisiert und generisch. In der Regel handelte es sich um KCR-Feedback, das neben einer richtig/falsch-Rückmeldung die korrekte Lösung bereitstellte (de Vries, 2021; Shute, 2008). Dadurch konnten es nicht gezielt an typische Fehlerstrategien anschließen, was die Wirksamkeit begrenzte.

Neben diesen Vorteilen des digitalen Schulbuchs sind auch die affordances und constraints der analogen Variante in die Diskussion einzubeziehen. Das analoge Schulbuch ermöglichte es den Schüler:innen, Notizen und Randbemerkungen flexibel einzutragen und Bearbeitungsstrategien direkt an der Aufgabe festzuhalten. Digitale Eingabeformate sind dagegen stärker standardisiert, was die Bearbeitung vereinheitlicht, aber die Möglichkeit individueller Lernwege einschränkt (Humble & Mozelius, 2022; Rezat et al., 2021; Watson, 2003). Diese Unterschiede in den Handlungsmöglichkeiten tragen zur Erklärung der Gruppenunterschiede bei, eine eindeutige Bewertung bleibt an dieser Stelle jedoch offen.

Die Ergebnisse zeigen zugleich, dass vor allem die Note und die Schulform die Modellgüte des LMM maßgeblich verbesserten. Beide Faktoren sind damit entscheidend, um Unterschiede zwischen den Gruppen angemessen zu interpretieren. Leistungsstärkere Schüler:innen (bessere Note) und jene in gymnasialen Kontexten zeigten durchschnittlich höhere Leistungen. Für leistungsstärkere Schüler:innen ist anzunehmen, dass sie schneller Instrumentierungs-

und Instrumentalisierungsprozesse durchlaufen konnten und daher eher von der Gestaltung des Net-Mathebuchs profitierten, insbesondere wenn bereits in den Vorstunden der Intervention mit diesem gearbeitet wurde (Bikner-Ahsbahs, 2022; Drijvers & Trouche, 2008). Diese Befunde lassen sich im Sinne sogenannter Aptitude-Treatment-Interaktionen deuten bei denen individuelle Lernvoraussetzungen die Wirksamkeit einer Intervention moderieren (vgl. Cronbach & Snow, 1977; Hofer & Reinhold, 2025). Darüber hinaus unterstreicht die Differenz zwischen $R^2_{Conditional}$ und $R^2_{Marginal}$, dass Unterschiede zwischen Kursen und Schulen erheblich sind und nicht allein durch die Gruppenzugehörigkeit erklärt werden können.

Schließlich könnten auch projektbezogene Faktoren eine Rolle gespielt haben. Lehrkräfte der digitalen Gruppe erhielten Fortbildungen, die sie gezielt auf den Einsatz des digitalen Schulbuchs vorbereiteten. Zwar wurden die analogen Materialien frühzeitig zur Verfügung gestellt, dennoch könnte die Fortbildung die Motivation und das Engagement der Lehrkräfte für den Einsatz des digitalen Schulbuchs gesteigert und damit indirekt auf die Schüler:innenleistung gewirkt haben (vgl. Hillmayr et al., 2020).

Zusammenfassend lässt sich festhalten, dass die Unterschiede zwischen der Digitalen und der Analogen Gruppe vor allem auf die spezifischen Eigenschaften der beiden Schulbuchvarianten zurückzuführen sind. Besonders relevant sind hierbei die Erweiterungsfunktionen des digitalen Schulbuchs. Dazu zählen zum einen die Unterschiede zwischen dynamischen und statischen Elementen, die sich durch interaktive Aufgabenformate und in einer unterschiedlichen Gestaltung der Visualisierungen äußern, die im Kontext bedingter Wahrscheinlichkeiten eine zentrale Rolle spielen. Zum anderen ist die unmittelbare Zugänglichkeit des Feedbacks hervorzuheben, das im digitalen Schulbuch direkt abrufbar war, während es im analogen Schulbuch separat nachgeschlagen werden musste. Die genannten Faktoren können erklären, weshalb die Digitale Gruppe stärkere Kompetenzzuwächse erzielte. Diese Befunde stimmen mit Ergebnissen überein, die auf spezifische Vorteile digitaler Curriculum Ressourcen hinweisen (z. B. Hillmayr et al., 2020; Kaplar et al., 2022; Reinhold, 2019).

15.1.4 Unterschiede bei natürlichen Häufigkeiten und Wahrscheinlichkeiten (FF4)

Die vierte Forschungsfrage untersucht, inwiefern sich die Mathematikleistungen zwischen der Digitalen und der Analogen Gruppe unterscheiden, wenn die Schüler:innen Aufgaben in unterschiedlichen Informationsformaten bearbeiteten.

Die explorativen Analysen zeigen, dass sich beide Untersuchungsgruppen bei den Aufgaben zu natürlichen Häufigkeiten steigern konnten, jedoch nur in der Digitalen Gruppe ein signifikanter Zuwachs nachweisbar war. Die Analoge Gruppe erzielte hingegen keinen signifikanten Fortschritt. Zwar war die Interaktion zwischen Gruppe und Messzeitpunkt nicht signifikant, dennoch ist dieses Ergebnis bemerkenswert, da sich die Gruppen im Verlauf unterschiedlich entwickelten.

Überraschend ist insbesondere, dass das Informationsformat der natürlichen Häufigkeiten für die Analoge Gruppe nicht die erwartete entlastende Wirkung hatte, obwohl dieses in der Literatur als geeignete Strategie zur Unterstützung des Lernens gilt (Eichler & Vogel, 2013; Gigerenzer & Hoffrage, 1995). Ein möglicher Grund könnte in der Gestaltung der Materialien liegen. Natürliche Häufigkeiten wurden in der Unterrichtsreihe und in den Tests teilweise so eingesetzt, dass relevante Teilmengen nicht direkt nebeneinander dargestellt wurden. Dadurch konnten Relationen wie „a von b“ nicht unmittelbar abgelesen werden, was die Bearbeitung anspruchsvoller machte und die erwartete Unterstützung bei der Aufgabenbearbeitung reduzierte (vgl. Krauss et al., 2020; Leuders & Loibl, 2020). Da natürliche Häufigkeiten im Unterricht nur selten systematisch genutzt werden, könnte vielen Schüler:innen die nötige Vertrautheit mit diesem Informationsform fehlen. Dies könnte erklären, weshalb die potenziellen Vorteile in der Intervention und in den Testaufgaben nicht bei allen Lernenden wirksam wurden (Krauss et al., 2020).

Die Ergebnisse bei den Aufgaben zu Wahrscheinlichkeiten fallen deutlicher aus. Hier konnte sich erneut nur die Schüler:innen mit dem digitalen Schulbuch signifikant verbessern. Dies sind zugleich die größten beobachten Zuwächse in den durchschnittlichen Personenfähigkeitsparametern. Dagegen konnte die Analoge Gruppe keine entsprechenden signifikanten Zuwächse erzielen. In diesem Fall war auch die Interaktion zwischen Gruppe und Messzeitpunkt signifikant, sodass von einer unterschiedlichen Entwicklung beider Gruppen auszugehen ist. Aufgaben im Wahrscheinlichkeitsformat gelten als besonders anspruchsvoll, da die zugrunde liegenden Strukturen weniger transparent sind und häufig Fehlvorstellungen auftreten, etwa durch die Verwechslung unterschiedlicher Bedingungsrichtungen (Böcherer-Linder, 2017; Girotto & Gonzalez, 2001; Sloman et al., 2003).

In diesem Zusammenhang ist der Kovariationsaspekt hervorzuheben (Büchter, Eichler, et al., 2022; Büchter, Steib, et al., 2022; Steib, 2025), der in der Unterrichtsreihe ausschließlich im Zusammenhang mit Wahrscheinlichkeiten aufgegriffen wurde. Insbesondere hier kann eine dynamische Visualisierung, die

die gemeinsame Variation zweier Ereignisse verdeutlicht, eine wichtige Unterstützung leisten. Eine solche bietet die Möglichkeit, Kovariationen interaktiv sichtbar zu machen, wodurch zentrale Relationen expliziter erfasst werden können (Ploetzner & Lowe, 2004; Steib, 2025). Dieser Aspekt könnte wesentlich dazu beigetragen haben, dass die Digitale Gruppe bei den Wahrscheinlichkeiten signifikant stärker profitierte.

Die Ergebnisse schließen an bisherige Trainingsstudien an (Büchter, Eichler, et al., 2022; Wassner, 2007), wonach auch die Bearbeitung von Aufgaben im Wahrscheinlichkeitsformat durch gezielte Interventionen erfolgreich gefördert werden kann. Sie verdeutlichen zugleich, dass die Wirksamkeit von Curriculum Ressourcen nicht unabhängig vom Informationsformat zu betrachten ist. Während bei natürlichen Häufigkeiten beide Gruppen ähnliche Entwicklungen zeigen und Unterschiede geringer ausfallen, bietet das digitale Schulbuch bei Wahrscheinlichkeiten offenbar deutliche Vorteile.

Ein bemerkenswertes Ergebnis ist, dass die deskriptive Betrachtung der einzelnen Messzeitpunkte keine generelle Überlegenheit von Aufgaben zu natürlichen Häufigkeiten erkennen lässt. Dies widerspricht theoretischen Annahmen, nach denen natürliche Häufigkeiten das Verständnis erleichtern sollten (Gigerenzer & Hoffrage, 1995; McDowell & Jacobs, 2017). Die Ergebnisse legen daher nahe, dass neben dem Informationsformat im Test auch die Gestaltung des Schulbuchmaterials während der Intervention sowie die Vorerfahrungen der Schüler:innen und Unterrichtstraditionen eine wesentliche Rolle spielen könnten.

Darüber hinaus zeigen die Analysen, dass sowohl bei Aufgaben zu natürlichen Häufigkeiten als auch bei Aufgaben zu Wahrscheinlichkeiten die Note und die Schulform im jeweiligen LMM bedeutsame Einflussgrößen waren. Damit wird deutlich, dass Gruppenunterschiede nicht ausschließlich auf Digital oder Analog zurückzuführen sind, sondern auch durch leistungs- und schulformspezifische Faktoren mitbestimmt werden.

Zusammenfassend weisen die Ergebnisse darauf hin, dass die Wirksamkeit digitaler Schulbücher nicht unabhängig von dem jeweiligen Aufgabentyp zu betrachten ist. Die Befunde deuten darauf hin, dass das digitale Format mit seinen interaktiven und dynamischen Elementen insbesondere dann Vorteile bietet, wenn Aufgaben mit höheren kognitiven Anforderungen, wie dem Wahrscheinlichkeitsformat, verbunden sind. Ähnliche Hinweise finden sich auch in anderen Studien, dass Schüler:innen bei bestimmten Aufgabentypen besonders von den Möglichkeiten digitaler Curriculum Ressourcen profitieren können (Kaplar et al., 2022; Reinhold, 2019).

Zusammenfassung: Rückbezug zur übergeordneten Forschungsfrage

Die übergeordnete Forschungsfrage dieser Arbeit lautet, welchen Effekt das Arbeiten mit einem digitalen Mathematikschulbuch, das integriertes Feedback, dynamische Visualisierungen und interaktive Elemente bietet, im Vergleich zu einem analogen Schulbuch auf die Leistungen zu bedingten Wahrscheinlichkeiten im Rahmen einer Unterrichtsreihe hat.

Die Ergebnisse der Analysen zeigen insgesamt, dass das Arbeiten mit einem digitalen Mathematikschulbuch zu stärkeren Kompetenzzuwächsen bei bedingten Wahrscheinlichkeiten führte.

In Bezug auf FF1 bestätigt sich, dass bedingte Wahrscheinlichkeiten sinnvoll als eindimensionales Konstrukt modelliert werden können, auch wenn Aufgaben zu natürlichen Häufigkeiten und Wahrscheinlichkeiten unterschiedliche Anforderungen beinhalten. FF2 zeigt, dass beide Gruppen vom Vor- zum Nachtest signifikante Kompetenzzuwächse erzielten, womit die grundsätzliche Wirksamkeit der Intervention belegt ist. Mit Blick auf FF3 wird deutlich, dass die Digitale Gruppe von den Erweiterungsfunktionen des Net-Mathebuchs stärker zu profitieren schien als die Analoge Gruppe von den Adaptionen. Dies wird insbesondere auf das direkt verfügbare Feedback und die interaktiven dynamischen Visualisierungen im digitalen Schulbuch zurückgeführt. Die Ergebnisse zu FF4 zeigten zudem, dass Unterschiede auch vom Informationsformat der Visualisierungen abhängen. Während die Digitale Gruppe in beiden Formaten Zuwächse erzielte, blieben bei der Analogen Gruppe entsprechende Fortschritte aus. Insbesondere im Bereich der Wahrscheinlichkeiten war der Verlauf signifikant unterschiedlich.

Damit ergibt sich insgesamt ein konsistentes Bild. Das Arbeiten mit dem digitalen Schulbuch im Bereich der bedingten Wahrscheinlichkeiten kann den Kompetenzaufbau besonders wirksam unterstützen, wenn es zu den mathematischen Anforderungen adäquat eingesetzt wird und zugleich Lernvoraussetzungen und institutionelle Rahmenbedingungen berücksichtigt werden.

15.2 Diskussion der Methode

Die Diskussion der Ergebnisse hat gezeigt, dass sowohl bei den Veränderungsmessungen als auch beim Gruppenvergleich bedeutsame Befunde gewonnen werden konnten, deren Interpretation zugleich mit Einschränkungen verbunden ist. Um die Aussagekraft dieser Ergebnisse angemessen einordnen zu können, ist es erforderlich, im nächsten Schritt die methodischen Grundlagen der Studie zu reflektieren. Denn die Validität der Befunde hängt wesentlich von der Anlage des Studiendesigns (Abschnitt 15.2.1), der Güte des Messinstruments (Abschnitt 15.2.2) und den gewählten Datenanalysemethoden (Abschnitt 15.2.3) ab.

15.2.1 Reflexion des Studiendesigns

Es wurde ein Studiendesign entwickelt, das einen fairen Vergleich zwischen digitaler und analoger Bedingung ermöglichen sollte (KomNetMath-Design, vgl. Abschnitt 7.1). Die Konzeption des Studiendesigns lehnte sich dabei an anderen Studien an, in denen ebenfalls Gruppenvergleiche im Mathematikunterricht durchgeführt wurden (Krug & Schukajlow, 2020; Schukajlow et al., 2015; Schukajlow & Krug, 2014). Das Design lässt sich als quasi-experimentelle Feldstudie mit Messwiederholung einordnen (Döring, 2023, S. 209). Solche Studien zeichnen sich durch eine hohe externe Validität, zugleich aber durch eine geringere interne Validität aus (Döring, 2023, S. 94, 209). Unter interner Validität wird verstanden, inwieweit ein beobachteter Effekt tatsächlich auf die unabhängige Variable zurückgeführt werden kann. Externe Validität hingegen bezeichnet die Möglichkeit, Ergebnisse auf andere Kontexte, Zeiten oder Personengruppen zu übertragen (Döring, 2023, S. 96).

Die Besonderheiten des KomNetMath-Designs besteht darin, dass jede Lehrkraft ihren Mathematikkurs unterrichtete und sowohl die digitale als auch die analoge Untersuchungsgruppe betreute, die sich dafür in unterschiedlichen Räumen befand. Die Aufteilung innerhalb eines Kurses in zwei Gruppen stellte sicher, dass lehrkraftspezifische Einflüsse reduziert und die Vergleichbarkeit erhöht wurde. Zugleich stärkte dieses Vorgehen die externe Validität, da die Intervention unter realen Unterrichtsbedingungen stattfand.

Die Befunde zu Forschungsfrage 2 und in Teilen zu Forschungsfrage 4 verdeutlichen, dass trotz des Wechsels von Stunden mit Lehrkraft und selbstständigem Arbeiten unter Aufsicht Kompetenzzuwächse erzielt wurden. Dies kann als Indiz für ein praktikables Design gewertet werden. Dadurch dass stets eine wissenschaftliche Begleitung vor Ort war, konnte das Einhalten des Wechselrhythmus gewährleistet werden. Da diese Begleitungen nur aus einer kleinen Gruppe bestanden, wurde zusätzlich eine gewisse Konstanz gesichert.

Die Aufteilung der Kurse in zwei Teilgruppen stellte sicher, dass sich die Ausgangsbedingungen nicht systematisch unterschieden. Analysen des Vortests bestätigen, dass die Gruppen sowohl in der Gesamtstichprobe als auch nach Ausschluss einzelner Fälle vergleichbare Ausgangsniveaus aufwiesen. Auch demografische Merkmale wie das Geschlecht waren gleich verteilt. Damit kann ausgeschlossen werden, dass systematische Verzerrungen bereits zu Beginn bestanden. Die eingesetzte Parallelisierung entspricht damit einer Matching-Technik, die geeignet ist, personenbezogene Störvariablen zu kontrollieren und die interne Validität zu erhöhen (Döring, 2023, S. 202). Anzeichen der Schüler:innen für eine systematische Unzufriedenheit über die Gruppenzuteilung konnten nicht beobachtet werden. Der eingesetzte Algorithmus zur Aufteilung der Gruppen erwies sich somit als zielführend.

Es wurde bewusst auf eine zusätzliche Kontrollgruppe verzichtet, die lediglich den Vor- und Nachtest bearbeitete. Ein solcher Aufbau wird in Studien häufig genutzt, um mögliche Retest-Effekte zu erfassen. Diese können beispielsweise entstehen, wenn identische Items mehrfach bearbeitet werden. In der vorliegenden Untersuchung war dies jedoch nicht erforderlich, da an den beiden Messzeitpunkten größtenteils unterschiedliche Items eingesetzt wurden. Damit waren keine systematischen Testwiederholungseffekte zu erwarten. Die Wahl eines Prä-Post-Designs erhöhte dabei die interne Validität, da individuelle Veränderungen im Verlauf der Intervention erfasst werden konnten (Döring, 2023, S. 211).

Insgesamt wurde ein hoher Anteil der Arbeit von den Schüler:innen selbstständig erbracht. Dies gilt auch für die Stunden mit Lehrkraft. Hierfür war förderlich, dass es sich um ältere und somit verantwortungsbewusstere Schüler:innen handelte, die bereits über ausreichend Erfahrungen im selbstständigen Arbeiten verfügten. Berichtenswerte Schwierigkeiten mit solchen Arbeitsphasen, wie sie im Unterricht gelegentlich auftreten, zeigten sich daher nicht. Dies kann auch auf das Studiensetting, was auch für die Schüler:innen eine besondere Situation darstellte, zurückzuführen sein.

Zur Sicherung der Treatment Fidelity wurden Laufzettel eingesetzt. Mit diesen konnten die Schüler:innen dokumentieren, welche Aufgaben sie bereits bearbeitet hatten. Auch wenn diese nur für einen Teil der Stichprobe vorliegen, geben diese Hinweise darauf, dass der Aufgabenumfang der Unterrichtsreihe angemessen war und die geplanten Lernaktivitäten weitgehend umgesetzt wurden.

Die Intervention war mit fünf Unterrichtsstunden zeitlich eher kurz angelegt. Dies war notwendig, um externe Einflüsse über einen längeren Zeitraum möglichst gering zu halten. So mussten durch die Einbindung in den regulären Schulunterricht die Unterrichtseinheiten über mehrere Tage verteilt werden. Dadurch hatten die Schüler:innen Gelegenheit, sich außerhalb der Mathematikstunden auszutauschen oder zusätzlich eigenständig zu lernen. Auch die Nutzung des Net-Mathebuchs außerhalb des Unterrichts konnte nicht vollständig ausgeschlossen werden. Zwar berichteten nur wenige Schüler:innen von einer intensiveren außerschulischen Nutzung, sie erschwert jedoch eine klare Trennung zwischen den Bedingungen, da auch die Analoge Gruppe außerhalb des Unterrichts auf digitale Materialien zurückgreifen konnte und dies in geringem Umfang tat.

Die Parallelisierung der Materialien stellte eine besondere Herausforderung dar. Ein Schulbuch ist eine komplexe Curriculum Ressource, die verschiedene Funktionen vereint. Daher war es schwierig sicherzustellen, dass beide Varianten exakt dieselben affordances boten (vgl. Castro-Alonso et al., 2016). Zwar wurde auf eine möglichst enge inhaltliche Übereinstimmung geachtet, dennoch unterscheiden sich digitale und analoge Materialien in ihrer visuellen und strukturellen Darstellung. Beispielsweise unterscheiden sich Größe und Anordnung von Abbildungen, und digitale Formate standardisieren Eingaben, während analoge Formate flexiblere Notizen oder Skizzen erlauben.

Zugleich wurden Sozialformen (Einzel- oder Partnerarbeit) bewusst offengelassen, um an die gewohnte Unterrichtspraxis der Lehrkräfte anzuschließen. Dabei wird davon ausgegangen, dass die Lehrkräfte in beiden Untersuchungsgruppen die gleichen Sozialformen wählten, da dies eine explizite Vorgabe war. Individuelle Unterschiede im Unterrichtsverhalten lassen sich dennoch nicht vollständig ausschließen. Möglich ist etwa, dass Schüler:innen anstelle der im Schulbuch angebotenen Unterstützungsmaßnahmen, z. B. die integrierten Tipps, vermehrt kooperativ miteinander arbeiteten, was die Effekte zusätzlich beeinflusst haben könnte (vgl. Rezat, 2020).

Die Konzeption der Unterrichtsreihe folgte zudem Forderungen aus der Literatur, unterschiedliche Visualisierungen (statisch und dynamisch) einzusetzen, Schüler:innen aktiv einzubinden und authentische Probleme zu thematisieren (Budgett & Pfannkuch, 2019; Wassner, 2007). Diese Ausrichtung stärkt den Anwendungsbezug und spiegelt eine tatsächliche Schulbuchnutzung im Mathematikunterricht stärker wider, erschwert jedoch eine eindeutige Trennung, welche Elemente der Intervention oder der Materialien spezifisch wirksam waren.

Zusammenfassend zeigt das Studiendesign Stärken und Grenzen zugleich. Die externe Validität ist hoch, da authentische Unterrichtsbedingungen abgebildet wurden. Die interne Validität ist jedoch durch nicht kontrollierte Faktoren eingeschränkt. Diese wurde jedoch durch die kriteriengeleitete Halbierung der Kurse, die Standardisierung der Materialien und Maßnahmen im Rahmen der Treatment Fidelity gestützt.

Darüber hinaus reiht sich das Design in die Forderungen nach Wirksamkeitsstudien ein, die in der Schulbuchforschung zunehmend gestellt werden (Fan et al., 2013; Rezat, 2024; Rezat et al., 2021). Es stellt ein Beispiel für ein methodisch innovatives Vorgehen dar, das Feldbedingungen mit experimentellen Strukturen verbindet und daher auch auf andere Kontexte übertragbar ist. Dass ähnliche Ansätze bereits in weiteren Arbeiten aufgegriffen wurden (z. B. durch Nguyen & Greefrath, 2024), unterstreicht die Anschlussfähigkeit.

Insgesamt war das gewählte Design geeignet, die übergeordneten Forschungsfragen zu beantworten und die Wirksamkeit der Intervention unter realistischen Bedingungen zu untersuchen.

15.2.2 Güte des Messinstruments

Während im vorherigen Abschnitt auf die interne und externe Validität des Studiendesigns eingegangen wurde, geht es im Folgenden um die Güte des eingesetzten Messinstruments. Bei der Validität des Designs wird gefragt, ob die beobachteten Effekte tatsächlich auf die eingesetzten Bedingungen (digital vs. analog) zurückgeführt werden können und inwiefern die Ergebnisse auf andere Kontexte verallgemeinerbar sind (Döring, 2023, S. 92 ff.). Die Validität des Messinstruments hingegen betrifft ausschließlich die Frage, ob der eingesetzte Test das intendierte Konstrukt, in diesem Fall Kompetenzen zu bedingten Wahrscheinlichkeiten, angemessen erfasst. Damit verschiebt sich die Perspektive von der Untersuchungskonzeption zur Qualität des Messinstruments. Die Bewertung der Testqualität orientiert sich an den klassischen Hauptgütekriterien Objektivität, Reliabilität und Validität sowie an oftmals in der Literatur aufgeführten Nebengütekriterien Testfairness, Skalierung, Normierung, Testökonomie, Nützlichkeit, Zumutbarkeit und Nicht-Verfälschbarkeit (Döring, 2023, S. 437 ff.; Moosbrugger & Kelava, 2020, S. 13 ff.). Die Beschreibung und Überprüfungsmechanismen orientieren sich insbesondere an den Empfehlungen von Döring (Döring, 2023, S. 437 ff.).

Objektivität

Die Objektivität beschreibt den Grad, in dem Ergebnisse unabhängig von durchführenden Personen oder äußeren Umständen sind (Döring, 2023, S. 438; Moosbrugger & Kelava, 2020, S. 17 ff.). Die Durchführungsobjektivität wurde durch ein Testmanual gesichert, das Instruktionen, Bearbeitungszeit und Ablauf standardisierte. Alle Tests wurden von geschulten Personen des KomNetMath-Teams beaufsichtigt, wodurch Abweichungen minimiert wurden. Auch die Auswertungsobjektivität konnte durch einheitliche Kriterien für die Kodierung der einzelnen Items sichergestellt werden. Die Single-Choice-Items waren eindeutig zu kodieren, lediglich bei den halboffenen Items bestand potenziell Spielraum. Da hier in der Regel ein klarer numerischer Wert zu erwarten war, ergaben sich jedoch keine größeren Abweichungen. Für ca. 23 % dieser Items wurde eine Doppelkodierung vorgenommen und die Interrater-Reliabiliät bestimmt. Dabei wurden für Cohens Kappa Werte zwischen .96 und 1.0 erreicht. Diese Werte sind als „almost perfect" einzustufen (Landis & Koch, 1977).

Die Auswertungsobjektivität wurde zudem durch den Einsatz softwaregestützter Verfahren erhöht. Zwar erfolgte die Übertragung der Itemlösungen zunächst händisch in Excel-Tabellen, doch klare Kodiermanuale und die zusätzliche Doppelkodierung minimierten Fehlerquellen. Für die weiterführende Analyse wurde auf bewährte Statistiksoftware zurückgegriffen, wodurch eine einheitliche Verarbeitung der Daten gewährleistet war. Die Skalierung im Rasch-Modell ermöglichte schließlich eine standardisierte Ableitung der Personenfähigkeitsparameter. Ein höherer Wert entspricht eindeutig einer höheren Leistung im Vor- bzw. Nachtest. Damit ist nicht nur die Auswertung unabhängig von der bearbeitenden Person, sondern auch die Einordnung der Ergebnisse inhaltlich eindeutig und an fachliche Kriterien gebunden (Interpretationsobjektivität).

Reliabilität

Die Reliabilität beschreibt die Genauigkeit und Zuverlässigkeit der Messung (Döring, 2023, S. 439; Moosbrugger & Kelava, 2020, S. 27 ff.). Die Reliabilitätswerte (EAP/PV) liegen im mittleren Bereich mit 0.56. Dies war angesichts der begrenzten Testlänge der heterogenen Facetten des Konstrukts *bedingte Wahrscheinlichkeiten* sowie der Streuung der Itemschwierigkeiten erwartbar (Lienert & Raatz, 1998, S. 208 ff.). Zwar schränken diese Bedingungen die Messgenauigkeit ein, doch erweist sich die Reliabilität für Gruppenvergleiche als ausreichend.

Für künftige Studien wäre eine Erweiterung des Instruments durch zusätzliche und polytome Items sinnvoll, um das Fähigkeitsspektrum differenzierter abbilden und die Reliabilität weiter steigern zu können.

Validität

Validität bezieht sich auf die Frage, ob ein Test tatsächlich das misst, was er zu messen vorgibt (Moosbrugger & Kelava, 2020, S. 30 ff.). Die Validität als zentrales Gütekriterium bezieht sich nicht auf den Test selbst, sondern auf die aus den Testergebnissen abgeleiteten Interpretationen (Döring, 2023, S. 437).

Hinsichtlich der Inhaltsvalidität lässt sich festhalten, dass die Items sich eng an den curricularen Vorgaben und den in Kapitel 4 dargestellten Aspekten zu bedingten Wahrscheinlichkeiten orientieren. Expert:innen aus der Mathematikdidaktik waren in die Testentwicklung eingebunden, wodurch die Inhaltsvalidität gestützt wurde. Im Test werden zentrale Komponenten im Umgang mit bedingten Wahrscheinlichkeiten abgebildet, unter anderem Aufgaben zu Wahrscheinlichkeiten und natürlichen Häufigkeiten sowie die Nutzung relevanter Visualisierungen (z. B. Baumdiagramm, Vierfeldertafel).

Die Konstruktvalidität wurde durch die Rasch-Skalierung gestützt, die eine überwiegend eindimensionale Struktur bestätigt. Damit lässt sich empirisch belegen, dass die Items trotz unterschiedlicher Oberflächenmerkmale (z. B. Wahrscheinlichkeiten vs. natürliche Häufigkeiten, verschiedene Darstellungsformen) auf ein gemeinsames latentes Konstrukt verweisen und somit zusammenfassend interpretiert werden können. Explorative Analysen deuteten zwar auf mögliche Subdimensionen hin (Wahrscheinlichkeiten vs. natürliche Häufigkeiten), doch für die Forschungsfragen erwies sich die eindimensionale Modellierung als zweckmäßig.

Die Kriteriumsvalidität konnte im Rahmen dieser Untersuchung nicht überprüft werden, könnte jedoch in Anschlussarbeiten etwa durch den Vergleich mit anderen etablierten Schulleistungstests geprüft werden.

Nebengütekriterien

Darüber hinaus sind weitere Nebengütekriterien zu berücksichtigen (Döring, 2023, S. 437 ff.; Moosbrugger & Kelava, 2020, S. 13 ff.). Die DIF-Analysen im Rahmen der Rasch-Skalierung zeigten keine systematischen Benachteiligungen nach Geschlecht oder Untersuchungsgruppe, sodass von einer hohen Testfairness auszugehen ist. Durch die Verwendung des Rasch-Modells konnte zudem das Skalenniveau der latenten Variablen eindeutig hergeleitet werden. Damit ist das Kriterium der Skalierbarkeit erfüllt (Eid & Schmidt, 2014, S. 73). Eine Normierung wurde nicht vorgenommen. Nach Rost (2004, S. 41 f.) ist diese nicht zwingend erforderlich, wenn die Personenwerte nicht im Vergleich zu einer Normstichprobe, sondern für Gruppenvergleiche herangezogen werden. Die Testökonomie erwies sich weitestgehend als günstig. Die Entwicklung war zwar aufwendig, da die Items sorgfältig konstruiert und abgestimmt wurden, wohingegen die Durchführung im schulischen Alltag sich jedoch als praktikabel erwies. Der Test war zeitlich begrenzt, benötigte keine technische Infrastruktur und konnte effizient verarbeitet werden. Eine computergestützte Durchführung hätte die Auswertung noch effizienter gestaltet, war für die Zielsetzung jedoch nicht praktikabel.

Auch die Kriterien Nützlichkeit und Zumutbarkeit sind erfüllt, da das Instrument einerseits Unterschiede zwischen den Gruppen sowie Veränderungen sichtbar machte und damit wertvolle Hinweise für Forschung und Unterricht lieferte, andererseits für die Schüler:innen durch die curriculare Verankerung gut zumutbar war. Die Durchführung erfolgte in regulären Unterrichtsstunden und stellte somit keine zusätzliche Belastung dar. Schließlich war auch die Nicht-Verfälschbarkeit weitestgehend gegeben, da klare Instruktionen, die durchgehende Aufsicht sowie der Einsatz unterschiedlicher Aufgaben in Vor- und Nachtest strategisches Antwortverhalten verhinderten.

Einige Einschränkungen bleiben dennoch zu erwähnen. So geht mit der eindimensionalen Skalierung der Itemparameter ein gewisser Informationsverlust einher, da Unterschiede zwischen den Informationsformaten für die explorativen Analysen nicht explizit modelliert wurden. Ein weiterer Informationsverlust entstand dadurch, dass die Items überwiegend dichotom kodiert wurden und damit richtige Zwischenschritte oder Teilleistungen unberücksichtigt blieben.

Insgesamt bietet das Messinstrument trotz dieser Grenzen eine tragfähige Grundlage für die Analysen. Es erfüllt die zentralen Gütekriterien in hinreichendem Maße, ist ökonomisch durchführbar und leistet einen klaren Beitrag zur Beantwortung der Forschungsfragen.

15.2.3 Reflexion der Datenanalysemethoden

Die Wahl der Datenanalysemethoden war durch die komplexe Datenstruktur, die Untersuchungsbedingungen sowie die Zielsetzung der Studie bestimmt. Im Zentrum stand die Verbindung von Rasch-Skalierung und Linearen Gemischten Modellen, die es erlaubte, sowohl Veränderungen zwischen den Messzeitpunkten als auch Gruppenunterschiede valide zu erfassen. Die Rasch-Analyse diente vor allem dazu, die Voraussetzungen für weitergehenden Analysen zu schaffen. Dagegen ermöglichten die LMM die genestete Datenstruktur adäquat zu berücksichtigen und die Forschungsfragen theorie- und datenbasiert zu beantworten. In den folgenden Abschnitten wird dieses methodische Vorgehen kritisch reflektiert und mit Blick auf alternative Verfahren diskutiert.

15.2.3.1 Nutzung der Rasch-Skalierung

Die Rasch-Skalierung wurde eingesetzt, um die Schüler:innenleistungen auf einer gemeinsamen Skala zwischen Vor- und Nachtest abzubilden. Damit wurde ein Intervallskalenniveau erreicht, das für viele Datenanalyseverfahren erforderlich ist und Differenzen können als unterschiedliche Personenfähigkeiten interpretiert werden (Eid & Schmidt, 2014, S. 240 f.; Rost, 2004, S. 12; Strobl, 2015, S. 25 f.). Ankeritems ermöglichen die Verknüpfung der beiden Messzeitpunkte, wodurch unterschiedliche Aufgabensets eingesetzt werden konnten, ohne die Vergleichbarkeit zu verlieren. Dies erwies sich insbesondere als sinnvoll, da viele Schüler:innen nur über geringe Vorkenntnisse zu bedingten Wahrscheinlichkeiten verfügten und die Testhefte dadurch auf einem angepassten Niveau gestaltet werden konnten.

Auf eine Überprüfung der Modellgeltung anhand grafischer Modelltests wurde verzichtet, da die Analysen auf die Werkzeuge von *ConQuest* beschränkt waren. Da die Analysen auf die Skalierung und nicht auf eine umfassende Modellexploration abzielten, ergab sich daraus keine methodische Problematik für die Studienziele und Skalierbarkeit der Daten. Auch eine Analyse der Lösungswege, beispielsweise über die dichotome Kodierung hinaus, hätte zusätzliche Informationen geliefert. Einzelne Masterarbeiten im Rahmen des Projektes KomNetMath deuten an, dass qualitative Analysen der Lösungsstrategien gewinnbringend sein können (z. B. Reese, 2020; Rensing, 2021). Für die vorliegende Arbeit stand jedoch die Skalierung der Leistungen im Vordergrund.

Aufgaben zu natürlichen Häufigkeiten und Wahrscheinlichkeiten hätten alternativ in einem zweidimensionalen Modell im Rahmen der Rasch-Skalierung abgebildet werden können. Die Modellvergleiche zeigten jedoch, dass diese Modellstruktur eine geringere Passung hatte. Daher wurden die Itemparameter eindimensional fixiert und darauf aufbauend Personenfähigkeitsparameter zu den beiden Subskalen bestimmt. Dieses Vorgehen erwies sich für die Beantwortung der explorativen Forschungsfrage zu den beiden Subdimensionen als ausreichend und schließt zugleich an andere Studien an (OECD, 2024; von Davier et al., 2024).

15.2.3.2 Nutzung Linearer Gemischter Modelle

Die Daten weisen eine dreistufige Verschachtelung auf (Schüler – Kurs – Schule). Intraklassenkorrelationen belegen, dass ein relevanter Anteil der Varianz auf Kurs- und Schulebene liegt. Dies machte es notwendig, die Clusterstruktur in den Analysen zu berücksichtigen. Die Nutzung klassischer Verfahren wie Varianzanalysen oder die multiple lineare Regression ohne Berücksichtigung der Hierarchie hätten die Standardfehler unterschätzt und zu verzerrten Schlüssen geführt. Das LMM stellt daher die geeignete Methode dar, um feste Effekte (z. B. Gruppe, Messzeitpunkt) von zufälligen Effekten (Kurs, Schule) zu trennen und die Clusterstruktur zu berücksichtigen (u. a. Hilbert et al., 2019). Die Anzahl der berücksichtigten Schulen lag jedoch eher an der unteren Grenze, sodass für die

Schulebene mehr Einheiten wünschenswert gewesen wären (Huang, 2018). Insgesamt erwies sich die Kombination aus theoriebasiertem Aufbau und empirischer Prüfung des LMM-Modells als zielführend, da sie die Auswahl eines Modells ermöglichte, das am besten zu den Daten passt.

Ein Vorteil des LMM besteht darin, dass es Varianzanteile auf verschiedenen Ebenen ausweist. Dadurch wird sichtbar, in welchem Maße Unterschiede zwischen den Gruppen auf Kurs- oder Schulebene verortet sind. Erst durch die Modellierung dieser Clustereffekte konnte ausgeschlossen werden, dass Unterschiede zwischen der Digitalen und der Analogen Gruppe lediglich Resultat unterschiedlicher Kurs- oder Schulzugehörigkeit waren. Damit schuf das Modell die Grundlage, um die Forschungsfragen valide zu beantworten.

Der Umgang mit fehlenden Daten ist ein weiterer diskutabler Aspekt. In dieser Arbeit wurden ausschließlich Fälle berücksichtigt, in denen sowohl Vor- als auch Nachtest vorlagen. Damit wurde eine konservative Strategie gewählt, die die Interpretationsklarheit erhöht, jedoch die Stichprobengröße reduziert. Zwar hätte das LMM grundsätzlich auch mit fehlenden Werten in der abhängigen Variablen umgehen können, die gewählte Vorgehensweise war jedoch insbesondere im Hinblick auf die Rasch-Skalierung vorteilhaft, da für die Verknüpfung der Messzeitpunkte vollständige Datensätze eine höhere Stabilität gewährleisten.

Die getrennte Auswertung von Aufgaben zu natürlichen Häufigkeiten und zu Wahrscheinlichkeiten diente der inhaltlichen Differenzierung, um den direkten Vergleich zwischen digitaler und analoger Bedingung sichtbar zu machen, an die weiteren Forschungsfragen anzuschließen und die Komplexität der Analysen zu reduzieren. Ein multivariates Modell, das beide Subdimensionen simultan erfasst und Kovarianzen auf Personen- und Clusterebene berücksichtigt, wäre eine Alternative gewesen und könnte in Anschlussarbeiten neue Einsichten eröffnen.

Zusammenfassend erwies sich die gewählte Verbindung von Rasch-Skalierung und LMM als robustes methodisches Vorgehen. Sie ermöglicht sowohl Kompetenzzuwächse als auch Gruppenunterschiede unter Berücksichtigung der Clusterstruktur valide zu erfassen. Einschränkungen betreffen die geringen Einheiten pro Cluster und die Konzentration auf dichotome Itemkodierungen. Eine parallele Nutzung alternativer Analyseverfahren (z. B. Varianzanalysen oder Regressionsmodelle) könnte die Ergebnisse zusätzlich absichern und ihre Robustheit überprüfen (Huang, 2018). Auf eine solche zusätzliche Auswertung im Rahmen dieser Arbeit wurde verzichtet.

Ausblick 16

Die Ergebnisse dieser Arbeit eröffnen Anschlussmöglichkeiten sowohl für die Forschung (Abschnitt 16.1) als auch für die schulische Praxis (Abschnitt 16.2). Einerseits zeigen sich Erkenntnisse zur Wirksamkeit digitaler und analoger Schulbücher, die Hinweise für die Weiterentwicklung fachdidaktischer Forschung und die Gestaltung zukünftiger Studien geben. Andererseits ergeben sich Konsequenzen für die Unterrichtspraxis, insbesondere im Hinblick auf die Nutzung digitaler Schulbücher und deren Einbindung in schulische Rahmenbedingungen. Abschließend werden die zentralen Befunde der Untersuchung in einem Fazit zusammengefasst (Abschnitt 16.3).

16.1 Implikationen für die Forschung

Die Ergebnisse dieser Untersuchung liefern empirische, theoretische und methodische Implikationen für zukünftige Studien zur Wirksamkeit digitaler Schulbücher. Im Folgenden werden zentrale Befunde und daraus abgeleitete Perspektiven für künftige Forschung zusammengefasst.

Die Ergebnisse dieser Untersuchung zeigen, dass sowohl das Arbeiten mit einem digitalen als auch mit einem analogen Schulbuch wirksam sein kann. Zugleich konnte die Digitale Gruppe stärker durch das Arbeiten mit ihrem Material profitieren. Damit wird ein Befund gestützt, den die Literatur zu digitalen Curriculum Ressourcen wiederholt hervorhebt. Digitale Curriculum Ressourcen

M. Brnic, *Digitales versus analoges Schulbuch*, Studien zur theoretischen und empirischen Forschung in der Mathematikdidaktik,
https://doi.org/10.1007/978-3-658-52464-7_16

stellen besondere affordances, die sich beispielsweise bei dynamischen Visualisierungen und digitalen Feedback zeigen, und Lernprozesse unterstützen können (vgl. Abschnitt 3.1). Diese Vorteile gegenüber analogen Materialien wurden hier in einem spezifischen didaktischen Setting sichtbar, nämlich im Themenfeld der bedingten Wahrscheinlichkeiten und im Kontext Schule. Anschließende Untersuchungen können untersuchen, inwieweit die hier gefundenen Effekte domänenspezifisch sind oder sich auch auf andere Themenfelder übertragen lassen. Zudem sind die Spezifika des KomNetMath-Projektes zu berücksichtigen, dass den Lehrkräften Fortbildungen angeboten wurden und den teilnehmenden Kursen das Net-Mathebuch bereits vorher zur Verfügung stand. Die Wirksamkeit ist also abhängig vom didaktischen Kontext zu betrachten (vgl. Hillmayr et al., 2020). Für die Forschung bedeutet dies, dass digitale Curriculum Ressourcen stets in ihrem institutionellen und professionellen Umfeld untersucht werden sollten, anstatt sie isoliert als technisches Tool zu betrachten. Solche Kontextfaktoren können entweder statistisch berücksichtigt werden, wie hier etwa durch die Trennung zufälliger und fester Effekte, oder sollten zumindest bei der Interpretation der Ergebnisse reflektiert werden.

Daran schließt auch die zentrale Erkenntnis an, dass Effekte in dieser Studie auch von der Schulform und individuellen Vorleistungen (Note) abhängen. Dies impliziert, dass Subgruppenanalysen in künftigen Studien systematisch angelegt werden sollten, um zu prüfen, unter welchen Voraussetzungen digitale Schulbücher besonders wirksam sind. Die vorliegenden Ergebnisse deuten an, dass die Effekte von den Lernvoraussetzungen abhängig sind. Dies verweist auf mögliche Aptitude-Treatment-Interaktionen (vgl. z. B. Hofer & Reinhold, 2025), die gezielt untersucht werden müssen. Andere Untersuchungen zeigen beispielsweise, dass Mädchen oder leistungsschwächere Schüler:innen besonders von digitalen Schulbüchern bzw. digitalen Curriculum Ressourcen profitieren können (Brnic et al., 2024; Reinhold, Hoch, et al., 2020). Dieser Aspekt blieb in der vorliegenden Untersuchung offen, bietet aber Potenzial für Sekundäranalysen oder neue Studien, die diese Interaktionen explizit in den Blick nehmen.

Ein weiterer Forschungsaspekt betrifft die Rolle der Lehrkräfte. Einstellungen und Überzeugungen prägen den Einsatz digitaler Materialien maßgeblich und sind auch im Schulbuchkontext von hoher Relevanz (Barzel et al., 2018; Klinger et al., 2018; Thurm, 2020). Im Rahmen des Didaktischen Tetraeders wird deutlich, dass Lehrkräfte in wechselseitigen Beziehungen zu den anderen Elementen – Schüler:innen, Lerngegenstand und Schulbuch – stehen (Rezat & Sträßer, 2012). Für die Forschung bedeutet dies, dass künftige Arbeiten Lehrkräfteüberzeugungen und Unterrichtspraktiken als erklärende Variablen in Wirkungsmodelle einbeziehen sollten. Ergänzende Datenquellen wie Interviews, Unterrichtsbeobachtungen oder Fragebögen können helfen, diese Wechselwirkungen genauer zu erfassen.

Auch die Perspektive der Lernenden verdient eine stärkere Beachtung. Einstellungen oder Selbstwirksamkeitserwartungen der Lernenden könnten eine bedeutsame Rolle gespielt haben, etwa in Form einer positiven oder skeptischen Haltung gegenüber digitalen oder analogen Curriculum Ressourcen. Dies legt nahe, dass zukünftige Studien motivational-affektive Faktoren stärker in die Analyse digitaler Lehr- und Lernumgebungen integrieren sollten.

Die Studie schließt an die Forderung nach Untersuchungen zur Wirksamkeit von Schulbüchern an (Fan et al., 2013; Rezat, 2024; Rezat et al., 2021). Methodisch zeigt sich, dass die Verbindung von Rasch-Skalierung und Linearen Gemischten Modellen ein geeignetes Verfahren ist, um Kompetenzzuwächse und Kontexteinflüsse gleichzeitig zu modellieren. Für die Forschung ergibt sich daraus, dass kombinierte Modellansätze ein hohes Potenzial bieten, um die Wirksamkeit von Curriculum Ressourcen in komplexen, genesteten Schulsystemen präziser zu erfassen. Bislang wurden in vergleichbar angelegten Studien meist Rasch-Modelle mit Varianzanalysen oder multiplen linearen Regressionen kombiniert (z. B. Beckschulte, 2019; de Vries, 2021; Frenken, 2022; Hankeln, 2019; Quarder, 2024; Wess, 2020).

Zudem bietet das KomNetMath-Design ein übertragbares Untersuchungssetting, das experimentelle Strenge mit realistischen Feldbedingungen verbindet. Auch der eingesetzte Algorithmus zur Aufteilung von Gruppen kann in künftigen Studien als methodisches Instrument genutzt werden.

Die Durchführung verdeutlichte zugleich, dass Instrumentierungs- und Instrumentalisierungsprozesse nicht vollständig entfaltet waren und vorhandene Potenziale nicht immer zielgerichtet genutzt wurden (Bikner-Ahsbahs, 2022; Drijvers & Trouche, 2008). Dies impliziert, dass derartige Prozesse Zeit benötigen und in Längsschnitt- oder Follow-up-Studien gezielt begleitet und vorbereitet werden sollten. Zukünftige Untersuchungen sollten dabei berücksichtigen, welche Vorerfahrungen Lernende benötigen, um die Potenziale digitaler Curriculum-Ressourcen tatsächlich auszuschöpfen.

Auch inhaltlich eröffnen sich Anschlussfragen für die Domäne der bedingten Wahrscheinlichkeiten. Eine Besonderheit der vorliegenden Studie besteht darin, dass nicht unterschiedliche Visualisierungen miteinander verglichen wurden (z. B. Häufigkeitsnetz vs. Baumdiagramm), sondern die gleichen Visualisierungen (Baumdiagramm bzw. Vierfeldertafel) in unterschiedlichen Formaten (z. B. digitales Baumdiagramm vs. analoges Baumdiagramm). Da das Informationsformat bei Visualisierungen zu bedingten Wahrscheinlichkeiten als entscheidend gilt und sich dieses in analoger und digitaler Variante unterscheidet, eröffnen sich hier vielversprechende Forschungsansätze. Dabei geht es möglicherweise weniger darum, den „besten" Visualisierungstypen zu identifizieren, sondern bestehende Darstellungsformen gezielt zu optimieren. Ein systematisches Vorgehen könnte darin bestehen, eine einzelne Visualisierung in ihrem Informationsgehalt zu variieren und so herauszuarbeiten, welche Variante das Verständnis bedingter Wahrscheinlichkeiten besonders fördern kann.

Schließlich eröffnen sich Perspektiven für Mixed-Methods-Ansätze. Prozessdaten wie Logfiles oder Bildschirmaufnahmen könnten genutzt werden, um die tatsächliche Nutzung digitaler Schulbücher zu rekonstruieren und mit Leistungsdaten zu verknüpfen (Frenken, 2022; Hoch, 2020; Prediger et al., 2021). Dies legt nahe, dass zukünftige Studien integrative Designs einsetzen sollten, die qualitative und quantitative Daten verbinden und somit auch Instrumentalisierungsprozesse und die Wirksamkeit einzelner Designentscheidungen besser nachvollziehen lassen.

Während in dieser Studie ein bereits entwickeltes digitales Schulbuch adaptiert und eingesetzt wurde, könnten Anschlussarbeiten systematisch auf Design-Prinzipien zurückgreifen, etwa im Sinne der Multimedia-Theorie (Mayer, 2014) oder dem Universal Design for Learning (CAST, 2024) oder fachdidaktischer Empfehlungen zur Einbindung bedingter Wahrscheinlichkeiten (Budgett & Pfannkuch, 2019; Eichler & Vogel, 2013; Wassner et al., 2002). Dadurch ließe sich gezielt prüfen, welche Gestaltungselemente besonders wirksam sind. In diesem Zusammenhang erscheint es sinnvoll, die Treatment Fidelity in zukünftigen Studien umfassender zu erfassen, beispielsweise durch standardisierte Beobachtungsinstrumente, Eye-Tracking oder digitale Logdaten. So könnte die tatsächliche Nutzung sowie Abweichungen von der geplanten Umsetzung systematisch berücksichtigt werden.

Schließlich sollte auch die Barrierefreiheit digitaler Curriculum Ressourcen stärker in den Blick genommen werden. Es können nicht alle Lernenden gleichermaßen von einer Curriculum Ressource profitieren können, wenn technische, sprachliche, kognitive oder visuelle Zugangshürden bestehen (UNICEF, 2019). Künftige Studien sollten daher prüfen, wie digitale Curriculum-Ressourcen so gestaltet werden können, dass sie im Sinne der Barrierefreiheit inklusive Lernprozesse unterstützen.

Zusammenfassend verdeutlicht die Studie, dass bedingte Wahrscheinlichkeiten trotz ihrer vielfältigen Anforderungen sinnvoll als eindimensionales Konstrukt modelliert werden können. Für die Durchführung solcher Wirksamkeitsstudien erscheint ein holistischer Forschungsansatz besonders geeignet, der nicht nur die Intervention selbst, sondern auch zugehörige Maßnahmen wie Fortbildungen für

Lehrkräfte einbezieht. In der Folge wurde in dieser Arbeit bewusst auf einen Vergleich unterschiedlicher Schulbücher verzichtet, um den Fokus auf die Unterschiede zwischen digitaler und analoger Variante des Net-Mathebuchs zu legen. Künftige Studien könnten hier ansetzen und die Qualität des Net-Mathebuchs systematisch in Relation zu weiteren Curriculum-Ressourcen untersuchen.

16.2 Implikationen für die Praxis

Über die tatsächlichen Lernprozesse können in dieser Studie nur indirekte Rückschlüsse gezogen werden. Während zu Rahmenbedingungen wie Stundenverläufen und Unterrichtsinhalten detaillierte Informationen vorliegen, bleiben die qualitativen Prozesse des Lernens unzugänglich. Dennoch zeigt sich im Ergebnis, dass das Arbeiten mit digitalem und analogem Schulbuch zu unterschiedlichen Leistungsverläufen führte. Besonders beim Einsatz des digitalen Schulbuchs traten stärkere Effekte auf, die auf Vorteile im Bereich bedingter Wahrscheinlichkeiten hinweisen. Ob und in welchem Umfang sich diese Ergebnisse verallgemeinern lassen, müssen künftige Studien prüfen. Entscheidend ist dabei, ob Lernende die vorgesehenen Funktionalitäten der Materialien tatsächlich für sich nutzbar machen können. Dabei ist zu bedenken, dass diese Zeit benötigen, um sich auf die Arbeitsweise mit einem digitalen Schulbuch einzustellen.

Dynamische Visualisierungen und Feedback wurden als elementare Unterscheidungsmerkmale herausgestellt. Besonders interaktive dynamische Visualisierungen erscheinen vielversprechend (Berney & Bétrancourt, 2016; Castro-Alonso et al., 2019; Höffler & Leutner, 2007; Rolfes et al., 2020), da sie für ein vertieftes bayesianisches Denken und mit Blick auf Kovariationsvorstellungen gezielte Entdeckungen durch Schieberegler ermöglichen (Büchter, Eichler, et al., 2022; Büchter, Steib, et al., 2022; Steib et al., 2023, 2025). Zudem wird angenommen, dass die unmittelbare Verfügbarkeit des implementierten Feedbacks sich als Vorteil erwies, da es nicht erst separat nachgeschlagen werden musste (van der Kleij et al., 2015). In dieser Studie war das Feedback standardisiert und oftmals lediglich mit richtig/falsch-Informationen und der korrekten Lösung verknüpft. Dadurch konnten keine adaptiven Rückmeldungen bereitgestellt werden, die typische Fehlstrategien aufgreifen (vgl. Abschnitt 4.3) und Lernprozesse gezielt weiterführen. Diese Erkenntnisse sprechen dafür, dass Schulbuchentwickler:innen solche Feedbackelemente und dynamische Visualisierungen gezielt integrieren, um Schüler:innen zu unterstützen.

Die Testergebnisse in Kombination mit der Unterrichtsreihe zeigen zudem auf, dass sowohl der Umgang mit natürlichen Häufigkeiten als auch mit Wahrscheinlichkeiten gefördert werden konnten. Dies gilt insbesondere für die digitale Umsetzung, da die Schüler:innen ihre Fähigkeiten hier signifikant entwickeln konnten. Dabei ist hervorzuheben, dass die in der Literatur oftmals beschriebenen Unterschiede zwischen natürlichen Häufigkeiten und Wahrscheinlichkeiten, zumindest auf einer deskriptiven Ebene, nicht sichtbar sind. Die Ergebnisse widersprechen nicht der Annahme, dass natürliche Häufigkeiten das Verständnis erleichtern können. Sie machen aber deutlich, dass auch Aufgaben mit Wahrscheinlichkeiten erfolgreich bearbeitet werden können.

Dass das Schulbuch ein Lehr- *und* ein Lernbuch ist, wurde an unterschiedlichsten Stellen der Studiendurchführung deutlich. In Vorgesprächen, Fortbildungen und während der Unterrichtsreihe zeigte sich, dass Lehrkräfte ebenso wie Lernende Unterstützung brauchen, um ein digitales Schulbuch sinnvoll einzusetzen und dabei unterschiedliche Bedarfe vorliegen. Die Umstellung von einem linearen Aufbau des gedruckten Buches zu einem webbasierten Konzept erfordert Zeit und gezielte Begleitung. Hierfür sind systematische Fortbildungen und begleitende Materialien notwendig, damit Lehrkräfte Sicherheit im Umgang mit den neuen Strukturen gewinnen und Schüler:innen effektiv unterstützt werden können. Beide Perspektiven müssen bei der Entwicklung und Nutzung digitaler Materialien letztendlich mitgedacht werden.

Auch die schulische Organisation bildet einen entscheidenden Rahmen. Die Ausstattung mit geeigneten Endgeräten, stabilem Internet und technischem Support bestimmt maßgeblich, ob digitale Schulbücher ihr Potenzial entfalten können. Unterschiede in der Endgerätenutzung zeigten bereits während der Studie, dass die technischen Voraussetzungen den Umgang mit interaktiven Elementen beeinflussen können. Für die Praxis folgt daraus, dass digitale Innovationen nur dann erfolgreich sein können, wenn auch die organisatorischen und infrastrukturellen Grundlagen verlässlich gesichert sind. Die Diskussion sollte aber weniger darauf fokussieren, ob die notwendige Infrastruktur vorhanden ist, sondern vielmehr darauf, wie digitale Schulbücher dort gewinnbringend eingesetzt werden können, wo diese Voraussetzungen erfüllt sind.

Abschließend ist festzuhalten, dass, obwohl eine Lehrkraft in beiden Untersuchungsgruppen die gleichen Inhalte unterrichtete, sich bereits allein durch die Unterscheidung digital und analog Unterschiede ergaben. Da die Effekte schon in kurzer Zeit sichtbar wurden, ist anzunehmen, dass sie sich über einen längeren Zeitraum hinweg noch stärker ausprägen würden. Viele Phasen waren auf selbstständiges Arbeiten ausgerichtet, was zugleich das Potenzial von (digitalen) Schulbüchern unterstreicht, solche Unterrichtsphasen gezielt zu unterstützen. Die

Heterogenität von Klassen und Schulen bleibt dabei ein entscheidender Faktor, was sich in dieser Studie insbesondere durch Note und Schulform als bedeutsame Prädiktoren zeigte.

Damit wird deutlich, dass die Wirksamkeit digitaler Schulbücher nicht nur von den Erweiterungsfunktionen abhängt, sondern ebenso von schulischen und persönlichen Voraussetzungen. Es ist anzunehmen, dass digitale Schulbücher ihr Potenzial für nachhaltige Lernprozesse erst dann voll entfalten können, wenn didaktische Gestaltung, unterrichtliche Umsetzung und schulische Infrastruktur zusammenwirken.

16.3 Fazit

Diese Arbeit fängt mit einem Beitragstitel des SWR Kultur an, bei dem überspitzt gefragt wird, inwiefern analoge Schulbücher noch zeitgemäß sind oder sich doch eher digitale Medien (bzw. im Sinne dieser Arbeit digitale Curriculum Ressourcen) durchsetzen werden. In genau diese gesellschaftliche und bildungspolitische Diskussion ist die vorliegende Studie einzuordnen. Denn bislang war noch weitgehend offen, ob und in welchem Ausmaß Schüler:innen tatsächlich von einem Umstieg profitieren. Hier setzt die übergeordnete Forschungsfrage dieser Arbeit an. Es wurde untersucht, welchen Effekt das Arbeiten mit einem digitalen Schulbuch im Vergleich zu einem analogen Pendant auf den Kompetenzerwerb im Bereich bedingter Wahrscheinlichkeiten hat.

Als zentrale Erkenntnis zeigt sich, dass die Digitale Gruppe signifikant größere Kompetenzzuwächse als die Vergleichsgruppe erzielte. Diese Unterschiede werden auf die Erweiterungsfunktionen des digitalen Schulbuchs Net-Mathebuch zurückgeführt, d. h. insbesondere auf die dynamischen Visualisierungen, das integrierte Feedback und die interaktiven Elemente. Digitale Schulbücher können also das Potenzial besitzen, Lernprozesse zu unterstützen, sofern ihre affordances genutzt und sie in ein passendes didaktisches Setting eingebettet werden.

Die Studie war als quasi-experimentelle Feldstudie mit Messwiederholungen angelegt, die im regulären Mathematikunterricht umgesetzt wurde. Feldstudien zeichnen sich durch eine hohe Authentizität aus, da sie reale Unterrichtsbedingungen abbilden. Gleichzeitig bringen sie methodische Herausforderungen mit sich, weil Störvariablen nicht in gleichem Maße kontrolliert werden können wie in Laborsituationen. Dies führt dazu, dass die externe Validität hoch, die interne Validität jedoch eingeschränkt ist. Um insbesondere den Einfluss der Lehrkräfte zu minimieren, wurde das KomNetMath-Design entwickelt. Methodisch erwies sich das Studiendesign als geeignet, um die Forschungsfragen valide zu beantworten.

Die vier untergeordneten Forschungsfragen gaben vertiefte Einblicke und verdeutlichen die Tragweite der Ergebnisse. Erstens bestätigte sich, dass die Verbindung von Rasch-Skalierung und LMM eine angemessene Grundlage für die Analyse darstellt. Sie erlaubte es, die Leistungen in Vor- und Nachtest valide zu quantifizieren und zugleich Unterschiede zwischen Kursen und Schulen sichtbar zu machen. Dies verweist auf die zentrale Rolle kontextueller Faktoren, die über die experimentellen Bedingungen hinauswirken. Zweitens wurde deutlich, dass die Veränderungsmessungen Kompetenzzuwächse in beiden Gruppen aufzeigen, auch wenn das Ausgangsniveau der Schüler:innen niedrig war. Bedingte Wahrscheinlichkeiten stellen hohe kognitive Anforderungen, sodass selbst moderate Lernfortschritte als beachtlich zu bewerten sind. Drittens ergaben sich Unterschiede zwischen dem Arbeiten mit digitalem und analogem Schulbuch, wobei die Digitale Gruppe einen signifikant größeren Zuwachs hatte. Diese Effekte sind jedoch differenziert zu interpretieren. Denn viertens zeigte sich in einer explorativen Untersuchung, dass die Digitale Gruppe insbesondere bei Aufgaben mit Wahrscheinlichkeiten vom digitalen Schulbuch zu profitieren scheint.

Aus den Befunden ergeben sich klare Implikationen für die Forschung. Besonders relevant sind Anschlussarbeiten, die unterschiedliche Informationsformate der Visualisierungen im Digitalen und Analogen untersuchen oder die Rolle von Subgruppen genauer analysieren, etwa im Hinblick auf die Lernvoraussetzungen oder institutionelle Rahmenbedingungen. Ebenso rücken die Rolle der Lehrkräfte sowie die langfristige Entwicklung von Instrumentierungs- und Instrumentalisierungsprozessen in den Fokus. Methodisch bietet die Verbindung von Rasch-Skalierung und LMM ein robustes Fundament, das auch für künftige Studien nutzbar ist.

Für die Praxis wiederum lässt sich ableiten, dass ein digitales Schulbuch wirksam sein kann, wenn es sorgfältig gestaltet und mit geeigneten Visualisierungen versehen ist sowie durch spezifisches Feedback ergänzt wird. Dies sind Aspekte, die beispielhaft im Net-Mathebuch umgesetzt sind. Die Ergebnisse bestätigen die Wirksamkeit für den besonders anspruchsvollen Themenbereich der bedingten Wahrscheinlichkeiten, sodass eine Übertragbarkeit auf andere mathematische Inhaltsbereiche plausibel erscheint, aber noch in zukünftigen Studien zu prüfen wäre. Besonders hervorzuheben ist, dass Aufgaben zu Wahrscheinlichkeiten, die in der Literatur als besonders herausfordernd gelten, durch die Digitale Gruppe erfolgreicher als durch die Analoge Gruppe bearbeitet werden konnten.

Die in dieser Studie erzielten Kompetenzzuwächse lassen sich aber nicht ausschließlich auf die jeweilige Curriculum Ressource zurückführen. Vielmehr sind sie das Ergebnis eines komplexen Zusammenspiels von Unterrichtsreihe, Aufgabenstellungen, Darstellungsformen und Nutzung, das eng an den Bedingungen der Unterrichtspraxis orientiert ist. Die Ergebnisse gewinnen dadurch an Relevanz für den Unterricht und leisten zugleich einen Beitrag zur empirischen Schulbuchforschung. Dadurch zeigt sich, dass Forschung und Praxis produktiv miteinander verbunden werden können, wofür die Einbindung der Studie in das Gesamtprojekt beispielhaft ist.

Insgesamt zeigt die Arbeit, dass digitale Schulbücher das Potenzial besitzen, Unterricht und Kompetenzentwicklungen nachhaltig zu verändern. Schulen und Lehrkräfte stehen dabei vor der Aufgabe, digitale Schulbücher nicht isoliert zu betrachten, sondern sie als Teil eines größeren didaktischen Gesamtkonzepts zu verstehen. Denn ihre Wirksamkeit hängt entscheidend davon ab, ob sie in ein stimmiges Zusammenspiel von didaktischer Gestaltung, Unterrichtspraxis und schulischer Infrastruktur eingebettet sind. Gelingt diese Verbindung, können digitale Schulbücher zu einem zentralen Bestandteil eines Unterrichts werden, der Lernprozesse individualisiert, vertieft und zugleich kooperative Formen des Arbeitens stärkt, sodass Schüler:innen mathematische Kompetenzen flexibel in schulischen und außerschulischen Kontexten einsetzen können.

Literaturverzeichnis

Adams, R. J., Cloney, D., Wu, M. L., Berezner, A., Osses, A., Schwantner, V., & Vista, A. (2025). *ACER ConQuest Manual.* Australian Council for Educational Research. https://conquestmanual.acer.org

Adams, R. J., Wilson, M., & Wang, W. (1997). The Multidimensional Random Coefficients Multinomial Logit Model. *Applied Psychological Measurement, 21*(1), 1–23. https://doi.org/10.1177/0146621697211001

Adams, R. J., Wu, M. L., Cloney, D., Berezner, A., & Wilson, M. (2020). *ACER ConQuest: Generalised Item Response Modelling Software* (Version 5.42.7) [Software]. Australian Council for Educational Research. https://www.acer.org/au/conquest

Adams, R. J., Wu, M. L., & Wilson, M. (2012). The Rasch Rating Model and the Disordered Threshold Controversy. *Educational and Psychological Measurement, 72*(4), 547–573. https://doi.org/10.1177/0013164411432166

Adler, J. (2021). Levering change: The contributory role of a mathematics teaching framework. *ZDM – Mathematics Education, 53*(6), 1207–1220. https://doi.org/10.1007/s11858-021-01273-y

Aebli, H. (1987). *Grundlagen des Lehrens. Eine Allgemeine Didaktik auf psychologischer Grundlage.* Klett-Cotta.

Aldon, G. (2010). Handheld calculators between instrument and document. *ZDM – The International Journal on Mathematics Education, 42*(7), 733–745. https://doi.org/10.1007/s11858-010-0275-4

Arbeitskreis Stochastik der GDM. (2003). Empfehlungen zu Zielen und zur Gestaltung des Stochastikunterrichts. In *Stochastik in der Schule* (Bd. 23, Nummer 3, S. 21–26).

Arcavi, A. (2003). The role of visual representations in the learning of mathematics. *Educational Studies in Mathematics, 52*(3), 215–241. https://doi.org/10.1023/A:1024312321077

Artigue, M. (2002). Learning Mathematics in a CAS Environment: The Genesis of a Reflection about Instrumentation and the Dialectics between Technical and Conceptual Work. *International Journal of Computers for Mathematical Learning, 7*(3), 245–274. https://doi.org/10.1023/A:1022103903080

M. Brnic, *Digitales versus analoges Schulbuch*, Studien zur theoretischen und empirischen Forschung in der Mathematikdidaktik,
https://doi.org/10.1007/978-3-658-52464-7

Attali, Y., & van der Kleij, F. S. (2017). Effects of feedback elaboration and feedback timing during computer-based practice in mathematics problem solving. *Computers & Education, 110*, 154–169. https://doi.org/10.1016/j.compedu.2017.03.012

Ball, D. L., & Cohen, D. K. (1996). Reform by the book: What is—Or might be—The role of curriculum materials in teacher learning and instructional reform? *Educational Researcher, 25*(9), 6–8, 14. https://doi.org/10.3102/0013189X025009006

Bangert-Drowns, R. L., Kulik, C.-L. C., Kulik, J. A., & Morgan, M. (1991). The Instructional Effect of Feedback in Test-Like Events. *Review of Educational Research, 61*(2), 213–238. https://doi.org/10.3102/00346543061002213

Barr, D. J., Levy, R., Scheepers, C., & Tily, H. J. (2013). Random effects structure for confirmatory hypothesis testing: Keep it maximal. *Journal of Memory and Language, 68*(3), 255–278. https://doi.org/10.1016/j.jml.2012.11.001

Bartolini, M. G., & Martignone, F. (2020). Manipulatives in Mathematics Education. In S. Lerman (Hrsg.), *Encyclopedia of Mathematics Education* (S. 487–494). Springer. https://doi.org/10.1007/978-3-030-15789-0_93

Barzel, B., Biehler, R., Blömeke, S., Brandtner, R., Bruns, J., Dohrmann, C., Kortenkamp, U., Lange, T., Leuders, T., Rösken-Winter, B., Scherer, P., & Selter, C. (2018). Das Deutsche Zentrum für Lehrerbildung Mathematik – DZLM. In R. Biehler, T. Lange, T. Leuders, B. Rösken-Winter, P. Scherer, & C. Selter (Hrsg.), *Mathematikfortbildungen professionalisieren* (S. 7–39). Springer Spektrum. https://doi.org/10.1007/978-3-658-19028-6_2

Barzel, B., & Greefrath, G. (2015). Digitale Mathematikwerkzeuge sinnvoll integrieren. In W. Blum, S. Vogel, C. Drüke-Noe, & A. Roppelt (Hrsg.), *Bildungsstandards aktuell: Mathematik in der Sekundarstufe II* (S. 145–157). Westermann.

Barzel, B., Hußmann, S., & Leuders, T. (2005). Grundfragen. In B. Barzel, S. Hußmann, & T. Leuders (Hrsg.), *Computer, Internet & Co. Im Mathematik-Unterricht* (S. 9–40). Cornelsen-Scriptor. http://d-nb.info/974112100/04

Barzel, B., & Klinger, M. (2022). Digitale Mathematikwerkzeuge. In G. Pinkernell, F. Reinhold, F. Schacht, & D. Walter (Hrsg.), *Digitales Lehren und Lernen von Mathematik in der Schule* (S. 91–108). Springer Spektrum. https://doi.org/10.1007/978-3-662-65281-7_5

Barzel, B., & Schreiber, C. (2017). Digitale Medien im Mathematikunterricht. In M. Abshagen, B. Barzel, J. Kramer, T. Riecke-Baulecke, B. Rösken-Winter, & C. Selter (Hrsg.), *Basiswissen Lehrerbildung: Mathematik unterrichten* (S. 200–215). Klett Kallmeyer.

Barzel, B., & Selter, C. (2015). Die DZLM-Gestaltungsprinzipien für Fortbildungen. *Journal für Mathematik-Didaktik, 36*(2), 259–284. https://doi.org/10.1007/s13138-015-0076-y

Batanero, C., & Álvarez-Arroyo, R. (2024). Teaching and learning of probability. *ZDM – Mathematics Education, 56*(1), 5–17. https://doi.org/10.1007/s11858-023-01511-5

Bates, D., Mächler, M., Bolker, B., & Walker, S. (2015). Fitting Linear Mixed-Effects Models Using lme4. *Journal of Statistical Software, 67*(1). https://doi.org/10.18637/jss.v067.i01

Baumert, J., & Kunter, M. (2011). Das Kompetenzmodell von COACTIV. In M. Kunter, J. Baumert, W. Blum, U. Klusmann, S. Krauss, & M. Neubrand (Hrsg.), *Professionelle Kompetenz von Lehrkräften. Ergebnisse des Forschungsprogramms COACTIV.* (S. 29–53). Waxmann.

Bea, W., & Scholz, R. W. (1995). Graphische Modelle bedingter Wahrscheinlichkeiten im empirisch-didaktischen Vergleich. *Journal für Mathematik-Didaktik, 16*(3–4), 299–327. https://doi.org/10.1007/BF03338820

Beckschulte, C. (2019). *Mathematisches Modellieren mit Lösungsplan: Eine empirische Untersuchung zur Entwicklung von Modellierungskompetenzen.* Springer Spektrum. https://doi.org/10.1007/978-3-658-27832-8

Ben-Zvi, D., & Garfield, J. (2004). Statistical Literacy, Reasoning, and Thinking: Goals, Definitions, and Challenges. In D. Ben-Zvi & J. Garfield (Hrsg.), *The Challenge of Developing Statistical Literacy, Reasoning and Thinking* (S. 3–15). Springer. https://doi.org/10.1007/1-4020-2278-6_1

Berney, S., & Bétrancourt, M. (2016). Does animation enhance learning? A meta-analysis. *Computers & Education, 101*, 150–167. https://doi.org/10.1016/j.compedu.2016.06.005

Bétrancourt, M., & Tversky, B. (2000). Effect of computer animation on users' performance: A review. *Le Travail Humain: A Bilingual and Multi-Disciplinary Journal in Human Factors, 63*, 311–329.

Biehler, R., & Hartung, R. (2006). Leitidee Daten und Zufall. In W. Blum, C. Drüke-Noe, R. Hartung, & O. Köller (Hrsg.), *Bildungsstandards Mathematik: Konkret. Sekundarstufe I: Aufgabenbeispiele, Unterrichtsanregungen, Fortbildung- sideen* (S. 51–80). Cornelsen Scriptor.

Bikner-Ahsbahs, A. (2022). Mathematiklehren und -lernen digital – Theorien, Modelle, Konzepte. In G. Pinkernell, F. Reinhold, F. Schacht, & D. Walter (Hrsg.), *Digitales Lehren und Lernen von Mathematik in der Schule: Aktuelle Forschungsbefunde im Überblick* (S. 7–36). Springer Spektrum. https://doi.org/10.1007/978-3-662-65281-7_2

Binder, K. (2021). *Förderung Bayesianischen Denkens—Effekte verschiedener Baumdiagramme in unterschiedlichen Bayesianischen Situationen* [Universität Regensburg]. https://epub.uni-regensburg.de/id/eprint/37885

Binder, K., Krauss, S., & Bruckmaier, G. (2015). Effects of visualizing statistical information – an empirical study on tree diagrams and 2 × 2 tables. *Frontiers in Psychology, 6:1186*. https://doi.org/10.3389/fpsyg.2015.01186

Binder, K., Krauss, S., Bruckmaier, G., & Marienhagen, J. (2018). Visualizing the Bayesian 2-test case: The effect of tree diagrams on medical decision making. *PLOS ONE, 13*(3), e0195029. https://doi.org/10.1371/journal.pone.0195029

Binder, K., Krauss, S., & Wiesner, P. (2020). A New Visualization for Probabilistic Situations Containing Two Binary Events: The Frequency Net. *Frontiers in Psychology, 11:750*. https://doi.org/10.3389/fpsyg.2020.00750

Binder, K., Steib, N., & Krauss, S. (2022). Von Baumdiagrammen über Doppelbäume zu Häufigkeitsnetzen – kognitive Überlastung oder didaktische Unterstützung? *Journal für Mathematik-Didaktik, 44*, 471–503. https://doi.org/10.1007/s13138-022-00215-9

Blazar, D., Heller, B., Kane, T., Polikoff, M., Staiger, D., Carrell, S., Goldhaber, D., Harris, D., Hitch, R., & Holden, K. L. (2019). Learning by the book: Comparing math achievement growth by textbook in six Common Core states. *Center for Education Policy Research, Harvard University.*

Blum, W., & Leiss, D. (2005). Modellieren im Unterricht mit der „Tanken"-Aufgabe. In *Mathematik lehren* (Nummer 128, S. 18–21).

Böcherer-Linder, K. (2017). *Visualisierung bedingter Wahrscheinlichkeiten: Eine Untersuchung aus kognitionspsychologischer, mathematikdidaktischer und schulpraktischer Perspektive*. Pädagogische Hochschule Freiburg.

Böcherer-Linder, K. (2021). Fehlerhafte Lösungsstrategien bei Bayesianischen Situationen – Zum Einfluss von Visualisierung. *Beiträge zum Mathematikunterricht*. Jahrestagung der Gesellschaft für Didaktik der Mathematik vom 01. März 2021 bis 25. März 2021. https://doi.org/10.17877/DE290R-22266

Böcherer-Linder, K., & Eichler, A. (2017). The Impact of Visualizing Nested Sets. An Empirical Study on Tree Diagrams and Unit Squares. *Frontiers in Psychology, 7:2026*. https://doi.org/10.3389/fpsyg.2016.02026

Böcherer-Linder, K., & Eichler, A. (2019). How to improve performance in bayesian inference tasks: A comparison of five visualizations. *Frontiers in Psychology, 10:267*. https://doi.org/10.3389/fpsyg.2019.00267

Böcherer-Linder, K., Eichler, A., & Vogel, M. (2017). The impact of visualization on flexible Bayesian reasoning. *Avances de Investigación En Educación Matemática*, (11), 25–46. https://doi.org/10.35763/aiem.v1i11.169

Böcherer-Linder, K., Eichler, A., & Vogel, M. (2018). Die Formel von Bayes: Kognitionspsychologische Grundlagen und empirische Untersuchungen zur Bestimmung von Teilmenge-Grundmenge-Beziehungen. *Journal für Mathematik-Didaktik*, *39*(1), 127–146. https://doi.org/10.1007/s13138-018-0128-1

Böer, H. (1997). AIDS - Was ist von einem „positiven" Test-Ergebnis zu halten? In W. Blum, G. König, & S. Schwehr (Hrsg.), *Materialien für einen realitätsbezogenen Mathematikunterricht* (Bd. 4, S. 38–57).

Böer, H. (Hrsg.). (2021). *Das Net-Mathebuch. Ein digitales Online-Schulbuch für den Mathematikunterricht in der Sekundarstufe II*. MUED.

Böer, H., & Brnic, M. (Hrsg.). (2022). *Net-Mathebuch. Das digitale Mathematikschulbuch für die gymnasiale Oberstufe – Neue Konzepte erkunden und einsetzen*. MUED.

Bond, T. G., & Fox, C. M. (2015). *Applying the Rasch model: Fundamental measurement in the human sciences, 3rd ed.* (S. xxi, 383). Routledge/Taylor & Francis Group.

Borovcnik, M. (2014). Vom Nutzen artifizieller Daten. In U. Sproesser, S. Wessolowski, & C. Wörn (Hrsg.), *Daten, Zufall und der Rest der Welt* (S. 27–43). Springer Spektrum. https://doi.org/10.1007/978-3-658-04669-9_3

Brantlinger, A. (2011). Rethinking critical mathematics: A comparative analysis of critical, reform, and traditional geometry instructional texts. *Educational Studies in Mathematics*, *78*(3), 395–411.

Brase, G. L., & Hill, W. T. (2015). Good fences make for good neighbors but bad science: A review of what improves Bayesian reasoning and why. *Frontiers in Psychology*, 6:340. https://doi.org/10.3389/fpsyg.2015.00340

Brauer, M., & Curtin, J. J. (2018). Linear mixed-effects models and the analysis of nonindependent data: A unified framework to analyze categorical and continuous independent variables that vary within-subjects and/or within-items. *Psychological Methods*, *23*(3), 389–411. https://doi.org/10.1037/met0000159

Brnic, M. (2020). Digital oder analog? Eine Interventionsstudie zur Schulbuchnutzung. *Beiträge zum Mathematikunterricht*. Vorträge auf der 54. Jahrestagung der Gesellschaft für Didaktik der Mathematik vom 09. bis 13. März 2020 in Würzburg. https://doi.org/10.17877/DE290R-21258

Brnic, M. (2025). *Digitales versus analoges Schulbuch—Materialien* [Datensatz]. OSF. https://doi.org/10.17605/OSF.IO/8W54G

Brnic, M., & Greefrath, G. (2021). Ein digitales Schulbuch im Mathematikunterricht einsetzen. *MNU-Journal, 74*(03), 224–231.

Brnic, M., & Greefrath, G. (2022a). Distance learning versus face-to-face classroom learning: Student achievement in conditional probability when using a digital textbook with integrated digital tools. In J. Hodgen, E. Geraniou, G. Bolondi, & F. Ferreti (Hrsg.), *Proceeding of the Twelfth Congress of the European Society for Research in Mathematics Education.* https://hal.science/hal-03748202/

Brnic, M., & Greefrath, G. (2022b). *Teacher's recommendations for distance learning compared to student's actual use of digital textbooks and other (digital) resource* (H.-G. Weigand, A. Donevska-Todorova, E. Faggiano, P. Iannone, J. Medová, M. Tabach, & M. Turgut, Hrsg.). https://hal.science/hal-03925304v1

Brnic, M., Greefrath, G., & Reinhold, F. (2024). Working with digital textbooks or printed materials: A study with boys and girls on conditional probability. *ZDM – Mathematics Education, 56*(4), 559–572. https://doi.org/10.1007/s11858-023-01543-x

Brown, J., Stillman, G., & Herbert, S. (2004). Can the Notion of Affordances be of Use in the Design of a Technology Enriched Mathematics Curriculum? In I. Putt, R. Faragher, & M. McLean (Hrsg.), *Proceedings of the 27th annual conference of the Mathematics Education Research Group of Australasia* (S. 119–126).

Büchter, T., Eichler, A., Böcherer-Linder, K., Vogel, M., Binder, K., Krauss, S., & Steib, N. (2024). Covariational reasoning in Bayesian situations. *Educational Studies in Mathematics, 115*(3), 481–505. https://doi.org/10.1007/s10649-023-10274-5

Büchter, T., Eichler, A., Steib, N., Binder, K., Böcherer-Linder, K., Krauss, S., & Vogel, M. (2022). How to Train Novices in Bayesian Reasoning. *Mathematics, 10*(9), 1558. https://doi.org/10.3390/math10091558

Büchter, T., Steib, N., Böcherer-Linder, K., Eichler, A., Krauss, S., Binder, K., & Vogel, M. (2022). Designing Visualisations for Bayesian Problems According to Multimedia Principles. *Education Sciences, 12*(11), 739. https://doi.org/10.3390/educsci12110739

Budgett, S., & Pfannkuch, M. (2019). Visualizing Chance: Tackling Conditional Probability Misconceptions. In G. Burrill & D. Ben-Zvi (Hrsg.), *Topics and Trends in Current Statistics Education Research* (S. 3–25). Springer. https://doi.org/10.1007/978-3-030-03472-6_1

Bühner, M. (2021). *Einführung in die Test- und Fragebogenkonstruktion* (4. Aufl.). Pearson.

Bühner, M., & Ziegler, M. (2010). *Statistik für Psychologen und Sozialwissenschaftler.* Pearson.

Buscemi, S., & Plaia, A. (2020). Model selection in linear mixed-effect models. *AStA Advances in Statistical Analysis, 104*(4), 529–575. https://doi.org/10.1007/s10182-019-00359-z

Cai, J., & Howson, G. (2013). Toward an International Mathematics Curriculum. In M. A. (Ken) Clements, A. J. Bishop, C. Keitel, J. Kilpatrick, & F. K. S. Leung (Hrsg.), *Third International Handbook of Mathematics Education* (S. 949–974). Springer. https://doi.org/10.1007/978-1-4614-4684-2_29

CAST. (2024). *Universal design for learning guidelines version 3.0.* https://udlguidelines.cast.org

Castro-Alonso, J. C., Ayres, P., & Paas, F. (2016). Comparing apples and oranges? A critical look at research on learning from statics versus animations. *Computers & Education, 102*, 234–243. https://doi.org/10.1016/j.compedu.2016.09.004

Castro-Alonso, J. C., Wong, M., Adesope, O. O., Ayres, P., & Paas, F. (2019). Gender Imbalance in Instructional Dynamic Versus Static Visualizations: A Meta-analysis. *Educational Psychology Review, 31*(2), 361–387. https://doi.org/10.1007/s10648-019-09469-1

Chamberlain, K. V. (2022). *Der Einfluss des Medien- und Technikinteresses von Schüler*Innen auf das Lernen mit einem digitalen Schulbuch im Mathematikunterricht in Bezug auf stochastische Fehler*. Masterarbeit – Universität Münster.

Chazan, D., & Yerushalmy, M. (2014). The Future of Textbooks: Ramifications of Technological Change for Curricular Research in Mathematics Education. In M. Stocchetti (Hrsg.), *Media and Education in the Digital Age. Concepts, Assessments, Subversions* (S. 63–76). Peter Lang. https://doi.org/10.3726/978-3-653-04437-9

Cheung, A. C. K., & Slavin, R. E. (2013). The effectiveness of educational technology applications for enhancing mathematics achievement in K-12 classrooms: A meta-analysis. *Educational Research Review, 9*, 88–113. https://doi.org/10.1016/j.edurev.2013.01.001

Chevallard, Y. (1982). Pourquoi la transposition didactique? In *Communication au Seminaire de didactique et de pedagogie des mathematiques de l'IMAG* (S. 167–194). Universite scientique et medicale de Grenoble.

Choppin, J., & Borys, Z. (2017). Trends in the design, development, and use of digital curriculum materials. *ZDM – Mathematics Education, 49*(5), 663–674. https://doi.org/10.1007/s11858-017-0860-x

Choppin, J., Carson, C., Borys, Z., Cerosaletti, C., & Gillis, R. (2014). A typology for analyzing digital curricula in mathematics education. *International Journal of Education in Mathematics, Science and Technology, 2*(1), 11–25.

Choppin, J., Roth McDuffie, A., Drake, C., & Davis, J. (2015). Curriculum metaphors in U.S. middle school mathematics. In T. G. Bartell, K. Bieda, R. Putnam, K. Bradfield, & H. Dominguez (Hrsg.), *Proceedings of the 37th annual meeting of the North American Chapter of the International Group for the Psychology of Mathematics Education* (S. 65–72).

Choppin, J., Roth McDuffie, A., Drake, C., & Davis, J. (2022). The role of instructional materials in the relationship between the official curriculum and the enacted curriculum. *Mathematical Thinking and Learning, 24*(2), 123–148. https://doi.org/10.1080/10986065.2020.1855376

Cosmides, L., & Tooby, J. (1996). Are humans good intuitive statisticians after all? Rethinking some conclusions from the literature on judgment under uncertainty. *Cognition, 58*(1), 1–73. https://doi.org/10.1016/0010-0277(95)00664-8

CRAN - R-project. (o. J.). *Basics of estimated marginal means* (Version emmeans package, Version 1.11.2.8) [Software]. Abgerufen https://cran.r-project.org/web/packages/emmeans/vignettes/basics.html#contents

Cronbach, L. J., & Snow, R. E. (1977). *Aptitudes and instructional methods: A handbook for research on interactions*. (S. xviii, 574). Irvington.

de Vries, E. (2021). *Feedback in digitalen Lernumgebungen: Eine Interventionsstudie zu dem Lernpfad „Quadratische Funktionen erkunden"*. Springer Spektrum. https://doi.org/10.1007/978-3-658-35838-9

Donevska-Todorova, A., & Trgalova, J. (2017). Learning mathematics with technology. A review of recent CERME research. In I. Dublin (Hrsg.), *Proceedings of CERME 10, Feb 2017, Dublin, Ireland* (S. 2539–2546). https://hal.archives-ouvertes.fr/hal-01946347

Döring, N. (2023). *Forschungsmethoden und Evaluation in den Sozial- und Humanwissenschaften*. Springer. https://doi.org/10.1007/978-3-662-64762-2

Dreher, A. (2014). Baumdiagramme und der Rest der Welt. In U. Sproesser, S. Wessolowski, & C. Wörn (Hrsg.), *Daten, Zufall und der Rest der Welt* (S. 55–69). Springer Spektrum. https://doi.org/10.1007/978-3-658-04669-9_5

Drijvers, P. (2018). Empirical Evidence for Benefit? Reviewing Quantitative Research on the Use of Digital Tools in Mathematics Education. In L. Ball, P. Drijvers, S. Ladel, H.-S. Siller, M. Tabach, & C. Vale (Hrsg.), *Uses of Technology in Primary and Secondary Mathematics Education: Tools, Topics and Trends* (S. 161–175). Springer. https://doi.org/10.1007/978-3-319-76575-4_9

Drijvers, P., Ball, L., Barzel, B., Heid, M. K., Cao, Y., & Maschietto, M. (2016). Uses of Technology in Lower Secondary Mathematics Education: A concise topical survey. In P. Drijvers, L. Ball, B. Barzel, M. K. Heid, Y. Cao, & M. Maschietto, *Uses of Technology in Lower Secondary Mathematics Education* (S. 1–34). Springer. https://doi.org/10.1007/978-3-319-33666-4_1

Drijvers, P., & Sinclair, N. (2024). The role of digital technologies in mathematics education: Purposes and perspectives. *ZDM – Mathematics Education*, *56*(2), 239–248. https://doi.org/10.1007/s11858-023-01535-x

Drijvers, P., Tacoma, S., Besamusca, A., Doorman, M., & Boon, P. (2013). Digital resources inviting changes in mid-adopting teachers' practices and orchestrations. *ZDM – The International Journal on Mathematics Education*, (45), 987–1001.

Drijvers, P., & Trouche, L. (2008). From artifacts to instruments: A theoretical framework behind the orchestra metaphor. In K. Heid & G. Blume (Hrsg.), *Research on Technology and the Teaching and Learning of Mathematics, Information Age,* (S. 363–392). https://hal.science/hal-01538695

Drüke-Noe, C. (2012). Können Lernstandserhebungen einen Beitrag zur Unterrichtsentwicklung leisten? In W. Blum, R. Borromeo Ferri, & K. Maaß (Hrsg.), *Mathematikunterricht im Kontext von Realität, Kultur und Lehrerprofessionalität* (S. 284–293). Vieweg+Teubner Verlag. https://doi.org/10.1007/978-3-8348-2389-2_29

Duden. (o. J.). Duden | Ressource | Rechtschreibung, Bedeutung, Definition, Herkunft. In *Duden.* Abgerufen 10. November 2025, von https://www.duden.de/rechtschreibung/Ressource

Eichler, A. (2018). *Diskussionsbeiträge zur Zukunft des Stochastikunterrichts und der stochastikdidaktischen Forschung*. https://didaktik-der-mathematik.de/wp-content/uploads/2022/07/Diskussionsbeitraege-zur-Zukunft-des-Stochastikunterrichts-und-der-stochastikdidaktischen-Forschung.pdf

Eichler, A., Böcherer-Linder, K., & Vogel, M. (2020). Different Visualizations Cause Different Strategies When Dealing With Bayesian Situations. *Frontiers in Psychology, 11:1897*. https://doi.org/10.3389/fpsyg.2020.01897

Eichler, A., Büchter, T., Böcherer-Linder, K., & Vogel, M. (2025). On students' covariational reasoning in Bayesian situations: Do calculation strategies and visualizations play a role? *Mathematical Thinking and Learning*, 1–22. https://doi.org/10.1080/10986065.2025.2468996

Eichler, A., & Krauss, S. (o. J.). *Trainingsstudie zum Bayesianischen Denken (TrainBayes).* Abgerufen http://www.bayesianreasoning.de/br_trainbayes.html

Eichler, A., & Vogel, M. (2013). *Leitidee Daten und Zufall.* Springer Spektrum. https://doi.org/10.1007/978-3-658-00118-6

Eichler, A., & Vogel, M. (2022). Daten und Zufall mit digitalen Medien. In G. Pinkernell, F. Reinhold, F. Schacht, & D. Walter (Hrsg.), *Digitales Lehren und Lernen von Mathematik in der Schule* (S. 277–301). Springer Spektrum. https://doi.org/10.1007/978-3-662-65281-7_12

Eid, M., Gollwitzer, M., & Schmitt, M. (2017). *Statistik und Forschungsmethoden: Lehrbuch. Mit Online-Material* (5. Aufl.). Beltz.

Eid, M., & Schmidt, K. (2014). *Testtheorie und Testkonstruktion.* Hogrefe.

Engel, U., & Schmidt, B. O. (2019). Unit- und Item-Nonresponse. In N. Baur & J. Blasius (Hrsg.), *Handbuch Methoden der empirischen Sozialforschung* (S. 385–404). Springer Spektrum. https://doi.org/10.1007/978-3-658-21308-4_27

Enste, A. (2019). *Nutzung der Strukturelemente eines digitalen Mathematikbuchs bei der Bearbeitung von Aufgaben.* Masterarbeit - Universität Münster.

Erbay Mermer, Ş. (2024). Educational Implications of Comparing Unidimensional and Multidimensional Item Response Theories. *Pegem Journal of Education and Instruction, 14*(3), 103–116. https://doi.org/10.47750/pegegog.14.03.10

Fahrmeir, L., Kneib, T., & Lang, S. (2009). Gemischte Modelle. In L. Fahrmeir, T. Kneib, & S. Lang, *Regression* (S. 253–290). Springer. https://doi.org/10.1007/978-3-642-01837-4_6

Fan, L. (2013). Textbook research as scientific research: Towards a common ground on issues and methods of research on mathematics textbooks. *ZDM – The International Journal on Mathematics Education, 45*(5), 765–777. https://doi.org/10.1007/s11858-013-0530-6

Fan, L., & Kaeley, G. (2000). The Influence of Textbooks on Teaching Strategies: An Empirical Study. *Mid-Western Educational Researcher, 13.*

Fan, L., Trouche, L., Qi, C., Rezat, S., & Visnovska, J. (Hrsg.). (2018). *Research on Mathematics Textbooks and Teachers' Resources. Advances and Issues.* Springer. https://doi.org/10.1007/978-3-319-73253-4

Fan, L., Zhu, Y., & Miao, Z. (2013). Textbook research in mathematics education: Development status and directions. *ZDM – The International Journal on Mathematics Education, 45*(5), 633–646. https://doi.org/10.1007/s11858-013-0539-x

Felke, F. (2020). *Untersuchung zu Geschlechtsunterschieden beim Lernen mit einem digitalen Schulbuch im Fach Mathematik in einer Unterrichtsreihe zu bedingten Wahrscheinlichkeiten.* Masterarbeit - Universität Münster.

Fischbein, E. (1987). *Intuition in science and mathematics: An educational approach* (S. xiii, 225). D Reidel Publishing Co.

Frenken, L. (2022). *Mathematisches Modellieren in einer digitalen Lernumgebung: Konzeption und Evaluation auf der Basis computergenerierter Prozessdaten.* Springer Spektrum. https://doi.org/10.1007/978-3-658-37330-6

Fyfe, E. R., & Rittle-Johnson, B. (2016). Feedback both helps and hinders learning: The causal role of prior knowledge. *Journal of Educational Psychology, 108*(1), 82–97. https://doi.org/10.1037/edu0000053

Gal, I. (2002). Adults' Statistical Literacy: Meanings, Components, Responsibilities. *International Statistical Review / Revue Internationale de Statistique*, *70*(1), 1–25. https://doi.org/10.2307/1403713

Gallin, P. (2003). Prädikatives und funktionales Denken in der Wahrscheinlichkeitsrechnung. *ZDM – The International Journal on Mathematics Education*, *35*(3), 110–119. https://doi.org/10.1007/s11858-003-0007-0

Garfield, J. B., Ben-Zvi, D., Chance, B., Medina, E., Roseth, C., & Zieffler, A. (2008). Research on Teaching and Learning Statistics. In *Developing Students' Statistical Reasoning* (S. 21–43). Springer. https://doi.org/10.1007/978-1-4020-8383-9_2

Garson, G. D. (2013). Fundamentals of Hierarchical Linear and Multilevel Modeling. In G. D. Garson, *Hierarchical Linear Modeling: Guide and Applications* (S. 3–26). SAGE Publications, Inc. https://doi.org/10.4135/9781483384450.n1

Gibson, J. J. (1979). The Theory of Affordances. In J. J. Gibson, *The Ecological Approach to Visual Perception* (S. 127–137). Houghton Mifflin.

Gigerenzer, G., & Hoffrage, U. (1995). How to improve Bayesian reasoning without instruction: Frequency formats. *Psychological Review*, *102*, 684–704. https://doi.org/10.1037/0033-295X.102.4.684

Girotto, V., & Gonzalez, M. (2001). Solving probabilistic and statistical problems: A matter of information structure and question form. *Cognition*, *78*(3), 247–276. https://doi.org/10.1016/S0010-0277(00)00133-5

Girotto, V., & Gonzalez, M. (2002). Chances and frequencies in probabilistic reasoning: Rejoinder to Hoffrage, Gigerenzer, Krauss, and Martignon. *Cognition*, *84*(3), 353–359. https://doi.org/10.1016/S0010-0277(02)00051-3

Glasnović Gracin, D., & Jukić Matić, L. (2021). Use of textbooks and other resources in curriculum reform. A longitudinal case study. *ZDM – Mathematics Education*, *53*(6), 1373–1385. https://doi.org/10.1007/s11858-021-01271-0

Goldin, G. A., & Kaput, J. M. (1996). A joint perspective on the idea of representation in learning and doing mathematics. In L. P. Steffe, P. Nesher, P. Copp, G. A. Goldin, & B. Greer (Hrsg.), *Theories of mathematical learning* (S. 397–430). Erlbaum. ICME.

Goodlad, J. I., Klein, M. F., & Tye, K. A. (1979). In *Curriculum Inquiry: The Study of Curriculum Practice* (S. 43–76). McGraw-Hill.

Gordon, K. R. (2019). How Mixed-Effects Modeling Can Advance Our Understanding of Learning and Memory and Improve Clinical and Educational Practice. *Journal of Speech, Language, and Hearing Research*, *62*(3), 507–524. https://doi.org/10.1044/2018_JSLHR-L-ASTM-18-0240

Göthlich, S. E. (2007). Zum Umgang mit fehlenden Daten in großzahligen empirischen Erhebungen. In S. Albers, D. Klapper, U. Konradt, A. Walter, & J. Wolf (Hrsg.), *Methodik der empirischen Forschung* (S. 119–134). Gabler. https://doi.org/10.1007/978-3-8349-9121-8_9

Graham, J. W., Olchowski, A. E., & Gilreath, T. D. (2007). How Many Imputations are Really Needed? Some Practical Clarifications of Multiple Imputation Theory. *Prevention Science*, *8*(3), 206–213. https://doi.org/10.1007/s11121-007-0070-9

Greefrath, G. (2018). Modellieren. In G. Greefrath, *Anwendungen und Modellieren im Mathematikunterricht* (S. 33–60). Springer Spektrum. https://doi.org/10.1007/978-3-662-576 80-9_2

Greefrath, G., Oldenburg, R., Siller, H.-S., Ulm, V., & Weigand, H.-G. (2016a). *Didaktik der Analysis*. Springer Spektrum. https://doi.org/10.1007/978-3-662-48877-5

Greefrath, G., Oldenburg, R., Siller, H.-S., Ulm, V., & Weigand, H.-G. (2016b). Funktionen. In G. Greefrath, R. Oldenburg, H.-S. Siller, V. Ulm, & H.-G. Weigand, *Didaktik der Analysis* (S. 23–72). Springer Spektrum. https://doi.org/10.1007/978-3-662-48877-5_2

Greefrath, G., & Siller, H.-S. (2018). Digitale Werkzeuge, Simulationen und mathematisches Modellieren. In G. Greefrath & H.-S. Siller (Hrsg.), *Digitale Werkzeuge, Simulationen und mathematisches Modellieren: Didaktische Hintergründe und Erfahrungen aus der Praxis* (S. 3–22). Springer Spektrum. https://doi.org/10.1007/978-3-658-21940-6_1

Gueudet, G., Pepin, B., & Trouche, L. (Hrsg.). (2012). *From Text to „Lived" Resources*. Springer. https://doi.org/10.1007/978-94-007-1966-8

Hadar, L. L. (2017). Opportunities to learn: Mathematics textbooks and students' achievements. *Studies in Educational Evaluation, 55*, 153–166. https://doi.org/10.1016/j.stueduc.2017.10.002

Hadjerrouit, S. (2020). Using Affordances and Constraints to Evaluate the Use of a Formative e-Assessment System in Mathematics Education. *Proceedings of the 12th International Conference on Computer Supported Education*, 366–373. https://doi.org/10.5220/0009352503660373

Hankeln, C. (2019). *Mathematisches Modellieren mit dynamischer Geometrie-Software: Ergebnisse einer Interventionsstudie*. Springer Spektrum. https://doi.org/10.1007/978-3-658-23339-6

Hanson, B. A., & Béguin, A. A. (2002). Obtaining a Common Scale for Item Response Theory Item Parameters Using Separate Versus Concurrent Estimation in the Common-Item Equating Design. *Applied Psychological Measurement, 26*(1), 3–24. https://doi.org/10.1177/0146621602026001001

Hartig, J., & Höhler, J. (2010). Modellierung von Kompetenzen mit mehrdimensionalen IRT-Modellen. Projekt MIRT. In E. Klieme, D. Leutner, & M. Kenk (Hrsg.), *Kompetenzmodellierung. Zwischenbilanz des DFG-Schwerpunktprogramms und Perspektiven des Forschungsansatzes* (Nummer 56, S. 189–198). Beltz. https://doi.org/10.25656/01:3427

Hartig, J., & Klieme, E. (2006). Kompetenz und Kompetenzdiagnostik. In K. Schweizer (Hrsg.), *Leistung und Leistungsdiagnostik* (S. 127–143). Springer. https://doi.org/10.1007/3-540-33020-8_9

Hartig, J., & Kühnbach, O. (2006). Schätzung von Veränderung mit „plausible values" in mehrdimensionalen Rasch-Modellen. In A. Ittel & H. Merkens (Hrsg.), *Veränderungsmessung und Längsschnittstudien in der empirischen Erziehungswissenschaft* (S. 27–44). VS Verlag für Sozialwissenschaften. https://doi.org/10.1007/978-3-531-90502-0_3

Hartmann, C. (o. J.). *Zugelassene Lernmittel und Schulbücher* [Collection]. Deutscher Bildungsserver. Abgerufen 6. Dezember 2022, von https://www.bildungsserver.de/zugelassene-lernmittel-und-schulbuecher-522-de.html

Hasler, B. S., Kersten, B., & Sweller, J. (2007). Learner control, cognitive load and instructional animation. *Applied Cognitive Psychology, 21*(6), 713–729. https://doi.org/10.1002/acp.1345

Hattie, J. (2009). *Visible learning: A synthesis of over 800 meta-analyses relating to achievement*. Routledge.

Hattie, J. (2015). The applicability of Visible Learning to higher education. *Scholarship of Teaching and Learning in Psychology, 1*(1), 79–91. https://doi.org/10.1037/stl0000021

Hattie, J. (2017). Visible Learning. *Hattie's 2018 updated list of factors related to student achievement: 252 influences and effect sizes (Cohen's d).* https://visible-learning.org/wp-content/uploads/2018/03/VLPLUS-252-Influences-Hattie-ranking-DEC-2017.pdf

Hattie, J., & Gan, M. (2011). Instruction based on feedback. In R. E. Mayer & P. A. Alexander (Hrsg.), *Handbook of research on learning and instruction* (S. 249–271). Routledge.

Hattie, J., & Timperley, H. (2007). The Power of Feedback. *Review of Educational Research, 77*(1), 81–112. https://doi.org/10.3102/003465430298487

Hegarty, M., Kriz, S., & Cate, C. (2003). The Roles of Mental Animations and External Animations in Understanding Mechanical Systems. *Cognition and Instruction, 21*(4), 209–249. https://doi.org/10.1207/s1532690xci2104_1

Hilbert, S., Stadler, M., Lindl, A., Naumann, F., & Bühner, M. (2019). Analyzing longitudinal intervention studies with linear mixed models. *TPM - Testing, Psychometrics, Methodology in Applied Psychology*, (26), 101–119. https://doi.org/10.4473/TPM26.1.6

Hillmayr, D., Ziernwald, L., Reinhold, F., Hofer, S. I., & Reiss, K. M. (2020). The potential of digital tools to enhance mathematics and science learning in secondary schools: A context-specific meta-analysis. *Computers & Education, 153*, 103897. https://doi.org/10.1016/j.compedu.2020.103897

Hoch, S. (2020). *Prozessdaten aus digitalen Schulbüchern als Instrument der mathematikdidaktischen Forschung [Process data from digital textbooks as an instrument for mathematics education research]* [Technische Universität München]. https://nbn-resolving.de/urn/resolver.pl?urn:nbn:de:bvb:91-diss-20201218-1554567-1-1

Hofer, S. I., & Reinhold, F. (2025). Scaffolding of learning activities: Aptitude-treatment-interaction effects in math? *Learning and Instruction, 99*, 102177. https://doi.org/10.1016/j.learninstruc.2025.102177

Höffler, T. N., & Leutner, D. (2007). Instructional animation versus static pictures: A meta-analysis. *Learning and Instruction, 17*(6), 722–738. https://doi.org/10.1016/j.learninstruc.2007.09.013

Hoffrage, U., & Gigerenzer, G. (1998). Using natural frequencies to improve diagnostic inferences: *Academic Medicine, 73*(5), 538–540. https://doi.org/10.1097/00001888-199805000-00024

Hoffrage, U., Lindsey, S., Hertwig, R., & Gigerenzer, G. (2000). Communicating Statistical Information. *Science, 290*(5500), 2261–2262. https://doi.org/10.1126/science.290.5500.2261

Huang, F. L. (2016). Alternatives to Multilevel Modeling for the Analysis of Clustered Data. *The Journal of Experimental Education, 84*(1), 175–196. https://doi.org/10.1080/00220973.2014.952397

Huang, F. L. (2018). Multilevel modeling myths. *School Psychology Quarterly, 33*(3), 492–499. https://doi.org/10.1037/spq0000272

Huber, O. (2019). *Das psychologische Experiment: Eine Einführung* (7. Aufl.). Hogrefe.

Hübner, T. (2021). *Inwiefern nehmen angehende Lehrkräfte integrierte Hilfsmittel bei der Nutzung des Net- Mathebuchs wahr und wie schätzen sie ihr didaktisches Potenzial ein?* Masterarbeit - Universität Münster.

Humble, N., & Mozelius, P. (2022). Making programming part of teachers' everyday life – Programming affordances and constraints for K-12 mathematics and technology. *The International Journal of Information and Learning Technology.* https://doi.org/10.1108/IJILT-03-2022-0069

Jang, D.-H., Yi, P., & Shin, I.-S. (2016). Examining the Effectiveness of Digital Textbook use on Students' Learning Outcomes in South Korea: A Meta-analysis. *The Asia-Pacific Education Researcher*, *25*(1), 57–68. https://doi.org/10.1007/s40299-015-0232-7

JASP Team. (2025). *JASP* (Version 0.95.1) [Software]. https://jasp-stats.org/

Johnson, E. D., & Tubau, E. (2015). Comprehension and computation in Bayesian problem solving. *Frontiers in Psychology*, *6:938*. https://doi.org/10.3389/fpsyg.2015.00938

Jukić Matić, L., & Glasnović Gracin, D. (2016). The use of the textbook as an artefact in the classroom: A case study in the light of a socio-didactical tetrahedron. *Journal Für Mathematik-Didaktik*, *37*(2), 349–374. https://doi.org/10.1007/s13138-016-0091-7

Kalyuga, S., Ayres, P., Chandler, P., & Sweller, J. (2003). The Expertise Reversal Effect. *Educational Psychologist*, *38*(1), 23–31. https://doi.org/10.1207/S15326985EP3801_4

Kaplar, M., Radović, S., Veljković, K., Simić-Muller, K., & Marić, M. (2022). The Influence of Interactive Learning Materials on Solving Tasks That Require Different Types of Mathematical Reasoning. *International Journal of Science and Mathematics Education*, *20*(2), 411–433. https://doi.org/10.1007/s10763-021-10151-8

Kaput, J. J. (1992). Technology and mathematics education. In D. A. Grouws (Hrsg.), *Handbook of research on mathematics teaching and learning* (Bd. 515, S. 515–556). Macmillan Publishing.

Keitel, C., Otte, M., & Seeger, F. (1980). *Text, Wissen, Tätigkeit. Das Schulbuch im Mathematikunterricht*. Scriptor.

Kennewell, S. (2001). Using affordances and constraints to evaluate the use of information and communications technology in teaching and learning. *Journal of Information Technology for Teacher Education*, *10*(1–2), 101–116. https://doi.org/10.1080/14759390100200105

Khan, A., Breslav, S., Glueck, M., & Hornbæk, K. (2015). Benefits of visualization in the Mammography Problem. *International Journal of Human-Computer Studies*, *83*, 94–113. https://doi.org/10.1016/j.ijhcs.2015.07.001

Kieser, R. (2022). *Potenziale und Herausforderungen des digitalen Mathematikschulbuchs „Net-Mathebuch"*. Masterarbeit - Universität Münster.

Klinger, M. (2018). *Funktionales Denken beim Übergang von der Funktionenlehre zur Analysis*. Springer Spektrum. https://doi.org/10.1007/978-3-658-20360-3

Klinger, M., Thurm, D., Barzel, B., Greefrath, G., & Büchter, A. (2018). Lehren und Lernen mit digitalen Werkzeugen: Entwicklung und Durchführung einer Fortbildungsreihe. In R. Biehler, T. Lange, T. Leuders, B. Rösken-Winter, P. Scherer, & C. Selter (Hrsg.), *Mathematikfortbildungen professionalisieren* (S. 395–416). Springer Spektrum. https://doi.org/10.1007/978-3-658-19028-6_20

KMK. (2004a). *Bildungsstandards im Fach Mathematik für den Hauptschulabschluss. Beschluss vom 15.10.2004*. https://www.kmk.org/fileadmin/Dateien/veroeffentlichungen_beschluesse/2004/2004_10_15-Bildungsstandards-Mathe-Haupt.pdf

KMK. (2004b). *Bildungsstandards im Fach Mathematik für den Mittleren Schulabschluss. Beschluss vom 4.12.2003*. https://www.kmk.org/fileadmin/Dateien/veroeffentlichungen_beschluesse/2003/2003_12_04-Bildungsstandards-Mathe-Mittleren-SA.pdf

KMK. (2012). *Bildungsstandards im Fach Mathematik für die Allgemeine Hochschulreife. Beschluss der Kultusministerkonferenz vom 18.10.2012*. http://www.kmk.org/fileadmin/Dateien/veroeffentlichungen_beschluesse/2012/2012_10_18-Bildungsstandards-Mathe-Abi.pdf

KMK. (2022). *Bildungsstandards für das Fach Mathematik. Erster Schulabschluss (ESA) und Mittlerer Schulabschluss (MSA). Beschluss der Kultusministerkonferenz vom 15.10.2004 und vom 04.12.2003, i.d.F. vom 23.06.2022.* https://www.kmk.org/fileadmin/veroeffentlichungen_beschluesse/2022/2022_06_23-Bista-ESA-MSA-Mathe.pdf

Kolen, M. J., & Brennan, R. L. (2014). Practical Issues in Equating. In M. J. Kolen & R. L. Brennan, *Test Equating, Scaling, and Linking* (S. 283–369). Springer. https://doi.org/10.1007/978-1-4939-0317-7_8

Koller, I., Alexandrowicz, R., & Hatzinger, R. (2012). *Das Rasch Modell in der Praxis: Eine Einführung in eRm* (1. Aufl.). utb. https://doi.org/10.36198/9783838537863

König, C., & Frey, A. (2022). The Impact of COVID-19-Related School Closures on Student Achievement—A Meta-Analysis. *Educational Measurement: Issues and Practice, 41*(1), 16–22. https://doi.org/10.1111/emip.12495

Krause, M. (2022). Schülereigene oder gestellte Geräte? Eine Analyse der Auswirkungen auf die Kompetenzentwicklung. *Digitales Lernen in Distanz und Präsenz: Herbsttagung 2021 des Arbeitskreises Mathematikunterricht und digitale Werkzeuge in der Gesellschaft für Didaktik der Mathematik am 24.09.2021*, 73. https://doi.org/10.17185/DUEPUBLICO/76035

Krause, M., Greefrath, G., Forthmann, B., Kremer, F. E., Reer, F., Laumann, D., Masemann, D., Denz, C., Heinicke, S., Leibrock, B., Marohn, A., Quandt, T., Souvignier, E., Ubben, M., & Heusler, S. (2024). Effects of student-owned and provided mobile devices on mathematical modeling competence: Investigating interaction effects with problematic smartphone use and fear of missing out. *Frontiers in Education, 9:1167114*. https://doi.org/10.3389/feduc.2024.1167114

Krauss, S., Weber, P., Binder, K., & Bruckmaier, G. (2020). Natürliche Häufigkeiten als numerische Darstellungsart von Anteilen und Unsicherheit – Forschungsdesiderate und einige Antworten. *Journal für Mathematik-Didaktik, 41*(2), 485–521. https://doi.org/10.1007/s13138-019-00156-w

Kreft, I. (1996). *Are multilevel techniques necessary? An overview, including simulation studies* [Manuskript].

Krug, A., & Schukajlow, S. (2020). Entwicklung prozeduraler Metakognition und des selbstregulierten Lernens durch den Einsatz multipler Lösungen zu Modellierungsaufgaben. *Journal für Mathematik-Didaktik, 41*(2), 423–458. https://doi.org/10.1007/s13138-019-00154-y

Krüger, K., Sill, H.-D., & Sikora, C. (2015). *Didaktik der Stochastik in der Sekundarstufe I*. Springer Spektrum. https://doi.org/10.1007/978-3-662-43355-3

Kulhavy, R. W., & Stock, W. A. (1989). Feedback in written instruction: The place of response certitude. *Educational Psychology Review, 1*(4), 279–308. https://doi.org/10.1007/BF01320096

Kullmann, H. (2025, Januar 31). Digitalisierung in der Schule—Analog versus digital: Sind Schulbücher noch zeitgemäß? *SWR Kultur*. https://www.swr.de/swrkultur/leben-und-gesellschaft/sind-schulbuecher-noch-zeitgemaess-100.html

Landis, J. R., & Koch, G. G. (1977). The Measurement of Observer Agreement for Categorical Data. *Biometrics, 33*(1), 159. https://doi.org/10.2307/2529310

Leuders, T., & Loibl, K. (2020). Processing Probability Information in Nonnumerical Settings – Teachers' Bayesian and Non-bayesian Strategies During Diagnostic Judgment. *Frontiers in Psychology, 11:678*. https://doi.org/10.3389/fpsyg.2020.00678

Lienert, G. A., & Raatz, U. (1998). *Testaufbau und Testanalyse* (6. Aufl.). Beltz, Psychologie Verlags Union.

Loibl, K., & Leuders, T. (2024). Can failure be made productive also in Bayesian reasoning? A conceptual replication study. *Instructional Science, 53*, 1739–1758. https://doi.org/10.1007/s11251-024-09670-y

Lowe, R., & Ploetzner, R. (Hrsg.). (2017). Introduction. In *Learning from Dynamic Visualization: Innovations in Research and Application.* Springer. https://doi.org/10.1007/978-3-319-56204-9

Lüdtke, O., Robitzsch, A., Trautwein, U., & Köller, O. (2007). Umgang mit fehlenden Werten in der psychologischen Forschung. *Psychologische Rundschau, 58*(2), 103–117. https://doi.org/10.1026/0033-3042.58.2.103

Maas, C. J. M., & Hox, J. J. (2005). Sufficient Sample Sizes for Multilevel Modeling. *Methodology, 1*(3), 86–92. https://doi.org/10.1027/1614-2241.1.3.86

Manly, C. A., & Wells, R. S. (2015). Reporting the Use of Multiple Imputation for Missing Data in Higher Education Research. *Research in Higher Education, 56*(4), 397–409. https://doi.org/10.1007/s11162-014-9344-9

Maschietto, M., & Soury-Lavergne, S. (2013). Designing a duo of material and digital artifacts: The pascaline and Cabri Elem e-books in primary school mathematics. *ZDM – The International Journal on Mathematics Education, 45*(7), 959–971. https://doi.org/10.1007/s11858-013-0533-3

Masters, G. N. (1982). A Rasch Model for Partial Credit Scoring. *Psychometrika, 47*(2), 149–174. https://doi.org/10.1007/BF02296272

Mayer, R. E. (2014). Cognitive Theory of Multimedia Learning. In R. E. Mayer (Hrsg.), *The Cambridge Handbook of Multimedia Learning* (2. Aufl., S. 43–71). Cambridge University Press. https://doi.org/10.1017/CBO9781139547369.005

Mayer, R. E., & Chandler, P. (2001). When learning is just a click away: Does simple user interaction foster deeper understanding of multimedia messages? *Journal of Educational Psychology, 93*(2), 390–397. https://doi.org/10.1037/0022-0663.93.2.390

Mayer, R. E., Hegarty, M., Mayer, S., & Campbell, J. (2005). When Static Media Promote Active Learning: Annotated Illustrations Versus Narrated Animations in Multimedia Instruction. *Journal of Experimental Psychology: Applied, 11*(4), 256–265. https://doi.org/10.1037/1076-898X.11.4.256

McDowell, M., & Jacobs, P. (2017). Meta-analysis of the effect of natural frequencies on Bayesian reasoning. *Psychological Bulletin, 143*(12), 1273–1312. https://doi.org/10.1037/bul0000126

Mertens, L. K. (2023). *Eine empirische Untersuchung zu der Nutzung des digitalen Schulbuchs Net-Mathebuch durch Schüler:innen in der Sekundarstufe II unter weiterer Berücksichtigung der Potenziale des Net-Mathebuchs.* Masterarbeit - Universität Münster.

Meteyard, L., & Davies, R. A. I. (2020). Best practice guidance for linear mixed-effects models in psychological science. *Journal of Memory and Language, 112*, 104092. https://doi.org/10.1016/j.jml.2020.104092

Micallef, L., Dragicevic, P., & Fekete, J.-D. (2012). Assessing the Effect of Visualizations on Bayesian Reasoning through Crowdsourcing. *IEEE Transactions on Visualization and Computer Graphics, 18*(12), 2536–2545. https://doi.org/10.1109/TVCG.2012.199

Ministerium für Schule und Bildung des Landes Nordrhein-Westfalen (Hrsg.). (2023). *Kernlehrplan für die Sekundarstufe II Gymnasium / Gesamtschule in Nordrhein-Westfalen. Mathematik.* https://lehrplannavigator.nrw.de/system/files/media/document/file/gost_klp_m_2023_06_07.pdf

Ministerium für Schule und Weiterbildung des Landes Nordrhein-Westfalen (Hrsg.). (2014). *Kernlehrplan für die Sekundarstufe II Gymnasium/Gesamtschule in Nordrhein-Westfalen. Mathematik.* https://lehrplannavigator.nrw.de/system/files/media/document/file/klp_gost_mathematik_0.pdf

Ministerium für Schule und Weiterbildung des Landes NRW (Hrsg.). (2004). *Kernlehrplan für die Gesamtschule – Sekundarstufe I (G8) in Nordrhein-Westfalen. Mathematik.* https://www.schulentwicklung.nrw.de/lehrplaene/lehrplan/44/gs_mathematik.pdf

Ministerium für Schule und Weiterbildung des Landes NRW (Hrsg.). (2007). *Kernlehrplan für das Gymnasium – Sekundarstufe I (G8) in Nordrhein-Westfalen. Mathematik.* https://www.schulentwicklung.nrw.de/lehrplaene/lehrplan/46/gym8_mathematik.pdf (10.07.2018)

Monaghan, J., Trouche, L., & Borwein, J. M. (2016). Introduction to the Book. In *Tools and Mathematics* (Bd. 110, S. 3–12). Springer. https://doi.org/10.1007/978-3-319-02396-0

Moosbrugger, H., & Kelava, A. (Hrsg.). (2020). *Testtheorie und Fragebogenkonstruktion.* Springer. https://doi.org/10.1007/978-3-662-61532-4

Moreno, R., & Mayer, R. (2007). Interactive multimodal learning environments. *Educational Psychology Review, 19*(3), 309–326. https://doi.org/10.1007/s10648-007-9047-2

NET-Schulbuch.DE gUG (Hrsg.). (2021). *Net-Mathebuch.* NET-Schulbuch.DE gUG. https://m2.net-schulbuch.de

Nguyen, H., & Greefrath, G. (2024). *Comparing the efficacy of dynamic vs. Static visualisations in students' characteristics of basic mental models of the derivative* (E. Faggiano, A. Clark-Wilson, M. Tabach, & H.-G. Weigand, Hrsg.).

Norman, D. A. (1988). *The psychology of everyday things.* Basic Books.

Norman, D. A. (1999). Affordance, conventions, and design. *Interactions, 6*(3), 38–43. https://doi.org/10.1145/301153.301168

O'Donnell, C. L. (2008). Defining, Conceptualizing, and Measuring Fidelity of Implementation and Its Relationship to Outcomes in K–12 Curriculum Intervention Research. *Review of Educational Research, 78*(1), 33–84. https://doi.org/10.3102/0034654307313793

OECD. (2012). *PISA 2009 Technical Report.* OECD. https://doi.org/10.1787/9789264167872-en

OECD. (2015). *Students, Computers and Learning: Making the Connection.* OECD. https://doi.org/10.1787/9789264239555-en

OECD. (2024). *PISA 2022 Technical Report.* OECD. https://doi.org/10.1787/01820d6d-en

OpenAI. (2025). *ChatGPT* (Version GPT-5) [Software]. https://chat.openai.com/

Pepin, B. (2020). Quality of (digital) resources for curriculum innovation. In A. Donevska-Todorova, E. Faggiano, J. Trgalova, Z. Lavicza, R. Weinhandl, A. Clark-Wilson, & H.-G. Weigand (Hrsg.), *Proceedings of the 10th ERME Topic Conference MEDA 2020.* https://hal.archives-ouvertes.fr/hal-02932218

Pepin, B., Choppin, J., Ruthven, K., & Sinclair, N. (2017). Digital curriculum resources in mathematics education: Foundations for change. *ZDM – Mathematics Education, 49*(5), 645–661. https://doi.org/10.1007/s11858-017-0879-z

Pepin, B., & Gueudet, G. (2018). Curriculum Resources and Textbooks in Mathematics Education. In S. Lerman (Hrsg.), *Encyclopedia of Mathematics Education* (S. 1–5). Springer. https://doi.org/10.1007/978-3-319-77487-9_40-7

Pepin, B., Gueudet, G., Yerushalmy, M., Trouche, L., & Chazan, D. (2015). E-textbooks in/for teaching and learning mathematics: A disruptive and potentially transformative educational technology. In L. D. English & D. Kirshner (Hrsg.), *Handbook of International Research in Mathematics Education. Third edition.* (S. 636–661). Routledge. https://hal.archives-ouvertes.fr/hal-01207678

Peugh, J. L. (2010). A practical guide to multilevel modeling. *Journal of School Psychology, 48*(1), 85–112. https://doi.org/10.1016/j.jsp.2009.09.002

Ploetzner, R., & Lowe, R. (2004). Dynamic visualisations and learning. *Learning and Instruction, 14*(3), 235–240. https://doi.org/10.1016/j.learninstruc.2004.06.001

Pohl, M. (2020). Struktur und Schülernutzung digitaler Schulbücher. *Beiträge zum Mathematikunterricht*. Vorträge auf der 54. Jahrestagung der Gesellschaft für Didaktik der Mathematik vom 09. bis 13. März 2020 in Würzburg. https://doi.org/10.17877/DE290R-21495

Pohl, M. (2023). *Digitale Mathematikschulbücher in der Sekundarstufe I: Eine deskriptive und empirische Studie zur Struktur und Nutzung digitaler Schulbücher durch Lernende.* Springer Spektrum. https://doi.org/10.1007/978-3-658-43134-1

Pohl, M., & Schacht, F. (2017). Digital Mathematics Textbooks: Analyzing structure and student uses. In G. Aldon & J. Trgalova (Hrsg.), *Proceedings of the 13th International Conference on Technology in Mathematics Teaching* (S. 453–456).

Pohl, M., & Schacht, F. (2018). Digitale Mathematikschulbücher hands-on. Eine Analyse digitaler Mathematikschulbücher und den Schülernutzungen in der Sekundarstufe I exemplarisch an einem Lehrwerk. In M. Schuhen, M. Froitzheim, & K. Schuhen (Hrsg.), *Das elektronische Schulbuch 2017. Fachdidaktische Anforderungen und Ideen treffen auf Lösungsvorschläge der Informatik* (S. 119–138). LIT.

Pohl, S., & Carstensen, C. H. (2012). *NEPS Technical Report – Scaling the Data of the Competence Tests.* Otto-Friedrich-Universität, Nationales Bildungspanel. https://fis.uni-bamberg.de/handle/uniba/1751

Pott, F. (2020). *Kompetenzraster für das digitale Mathematikschulbuch. Entwicklung und Analyse eines Kompetenzrasters zum Thema bedingte Wahrscheinlichkeit des digitalen Mathematikschulbuchs.* Masterarbeit - Universität Münster.

Prediger, S., Barzel, B., Hußmann, S., & Leuders, T. (2021). Towards a research base for textbooks as teacher support: The case of engaging students in active knowledge organization in the KOSIMA project. *ZDM – Mathematics Education, 53*(6), 1233–1248. https://doi.org/10.1007/s11858-021-01245-2

Prediger, S., Leuders, T., & Rösken-Winter, B. (2017). Drei-Tetraeder-Modell der gegenstandsbezogenen Professionalisierungs- forschung: Fachspezifische Verknüpfung von Design und Forschung. *Jahrbuch für Allgemeine Didaktik*, 159–177.

Puchegger, L. K. (2020). *Einsatz von analogem und digitalem Mathematikschulbuch – Eine Untersuchung zu den Auswirkungen auf Lernende mit unterschiedlichem Leistungsniveau.* Masterarbeit - Universität Münster.

QUA-LIS NRW NRW (Hrsg.). (2013). *Beispiel für einen schulinternen Lehrplan zum Kernlehrplan für die gymnasiale Oberstufe. Mathematik*. https://lehrplannavigator.nrw.de/sekundarstufe-ii/kernlehrplaene-fuer-die-gymnasiale-oberstufe-2013/mathematik-gymnasiale-oberstufe

Quan, T., Li, X., & Yin, M. (2025). Research Progress of Mathematic Textbooks for Primary and Secondary Schools in Recent 20 Years. In C. Qi, L. Fan, J. Liu, Q. Liu, & L. Dong (Hrsg.), *Recent Advances in Mathematics Textbook Research and Development* (S. 327–333). Springer. https://doi.org/10.1007/978-981-97-8426-4_45

Quarder, J. (2024). *Mathematisches Modellieren mit digitalen Werkzeugen in der Lehrkräftebildung: Konzeption und Evaluation eines Lehr-Lern-Laborseminars*. Springer Spektrum. https://doi.org/10.1007/978-3-658-44996-4

Rabardel, P. (2002). *People and technology. A cognitive approach to contemporary instruments*. https://hal.science/hal-01020705/file/people_and_technology.pdf

Rach, S. (2021). Visualisierungen bedingter Wahrscheinlichkeiten – Präferenzen von Schülerinnen und Schülern. *mathematica didactica, 41*(1), 1–18. https://doi.org/10.18716/OJS/MD/2018.1371

Radović, S., Radojičić, M., Veljković, K., & Marić, M. (2020). Examining the effects of Geogebra applets on mathematics learning using interactive mathematics textbook. *Interactive Learning Environments, 28*(1), 32–49. https://doi.org/10.1080/10494820.2018.1512001

Reani, M., Davies, A., Peek, N., & Jay, C. (2018). How do people use information presentation to make decisions in Bayesian reasoning tasks? *International Journal of Human-Computer Studies, 111*, 62–77. https://doi.org/10.1016/j.ijhcs.2017.11.004

Reese, D. (2020). *Die Nutzung von Strukturelementen in einem digitalen Mathematikschulbuch. Ein Vergleich zwischen leistungsstarken und leistungsschwachen Schülerinnen und Schülern*. Masterarbeit - Universität Münster.

Reinhold, F. (2019). *Wirksamkeit von Tablet-PCs bei der Entwicklung des Bruchzahlbegriffs aus mathematikdidaktischer und psychologischer Perspektive: Eine empirische Studie in Jahrgangsstufe 6*. Springer Spektrum. https://doi.org/10.1007/978-3-658-23924-4

Reinhold, F., Hoch, S., Werner, B., Richter-Gebert, J., & Reiss, K. (2020). Learning fractions with and without educational technology: What matters for high-achieving and low-achieving students? *Learning and Instruction, 65*, 101264. https://doi.org/10.1016/j.learninstruc.2019.101264

Reinhold, F., Strohmaier, A., Hoch, S., Reiss, K., Böheim, R., & Seidel, T. (2020). Process data from electronic textbooks indicate students' classroom engagement. *Learning and Individual Differences, 83–84*, 101934. https://doi.org/10.1016/j.lindif.2020.101934

Remillard, J. T. (2005). Examining Key Concepts in Research on Teachers' Use of Mathematics Curricula. *Review of Educational Research, 75*(2), 211–246. https://doi.org/10.3102/00346543075002211

Remillard, J. T. (2018). Examining Teachers' Interactions with Curriculum Resource to Uncover Pedagogical Design Capacity. In L. Fan, L. Trouche, C. Qi, S. Rezat, & J. Visnovska (Hrsg.), *Research on Mathematics Textbooks and Teachers' Resources: Advances and Issues* (S. 69–88). Springer. https://doi.org/10.1007/978-3-319-73253-4_4

Remillard, J. T., & Heck, D. J. (2014). Conceptualizing the curriculum enactment process in mathematics education. *ZDM – The International Journal on Mathematics Education, 46*(5), 705–718. https://doi.org/10.1007/s11858-014-0600-4

Remillard, J. T., Van Steenbrugge, H., Machalow, R., Koljonen, T., Krzywacki, H., Condon, L., & Hemmi, K. (2021). Elementary teachers' reflections on their use of digital instructional resources in four educational contexts: Belgium, Finland, Sweden, and U.S. *ZDM – Mathematics Education, 53*(6), 1331–1345. https://doi.org/10.1007/s11858-021-01295-6

Rensing, L. (2021). *Ein Vergleich der Nutzung eines digitalen Schulbuches und analoger Materialien in Bezug auf stochastische Fehler*. Masterarbeit - Universität Münster.

Reys, B. J., Reys, R. E., & Rubenstein, R. (2010). Preface. In B. J. Reys, R. E. Reys, & R. Rubenstein (Hrsg.), *Mathematics curriculum: Issues, trends, and future directions* (S. ix–xiv). NCTM, National Council of Teachers of Mathematics.

Rezat, S. (2006). A model of textbook use. In J. Novotná, H. Moraová, M. Krátká, & N. a. Stehlíková (Hrsg.), *Proceedings of the 30th Conference of the International Group for the Psychology of Mathematics Education* (Bd. 4, S. 409–416).

Rezat, S. (2009). *Das Mathematikbuch als Instrument des Schülers.* Vieweg+Teubner. https://doi.org/10.1007/978-3-8348-9628-5

Rezat, S. (2017). Students' utilizations of feedback by an interactive mathematics e-textbook for primary level. In T. Dooley & G. Gueudet (Hrsg.), *Proceedings of the Tenth Congress of the European Society for Research in Mathematics Education.* https://hal.science/hal-01950495v1/file/TWG22_14.pdf

Rezat, S. (2019). Analyzing the effectiveness of a combination of different types of feedback in a digital textbook for primary level. In S. Rezat, L. Fan, M. Hattermann, J. Schumacher, & H. Wuschke (Hrsg.), *Proceedings of the Third International Conference on Mathematics Textbook Research and Development: 16–19 September 2019 Paderborn, Germany* (Version 1). UB-PAD - Paderborn University Library. https://doi.org/10.17619/UNIPB/1-768

Rezat, S. (2020). Mathematiklernen mit digitalen Schulbüchern im Spannungsfeld zwischen Individualisierung und Kooperation. In D. M. Meister & I. Mindt (Hrsg.), *Mobile Medien im Schulkontext* (S. 199–213). Springer. https://doi.org/10.1007/978-3-658-29039-9_10

Rezat, S. (2021). How automated feedback from a digital mathematics textbook affects primary students' conceptual development: Two case studies. *ZDM – Mathematics Education, 53*(6), 1433–1445. https://doi.org/10.1007/s11858-021-01263-0

Rezat, S. (2024). Research on curriculum resources in mathematics education: A survey of the field. *ZDM – Mathematics Education, 56*(2), 223–237. https://doi.org/10.1007/s11858-024-01559-x

Rezat, S., Fan, L., & Pepin, B. (2021). Mathematics textbooks and curriculum resources as instruments for change. *ZDM – Mathematics Education, 53*(6), 1189–1206. https://doi.org/10.1007/s11858-021-01309-3

Rezat, S., & Sträßer, R. (2012). From the didactical triangle to the socio-didactical tetrahedron: Artifacts as fundamental constituents of the didactical situation. *ZDM – Mathematics Education, 44*(5), 641–651. https://doi.org/10.1007/s11858-012-0448-4

Rezat, S., & Sträßer, R. (2020). *Die Nutzung des Sozio-Didaktischen Tetraeders in der mathematikdidaktischen Forschung*. 765–768. https://doi.org/10.17877/DE290R-21513

Rieß, M. (2018). *Zum Einfluss digitaler Werkzeuge auf die Konstruktion mathematischen Wissens*. Springer Spektrum. https://doi.org/10.1007/978-3-658-20644-4

Rittle-Johnson, B., & Schneider, M. (2014). Developing Conceptual and Procedural Knowledge of Mathematics. In R. Cohen Kadosh & A. Dowker (Hrsg.), *The Oxford Handbook of Numerical Cognition* (S. 1118–1134). Oxford University Press. https://doi.org/10.1093/oxfordhb/9780199642342.013.014

Robitaille, D. F., & Travers, K. J. (1992). International studies of achievement in mathematics. In *Handbook of research on mathematics teaching and learning: A project of the National Council of Teachers of Mathematics.* (S. 687–709). Macmillan Publishing.

Rolfes, T. (2018). *Funktionales Denken.* Springer Spektrum. https://doi.org/10.1007/978-3-658-22536-0

Rolfes, T., Roth, J., & Schnotz, W. (2020). Learning the concept of function with dynamic visualizations. *Frontiers in Psychology*, 11:693. https://doi.org/10.3389/fpsyg.2020.00693

Rost, J. (2004). *Lehrbuch Testtheorie—Testkonstruktion* (2. Aufl.). Huber.

Roth, J. (2008). Systematische Variation – Eine Lernumgebung vernetzt Geometrie und Algebra. *Mathematik lehren*, (146).

Roth, J. (2022). Digitale Lernumgebungen – Konzepte, Forschungsergebnisse und Unterrichtspraxis. In G. Pinkernell, F. Reinhold, F. Schacht, & D. Walter (Hrsg.), *Digitales Lehren und Lernen von Mathematik in der Schule* (S. 109–136). Springer Spektrum. https://doi.org/10.1007/978-3-662-65281-7_6

Ruthven, K. (2013). From design-based research to re-sourcing 'in the wild': Reflections on studies of the co-evolution of mathematics teaching resources and practices. *ZDM – The International Journal on Mathematics Education, 45*(7), 1071–1079. https://doi.org/10.1007/s11858-013-0547-x

Sanetti, L. M. H., Cook, B. G., & Cook, L. (2021). Treatment Fidelity: What It Is and Why It Matters. *Learning Disabilities Research & Practice, 36*(1), 5–11. https://doi.org/10.1111/ldrp.12238

Schäfer, J. (2021). *Nutzung von Strukturelementen des digitalen Schulbuchs 'Net-Mathebuch' bei leistungsstarken und leistungsschwachen Lernenden im Vergleich.* Masterarbeit - Universität Münster.

Schipolowski, S., Wittig, J., Mahler, N., & Stanat, P. (2019). Geschlechtsbezogene Disparitäten. In P. Stanat, S. Schipolowski, N. Mahler, S. Weirich, & S. Henschel (Hrsg.), *IQB-Bildungstrend 2018* (S. 237–264). Waxmann.

Schmidt, W. H., McKnight, C. C., Houang, R. T., Wang, H., Wiley, D. E., Cogan, L. S., & Wolfe, R. G. (2001). *Why Schools Matter: A Cross-National Comparison of Curriculum and Learning. The Jossey-Bass Education Series.* ERIC.

Schnell, R., Hill, P. B., & Esser, E. (2018). *Methoden der empirischen Sozialforschung* (11. Aufl.). De Gruyter Oldenbourg.

Schnotz, W., & Lowe, R. K. (2008). A Unified View of Learning from Animated and Static Graphics. *Learning with Animation: Research Implications for Design*, 304–356.

Schoenherr, J., & Schukajlow, S. (2024). Characterizing external visualization in mathematics education research: A scoping review. *ZDM – Mathematics Education, 56*(1), 73–85. https://doi.org/10.1007/s11858-023-01494-3

Schoenherr, J., Strohmaier, A. R., & Schukajlow, S. (2024). Learning with visualizations helps: A meta-analysis of visualization interventions in mathematics education. *Educational Research Review, 45*, 100639. https://doi.org/10.1016/j.edurev.2024.100639

Schukajlow, S., & Krug, A. (2014). Do Multiple Solutions Matter? Prompting Multiple Solutions, Interest, Competence, and Autonomy. *Journal for Research in Mathematics Education, 45*(4), 497–533. https://doi.org/10.5951/jresematheduc.45.4.0497

Schukajlow, S., Krug, A., & Rakoczy, K. (2015). Effects of prompting multiple solutions for modelling problems on students' performance. *Educational Studies in Mathematics, 89*(3), 393–417. https://doi.org/10.1007/s10649-015-9608-0

Schupp, H. (2004). Allgemeinbildender Stochastikunterricht. *Stochastik in der Schule, 24*(3), 4–13.

Schwank, I. (1996). Zur Konzeption prädikativer versus funktionaler kognitiver Strukturen und ihrer Anwendung. *ZDM – The International Journal on Mathematics Education, ZDM-Analysenheft "Deutsche psychologische Forschung in der Mathematikdidaktik"*(6), 168–183.

Sedlmeier, P. (2000). How to improve statistical thinking: Choose the task representation wisely and learn by doing. *Instructional Science, 28*(3), 227–262. https://doi.org/10.1023/A:1003802232617

Sedlmeier, P., & Gigerenzer, G. (2001). Teaching Bayesian reasoning in less than two hours. *Journal of Experimental Psychology: General, 130*(3), 380–400. https://doi.org/10.1037/0096-3445.130.3.380

Sedlmeier, P., & Renkewitz, F. (2018). *Forschungsmethoden und Statistik für Psychologen und Sozialwissenschaftler* (3. Aufl.). Pearson.

Shute, V. J. (2008). Focus on formative feedback. *Review of Educational Research, 78*(1), 153–189. https://doi.org/10.3102/0034654307313795

Sievert, H., van den Ham, A.-K., & Heinze, A. (2021a). Are first graders' arithmetic skills related to the quality of mathematics textbooks? A study on students' use of arithmetic principles. *Learning and Instruction, 71*, 101401. https://doi.org/10.1016/j.learninstruc.2020.101401

Sievert, H., van den Ham, A.-K., & Heinze, A. (2021b). The role of textbook quality in first graders' ability to solve quantitative comparisons: A multilevel analysis. *ZDM – Mathematics Education, 53*(6), 1417–1431. https://doi.org/10.1007/s11858-021-01266-x

Sievert, H., van den Ham, A.-K., Niedermeyer, I., & Heinze, A. (2019). Effects of mathematics textbooks on the development of primary school children's adaptive expertise in arithmetic. *Learning and Individual Differences, 74*, 101716. https://doi.org/10.1016/j.lindif.2019.02.006

Sinclair, N., & Yerushalmy, M. (2016). Digital Technology in Mathematics Teaching and Learning. In Á. Gutiérrez, G. C. Leder, & P. Boero (Hrsg.), *The Second Handbook of Research on the Psychology of Mathematics Education* (S. 235–274). SensePublishers. https://doi.org/10.1007/978-94-6300-561-6_7

Sloman, S. A., Over, D., Slovak, L., & Stibel, J. M. (2003). Frequency illusions and other fallacies. *Organizational Behavior and Human Decision Processes, 91*(2), 296–309. https://doi.org/10.1016/S0749-5978(03)00021-9

Snijders, T. A. B., & Bosker, R. J. (2012). *Multilevel analysis: An introduction to basic and advanced multilevel modeling* (2. Aufl.). Sage.

Stacey, K., & Wiliam, D. (2012). Technology and Assessment in Mathematics. In M. A. Clements, A. J. Bishop, C. Keitel, J. Kilpatrick, & F. K. S. Leung (Hrsg.), *Third International Handbook of Mathematics Education* (S. 721–751). Springer. https://doi.org/10.1007/978-1-4614-4684-2_23

Stanat, P., Schipolowski, S., Mahler, N., Weirich, S., & Henschel, S. (Hrsg.). (2019). *IQB Trends in Student Achievement 2018. The Second National Assessment of Mathematics and Science Proficiencies at the End of Ninth Grade.* Waxmann.

Steckelberg, A., Balgenorth, A., Berger, J., & Mühlhauser, I. (2004). Explaining computation of predictive values: 2 × 2 table versus frequency tree. A randomized controlled trial [ISRCTN74278823]. *BMC Medical Education, 4*(1), 13. https://doi.org/10.1186/1472-6920-4-13

Steenbergen-Hu, S., & Cooper, H. (2013). A meta-analysis of the effectiveness of intelligent tutoring systems on K–12 students' mathematical learning. *Journal of Educational Psychology, 105*(4), 970–987. https://doi.org/10.1037/a0032447

Steib, N. (2025). *Bayesianisches Denken trainieren—Konstruktion, Implementation und Vergleich von Trainingskursen für erweitertes Bayesianisches Denken* [Universität Regensburg]. https://epub.uni-regensburg.de/id/eprint/58844

Steib, N., Büchter, T., Eichler, A., Binder, K., Krauss, S., Böcherer-Linder, K., Vogel, M., & Hilbert, S. (2025). How to teach Bayesian reasoning: An empirical study comparing four different probability training courses. *Learning and Instruction, 95*, 102032. https://doi.org/10.1016/j.learninstruc.2024.102032

Steib, N., Krauss, S., Binder, K., Büchter, T., Böcherer-Linder, K., Eichler, A., & Vogel, M. (2023). Measuring people's covariational reasoning in Bayesian situations. *Frontiers in Psychology, 14:1184370.* https://doi.org/10.3389/fpsyg.2023.1184370

Sträßer, R. (2009). Instruments for learning and teaching mathematics. An attempt to theorise about the role of textbooks, computers and other artefacts to teach and learn mathematics. In M. Tzekaki, M. Kaldrimidou, & X. Sakonidis (Hrsg.), *Proceedings of the 33rd conference of the International Group for the Psychology of Mathematics Education* (S. 67–81).

Strobl, C. (2015). *Das Rasch-Modell: Eine verständliche Einführung für Studium und Praxis* (3. Aufl.). Rainer Hampp Verlag.

Stylianides, G. J. (2016). *Curricular Resources and Classroom Use: The Case of Mathematics.* Oxford University Press. https://doi.org/10.1093/acprof:oso/9780198749899.001.0001

Sweller, J., Van Merriënboer, J. J. G., & Paas, F. (2019). Cognitive Architecture and Instructional Design: 20 Years Later. *Educational Psychology Review, 31*(2), 261–292. https://doi.org/10.1007/s10648-019-09465-5

Tanner, H., & Jones, S. (2000). *Using ICT To Support Interactive Teaching and Learning on a Secondary Mathematics PGCE Course.*

The jamovi project. (2025). *Jamovi* (Version 2.6) [Software]. https://www.jamovi.org

Thurm, D. (2020). *Digitale Werkzeuge im Mathematikunterricht integrieren: Zur Rolle von Lehrerüberzeugungen und der Wirksamkeit von Fortbildungen.* Springer Spektrum. https://doi.org/10.1007/978-3-658-28695-8

Thurm, D., Barzel, B., & Büchter, A. (2024). Schulbücher und digitale Lernplattformen: Eine vergleichende Analyse von Aufgaben hinsichtlich kognitiver Aktivierung und Visualisierungen. *Journal für Mathematik-Didaktik, 45*(1), 4. https://doi.org/10.1007/s13138-023-00227-z

Törnroos, J. (2005). Mathematics textbooks, opportunity to learn and student achievement. *Studies in Educational Evaluation, 31*(4), 315–327. https://doi.org/10.1016/j.stueduc.2005.11.005

Travers, K. J., & Westbury, I. (1989). *The IEA Study of Mathematics I: Analysis of Mathematics Curricula.* International Association for Educational Achievement.

Trouche, L. (2020). Instrumentalization in Mathematics Education. In S. Lerman (Hrsg.), *Encyclopedia of Mathematics Education* (S. 392–403). Springer. https://doi.org/10.1007/978-3-030-15789-0_100013

Tversky, B., Morrison, J. B., & Bétrancourt, M. (2002). Animation: Can it facilitate? *International Journal of Human-Computer Studies, 57*(4), 247–262. https://doi.org/10.1006/ijhc.2002.1017

UNICEF. (2019). *Accessible digital textbooks using universal design for learning*. UNICEF.

Usiskin, Z. (2018). Electronic vs. Paper textbook presentations of the various aspects of mathematics. *ZDM – Mathematics Education, 50*(5), 849–861. https://doi.org/10.1007/s11858-018-0936-2

Valverde, G., Bianchi, L. J., Wolfe, R., Schmidt, W. H., & Houang, R. T. (2002). *According to the Book: Using TIMSS to investigate the translation of policy into practice through the world of textbooks*. Springer. https://doi.org/10.1007/978-94-007-0844-0

van den Ham, A.-K., & Heinze, A. (2018). Does the textbook matter? Longitudinal effects of textbook choice on primary school students' achievement in mathematics. *Studies in Educational Evaluation, 59*, 133–140. https://doi.org/10.1016/j.stueduc.2018.07.005

van der Kleij, F. M., Feskens, R. C. W., & Eggen, T. J. H. M. (2015). Effects of Feedback in a Computer-Based Learning Environment on Students' Learning Outcomes: A Meta-Analysis. *Review of Educational Research, 85*(4), 475–511. https://doi.org/10.3102/0034654314564881

van der Kleij, F. M., Timmers, C. F., & Eggen, T. J. H. M. (2011). The effectiveness of methods for providing written feedback through a computer-based assessment for learning: A systematic review. *CADMO*, (1), 21–38. https://doi.org/10.3280/CAD2011-001004

Van Steenbrugge, H., Valcke, M., & Desoete, A. (2013). Teachers' views of mathematics textbook series in Flanders: Does it (not) matter which mathematics textbook series schools choose? *Journal of Curriculum Studies, 45*(3), 322–353. https://doi.org/10.1080/00220272.2012.713995

Verillon, P., & Rabardel, P. (1995). Cognition and artifacts: A contribution to the study of though in relation to instrumented activity. *European Journal of Psychology of Education, 10*(1), 77–101. https://doi.org/10.1007/BF03172796

von Davier, M., Fishbein, M., & Kennedy, A. (Hrsg.). (2024). *TIMSS 2023 Technical Report (Methods and Procedures)*. https://timss2023.org/methods

von Davier, M., Gonzalez, E., & Schulz, W. (2020). Ensuring Validity in International Comparisons Using State-of-the-Art Psychometric Methodologies. In H. Wagemaker (Hrsg.), *Reliability and Validity of International Large-Scale Assessment* (Bd. 10, S. 187–219). Springer. https://doi.org/10.1007/978-3-030-53081-5_11

Vygotsky, L. S. (1978). *Mind in Society: The Development of Higher Psychological Processes*. Harvard University Press.

Wang, Y., & Fan, L. (2021). Investigating students' perceptions concerning textbook use in mathematics: A comparative study of secondary schools between Shanghai and England. *Journal of Curriculum Studies, 53*(5), 675–691. https://doi.org/10.1080/00220272.2021.1941265

Wassner, C. (2007). *Förderung Bayesianischen Denkens. Kognitionspsychologische Grundlagen und didaktische Analysen*. Franzbecker.

Wassner, C., Martignon, L., & Sedlmeier, P. (2002). *Die Bedeutung der Darbietungsform für das alltagsorientierte Lehren von Stochastik.* https://doi.org/10.25656/01:3937

Watson, A. (2003). Opportunities to learn mathematics. In L. Bragg, C. Campbell, G. Herbert, & J. Mousley (Hrsg.), *MERINO – Proceedings of the 26th annual conference of the Mathematics Education Research Group of Australasia* (Bd. 1, S. 29–38).

Weber, P., Binder, K., & Krauss, S. (2018). Why Can Only 24% Solve Bayesian Reasoning Problems in Natural Frequencies: Frequency Phobia in Spite of Probability Blindness. *Frontiers in Psychology*, 9:1833. https://doi.org/10.3389/fpsyg.2018.01833

Wecker, C., Vogel, F., & Hetmanek, A. (2017). Visionär und imposant – aber auch belastbar?: Eine Kritik der Methodik von Hatties „Visible Learning". *Zeitschrift für Erziehungswissenschaft, 20*(1), 21–40. https://doi.org/10.1007/s11618-016-0696-0

Weinert, F. E. (2001). Vergleichende Leistungsmessung in Schulen—Eine umstrittene Selbstverständlichkeit. In F. E. Weinert (Hrsg.), *Leistungsmessungen in Schulen.* (S. 17–31). Beltz.

Wess, R. (2020). *Professionelle Kompetenz Zum Lehren Mathematischen Modellierens: Konzeptualisierung, Operationalisierung und Förderung Von Aufgaben- und Diagnosekompetenz.* Springer Spektrum. https://doi.org/10.1007/978-3-658-29801-2

West, B. T., Welch, K. B., & Gałecki, A. T. (2022). Linear Mixed Models: An Overview. In B. T. West, K. B. Welch, & A. T. Gałecki, *Linear mixed models: A practical guide using statistical software* (Third edition, S. 9–58). CRC Press, Taylor & Francis Group.

Westermann GmbH & Co. KG (Hrsg.). (2020). *Denken und Rechnen interaktiv.* https://www.westermann.de/landing/grundschuledigital/interaktiv

Wijaya, T. T., Zhou, Y., Houghton, T., Weinhandl, R., Lavicza, Z., & Yusop, F. D. (2022). Factors Affecting the Use of Digital Mathematics Textbooks in Indonesia. *Mathematics, 10*(11), 1808. https://doi.org/10.3390/math10111808

Wild, C. J., & Pfannkuch, M. (1999). Statistical Thinking in Empirical Enquiry. *International Statistical Review / Revue Internationale de Statistique, 67*(3), 223–248. https://doi.org/10.2307/1403699

Wild, C. J., Utts, J. M., & Horton, N. J. (2018). What Is Statistics? In D. Ben-Zvi, K. Makar, & J. Garfield (Hrsg.), *International Handbook of Research in Statistics Education* (S. 5–36). Springer. https://doi.org/10.1007/978-3-319-66195-7_1

Willett, J. B., Singer, J. D., & Martin, N. C. (1998). The design and analysis of longitudinal studies of development and psychopathology in context: Statistical models and methodological recommendations. *Development and Psychopathology, 10*(2), 395–426. https://doi.org/10.1017/S0954579498001667

Winter, H. (1995). Mathematikunterricht und Allgemeinbildung. *Mitteilungen der Deutschen Mathematiker-Vereinigung, 4*(2). https://doi.org/10.1515/dmvm-1996-0214

Yerushalmy, M. (2015). E-textbooks for mathematical guided inquiry: Design of tasks and task sequences. In A. Watson & M. Ohtani (Hrsg.), *Task Design In Mathematics Education* (S. 229–247). Springer. https://doi.org/10.1007/978-3-319-09629-2_7

Zech, F. (2002). *Grundkurs Mathematikdidaktik: Theoretische und praktische Anleitungen für das Lehren und Lernen von Mathematik* (10. Aufl.). Beltz.

Zepke, K. (2020). *Die Nutzung des digitalen Schulbuchs im Fach Mathematik. Eine Studie zu mathematischen und computerbezogenen Selbstwirksamkeitserwartungen am Beispiel der Sinusfunktion.* Masterarbeit - Universität Münster.

Zhu, L., & Gigerenzer, G. (2006). Children can solve Bayesian problems: The role of representation in mental computation. *Cognition, 98*(3), 287–308. https://doi.org/10.1016/j.cognition.2004.12.003

Zieffler, A., Garfield, J., & Fry, E. (2018). What Is Statistics Education? In D. Ben-Zvi, K. Makar, & J. Garfield (Hrsg.), *International Handbook of Research in Statistics Education* (S. 37–70). Springer. https://doi.org/10.1007/978-3-319-66195-7_2

FSC
www.fsc.org
MIX
Papier | Fördert
gute Waldnutzung
FSC® C083411

Kolibri 360 GmbH
Ferdinand-Jühlke-Straße 7
99095 Erfurt, Deutschland
produktsicherheit@kolibri360.de